Springer-Lehrbuch

Wolfgang Kohn • Riza Öztürk

Mathematik für Ökonomen

Ökonomische Anwendungen der linearen
Algebra und Analysis mit Scilab

3., erweiterte und überarbeitete Auflage

Springer Gabler

Wolfgang Kohn
Fachbereich Wirtschaft und Gesundheit
Fachhochschule Bielefeld
Bielefeld, Deutschland

Riza Öztürk
Fachbereich Wirtschaft und Gesundheit
Fachhochschule Bielefeld
Bielefeld, Deutschland

ISSN 0937-7433
Springer-Lehrbuch
ISBN 978-3-662-47124-1   ISBN 978-3-662-47125-8 (eBook)
DOI 10.1007/978-3-662-47125-8

Die Deutsche Nationalbibliothek verzeichnet diese Publikation in der Deutschen Nationalbibliografie; detaillierte bibliografische Daten sind im Internet über http://dnb.d-nb.de abrufbar.

Mathematics Subject Classification (2010): 9101, 91B02, 91B26, 9701

Springer Gabler
© Springer-Verlag Berlin Heidelberg 2009, 2012, 2015
Das Werk einschließlich aller seiner Teile ist urheberrechtlich geschützt. Jede Verwertung, die nicht ausdrücklich vom Urheberrechtsgesetz zugelassen ist, bedarf der vorherigen Zustimmung des Verlags. Das gilt insbesondere für Vervielfältigungen, Bearbeitungen, Übersetzungen, Mikroverfilmungen und die Einspeicherung und Verarbeitung in elektronischen Systemen.
Die Wiedergabe von Gebrauchsnamen, Handelsnamen, Warenbezeichnungen usw. in diesem Werk berechtigt auch ohne besondere Kennzeichnung nicht zu der Annahme, dass solche Namen im Sinne der Warenzeichen- und Markenschutz- Gesetzgebung als frei zu betrachten wären und daher von jedermann benutzt werden dürften.
Der Verlag, die Autoren und die Herausgeber gehen davon aus, dass die Angaben und Informationen in diesem Werk zum Zeitpunkt der Veröffentlichung vollständig und korrekt sind. Weder der Verlag noch die Autoren oder die Herausgeber übernehmen, ausdrücklich oder implizit, Gewähr für den Inhalt des Werkes, etwaige Fehler oder Äußerungen.

Planung: Annika Denkert

Gedruckt auf säurefreiem und chlorfrei gebleichtem Papier

Springer Berlin Heidelberg ist Teil der Fachverlagsgruppe Springer Science+Business Media
(www.springer.com)

Für unsere Familien
und unsere Eltern

Vorwort

Vorwort zur 3. verbesserten Auflage

In der 3. überarbeiteten und ergänzten Auflage ist die inhaltliche Struktur leicht verändert und das Kapitel Finanzmathematik mit den Themen Renditeberechnung und Investitionsrechnung bei nicht-flacher Zinssatzstruktur sowie Margenbarwert eines Kredits ergänzt.

Bielefeld, April 2015   Wolfgang Kohn und Riza Öztürk

Vorwort zur 2. erweiterten und verbesserten Auflage

Wir haben den Text um die Kapitel Mengenlehre und Aussagenlogik erweitert. Es erschien uns sinnvoll das Buch aufgrund der Erfahrungen aus der Lehre um diese Grundlagen zu erweitern. Ferner haben wir versucht, den Text an einigen Stellen besser zu formulieren, klarer zu gliedern und Fehler zu bereinigen, die leider immer auftreten können. Wir hoffen, keine neuen erzeugt zu haben.

Bielefeld, Januar 2012   Wolfgang Kohn und Riza Öztürk

Vorwort zur 1. Auflage

In diesem Buch haben wir mathematische Grundlagen für Ökonomen zusammengefasst. Formale Definitionen, Beweise und mathematische Sätze befinden sich kaum im Text, wohingegen eine Herleitung von Formeln oft erfolgt, die hoffentlich zu ihrem besseren Verständnis führen. In der Anwendung stehen betriebswirtschaftliche Aspekte im Zentrum.

Zeitgemäß werden aufwändigere Rechnungen mit einem Computerprogramm durchgeführt. Das hier verwendete *open source* Programm Scilab besitzt hervorragende numerische Eigenschaften und ermöglicht die einfache Umsetzung der Formeln, insbesondere in der linearen Algebra. In diesem Programm können auch Vektoren oder Matrizen Variablen sein. Dies ist ein großer Vorteil, wenn man die Rechnungen nachvollziehen möchte. An geeigneten Stellen im Text werden die Programmbefehle für einzelne Berechnungen beschrieben. Natürlich eignen sich auch andere Programme wie zum Beispiel Excel, Maple oder Mathematica für die Berechnungen. Scilab (siehe www.scilab.org) steht für verschiedene Betriebssysteme zur Verfügung.

Teil I enthält einige Grundlagen der Mathematik, Teil II führt in die lineare Algebra und deren ökonomische Anwendungen ein. In Teil III wird die Analysis mit Finanzmathematik, Differentialrechnung und Integralrechnung behandelt. Im Anhang (Teil IV) wird kurz das Programm Scilab beschrieben. Ferner finden sich dort die Lösungen zu den Übungen aus den vorangegangenen Kapiteln.

Die Kapitel 4 bis 10 und Teile von 11 bilden das Programm für einen vier Semesterwochenstunden (SWS) umfassenden Kurs in einem betriebswirtschaftlich orientierten Bachelorstudiengang mit einem Arbeitsäquivalent von 5 europäischen Arbeitspunkten (ECTS). Die Kapitel 3, 11 und 12 sind in Kombination mit weiterführenden Themen für einen Masterstudiengang geeignet.

Besonderer Dank gebührt Diplom-Volkswirtin Coco Rindt, Prof. Dr. Rainer Lenz und Dr. Wolfgang Rohde, die mit vielen Korrekturen und guten Verbesserungen zum Gelingen des Buches beitrugen.

Bielefeld, Mai 2009   Wolfgang Kohn und Riza Öztürk

Inhaltsverzeichnis

Teil I Grundlagen

1 Mengenlehre und Aussagenlogik 3
   1.1   Vorbemerkung 3
   1.2   Mengen 4
          1.2.1   Mengenoperationen 7
          1.2.2   Mengengesetze 10
          1.2.3   Zahlenmengen 12
   1.3   Aussagenlogik 14
          1.3.1   Logikoperatoren 14
          1.3.2   Regeln 16
          1.3.3   Gesetze der Logik 17
   1.4   Fazit 20

2 Funktionen 21
   2.1   Vorbemerkung 21
   2.2   Funktionsbegriff 22
   2.3   Funktionen in Scilab 25
   2.4   Besondere mathematische Funktionen 27
          2.4.1   Summenzeichen 27
          2.4.2   Produktzeichen 30
          2.4.3   Betragsfunktion 30
          2.4.4   Ganzzahlfunktion 31
          2.4.5   Potenz- und Wurzelfunktion 31
          2.4.6   Exponentialfunktionen 34
          2.4.7   Logarithmusfunktion 37
          2.4.8   Anwendung in Scilab 41
   2.5   Fazit 42

3 Kombinatorik ... 43
- 3.1 Vorbemerkung ... 43
- 3.2 Fakultät und Binomialkoeffizient ... 44
  - 3.2.1 Fakultät ... 44
  - 3.2.2 Binomialkoeffizient ... 44
  - 3.2.3 Definition des Binomialkoeffizienten in Scilab ... 46
- 3.3 Permutation ... 46
  - 3.3.1 Permutation ohne Wiederholung ... 47
  - 3.3.2 Permutation mit Wiederholung ... 47
- 3.4 Variation ... 48
  - 3.4.1 Variation ohne Wiederholung ... 48
  - 3.4.2 Variation mit Wiederholung ... 49
- 3.5 Kombination ... 50
  - 3.5.1 Kombination ohne Wiederholung ... 50
  - 3.5.2 Kombination mit Wiederholung ... 51
- 3.6 Fazit ... 54

Teil II Lineare Algebra

4 Vektoren ... 57
- 4.1 Vorbemerkung ... 57
- 4.2 Eigenschaften von Vektoren ... 58
- 4.3 Operationen mit Vektoren ... 60
  - 4.3.1 Addition (Subtraktion) von Vektoren ... 60
  - 4.3.2 Skalares Vielfaches eines Vektors ... 60
- 4.4 Geometrische Darstellung von Vektoren ... 61
- 4.5 Linearkombinationen und lineare Abhängigkeit von Vektoren ... 61
- 4.6 Linear unabhängige Vektoren und Basisvektoren ... 62
- 4.7 Skalarprodukt (inneres Produkt) ... 64
- 4.8 Vektoren in Scilab ... 67
- 4.9 Fazit ... 68

5 Matrizen ... 69
- 5.1 Vorbemerkung ... 69
- 5.2 Einfache Matrizen ... 70
- 5.3 Spezielle Matrizen ... 70
- 5.4 Operationen mit Matrizen ... 72
  - 5.4.1 Addition (Subtraktion) von Matrizen ... 72
  - 5.4.2 Multiplikation einer Matrix mit einem skalaren Faktor ... 73
  - 5.4.3 Multiplikation von Matrizen ... 73
- 5.5 Ökonomische Anwendung ... 74
- 5.6 Matrizenrechnung mit Scilab ... 78
- 5.7 Fazit ... 79

6 Lineare Gleichungssysteme ... 81
- 6.1 Vorbemerkung ... 82
- 6.2 Inhomogene lineare Gleichungssysteme ... 82
  - 6.2.1 Lösung eines inhomogenen Gleichungssystems ... 83
  - 6.2.2 Linear abhängige Gleichungen im Gleichungssystem ... 85
  - 6.2.3 Lösen eines Gleichungssystems mit dem Gauß-Algorithmus ... 88
  - 6.2.4 Lösen eines Gleichungssystems mit Scilab ... 94
- 6.3 Rang einer Matrix ... 94
  - 6.3.1 Eigenschaft des Rangs ... 95
  - 6.3.2 Rang und lineares Gleichungssystem ... 95
  - 6.3.3 Berechnung des Rangs mit Scilab ... 96
- 6.4 Inverse einer Matrix ... 96
  - 6.4.1 Eigenschaft der Inversen ... 96
  - 6.4.2 Berechnung der Inversen ... 97
  - 6.4.3 Berechnung von Inversen mit Scilab ... 99
- 6.5 Ökonomische Anwendung: Input-Output-Analyse ... 99
  - 6.5.1 Klassische Analyse ... 99
  - 6.5.2 Preisanalyse ... 102
  - 6.5.3 Lösen linearer Gleichungssysteme mit Scilab ... 106
- 6.6 Determinante einer Matrix ... 108
  - 6.6.1 Berechnung von Determinanten ... 108
  - 6.6.2 Einige Eigenschaften von Determinanten ... 111
  - 6.6.3 Berechnung von Determinanten in Scilab ... 112
- 6.7 Homogene Gleichungssysteme ... 112
  - 6.7.1 Eigenwerte ... 112
  - 6.7.2 Eigenvektoren ... 113
  - 6.7.3 Einige Eigenschaften von Eigenwerten ... 114
  - 6.7.4 Ähnliche Matrizen ... 114
  - 6.7.5 Berechnung von Eigenwerten und Eigenvektoren mit Scilab ... 116
- 6.8 Fazit ... 117

7 Lineare Optimierung ... 119
- 7.1 Vorbemerkung ... 119
- 7.2 Formulierung der Grundaufgabe ... 120
- 7.3 Grafische Maximierung ... 123
- 7.4 Matrix-Formulierung der linearen Optimierung ... 123
- 7.5 Simplex-Methode für die Maximierung ... 125
- 7.6 Interpretation des Simplex-Endtableaus ... 129
- 7.7 Sonderfälle im Simplex-Algorithmus ... 131
  - 7.7.1 Unbeschränkte Lösung ... 131
  - 7.7.2 Degeneration ... 132
  - 7.7.3 Mehrdeutige Lösung ... 133
- 7.8 Erweiterungen des Simplex-Algorithmus ... 133
  - 7.8.1 Berücksichtigung von Größer-gleich-Beschränkungen ... 133

		7.8.2 Berücksichtigung von Gleichungen 136

7.9 Ein Minimierungsproblem 137
7.10 Grafische Minimierung 138
7.11 Simplex-Methode für die Minimierung 139
7.12 Dualitätstheorem der linearen Optimierung 141
7.13 Lineare Optimierung mit Scilab 142
7.14 Fazit 144

Teil III Analysis

8 Rationale Funktionen, Folgen und Reihen 147
   8.1 Vorbemerkung 147
   8.2 Ganz-rationale Funktionen 148
       8.2.1 Partialdivision und Linearfaktorzerlegung 150
       8.2.2 Nullstellenberechnung mit der Regula falsi 151
       8.2.3 Nullstellenberechnung mit Scilab 155
   8.3 Gebrochen-rationale Funktionen 156
   8.4 Folgen 158
       8.4.1 Arithmetische Folge 159
       8.4.2 Geometrische Folge 160
   8.5 Reihen 160
       8.5.1 Arithmetische Reihe 161
       8.5.2 Geometrische Reihe 162
   8.6 Fazit 164

9 Grundlagen der Finanzmathematik 165
   9.1 Vorbemerkung 166
   9.2 Tageszählkonventionen 167
   9.3 Lineare Zinsrechnung 168
   9.4 Exponentielle Zinsrechnung 169
       9.4.1 Nachschüssige exponentielle Verzinsung 169
       9.4.2 Vorschüssige exponentielle Verzinsung 171
       9.4.3 Gemischte Verzinsung 172
       9.4.4 Unterjährige periodische Verzinsung 173
   9.5 Rentenrechnung 178
       9.5.1 Rentenrechnung mit linearer Verzinsung 178
       9.5.2 Rentenrechnung mit exponentieller Verzinsung 180
   9.6 Besondere Renten 192
       9.6.1 Wachsende Rente 192
       9.6.2 Ewige Rente 193
   9.7 Kurs- und Renditeberechnung eines Wertpapiers 194
       9.7.1 Kursberechnung 194
       9.7.2 Renditeberechnung für ein Wertpapier 197
       9.7.3 Berechnung einer Wertpapierrendite mit Scilab 199

	9.7.4	Zinssatzstruktur	200
	9.7.5	Barwertberechnung bei nicht-flacher Zinssatzstruktur	201
	9.7.6	Berechnung von Nullkuponrenditen mit Scilab	203
	9.7.7	Duration	204
	9.7.8	Berechnung der Duration mit Scilab	208
9.8	Annuitätenrechnung		208
	9.8.1	Annuität	208
	9.8.2	Restschuld	211
	9.8.3	Tilgungsrate	212
	9.8.4	Anfänglicher Tilgungssatz	212
	9.8.5	Tilgungsplan	214
	9.8.6	Berechnung eines Tilgungsplans mit Scilab	215
	9.8.7	Effektiver Kreditzinssatz	217
	9.8.8	Berechnung des effektiven Kreditzinssatzes mit Scilab	224
	9.8.9	Mittlere Kreditlaufzeit	225
	9.8.10	Margenbarwert eines Kredits	226
	9.8.11	Berechnung des Margenbartwerts mit Scilab	228
9.9	Investitionsrechnung		231
	9.9.1	Kapitalwertmethode	231
	9.9.2	Methode des internen Zinssatzes	233
	9.9.3	Berechnungen des Kapitalwerts und des internen Zinssatzes mit Scilab	234
	9.9.4	Probleme der Investitionsrechnung	235
	9.9.5	Investitionsrechnung bei nicht-flacher Zinssatzstruktur	237
9.10	Fazit		241
10 Differentialrechnung für Funktionen mit einer Variable			**243**
10.1	Vorbemerkung		244
10.2	Grenzwert und Stetigkeit einer Funktion		244
10.3	Differentialquotient		246
	10.3.1	Ableitung einer Potenzfunktion	248
	10.3.2	Ableitung der Exponentialfunktion	249
	10.3.3	Ableitung der natürlichen Logarithmusfunktion	250
	10.3.4	Ableitung der Sinus- und Kosinusfunktion	250
10.4	Differentiation von verknüpften Funktionen		250
	10.4.1	Konstant-Faktor-Regel	251
	10.4.2	Summenregel	251
	10.4.3	Produktregel	252
	10.4.4	Quotientenregel	253
	10.4.5	Kettenregel	254
10.5	Ergänzende Differentiationstechniken		256
	10.5.1	Ableitung der Umkehrfunktion	256
	10.5.2	Ableitung einer logarithmierten Funktion	257
	10.5.3	Ableitung der Exponentialfunktion zur Basis a	257
	10.5.4	Ableitung der Logarithmusfunktion zur Basis a	258

Inhaltsverzeichnis

- 10.6 Höhere Ableitungen und Extremwerte ... 259
- 10.7 Newton-Verfahren ... 262
- 10.8 Ökonomische Anwendung ... 264
  - 10.8.1 Ertragsfunktion ... 265
  - 10.8.2 Beziehung zwischen Grenzerlös und Preis ... 267
  - 10.8.3 Kostenfunktion ... 269
  - 10.8.4 Individuelle Angebotsplanung unter vollkommener Konkurrenz ... 273
  - 10.8.5 Angebotsverhalten eines Monopolisten ... 275
  - 10.8.6 Elastizitäten ... 279
- 10.9 Fazit ... 284

11 Funktionen und Differentialrechnung mit zwei Variablen ... 285
- 11.1 Vorbemerkung ... 286
- 11.2 Funktionen mit zwei Variablen ... 286
  - 11.2.1 Isoquanten ... 287
  - 11.2.2 Nullstellen ... 287
- 11.3 Differenzieren von Funktionen mit zwei Variablen ... 287
  - 11.3.1 Partielles Differential ... 288
  - 11.3.2 Partielles Differential höherer Ordnung ... 290
  - 11.3.3 Totales Differential ... 290
  - 11.3.4 Differentiation impliziter Funktionen ... 291
  - 11.3.5 Ökonomische Anwendungen ... 292
- 11.4 Extremwertbestimmung ... 295
- 11.5 Extremwertbestimmung unter Nebenbedingung: Lagrange-Funktion 298
  - 11.5.1 Notwendige Bedingung für einen Extremwert ... 299
  - 11.5.2 Lagrange-Multiplikator ... 301
  - 11.5.3 Hinreichende Bedingung für ein Maximum bzw. Minimum 302
  - 11.5.4 Ökonomische Anwendung: Minimalkostenkombination ... 306
  - 11.5.5 Ökonomische Anwendung: Portfolio-Theorie nach Markowitz ... 308
- 11.6 Fazit ... 328

12 Grundlagen der Integralrechnung ... 329
- 12.1 Vorbemerkung ... 329
- 12.2 Das unbestimmte Integral ... 330
  - 12.2.1 Integrale für elementare Funktionen ... 331
  - 12.2.2 Integrationsregeln ... 332
  - 12.2.3 Ökonomische Anwendung ... 339
- 12.3 Das bestimmte Integral ... 341
  - 12.3.1 Hauptsatz der Integralrechnung ... 342
  - 12.3.2 Eigenschaften bestimmter Integrale ... 343
  - 12.3.3 Beispiele für bestimmte Integrale ... 345
  - 12.3.4 Ökonomische Anwendung ... 346
  - 12.3.5 Integralberechnung mit Scilab ... 347

12.4	Uneigentliche Integrale		348
	12.4.1	Ökonomische Anwendung	349
	12.4.2	Statistische Anwendung	349
12.5	Fazit		350

Teil IV Anhang

Eine kurze Einführung in Scilab 353

Lösungen zu den Übungen 357

Literaturverzeichnis 387

Sachverzeichnis 389

Teil I

Grundlagen

1
Mengenlehre und Aussagenlogik

Inhalt

1.1	Vorbemerkung		3
1.2	Mengen		4
	1.2.1	Mengenoperationen	7
	1.2.2	Mengengesetze	10
	1.2.3	Zahlenmengen	12
1.3	Aussagenlogik		14
	1.3.1	Logikoperatoren	14
	1.3.2	Regeln	16
	1.3.3	Gesetze der Logik	17
1.4	Fazit		20

1.1 Vorbemerkung

In diesem Kapitel werden die Grundzüge der Mengenlehre, der Zahlenmengen und der Aussagenlogik erklärt. Mengen und Aussagenlogik kann man als die Basis der Mathematik bezeichnen.

Folgende Symbole und mathematischen Zeichen werden verwendet:

a, b	Element, Koeffizient oder Variable
A, B	hier: Mengen oder Aussagen
i	hier: Bezeichnung für eine imaginäre Zahl
k, m, n	häufig: Variablen für ganze Zahlen
x, y	Variable, Element
$\mathbb{N}$	Menge der natürlichen Zahlen
$\{\}$	Klammern, die eine Menge bezeichnen
$x \in M$	x ist Element der Menge M
$x \notin M$	x ist nicht Element der Menge M
$A \subset B$	A ist Teilmenge der Menge B

$A \subseteq B$ — A ist Teilmenge der Menge B oder gleich der Menge B
Ω — Universalmenge
$\emptyset$ — leere Menge
$n(A)$ — hier: Mächtigkeit der Menge A
$A \cup B$ — Vereinigung von Menge A und B
$A \cap B$ — Durchschnitt von Menge A und B
$A \setminus B$ — Subtraktion von Menge B von A
A^c — Komplementmenge von A zur Universalmenge Ω
$\neg A$ — Negation einer Aussage A
$A \vee B$ — logisches ODER, Disjunktion
$A \wedge B$ — logisches UND, Konjunktion
$A \to B$ — Implikation
$A \leftrightarrow B$ — Äquivalenz
$\neq$ — Ungleichheit
∞ — Symbol für unendlich

Das Ende eines Beispiel ist mit dem Symbol ☼ gekennzeichnet.

1.2 Mengen

Eine wohldefinierte Gesamtheit eindeutig unterscheidbarer Elemente heißt **Menge**.

Allgemein werden Mengen mit großen lateinischen Buchstaben $A, B, C, \ldots$ bezeichnet. Für die Elemente wählt man dann i. d. R. kleine lateinische Buchstaben $a, b, c, \ldots$

Die Elemente einer Menge fasst man mit geschweiften Klammern zusammen: $A = \{a, b, c\}$. Ein Element kann in einer Menge durch Mehrfachnennung öfter auftreten. Es zählt jedoch nur als ein Element.

Gehört das Element a zur Menge A, so wird dies durch $a \in A$ abgekürzt. Will man ausdrücken, dass a nicht zur Menge A gehört, so schreibt man: $a \notin A$.

Die Definition einer Menge erfolgt durch die Beschreibung der Elemente, entweder durch Aufzählung oder eine implizite Beschreibung. Bei der impliziten Beschreibung wird die Menge wie folgt beschrieben:

$$A = \{a \mid \text{umfassende eindeutige Beschreibung von } a\}$$

Der Ausdruck $\{a \mid \ldots$ ist wie folgt zu lesen: Für die Elemente der Menge a gilt die nachstehende Beschreibung.

Beispiel 1.1.
$$A = \{a \mid a \text{ ist eine natürliche Zahl kleiner } 10\}$$

Die Menge A beinhaltet alle natürlichen Zahlen kleiner als 10, also die Zahlen von 1 bis 9. ☼

Beispiel 1.2. Die Menge M besitzt Elemente, die aus einem sogenannten Tupel, einer Liste von Variablen, besteht.

$$M = \{(x,y) \mid 0 \leq x \leq 4 \text{ und } y = 2x+3 \text{ und } y = \text{ganzzahlig}\}$$

Das erste Element (Tupel), das die nachstehende Bedingung erfüllt, ist ($x = 0$, $y = 3$). Das zweite Element ist $(0.5, 4)$ und das letzte Element der Menge ist $(4, 11)$.

☆

Zur Illustration von Mengenoperationen werden häufig **Venn-Diagramme** verwendet (siehe Abb. 1.1).

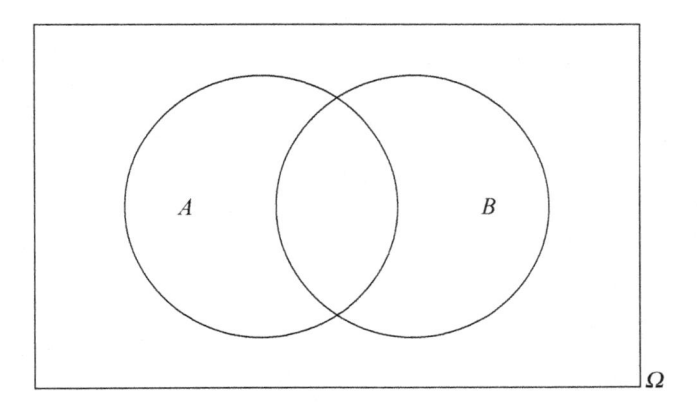

Abb. 1.1: Venn-Diagramm

Die Anzahl der unterscheidbaren Elemente einer Menge A wird als deren **Mächtigkeit einer Menge** bezeichnet und meistens mit $n(A)$ abgekürzt. Die Mächtigkeit einer Menge kann endlich oder unendlich sein. Man spricht dann auch von endlichen und unendlichen Mengen.

Beispiel 1.3. Für die nachfolgenden Mengen werden die Mächtigkeiten (Anzahl der Elemente in der Menge) angegeben. Ein Element wird nur einmal gezählt, auch wenn es mehrmals in einer Menge auftritt.

$$X = \{x_1, x_2, \ldots, x_k\} \qquad n(X) = k$$
$$\mathbb{N} = \{1, 2, 3, \ldots\} \qquad n(\mathbb{N}) = \infty$$
$$A = \{a, b, a, c, a, d\} \qquad n(A) = 4$$

☆

Die **Universalmenge** Ω ist bezüglich der zu untersuchenden Elemente die umfassende Menge, die alle Elemente enthält. Die **leere Menge** $\emptyset$ enthält kein Element.

Beispiel 1.4. Die Zahlen 1 bis 9 sollen in einer Mengenalgebra untersucht werden. Die Universalmenge Ω ist daher: $\Omega = \{1,2,3,4,5,6,7,8,9\}$. ☼

Zwei Mengen A und B heißen **gleich**, wenn sie die gleichen Elemente enthalten. Man schreibt:
$$A = B$$

Beispiel 1.5. Die beiden folgenden Mengen A und B sind gleich; sie sind nur auf eine unterschiedliche Art beschrieben.
$$A = \{-1\} \qquad B = \{x \mid x+1 = 0\} \qquad A = B$$

☼

Die Menge A heißt **Teilmenge** (oder Untermenge) der Menge B, wenn alle Elemente der Menge A auch in der Menge B enthalten sind (aber nicht alle Elemente von B sind Elemente von A). Man schreibt:
$$A \subset B$$

Ist auch die Gleichheit der Mengen erlaubt, dann schreibt man:
$$A \subseteq B$$

Beispiel 1.6.
$$\{L,E,O\} \subseteq \{L,O,E,W,E\}$$

☼

Die Menge aller Teilmengen einer Menge A heißt **Potenzmenge**. Man schreibt:
$$\wp(A) = \{X \mid X \subseteq A\}$$

Zu den Teilmengen von A gehört sowohl die leere Menge $\emptyset$ als auch die Menge A selbst. Bei n Elementen in der Menge A enthält die Potenzmenge 2^n Teilmengen.

Begründung für die Basis 2: Jedes Element in einer Menge kann ausgewählt werden oder nicht: 1 oder 0. Somit liegt eine Permutation (siehe Kapitel 3) von 2 Werten vor, die auf n Elemente angewendet wird.

Beispiel 1.7. Die Menge A enthält die Buchstaben des Worts LEO.
$$A = \{a \mid a \text{ ist ein Buchstabe des Namens LEO}\}$$
$$= \{L,E,O\}$$

Die Potenzmenge ist folglich die Menge aller möglichen Buchstabenzusammensetzungen. Auch die leere Menge gehört stets zur Potenzmenge.
$$\wp(A) = \{\emptyset, \{L\}, \{E\}, \{O\}, \{L,E\}, \{L,O\}, \{E,O\}, \{L,E,O\}\}$$

Wird die Bitfolge der Auswahl (0 = Element nicht ausgewählt, 1 = Element ausgewählt) betrachtet, so ergibt sich für die Menge $\{L,E,O\}$:

Tabelle 1.1: Bitfolge der Elementauswahl

L	E	O	Auswahl
0	0	0	leere Menge
1	0	0	$\{L\}$
0	1	0	$\{E\}$
0	0	1	$\{O\}$
1	1	0	$\{L,E\}$
1	0	1	$\{L,O\}$
0	1	1	$\{E,O\}$
1	1	1	$\{L,E,O\}$

Die Potenzmenge besitzt also $2^3 = 8$ Teilmengen. ☼

1.2.1 Mengenoperationen

Im Folgenden werden die grundlegenden Mengenoperationen zwischen 2 Mengen beschrieben.

Vereinigung $A \cup B$ lies: A vereinigt mit B

Die Vereinigung zweier Mengen A und B enthält alle Elemente, die entweder in A oder in B oder in beiden Mengen enthalten sind (siehe Abb. 1.2). Man schreibt:

$$A \cup B = \{x \mid x \in A \text{ oder } x \in B\}$$

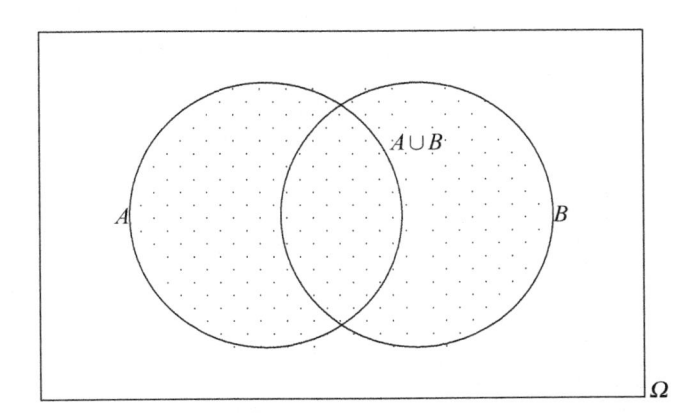

Abb. 1.2: Vereinigung

Beispiel 1.8. A ist eine Menge von Studenten, die BWL studieren. B ist eine Menge von Studenten die Mathematik studieren. Die Vereinigung der beiden Mengen ist die Menge, die sowohl die Elemente von A als auch von B enthält, die Studierenden, die BWL oder Mathematik oder beide Fächer studieren. ✼

Zwei Mengen A und B, die keine gemeinsamen Elemente enthalten, heißen **disjunkt**.

Beispiel 1.9. Die Menge der geraden Zahlen und die Menge der ungeraden Zahlen sind disjunkt. Entweder ist eine Zahl gerade oder ungerade. ✼

Durchschnitt $A \cap B$ lies: A geschnitten B
Der Durchschnitt zweier Mengen A und B enthält alle Elemente, die sowohl in A als auch in B enthalten sind (siehe Abb. 1.3). Man schreibt:

$$A \cap B = \{x \mid x \in A \text{ und } x \in B\}$$

Der Durchschnitt von disjunkten Mengen ist die leere Menge.

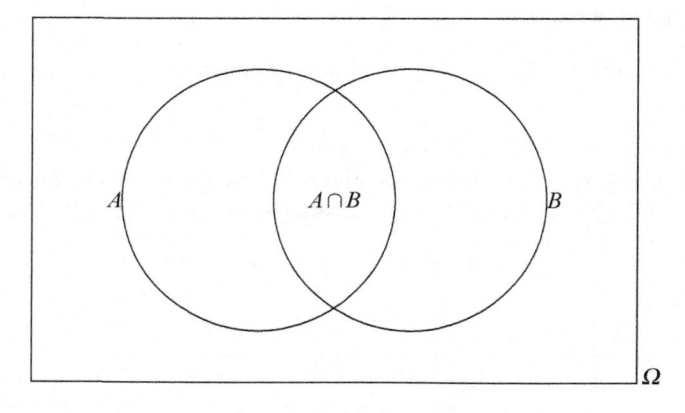

Abb. 1.3: Durchschnitt

Beispiel 1.10. A ist eine Menge von Studenten, die BWL studieren. B ist eine Menge von Studenten, die Mathematik studieren. Der Durchschnitt der beiden Mengen besteht aus den Elementen (Studenten), die beide Studienfächer studieren. ✼

Differenz $A \setminus B$ lies: A minus B
Die Differenz zweier Mengen A und B enthält alle Elemente von A, die nicht in B enthalten sind (siehe Abb. 1.4). Man schreibt:

$$A \setminus B = \{x \mid x \in A \text{ und } x \notin B\}$$

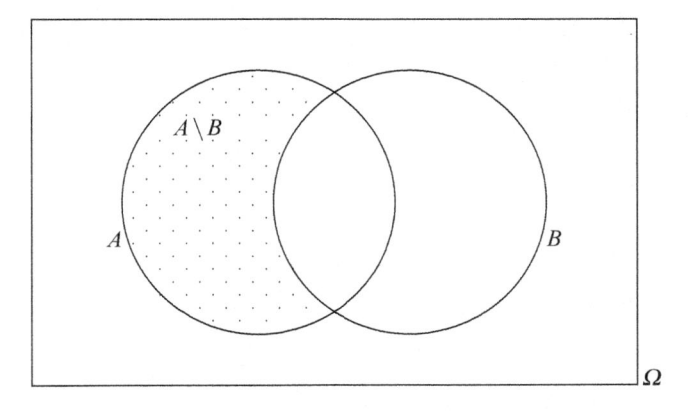

Abb. 1.4: Differenz

Beispiel 1.11. A ist eine Menge von Studenten, die BWL studieren. B ist eine Menge von Studenten, die Mathematik studieren. Es wird angenommen, dass es Studierende gibt, die beide Fächer studieren. Die Differenzmenge $A \setminus B$ ist die Menge der BWL Studierenden, die keine Mathematik studieren. ✧

Komplement A^c lies: Komplement von A

Das Komplement der Menge A bezüglich der Universalmenge Ω enthält alle Elemente der Menge Ω, die nicht in der Menge A enthalten sind (siehe Abb. 1.5). Man schreibt:
$$A^c = \{x \mid x \in \Omega \text{ und } x \notin A\}$$

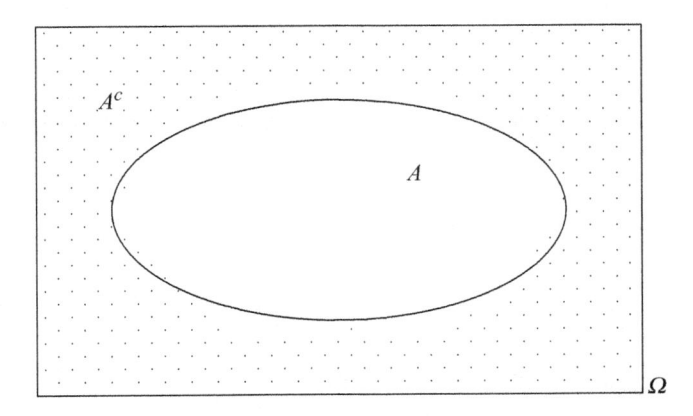

Abb. 1.5: Komplement

Beispiel 1.12. A ist eine Menge von Studenten, die BWL studieren. Die Komplementmenge von A sind alle Studierenden, die nicht BWL studieren. ✧

Produkt $A \times B$ lies: A kreuz B

Das Produkt zweier Mengen A und B besteht aus allen Paaren je eines Elements aus der Menge A und aus der Menge B. Man schreibt:

$$A \times B = \{(x,y) \mid x \in A \text{ und } y \in B\}$$

Beispiel 1.13.

$$X = \{x \mid 0 \leq x \leq 1\}$$
$$Y = \{y \mid 0 \leq y \leq 1\}$$
$$X \times Y = \{(x,y) \mid 0 \leq x \leq 1 \text{ und } 0 \leq y \leq 1\}$$

Die Produktmenge von 2 Mengen kann als Fläche in einem xy Koordinatensystem anschaulich interpretiert werden.   ☼

1.2.2 Mengengesetze

Aus den Mengenoperationen ergeben sich Gesetze, die – wie in der Arithmetik – dazu genutzt werden können, Mengenoperationen durchzuführen.

Idempotenzgesetze   Die Vereinigung und der Durchschnitt mit denselben Mengen verändert die Menge nicht.

$$A \cup A = A$$
$$A \cap A = A$$

Identitätsgesetze   Die leere Menge enthält kein Element. Folglich verändert die Vereinigung einer Menge mit der leeren Menge die Menge nicht. Der Durchschnitt einer Menge mit der leeren Menge führt folglich zur leeren Menge. Die Universalmenge enthält alle Elemente einer Mengenalgebra. Daher ist die Vereinigung einer Menge mit der Universalmenge die Universalmenge. Der Durchschnitt mit ihr ist die Menge selbst.

$$A \cup \emptyset = A$$
$$A \cap \emptyset = \emptyset$$
$$A \cup \Omega = \Omega$$
$$A \cap \Omega = A$$

Komplementgesetze   Eine Menge und deren Komplement sind die Universalmenge. Der Durchschnitt einer Menge mit ihrem Komplement ist die leere Menge.

$$A \cup A^c = \Omega$$
$$A \cap A^c = \emptyset$$

Kommutativgesetze Die Vertauschung zweier Mengen bei der Vereinigung bzw. beim Durchschnitt ändert nicht das Ergebnis.

$$A \cup B = B \cup A$$
$$A \cap B = B \cap A$$

Assoziativgesetze Die Reihenfolge der Vereinigung bzw. des Durchschnitts von Mengen ändert nicht das Ergebnis.

$$(A \cup B) \cup C = A \cup (B \cup C)$$
$$(A \cap B) \cap C = A \cap (B \cap C)$$

Distributivgesetze Die Vereinigung von B, C geschnitten mit A ist gleich der Vereinigung der Durchschnitte von A, B und A, C. Der Durchschnitt von B, C vereinigt mit A ist identisch mit dem Durchschnitt der Vereinigungen von A, B und A, C.

$$A \cap (B \cup C) = (A \cap B) \cup (A \cap C)$$
$$A \cup (B \cap C) = (A \cup B) \cap (A \cup C)$$

Beispiel 1.14. Es sind die Mengen $A = \{1,2,5\}$, $B = \{1,2,3\}$ und $C = \{1,3,4\}$ gegeben.

Für das 1. Distributivgesetz ergibt sich

$$A \cap (B \cup C) = \{1,2,5\} \cap (\{1,2,3\} \cup \{1,3,4\}) = \{1,2\}$$
$$(A \cap B) \cup (A \cap C) = (\{1,2\}) \cup (\{1\}) = \{1,2\}$$

Für das 2. Distributivgesetz ergibt sich

$$A \cup (B \cap C) = \{1,2,5\} \cup (\{1,2,3\} \cap \{1,3,4\}) = \{1,2,3,5\}$$
$$(A \cup B) \cap (A \cup C) = \{1,2,3,5\} \cap \{1,2,3,4,5\} = \{1,2,3,5\}$$

☆

De Morgans-Gesetze Das Komplement des Durchschnitts von A und B ist gleich der Vereinigung der beiden Komplementmengen. Das Komplement der Vereinigung von A und B ist gleich dem Durchschnitt der beiden Komplementmengen.

$$(A \cap B)^c = A^c \cup B^c$$
$$(A \cup B)^c = A^c \cap B^c$$

Beispiel 1.15. Es sind folgende Mengen $\Omega = \{1,2,3,4,5\}$, $A = \{1,2,5\}$ und $B = \{1,2,3\}$ gegeben.

Für das 1. De Morganssche Gesetz ergibt sich

$$(A \cap B)^c = (\{1,2,5\} \cap \{1,2,3\})^c = (\{1,2\})^c = \{3,4,5\}$$
$$A^c \cup B^c = \{3,4\} \cup \{4,5\} = \{3,4,5\}$$

Für das 2. De Morgansche Gesetz ergibt sich

$$(A \cup B)^c = (\{1,2,5\} \cup \{1,2,3\})^c = (\{1,2,3,5\})^c = \{4\}$$
$$A^c \cap B^c = \{3,4\} \cap \{4,5\} = \{4\}$$

☼

Übung 1.1. Betrachten Sie in der Grundmenge

$$\Omega = \{1,\ldots,8\}$$

die Teilmengen

$$A = \{1,\ldots,5\}$$

und

$$B = \{2,3,5,7,8\}$$

Bestimmen Sie:

$$A^c \cap B \qquad A \cup B^c \qquad A^c \cap B^c$$

Übung 1.2. Auf einem Messestand erwerben vom 110 Besuchern 50 den Artikel A, 80 den Artikel B und 70 den Artikel C. 20 Besucher kaufen die Artikel A, B und C. Außerdem erwerben jeweils 20 Besucher nur die Artikel B und C und A und C. 30 Besucher kaufen nur den Artikel B.
Wie viel Besucher kaufen nur den Artikel A und nur den Artikel C?

Übung 1.3. Gegeben sind die Intervalle $A = [-1,2)$, $B = (-2,1)$ und $C = [0,2]$. Eine eckige Klammer [bedeutet, dass die Zahl im Intervall enthalten ist, eine runde Klammer (bedeutet, dass die Zahl nicht eingeschlossen ist. Führen Sie folgende Mengenoperationen aus:

$$A \cup B \qquad A \cup C \qquad A \cap C$$
$$B \cap C \qquad C \setminus A \qquad C \setminus B$$

1.2.3 Zahlenmengen

Die Grundlage vieler mathematischer Überlegungen sind Zahlen. Sie können in unterschiedliche Bereiche eingeteilt werden. Beispielsweise gibt es Zahlen, die nur für die einfache Zählung geeignet sind. Andere entstehen aus Brüchen oder durch die Auflösung einer Gleichung.

Wenn wir etwas zählen, verwenden wir die Menge der **natürlichen Zahlen**. Sie wird mit dem Symbol $\mathbb{N}$ bezeichnet:

$$\mathbb{N} = \{1, 2, 3, 4, \ldots\}$$

Häufig wird die Menge der natürlichen Zahlen um die Null erweitert.

$$\mathbb{N}_0 = \{0, 1, 2, 3, 4, \ldots\}$$

Wird die Menge der natürlichen Zahlen mit den negativen Zahlen erweitert, erhält man die Menge der **ganzen Zahlen** $\mathbb{Z}$.

$$\mathbb{Z} = \{\ldots, -4, -3, -2, -1, 0, 1, 2, 3, 4, \ldots\}$$

Das Verhältnis zweier ganzer Zahlen führt zur Menge der **rationalen Zahlen**. Es sind die Brüche $\frac{n}{m}$, außer der Division mit 0. Zum Beispiel $\frac{-2}{-5} = 0.4$ oder $\frac{5}{3} = 1.6\overline{66}$. Sie werden mit dem Symbol $\mathbb{Q}$ bezeichnet.

$$\mathbb{Q} = \left\{ \frac{n}{m} \quad \text{mit } n \in \mathbb{Z} \text{ und } m \in \mathbb{Z} \setminus \{0\} \right\}$$

Die bisher genannten Zahlen sind abzählbar, obwohl alle drei Zahlenmengen $\mathbb{N}$, $\mathbb{Z}$ und $\mathbb{Q}$ unendlich sind.

Die Lösung der Gleichung $x^2 = 2$ ist nicht in den bisher beschriebenen Zahlenmengen enthalten. Die positive Wurzel von 2 besitzt unendlich viele Nachkommastellen. Es handelt sich um eine algebraische Zahl, da sie aus einem Polynom mit rationalen Koeffizienten entsteht (siehe Kapitel 8.2). Es existieren aber auch transzendente Zahlen, die sich nicht als Lösungen von Gleichungen darstellen lassen. Dies sind zum Beispiel die Kreiszahl π oder die Eulersche Zahl e. Beide Zahlenarten (algebraische und transzendente) werden zur Menge der **irrationalen Zahlen** zusammengefasst. Die Menge der irrationalen Zahlen ist nicht mehr abzählbar. Die Erweiterung der rationalen Zahlen um die irrationalen Zahlen führt zu der Obermenge der **reellen Zahlen** mit dem Symbol $\mathbb{R}$.

$$\mathbb{R} = \{x \quad \text{mit } -\infty < x < +\infty\}$$

Auf dem Zahlenstrahl sind alle Punkte besetzt. Es existieren aber noch Zahlen jenseits der reellen Zahlen. Die Lösung der Gleichung $x^2 = -2$ führt zur Wurzel (siehe Kapitel 2.4.5) einer negativen Zahl: $x = \sqrt{-2}$. Sie ist nicht Teilmenge der reellen Zahlen. Das Quadrat jeder reellen Zahl ist positiv. Daher können negative reelle Zahlen keine reellen Wurzeln haben. Mit der Einführung der Definition $i^2 = -1$ wird die Menge der reellen Zahlen zu der Menge der **komplexen Zahlen** mit dem Symbol $\mathbb{C}$ erweitert. Die Elemente dieser Menge haben die Form

$$c = a + bi,$$

wobei a und b Elemente der reellen Zahlen sind. Die Zahl c ist zusammengesetzt aus einem Realteil a und einem imaginären Teil bi.

$$\mathbb{C} = \{c = a+bi \quad \text{mit } a,b \in \mathbb{R}\}$$

Mit der obigen Herleitung haben wir die Menge der Zahlen beschrieben und beobachten folgende Beziehung unter den beschriebenen Mengen:

$$\mathbb{N} \subset \mathbb{Z} \subset \mathbb{Q} \subset \mathbb{R} \subset \mathbb{C}$$

1.3 Aussagenlogik

Die Aussagenlogik ist die Lehre vom folgerichtigen Denken, d. h. vom richtigen Schließen aufgrund gegebener Aussagen. Eine Aussage A ist ein Satz, der entweder wahr oder falsch ist. Ein dritter Wert existiert nicht, ein Teilwert ebenfalls nicht.

Beispiel 1.16. Wenn es nicht regnet oder schneit, spielt Leo Fußball.

Aussage A: Es regnet nicht
Aussage B: Es schneit nicht
Aussage C: Leo spielt Fußball

Der Wahrheitsgehalt der zusammengesetzten Aussage ist wahr, wenn es nicht regnet oder nicht schneit und Leo Fußball spielt, bzw. falsch, wenn es nicht regnet und nicht schneit, und Leo nicht spielt.

Weniger offensichtlich ist indes, dass die Aussage stets wahr ist, wenn Leo sonntags Fußball spielt, gleichgültig wie das Wetter ist. Der scheinbare Widerspruch klärt sich, wenn zwischen der Aussage und dem Wahrheitswert unterschieden wird. ☆

1.3.1 Logikoperatoren

Die Logikoperatoren sind inhaltlich und daher auch im Aussehen den Mengenoperatoren sehr ähnlich.

Negation $\neg A$ lies: nicht A
Umkehrung des Wahrheitswertes. Die Negation der Aussage A.

Beispiel 1.17. „Es regnet nicht" ist $\neg A$: „Es regnet". ☆

Die Auswertung einer Logikoperation wird häufig mit einer Wahrheitstafel vorgenommen. In der Tabelle werden alle Kombinationen von wahr (w) und falsch (f) abgetragen und mit dem Logikoperator ausgewertet.

Tabelle 1.2: Wahrheitstabelle für Negation

A	$\neg A$
w	f
f	w

1.3 Aussagenlogik

Konjunktion $A \wedge B$ lies: A und B
Verbindung von zwei Aussagen mit einem logischen UND. Sie ist nur wahr, wenn sowohl A als auch B wahr ist.

Tabelle 1.3: Wahrheitstabelle für Konjunktion

A	B	$A \wedge B$
w	w	w
w	f	f
f	w	f
f	f	f

Beispiel 1.18. „Es schneit nicht" und „es regnet nicht". Wenn beides wahr ist, dann ist die Konjunktion der beiden Aussagen wahr. Trifft eine der beiden Aussagen nicht zu, dann ist die Konjunktion falsch.   ☼

Disjunktion $A \vee B$ lies: A oder B
Verbindung von zwei Aussagen mit einem logischen ODER. Sie ist wahr, wenn wenigstens eine der beiden Aussagen wahr ist (heißt nicht entweder oder!).

Tabelle 1.4: Wahrheitstabelle für Disjunktion

A	B	$A \vee B$
w	w	w
w	f	w
f	w	w
f	f	f

Beispiel 1.19. „Es schneit" oder „es regnet". Wenn eine der beiden Aussagen zutrifft, dann ist die Gesamtaussage wahr.   ☼

Implikation $A \rightarrow B$ lies: aus A folgt B
Schlussfolgerung (Konklusion) aus einer Aussage A, die Voraussetzung (Prämisse) genannt wird. Eine Implikation ist wahr, wenn A UND B wahr sind. Sie ist aber auch wahr, wenn aus „A falsch" „B falsch" oder aus „A falsch" „B wahr" gefolgert wird. Sie ist nur dann falsch, wenn aus „A wahr" „B falsch" gefolgert wird. Ist $A \rightarrow B =$ wahr, so schreibt man $A \Rightarrow B$. Gilt $A \Rightarrow B$, so heißt A hinreichende Bedingung für B und B notwendige Bedingung für A.

Tabelle 1.5: Wahrheitstabelle für Implikation

A	B	A → B
w	w	w
w	f	f
f	w	w
f	f	w

Beispiel 1.20. Leo spielt Fußball. Der Tag ist regenfrei. $A \Rightarrow C$: Wenn der Tag trocken ist, dann spielt Leo Fußball.

Die Aussage „der Tag ist ohne Regen" ist hinreichend dafür, dass die Aussage „Leo spielt Fußball" wahr ist. Notwendigerweise spielt Leo Fußball, wenn der Tag ohne Regen ist. Die Umkehrung gilt jedoch nicht: „wenn Leo Fußball spielt, ist der Tag ohne Regen". Leo spielt auch in der Halle Fußball. ☼

Äquivalenz $A \leftrightarrow B$ lies: A genau dann, wenn B

Die Implikation gilt in beiden Richtungen, d. h. $A \to B$ UND $B \to A$. Die Äquivalenz ist dann wahr, wenn A und B denselben Wahrheitswert haben. Sie ist falsch, wenn der Wahrheitswert von den beiden verschieden ist. Ist $A \leftrightarrow B =$ wahr, so schreibt man $A \Leftrightarrow B$.

Tabelle 1.6: Wahrheitstabelle für Äquivalenz

A	B	A ↔ B
w	w	w
w	f	f
f	w	f
f	f	w

Beispiel 1.21. Aussage A: x ist durch 2 teilbar. Aussage B: y ist eine gerade Zahl. Es gilt $A \Leftrightarrow B$, weil jede gerade Zahl durch 2 teilbar ist und alle durch 2 teilbaren Zahlen geraden Zahlen sind. Die Aussage ist wahr. ☼

In der Informatik werden weitere Operatoren verwendet. Es sind die negierten Operatoren der Kon- und Disjunktion NAND und NOR sowie der Äquivalenz XOR.

1.3.2 Regeln

Wie in der Mengenlehre existieren auch für die Logik Regeln zur Auswertung von logischen Ausdrücken.

- Klammerausdrücke werden von innen nach außen interpretiert
- Operationen werden in der Reihenfolge
  1. Negation
  2. Konjunktion

3. Disjunktion
4. Implikation
5. Äquivalenz

interpretiert.

Jeder logische Ausdruck kann durch einen Ausdruck ersetzt werden, der nur die Operatoren $\neg, \wedge, \vee$ enthält.

$$A \rightarrow B = \neg A \vee B$$
$$A \leftrightarrow B = (A \rightarrow B) \wedge (B \rightarrow A)$$

Dass dies zutrifft, kann leicht mit einer Wahrheitstabelle überprüft werden.

1.3.3 Gesetze der Logik

In Anlehnung an die Gesetze der Mengenlehre werden die Gesetze der Logik vorgestellt.

Idempotenzgesetze Konjunktion oder Disjunktion einer Aussage A mit sich selbst liefert die Aussage A.

$$A \wedge A = A$$
$$A \vee A = A$$

Beispiel 1.22. Die Aussage „es schneit nicht" ändert sich nicht durch eine Konjunktion oder durch eine Disjunktion mit sich selbst. ☼

neutrale Wahrheitswerte Die Konjunktion einer Aussage A mit WAHR liefert stets A; mit FALSCH liefert stets FALSCH. Die Disjunktion einer Aussage A mit WAHR liefert stets WAHR und mit FALSCH stets A.

$$A \wedge \text{WAHR} = A$$
$$A \vee \text{WAHR} = \text{WAHR}$$
$$A \wedge \text{FALSCH} = \text{FALSCH}$$
$$A \vee \text{FALSCH} = A$$

Beispiel 1.23. Die Aussage „es schneit nicht" konjunktiv mit WAHR verknüpft liefert die Aussage. Die Aussage „es schneit" disjunktiv mit WAHR verknüpft liefert stets WAHR. Die Konjunktion mit FALSCH ist stets FALSCH; die Disjunktion mit FALSCH ist stets A. ☼

Kommutativgesetze Die Aussagen A und B können bei der Konjunktion und bei der Disjunktion vertauscht werden, ohne dass sich der Wahrheitswert ändert.

$$A \wedge B = B \wedge A$$
$$A \vee B = B \vee A$$

Assoziativgesetze Die Reihenfolge einer konjunktiven oder disjunktiven Operation ändert den Wahrheitswert nicht.

$$(A \wedge B) \wedge C = A \wedge (B \wedge C)$$
$$(A \vee B) \vee C = A \vee (B \vee C)$$

Distributivgesetze Die Konjunktion von A mit einer disjunktiven Operation B, C ist gleich der Disjunktion der Konjunktionen von A, B und A, C. Für dieses Gesetz existiert die Analogie in der Arithmetik: $A \times (B+C) = A \times B + A \times C$. Die Disjunktion von A mit einer konjunktiven Operation B, C ist gleich der Konjunktion der Disjunktionen von A, B und A, C. Für dieses Distributivgesetz existiert in der Arithmetik keine Analogie.

$$A \wedge (B \vee C) = (A \wedge B) \vee (A \wedge C)$$
$$A \vee (B \wedge C) = (A \vee B) \wedge (A \vee C)$$

Beispiel 1.24. Betrachten wir die Wahrheitstabelle für die Aussagen A, B, C. Der Wahrheitsgehalt der zusammengesetzten Terme erhält man, wenn zuerst die Terme in den Klammern ausgewertet werden (Rechenregeln) und anschließend der verbleibende Operator auf die Teilergebnisse angewendet wird.

Tabelle 1.7: Wahrheitstabelle für Distributivgesetze

A	B	C	$A \wedge (B \vee C)$	$(A \wedge B) \vee (A \wedge C)$	$A \vee (B \wedge C)$	$(A \vee B) \wedge (A \vee C)$
w	w	w	w	w	w	w
w	w	f	w	w	w	w
w	f	w	w	w	w	w
w	f	f	f	f	w	w
f	w	w	f	f	w	w
f	f	w	f	f	f	f
f	w	f	f	f	f	f
f	f	f	f	f	f	f

Die Aussagewerte der Terme sind gleich. ☆

Absorptionsgesetze Die Absorptionsgesetze sind mit den Regeln Mengenlehre leicht nachvollziehbar.

$$A \wedge (A \vee B) = A$$
$$A \vee (A \wedge B) = A$$

Beispiel 1.25. Die Aussage A ist „Leo spielt Fußball". Die Aussage B ist „es regnet nicht". Angenommen A ist wahr und B ist wahr oder falsch. Dann ist $(A \vee B)$ stets wahr und somit auch $A \wedge (A \vee B)$, weil der Aussagewert von A und $(A \vee B)$ wahr ist.

Betrachten wir das 2. Absorptionsgesetz. Die Konjunktion $(A \wedge B)$ liefert für die obige Annahme den Aussagewert wahr oder falsch. Aufgrund der Disjunktion mit A ist aber nur der Aussagewert von A für die Gesamtaussage bestimmend. ☼

De Morgans Gesetze Die Negation einer Konjunktion ist gleich der Disjunktion der negierten Aussagen. Die Negation einer Disjunktion ist gleich der Konjunktion der negierten Aussagen.

$$\neg(A \wedge B) = \neg A \vee \neg B$$
$$\neg(A \vee B) = \neg A \wedge \neg B$$

Beispiel 1.26. Aussage A: „kein Regen", Aussage B: „kein Schnee". Die Verneinung von „kein Regen" UND „kein Schnee" ist „Regen" ODER „Schnee". Die Verneinung von „kein Regen" ODER „kein Schnee" ist „Regen" UND „Schnee". ☼

Kontraposition Aus A folgt B ist gleich aus nicht B folgt nicht A.

$$(A \rightarrow B) = (\neg B \rightarrow \neg A)$$

Beispiel 1.27. Es sind die Aussage A „kein Regen" und die Aussage B „Leo spielt Fußball" gegeben. Die Implikation „kein Regen" $\Rightarrow$ „Leo spielt Fußball" ist identisch mit „Leo spielt nicht Fußball" $\Rightarrow$ „Regen". Natürlich gilt die Kontraposition auch für die anderen 3 Implikationen A: wahr $\rightarrow B$: falsch, A: falsch $\rightarrow B$: wahr und A: falsch $\rightarrow B$: falsch. ☼

Transitivität Die Transitivität bedeutet, dass die Aussage B übergangen werden kann, wenn sie bei einer ersten Implikation die Konklusion ist und bei einer zweiten Implikation zur Prämisse wird.

$$(A \rightarrow B) \rightarrow (B \rightarrow C) \Rightarrow (A \rightarrow C)$$

Umwandlungsregeln

$$A \vee B = \neg A \rightarrow B$$
$$A \wedge B = \neg(A \rightarrow \neg B)$$
$$A \leftrightarrow B = (\neg A \vee B) \wedge (A \vee \neg B)$$
$$A \leftrightarrow B = (A \wedge B) \vee (\neg A \wedge \neg B)$$
$$A \leftrightarrow B = \neg A \leftrightarrow \neg B$$
$$\neg(A \leftrightarrow B) = A \leftrightarrow \neg B = \neg A \leftrightarrow B$$

Konsensusregeln In den folgenden Aussageverbindungen besitzt die Konjunktion bzw. Disjunktion von B, C immer den Aussagewert falsch, wenn auch die Konjunktion bzw. Disjunktion von A, B oder von A, C falsch sind. Daher beeinflusst $B \wedge C$ bzw. $B \vee C$ den Gesamtaussagewert nicht.

$$(A \wedge B) \vee (\neg A \wedge C) \vee (B \wedge C) = (A \wedge B) \vee (\neg A \wedge C)$$
$$(A \vee B) \wedge (\neg A \vee C) \wedge (B \vee C) = (A \vee B) \wedge (\neg A \vee C)$$

> **Übung 1.4.** Man weise nach, dass
> $$A \leftrightarrow B = (\neg A \vee B) \wedge (A \vee \neg B)$$
> und
> $$A \leftrightarrow B = (A \wedge B) \vee (\neg A \neg B)$$
> identisch sind.

1.4 Fazit

Mengen und Zahlenmengen sind Grundlagen der Mathematik. Die reellen Zahlen sind die am häufigsten verwendeten Zahlen. Die Aussagenlogik wird in der Mathematik zur Beweisführung verwendet. Ferner wird sie in der Informatik verwendet.

2 Funktionen

Inhalt

2.1	Vorbemerkung	21
2.2	Funktionsbegriff	22
2.3	Funktionen in Scilab	25
2.4	Besondere mathematische Funktionen	27
	2.4.1 Summenzeichen	27
	2.4.2 Produktzeichen	30
	2.4.3 Betragsfunktion	30
	2.4.4 Ganzzahlfunktion	31
	2.4.5 Potenz- und Wurzelfunktion	31
	2.4.6 Exponentialfunktionen	34
	2.4.7 Logarithmusfunktion	37
	2.4.8 Anwendung in Scilab	41
2.5	Fazit	42

2.1 Vorbemerkung

Eine Funktion beschreibt gegenseitige Abhängigkeiten zwischen Variablen und sie ist eine wesentliche Grundlage in der Mathematik. Im Folgenden werden der Funktionsbegriff und einige spezielle Funktionen erläutert. Dazu zählen wir auch das Summen- und Produktzeichen für die fortgesetzte Addition und Multiplikation. Insbesondere das Summenzeichen wird häufig verwendet. Ferner sind die Logarithmus- und die Exponentialfunktion, sowie zwei spezielle Funktionen, die Betragsfunktion und die Gauß-Klammer (Auf- und Abrundungsfunktion) von Bedeutung. In Kapitel 8 werden die rationalen Funktionen mit einer Variablen sowie Folgen und Reihen erläutert.

Übersicht über die hier eingesetzten mathematischen Symbole:

$\sum$ Summenzeichen
$\prod$ Produktzeichen

i, j	Subskript, Index
$\| \;\|$	Betragsfunktion
$\lceil \;\rceil, \lfloor \;\rfloor$	Ganzzahlfunktion
e	Eulersche Zahl
$f(x), h(x), g(x)$	Funktionen von x
$f^{-1}(x)$	Umkehrfunktion
$F(x, f(x)) = 0$	implizite Funktion
e^x, a^x	Exponentialfunktion zur Basis e bzw. a
$\log_a x$	Logarithmus von x zur Basis a
$\ln x$	Logarithmus x zur Basis e, natürlicher Logarithmus
x^n	Potenzfunktion
$\sqrt[n]{x}$	Wurzelfunktion

2.2 Funktionsbegriff

Eine Funktion dient zur Beschreibung der gegenseitigen Abhängigkeit mehrerer Faktoren. Sie ist eine Beziehung (auch Relation oder Abbildung genannt) zwischen zwei Mengen, die jedem Element der einen Mengen (x-Wert oder Argument) genau ein Element der anderen Menge (y-Wert oder Funktionswert) zuordnet.

$$f : X \to Y$$

Die Betrachtungsweise ist im Allgemeinen so festgelegt, dass man von den Elementen einer Menge $x \in X$ ausgeht und ihre Beziehung zu den Elementen der anderen Menge $y \in Y$ untersucht. Man bezeichnet hierbei die Menge X als **Definitionsmenge** $D(f)$ oder **Urbildmenge** der Abbildung f und die Menge Y als **Wertebereich** $W(f)$ oder **Bildmenge**.

Beispiel 2.1. Das Hausnummernsystem stellt eine Abbildung dar. Die Menge X ist ein Haus in der Wertherstraße. Dies wird formal mit

$$X = \{x \mid x \text{ ist ein Haus in der Wertherstraße}\}$$

beschrieben (lies: Die Menge X für deren Elemente x gilt, x ist ...). Die Menge Y ist

$$Y = \{y \mid y \in \mathbb{N}\}$$

Dann ist

$$f : X \to \mathbb{N}(\{\text{Häuser}\} \to \{\text{Nummer}\})$$

die formale Beschreibung für das Hausnummernsystem. ✫

Im Beispiel 2.1 handelt es sich um eine **eindeutige Abbildung**, da jedem Element aus dem Wertebereich mindestens ein Element aus dem Definitionsbereich zugeordnet ist. Eine solche Abbildung wird auch **surjektiv** bezeichnet. Eine Abbildung heißt **injektiv**, wenn verschiedenen Elementen des Definitionsbereichs unterschiedliche Elemente des Wertebereichs zugeordnet sind. Hierbei können Elemente aus dem Wertebereich ohne Urbild sein. Wenn beides vorliegt – also surjektiv und injektiv – dann wird die Abbildung **bijektiv** genannt. Eine solche Abbildung wird auch eineindeutig genannt.

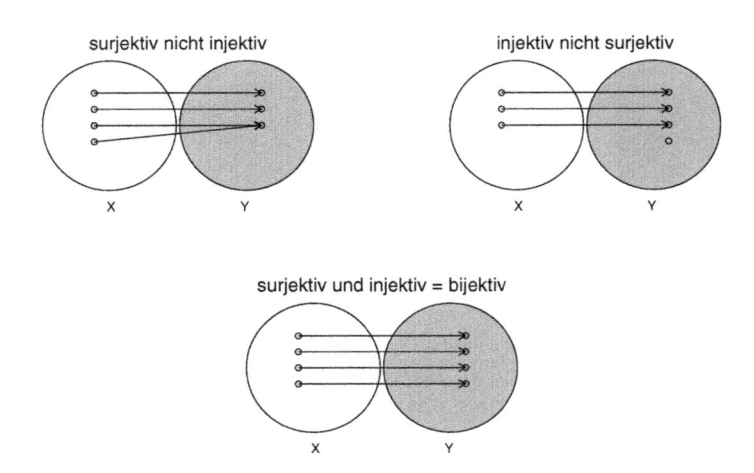

Abb. 2.1: Surjektive, injektive und bijektive Abbildung

In vielen Fällen können Funktionen zwischen den Elementen $x \in D(f)$ und den Elementen y in Form einer Gleichung geschrieben werden.

$$y = f(x) \quad \text{für } x \in D(f) \tag{2.1}$$

Bei der Funktion in Gleichung (2.1) gehört zu jedem Element x des Definitionsbereichs $D(f)$ genau ein Element y des Wertebereichs $W(f)$. In dieser Schreibweise tritt auch deutlich die Abhängigkeit zwischen den veränderlichen Größen x und y hervor. Die Variable x kann innerhalb des Definitionsbereichs $D(f)$ beliebige Werte annehmen und wird deshalb als **unabhängige Variable** oder **Argument** bezeichnet. Hingegen ist mittels der Zuordnung $f(x)$ der Wert von y eindeutig festgelegt, sobald x gewählt wird. Aus diesem Grund heißt y die **abhängige Variable**. Für den funktionalen Zusammenhang wird häufig eine dem Kontext entsprechende Bezeichnung gewählt. So ist es sinnvoll, die Bezeichnung $K(x)$ für eine Kostenfunktion oder $p(x)$ für eine Preis-Absatz-Funktion zu verwenden.

Die Funktion wird in der analytischen Form als Gleichung unter Angabe des Definitionsbereichs der unabhängigen Variablen dargestellt. Die Funktionsgleichung

(2.1) bezeichnet man dabei als **explizite Funktionsform**. Als **implizite Funktion** wird die Schreibweise

$$y - f(x) = 0$$
$$F(x,y) = F(x,f(x)) = 0 \quad \text{für } D(F) = 0$$

bezeichnet. Eine implizite Funktion besitzt nicht immer eine explizite Darstellung, also eine Funktionsform in der eine Variable auf der rechten Seite isoliert steht.

Beispiel 2.2. Die Funktionen

$$F(q) = 2000 \frac{q^{10} - 1}{q - 1} - 30000 = 0 \quad \text{für } q > 1$$

oder

$$F(x,y) = y + \sqrt{x} - xy^2 = 0 \quad \text{für } x \geq 0$$

können nicht explizit nach q, x oder y aufgelöst werden. ✧

Nicht jede Funktion kann als Gleichung geschrieben werden und nicht jede Gleichung ist eine Funktion! So können empirische Beobachtungen nur in Form einer Wertetabelle angegeben werden. Es handelt sich dann um eine diskrete Funktion, die nur punktweise definiert ist. Hingegen ist die Gleichung für den Einheitskreis $1 = x^2 + y^2$ keine Funktion, da sie bis auf die Randpunkte jedem Wert von x zwei Werte von y zuordnet.

Eine Funktion kann auch in verschiedene Intervalle ihres Definitionsbereichs durch unterschiedliche Funktionszweige beschrieben werden. Dann hat die Funktion die Form:

$$y = \begin{cases} f(x) & \text{für } x \in D(f) \\ g(x) & \text{für } x \in D(g) \\ h(x) & \text{für } x \in D(h) \end{cases}$$

Die Teildefinitionsbereiche müssen dabei disjunkt (nicht überschneidend) sein.

Beispiel 2.3.

$$y = \begin{cases} -1 & \text{falls } x < 0 \\ 0 & \text{falls } x = 0 \\ +1 & \text{falls } x > 0 \end{cases}$$

✧

Eine eineindeutige Funktion lässt sich umkehren. Die Auflösung der Funktion nach der unabhängigen Variablen x heißt **Umkehrfunktion**.

$$x = f^{-1}(y) = g(y)$$

Beispiel 2.4. Die Funktion

$$y = 3x + 2 \quad \text{für } x \in \mathbb{R}$$

besitzt die Umkehrfunktion

$$x = \frac{y-2}{3} \quad \text{für } y \in \mathbb{R}$$

Beispiel 2.5. Die Funktion

$$y = x^2 \quad \text{für } x \in \mathbb{R}^+$$

besitzt die Umkehrfunktion:

$$x = +\sqrt{y} \quad \text{für } y \in \mathbb{R}^+$$

Die Funktion

$$y = x^2 \quad \text{für } x \in \mathbb{R}$$

besitzt hingegen keine Umkehrfunktion, da die Abbildung nur eindeutig ist. Für $x = 2$ und für $x = -2$ erhält man den gleichen Funktionswert. ✧

Man beachte, dass der Definitionsbereich (Wertebereich) einer Umkehrfunktion gleich dem Wertebereich (Definitionsbereich) der Ausgangsfunktion ist. Daher kann eine Umkehrfunktion nur für eineindeutige Funktionen existieren.

Es werden hier nur einige spezielle reelle Funktionen behandelt. Bei diesen kann man zwischen so genannten algebraischen und transzendenten Funktionen unterscheiden. In algebraischen Funktionen ist die unabhängige Variable ausschließlich durch die elementaren Operationen wie Addition, Subtraktion, Multiplikation, Division, Potenzierung und Radizierung verknüpft. Von den algebraischen Funktionen interessieren hier insbesondere die rationalen und gebrochen-rationalen Polynome.

Die transzendenten Funktionen können nicht mit den elementaren Operationen dargestellt werden. Die in der Ökonomie wichtigsten transzendenten Funktionen sind die Exponential- und die Logarithmusfunktionen. Sie werden in den Abschnitten 2.4.6 und 2.4.7 vorgestellt.

$$y = a^x \quad \text{für } a > 0 \text{ und } a \neq 1, x \in \mathbb{R}$$
$$y = \log_a x \quad \text{für } a > 0 \text{ und } a \neq 1, x \in \mathbb{R}^+$$

2.3 Funktionen in Scilab

Funktionen können in Scilab leicht mit dem Befehlsmakro

```
function    [Rückgabewert] = Funktionsname(Variablen)
            Funktionsgleichung
endfunction
```

eingegeben werden. In dem folgenden Code-Beispiel sind die Funktionen aus den Beispielen 2.2 und 2.3 programmiert.

```
// Kapitalwertfunktion
function y=kapitalwert(q)
    y=2000*(q^10-1)/(q-1)-30000;
endfunction

// Berechnung des Kapitalwerts für q=1.01
kapitalwert(1.01)

// q=1.01, 1.02, ... , 1.1
q=linspace(1.01,1.1,10)
// Berechnung der Kapitalwerte für q=1.01,..., 1.1
feval(q,kapitalwert)

// Grafik
plot(q,feval(q,kapitalwert))
// oder alternativ
fplot2d(q,kapitalwert)

// Funktion mit 2 Variablen
function z=F(x,y)
    z=y+sqrt(x)-x*y^2;
endfunction

// Berechnung der Funktion an der Stelle x=1, y=1
F(1,1)
feval(1,1,F)

// Berechnung der Lösung für x, wenn y=1 ist
y=1
fsolve(1,F)

// Grafik der 3-dimensionalen Funktion
fplot3d(-10:10,-10:10,f,20,30)

// Funktion mit Teilbereichen
function y=g(x)
    if x<0 then
        y=-1
    elseif x==0 then
        y=0
    else
        y=1
    end
endfunction
```

2.4 Besondere mathematische Funktionen

2.4.1 Summenzeichen

Das **Summenzeichen** $\sum$ steht als Wiederholungszeichen für die fortgesetzte Addition.

$$\sum_{i=1}^{n} a_i = a_1 + a_2 + \cdots + a_n \qquad (2.2)$$

In der Gleichung (2.2) bezeichnet man i als Summationsindex, der hier mit Eins beginnt und jeweils um eins hochgezählt wird bis die Obergrenze n erreicht ist. Der Index i kann mit jeder ganzen Zahl beginnen und enden.

Beispiel 2.6.

$$\sum_{i=-2}^{1} x_i = x_{-2} + x_{-1} + x_0 + x_1$$

Mit negativen Indizes werden in der Ökonomie oft Werte aus der Vergangenheit, mit positiven Indizes zukünftige Werte und mit dem Index Null der Wert der Gegenwart bezeichnet. ☆

Das Summenzeichen ist nützlich, um größere Summen übersichtlich darzustellen, deren Wert zu berechnen ist. Es gelten die folgenden Rechenregeln, die sich aus den Rechengesetzen ergeben:

Gleiche Summationsgrenzen

$$\sum_{i=1}^{n} a_i + \sum_{i=1}^{n} b_i = \sum_{i=1}^{n} (a_i + b_i)$$

Additive Konstante

$$\sum_{i=1}^{n} (a_i + c) = \sum_{i=1}^{n} a_i + nc$$

Beispiel 2.7.

$$\sum_{i=1}^{10} (a_i + 4) = (a_1 + 4) + \ldots + (a_{10} + 4) = \sum_{i=1}^{10} a_i + 10 \times 4$$

☆

Multiplikative Konstante

$$\sum_{i=1}^{n} c a_i = c \sum_{i=1}^{n} a_i$$

Beispiel 2.8. Es wird der Index als Variable verwendet. Um eine Verwechselung mit den imaginären Zahlen zu vermeiden, wird der Index k gewählt.

$$\sum_{k=1}^{4} 3 k^2 = 3 \sum_{k=1}^{4} k^2 = 3 \left(1^2 + 2^2 + 3^2 + 4^2\right) = 90$$

☆

Summenzerlegung

$$\sum_{i=1}^{n} a_i = \sum_{i=1}^{m} a_i + \sum_{i=m+1}^{n} a_i \quad \text{für } m < n$$

Beispiel 2.9. Es werden für die Variablen a_i folgende Werte angenommen:

$$a_1 = 2, a_2 = 1, a_3 = 2, a_4 = 2, a_5 = 3$$

$$\sum_{i=1}^{5} a_i = \sum_{i=1}^{3} a_i + \sum_{i=4}^{5} a_i = 2 + 1 + 2 + 2 + 3 = 10$$

☆

Das Summenzeichen kann auch doppelt oder mehrfach hintereinander auftreten. Zwei Summenzeichen treten zum Beispiel hintereinander auf, wenn in einer Tabelle alle Werte addiert werden sollen. Die Zeilen einer Tabelle werden in der Regel mit i indiziert und die Spalten einer Tabelle mit j. Die Werte in den Tabellenfeldern werden dann mit a_{ij} bezeichnet (siehe Tabelle 2.1).

Tabelle 2.1: Zweidimensionale Tabelle mit Randsummen

a_{11}	$\cdots$	a_{1j}	$\cdots$	a_{1m}	$\sum_{j=1}^{m} a_{1j}$
$\vdots$	$\ddots$		$\ddots$	$\vdots$	$\vdots$
a_{i1}	$\cdots$	a_{ij}	$\cdots$	a_{im}	$\sum_{j=1}^{m} a_{ij}$
$\vdots$	$\ddots$		$\ddots$	$\vdots$	$\vdots$
a_{n1}	$\cdots$	a_{nj}	$\cdots$	a_{nm}	$\sum_{j=1}^{m} a_{nj}$
$\sum_{i=1}^{n} a_{i1}$	$\cdots$	$\sum_{i=1}^{n} a_{ij}$	$\cdots$	$\sum_{i=1}^{n} a_{im}$	$\sum_{i=1}^{n} \sum_{j=1}^{m} a_{ij}$

Wie in der oben stehenden Tabelle ersichtlich, können mit der Doppelsumme alle Werte der Tabelle addiert werden. Dabei ist es egal, ob erst die Zeilen und dann die Spalten addiert werden oder umgekehrt.

$$\sum_{j=1}^{m} a_{1j} + \sum_{j=1}^{m} a_{2j} + \cdots + \sum_{j=1}^{m} a_{nj} = \sum_{i=1}^{n} \sum_{j=1}^{m} a_{ij}$$

2.4 Besondere mathematische Funktionen

$$\sum_{i=1}^{n} a_{i1} + \sum_{i=1}^{n} a_{i2} + \cdots + \sum_{i=1}^{n} a_{im} = \sum_{j=1}^{m}\sum_{i=1}^{n} a_{ij}$$

$$\sum_{i=1}^{n}\sum_{j=1}^{m} a_{ij} = \sum_{j=1}^{m}\sum_{i=1}^{n} a_{ij}$$

Lediglich die Reihenfolge der Summation ist unterschiedlich. Nach dem ersten Kommutativgesetz führt dies zu keiner Ergebnisänderung.

Beispiel 2.10.

$$\sum_{i=1}^{2}\sum_{j=1}^{3}(b_{ij} + i \times j) = (b_{11}+1) + (b_{12}+2) + (b_{13}+3)$$
$$+ (b_{21}+2) + (b_{22}+4) + (b_{23}+6)$$
$$= 18 + \sum_{i=1}^{2}\sum_{j=1}^{3} b_{ij}$$

☼

Übung 2.1. Berechnen Sie folgende Ausdrücke für $x = 5, 2, 1, 2$ und $y = 1, 2, 3, 4$:

$$\sum_{i=1}^{4} x_i \qquad \sum_{i=1}^{4} x_i y_i \qquad \sum_{i=1}^{4}(x_i + 3)$$

Übung 2.2. Berechnen Sie die folgenden Summen:

$$\sum_{n=2}^{5}(n-1)^2(n+2) \qquad \sum_{k=1}^{5}\left(\frac{1}{k} - \frac{1}{k+1}\right)$$

Übung 2.3. Ist die Doppelsumme

$$\sum_{i=1}^{2}\sum_{j=1}^{2} x_{ij}$$

gleich der Summe

$$\sum_{i=1}^{2} x_i \sum_{j=1}^{2} x_j \,?$$

2.4.2 Produktzeichen

Das **Produktzeichen** $\prod$ steht als Wiederholungszeichen für die fortgesetzte Multiplikation.

$$\prod_{i=1}^{n} a_i = a_1 \times a_2 \times \cdots \times a_n$$

Das Produktzeichen wird wie das Summenzeichen zur übersichtlicheren Darstellung von größeren Produkten verwendet. Es gelten die folgenden Rechenregeln, die sich leicht aus den elementaren Rechenoperationen ableiten lassen:

Gleiche Produktgrenzen

$$\prod_{i=1}^{n} a_i \times b_i = \prod_{i=1}^{n} a_i \times \prod_{i=1}^{n} b_i$$

Multiplikative Konstante

$$\prod_{i=1}^{n} c \times a_i = c^n \times \prod_{i=1}^{n} a_i$$

Anmerkung: Im Text wird das Produktzeichen $\times$ – soweit es eindeutig ist – durch einen kleinen Freiraum ersetzt.

$$a \times b = ab$$

Übung 2.4. Berechnen Sie folgende Ausdrücke für $x = 5, 2, 1, 2$:

$$\prod_{i=1}^{4} x_i \qquad \prod_{i=1}^{5} i \qquad \prod_{i=1}^{4} 2 x_i$$

Übung 2.5. Schreiben Sie das Doppelprodukt

$$\prod_{i=1}^{2} \prod_{j=1}^{2} x_{ij}$$

aus.

2.4.3 Betragsfunktion

Die **Betragsfunktion** liefert von einer reellen Zahl deren vorzeichenlosen Zahlenwert.

$$|x| = \begin{cases} x & \text{für } x \geq 0 \\ -x & \text{für } x < 0 \end{cases}$$

Anschaulich kann der Betrag $|x|$ als der Abstand auf der Zahlengeraden zwischen 0 und x interpretiert werden. Beim Rechnen mit Beträgen ist Folgendes zu beachten. Für $|x| \geq 0$ gilt:

$$|x \times y| = |x| \times |y|$$

$$\left|\frac{x}{y}\right| = \frac{|x|}{|y|} \quad \text{für } y \neq 0$$

$|x \pm y| \leq |x| + |y|$ Dreiecksungleichung

2.4.4 Ganzzahlfunktion

Die **Gauß-Klammer** $\lfloor x \rfloor$ wird auch als **Ganzzahlfunktion** bezeichnet. Sie rundet eine reelle Zahl x zur nächsten ganzen Zahl. Daher wird sie manchmal auch **Abrundungsfunktion** genannt.

$$\lfloor x \rfloor = \max_{k} \{k \mid k \leq x\} \quad \text{mit } k \in \mathbb{Z}$$

Der senkrechte Strich | bedeutet «für die gilt». Hier also «für die k, für die $k \leq x$ gilt».

Beispiel 2.11. Die Zahl 2.8 wird durch $\lfloor 2.8 \rfloor$ auf 2 abgerundet.

$$\lfloor 2.8 \rfloor = 2$$

Die Zahl -2.8 wird durch die Abrundungsfunktion auf -3 abgerundet, weil $-3 < -2.8 < -2$ gilt.

$$\lfloor -2.8 \rfloor = -3$$

☆

Jedoch benötigt man manchmal auch die Aufrundung einer reellen Zahl auf die nächste ganze Zahl. Man schreibt dann in Anlehnung an die Abrundungsfunktion die **Aufrundungsfunktion** wie folgt:

$$\lceil x \rceil = \min_{k} \{k \mid k \geq x\} \quad \text{mit } k \in \mathbb{Z}$$

Beispiel 2.12. Die Zahl 2.8 wird durch die Aufrundungsfunktion $\lceil 2.8 \rceil$ auf 3 aufgerundet.

$$\lceil 2.8 \rceil = 3$$

Die Zahl -2.8 wird dementsprechend aufgerundet auf -2.

$$\lceil -2.8 \rceil = -2$$

☆

2.4.5 Potenz- und Wurzelfunktion

Sowohl in der Finanzmathematik als auch in der Analysis treten Potenzen auf. Man spricht von einer Potenz mit natürlichem Exponent, wenn man eine reelle Zahl a n-mal mit sich selbst multipliziert.

2 Funktionen

$$a^n = \underbrace{a \times \ldots \times a}_{n\text{-mal}} \quad \text{mit } a \in \mathbb{R}, n \in \mathbb{N}$$

Die Zahl a wird **Basis** genannt und die Zahl n wird als **Exponent** bezeichnet. Der Gesamtausdruck heißt **Potenz** a hoch n. Der Exponent kann aber auch aus dem reellen Zahlenbereich stammen.

Die Potenzrechnung wird nun auf ganze Zahlen ausgedehnt. Mit dieser Erweiterung können rationale Zahlen dargestellt werden.

$$a^{-n} = \frac{1}{a^n} \quad \text{mit } a \neq 0$$
$$a^0 = 1 \quad \text{mit } a \neq 0$$

Auch in der Potenzrechnung gilt Punktrechnung vor Strichrechnung.

Beispiel 2.13.

$$-(3^4) = -81, \quad \text{aber} \quad (-3)^4 = 81$$
$$(4 \times 5)^3 = 20^3 = 8000, \quad \text{aber} \quad 4 \times 5^3 = 4 \times 125 = 500$$
$$\left(\frac{1}{2}\right)^3 = \frac{1}{2^3} = \frac{1}{8}$$

☼

Für den Umgang mit Potenzen gelten folgende Rechenregeln.

Regel	Beispiel
$a^m \times a^n = a^{m+n}$	$2^3 \times 2^2 = 2^5$
$\dfrac{a^m}{a^n} = a^{m-n}$	$\dfrac{2^3}{2^2} = 2$
$(a \times b)^n = a^n b^n$	$(2 \times 3)^2 = 2^2 \times 3^2 = 36$
$\left(\dfrac{a}{b}\right)^n = \dfrac{a^n}{b^n}$	$\left(\dfrac{6}{3}\right)^2 = \dfrac{6^2}{3^2} = 4$
$(a^m)^n = a^{m \times n}$	$\left(2^3\right)^2 = 2^6 = 64$

Für die Addition und Subtraktion von Potenzen existieren keine Rechengesetze. Ausdrücke wie zum Beispiel $x^2 + y^2$ oder $x^2 + x^3$ können nicht vereinfacht werden.

Schließlich ist es sinnvoll, die Potenzrechnung nochmals zu erweitern, um zum Beispiel folgende Gleichung zu lösen:

$$x^2 = 2$$

Potenziert man beide Seiten mit $\frac{1}{2}$, so ergibt sich:

$$\left(x^2\right)^{\frac{1}{2}} = 2^{\frac{1}{2}} \quad \Rightarrow \quad x = 2^{0.5}$$

2.4 Besondere mathematische Funktionen

Der gesuchte Wert ergibt sich in Form einer Potenz mit der Basis 2 und dem Exponenten $\frac{1}{2}$. Weil diese Gleichungen häufig auftreten, wird die Lösung als Quadratwurzel bezeichnet und als

$$x = \sqrt[2]{2} = \sqrt{2} = 2^{0.5}$$

geschrieben. Bei der Quadratwurzel entfällt häufig der Wurzelexponent. Die Wurzel von einer negativen Zahl x ist in den reellen Zahlen nicht definiert. Um solche Funktionen zu berechnen, sind imaginäre Zahlen nötig, die zusammen mit den reellen die komplexen Zahlen ergeben (siehe Kapitel 1.2.3).

Beispiel 2.14.

$$\sqrt{-16} \quad \text{ist nicht in } \mathbb{R} \text{ definiert,} \quad \text{aber} \quad -\sqrt{16} = -4$$

☆

Daher heißt es etwas allgemeiner: Die nicht negative Lösung x von $a = x^2$ mit $a \in \mathbb{R}^+$ heißt **Quadratwurzel**.

$$\sqrt{x^2} = |x| \quad \text{für } x \in \mathbb{R}$$

Sucht man die Lösung für eine Potenz größer als 2, so spricht man von der n-ten Wurzel.

$$a = x^n \quad \text{mit } x \in \mathbb{R}^+, n \in \mathbb{R}, n \neq 0 \quad \Rightarrow \quad x = a^{\frac{1}{n}} = \sqrt[n]{a}$$

Nun kann man auch folgende Gleichung lösen:

$$a^m = x^n \quad \text{mit } x \in \mathbb{R}^+, m, n \in \mathbb{R}, n \neq 0 \quad \Rightarrow \quad x = a^{\frac{m}{n}} = \sqrt[n]{a^m}$$

Das Wurzelziehen ist also die Umkehroperation zum Potenzieren. Zieht man die n-te Wurzel und potenziert hoch n, dann gelangt man wieder zur Ausgangszahl.

Beispiel 2.15.

$$\sqrt[3]{8^3} = 8$$

☆

Mit der Wurzel lassen sich reelle Zahlen darstellen, die nicht ausgeschrieben werden können, wie zum Beispiel $\sqrt{2}$.

Beispiel 2.16.

$$\sqrt[4]{4} = \sqrt[4]{2^2} = 2^{\frac{2}{4}} = 2^{\frac{1}{2}} = \sqrt{2} = 1.41421\ldots$$

☆

Aus den obigen Regeln zur Potenzrechnung ergibt sich nun auch die folgende Regel:

$$(a^m)^{\frac{1}{n}} = a^{\frac{m}{n}}$$

Beispiel 2.17.

$$\sqrt[4]{256} \times \sqrt{256} = 256^{\frac{1}{4}} \times 256^{\frac{1}{2}} = 256^{\frac{3}{4}} = \left(\sqrt[4]{256}\right)^3 = 4^3 = 64$$

$$\frac{\sqrt[3]{8^4}}{\sqrt[3]{8^5}} = \frac{8^{\frac{4}{3}}}{8^{\frac{5}{3}}} = 8^{\frac{4}{3}-\frac{5}{3}} = 8^{-\frac{1}{3}} = \frac{1}{8^{\frac{1}{3}}} = \frac{1}{\sqrt[3]{8}} = \frac{1}{2}$$

$$\sqrt{4} \times \sqrt{9} = 4^{0.5} \times 9^{0.5} = (4 \times 9)^{0.5} = 36^{0.5} = \sqrt{36} = 6$$

$$\frac{\sqrt{100}}{\sqrt{25}} = \frac{100^{\frac{1}{2}}}{25^{\frac{1}{2}}} = \left(\frac{100}{25}\right)^{\frac{1}{2}} = 4^{\frac{1}{2}} = \sqrt{4} = 2$$

$$\sqrt{\sqrt[4]{256}} = \left(256^{0.25}\right)^{0.5} = 256^{0.25 \times 0.5} = 256^{0.125} = \sqrt[8]{256} = 2$$

☆

Übung 2.6. Vereinfachen Sie folgenden Ausdruck:

$$\frac{3-a}{a^{m-4}} + \frac{a^6 - a^5 + 2a^3 - 1}{a^{m+1}} - \frac{2a^2 + 1}{a^{m-2}}$$

2.4.6 Exponentialfunktionen

Die Exponentialfunktion ist eine wichtige mathematische Funktion, um Wachstumsprozesse zu beschreiben. Insbesondere in der Finanzmathematik werden diese Funktionen verwendet. Um das Wort «exponentiell» zu erklären, beginnen wir mit einem Beispiel aus der Biologie.

Beispiel 2.18. Wir betrachten eine Bakterienkultur, deren Wachstumsprozess durch die Zellteilung zustande kommt. Wir gehen davon aus, dass

- zu Beginn 1 000 Bakterien existieren
- und sich jede Stunde die Anzahl der Bakterien verdoppelt.

An einem Zeitstrahl würde dies wie folgt aussehen:

Tabelle 2.2: Bakterienpopulation

Stunden	0	1	2	3	4	5
Bakterien	1000	2000	4000	8000	16000	32000

Da sich die Anzahl der Bakterien pro Stunde verdoppelt, muss die Anzahl der Bakterien zu Beginn mit 2 multipliziert werden, um deren Anzahl nach einer Stunde zu berechnen. Für jede weitere Stunde muss nun der jeweils vorherige Wert wiederum mit 2 multipliziert werden usw. ☆

Mit der **Exponentialfunktion**

$$f(x) = a^x \quad \text{mit } a, x \in \mathbb{R}$$

2.4 Besondere mathematische Funktionen

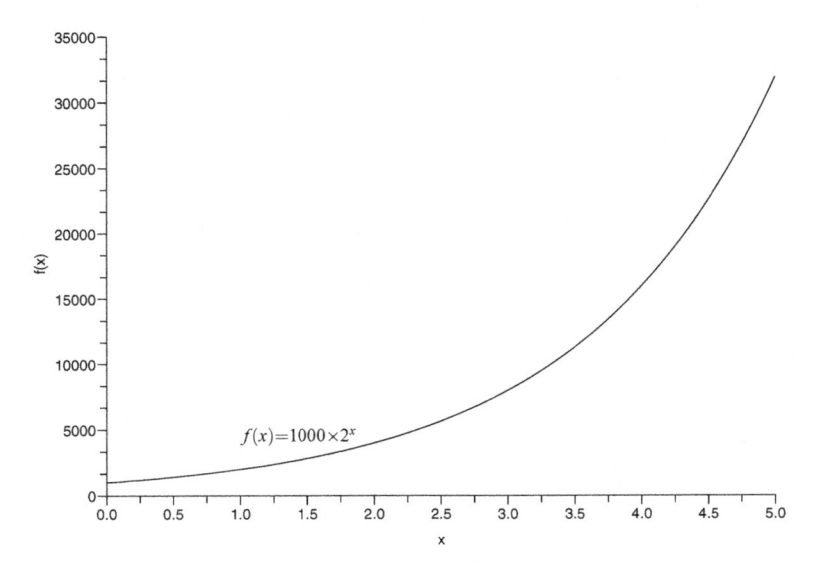

(Diagramm: f(x) = 1000 × 2^x, x von 0 bis 5, f(x) bis 35000)

Abb. 2.2: Entwicklung einer Bakterienpopulation

wird die obige Populationsänderung beschrieben. a^x bedeutet das x-fache Produkt von a. Für $x \in \mathbb{N}$ kann man also

$$a^x = \underbrace{a \times a \times \ldots \times a}_{x\text{-mal}}$$

schreiben. Wird für a der Wert 2 eingesetzt, so erhält man mit $x = 0, \ldots, 5$ die Werte in der Tabelle 2.2.

Eine übliche Form die Funktion aufzuschreiben, ist

$$f(x) = c\, a^{bx},$$

wobei a, b, c Koeffizienten sind. Mit den Koeffizienten b und c verändert sich die Kurvenform der Exponentialfunktion. Oft wird für die Basis a die **Eulersche Zahl** e verwendet.

$$\mathrm{e} = \lim_{x \to \infty} \left(1 + \frac{1}{x}\right)^x \approx 2.718282\ldots$$

Beispiel 2.19. Ein weiteres Beispiel für ein exponentielles Wachstum ist die Zinseszinsrechnung. Es wird ein Kapitalbetrag von 1 000 € zu 5 Prozent pro Jahr über 5 Jahre angelegt.

Tabelle 2.3: Zinseszinsrechnung

Jahr	0	1	2	3	4	5
€	1000	1050	1102.50	1157.62	1215.50	1276.28

Der Betrag am Ende jeden Jahres wird mit dem Faktor 1.05 multipliziert. Für das erste Jahr errechnet sich das angesparte Kapital wie folgt:

$$1050 = 1000 + 1000 \times 0.05$$
$$1050 = 1000\,(1 + 0.05)$$
$$1050 = 1000 \times 1.05$$

Für das Kapital nach dem zweiten Jahr kann die Exponentialfunktion wieder verwendet werden.

$$1102.50 = 1050 \times 1.05$$
$$1102.50 = 1000 \times 1.05 \times 1.05$$
$$1102.50 = 1000 \times 1.05^2$$

Die Exponentialfunktion besitzt hier die Koeffizienten $a = 1.05$, $b = 1$ und $c = 1000$

$$f(x) = 1000 \times 1.05^x$$

☆

Im Allgemeinen gilt, dass im Exponenten jede reelle Zahl stehen kann. Das können negative und positive Zahlen, aber auch Brüche und die Null sein. Mit der Exponentialfunktion können daher sowohl Wachstums- als auch Abnahmeprozesse berechnet werden.

Beispiel 2.20. Eine Maschine kostet 1 000 €. Es wird angenommen, dass sie jedes Jahr 20 Prozent an Wert verliert. Diese Form des Wertverlusts wird als **geometrisch degressive Abschreibung** bezeichnet. Die zeitliche Entwicklung des Wertes sieht dann wie folgt aus:

Tabelle 2.4: Geometrische-degressive Abschreibung

Jahr	0	1	2	3	4	5
Wert	1000	800	640	512	409.60	327.68

Der Wertverlust der Maschine kann auch mit der Exponentialfunktion beschrieben werden.

$$f(x) = 1000 \times 0.8^x = 1000 \times 1.25^{-x}$$

Nach 5 Jahren liegt der Restwert der Maschine bei

$$f(5) = 1000 \times 1.25^{-5} = 327.68\,\text{€}$$

Da stets 80 Prozent des Restwerts bestehen bleiben, wird die Maschine nie einen Restwert von Null besitzen. ☼

Wir haben bereits gesehen, dass die Exponentialfunktion durch die allgemeine Form
$$f(x) = c\,a^{bx} \quad \text{mit } a,b,c,x \in \mathbb{R}$$
definiert ist. Der Funktionswert $f(x)$ ändert sich, sobald sich die Variable x ändert. Betrachten wir nun eine Änderung der Variablen x um s, also einen neuen Wert $x+s$. Wie verhält sich der Funktionswert $f(x+s)$?
$$f(x+s) = c\,a^{b(x+s)}$$
Da
$$c\,a^{b(x+s)} = c\,a^{bx}\,a^{bs}$$
ist, entsteht daraus
$$f(x+s) = f(x)\,a^{bs},$$
d. h., wächst die Variable x additiv um s, so ändert sich der Funktionswert multiplikativ um a^{bs}.

Übung 2.7. Berechnen Sie für ein Kapital von 10000 €, das zu 5 Prozent pro Jahr über 10 Jahre angelegt wird, den Endwert.

Übung 2.8. Angenommen das Kapital aus Übung 2.7 wird nur für 9 Jahre angelegt. Wie können Sie aus dem Endkapital, das Sie in der Übung 2.7 berechnet haben, den Endwert nach 9 Jahren berechnen?

Übung 2.9. Ein Gewinn soll sich in den nächsten 15 Jahren verdoppeln. Welche durchschnittliche jährliche Wachstumsrate ist dazu notwendig?

2.4.7 Logarithmusfunktion

Wie werden Exponentialgleichungen nach x umgestellt?

Logarithmen sind zum Lösen von Exponentialgleichungen oder zum Beschreiben von Wachstumsprozessen wichtig. Der Logarithmus (genau genommen handelt es sich um die Logarithmusfunktion) ist die Umkehrung des Potenzierens.

$$y = a^x \quad \Leftrightarrow \quad x = \log_a y \quad \text{mit } a,y \in \mathbb{R}^+ \text{ und } a \neq 1 \tag{2.3}$$

Wird beim Radizieren die Basis a errechnet, so sucht man jetzt bei bekanntem Potenzwert y und Basis a den Exponenten x. Der Logarithmus einer beliebigen positiven Zahl y zur Basis a ist derjenige Exponent x, mit dem die Basis a potenziert werden muss, um den Numerus y zu erhalten.

2 Funktionen

Beispiel 2.21.
$$8 = 2^3 \quad \Leftrightarrow \quad \log_2 8 = 3$$

☆

Beispiel 2.22. Hierfür wird die Gleichung aus Beispiel 2.19 betrachtet.
$$1102.50 = 1000 \times 1.05^x$$

Es ist die Anlagedauer x gesucht. Durch Logarithmieren der Gleichung (siehe Rechenregeln auf der folgenden Seite)

$$\log_{10} 1102.50 = \log_{10} 1000 + x \log_{10} 1.05$$

erhält man die Variable x in einer linearen Beziehung, so dass durch Division die Lösung berechnet werden kann.

$$x = \frac{\log_{10} 1102.50 - \log_{10} 1000}{\log_{10} 1.05} = 2$$

Die Basis a spielt hier keine Bedeutung, wie sich später zeigt. ☆

Aus der Gleichung (2.3) folgt:

$$\log_a 1 = 0 \quad \text{denn} \quad a^0 = 1$$
$$\log_a a = 1 \quad \text{denn} \quad a^1 = a$$
$$\log_a a^n = n \quad \text{denn} \quad a^n = a^n$$

Beispiel 2.23. Die Zahlen von 1 bis 9 werden im 10er Logarithmus in den Zahlenbereich 0 bis 1 abgebildet. Die Zahlen 10 bis 99 werden in dem Bereich 1 bis 2 dargestellt, usw

$$1 = 10^0 \quad \Leftrightarrow \quad \log_{10} 1 = 0$$
$$10 = 10^1 \quad \Leftrightarrow \quad \log_{10} 10 = 1$$
$$100 = 10^2 \quad \Leftrightarrow \quad \log_{10} 100 = 2$$
$$1000 = 10^3 \quad \Leftrightarrow \quad \log_{10} 1000 = 3$$

☆

Weitere Rechenregeln sind:

$$\log_a(c \times d) = \log_a c + \log_a d$$
$$\log_a \frac{c}{d} = \log_a c - \log_a d$$

2.4 Besondere mathematische Funktionen

$$\log_a b^n = n \log_a b$$
$$\log_a \sqrt[n]{b} = \frac{1}{n} \log_a b$$

Logarithmen mit gleicher Basis bilden ein Logarithmensystem, von denen die beiden gebräuchlichsten die dekadischen (Basis $a = 10$, oft mit log bezeichnet) und die natürlichen Logarithmen (mit der Eulerschen Zahl $a = \text{e}$ als Basis mit der Bezeichnung ln) sind. Auf dem Taschenrechner sind meistens die beiden oben genannten Logarithmensysteme vorhanden. Wie kann der Logarithmus

$$x = \log_2 8$$

mit einem Taschenrechner berechnet werden? Dazu folgende Überlegungen: Ausgehend von der Gleichung

$$y = a^x$$

ergeben sich mit den beiden obigen Logarithmen die beiden folgenden Gleichungen:

$$\log y = x \log a \quad \Rightarrow \quad x = \frac{\log y}{\log a}$$
$$\ln y = x \ln a \quad \Rightarrow \quad x = \frac{\ln y}{\ln a}$$

Daraus ergibt sich nun die Gültigkeit der folgenden Beziehung:

$$x = \log_a y = \frac{\log y}{\log a} = \frac{\ln y}{\ln a}$$

Somit ist die Berechnung des Logarithmus $\log_2 8$ kein Problem.

$$x = \log_2 8 = \frac{\log 8}{\log 2} = \frac{\ln 8}{\ln 2} = 3$$

Logarithmen werden auch für die grafische Darstellung von Wachstumsprozessen verwendet. Angenommen, ein Wert wächst in jeder Periode um 10 Prozent ($p = 0.1$), dann ist die Wachstumsrate konstant, die resultierenden Werte nehmen aber exponentiell zu (siehe obere Grafik in Abb. 2.3).

$$x_t = x_{t-1}(1+p) \quad \text{mit } t = 1, \ldots, n$$
$$= x_0 (1+p)^t \quad \text{mit } x_0 \text{ gegeben}$$

Wird der Wachstumsprozess in einer Grafik mit logarithmierten Werten auf der Ordinaten abgetragen, so sieht man die Konstanz der Wachstumsrate.

$$\log_a x_t = \log_a x_{t-1} + \log_a(1+p) \quad \text{mit } a > 0 \text{ und } a \neq 1 \qquad (2.4)$$
$$= \log_a x_0 + t \log_a(1+p)$$

In der Gleichung (2.4) handelt es sich um eine Gerade mit Achsenabschnitt $\log_a x_0$ und Steigung $\log_a(1+p)$ (siehe untere Grafik in Abb. 2.3). Es wird die Basis $a = \text{e}$, also der natürliche Logarithmus ln gewählt.

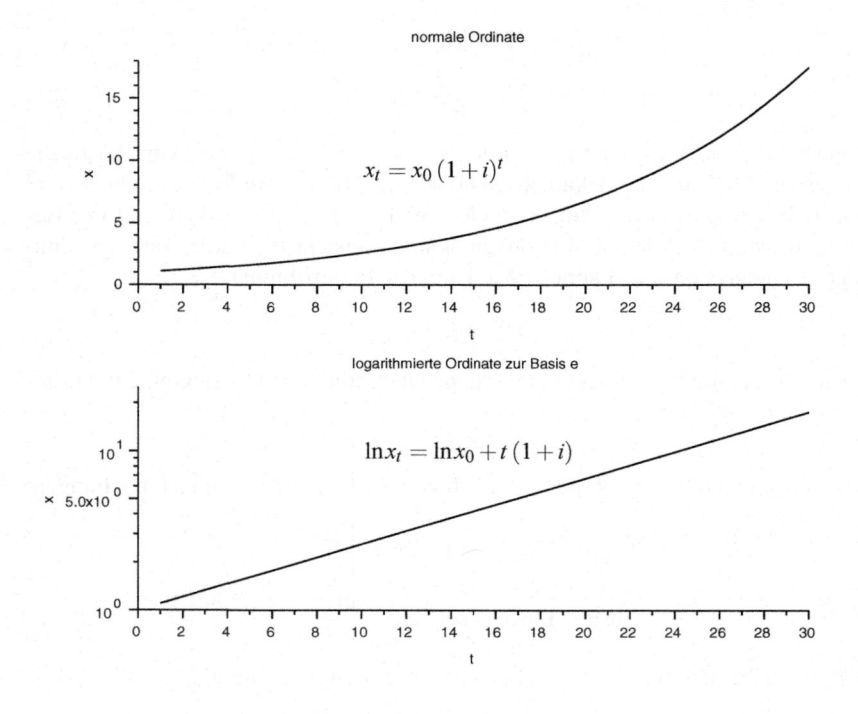

Abb. 2.3: Exponentieller Wachstumsprozess

Übung 2.10. Lösen Sie die folgenden Gleichungen nach x auf.
$$y = e^{a+bx} \qquad e^{-ax} = 0.5$$

Übung 2.11. Ein Kapital K_0 soll sich verdoppeln. Es ist ein Zinssatz von 5 Prozent pro Jahr gegeben. Wie viel Jahre muss das Kapital angelegt werden?

Übung 2.12. Berechnen Sie folgende Logarithmen:
$$\log_2 5 \qquad \log_3 4$$

Übung 2.13. Vereinfachen Sie die folgenden Ausdrücke mit den Rechenregeln der Logarithmusrechnung:
$$\ln\left(2x\sqrt[4]{x^2 y}\right) \qquad \ln\left(2x^4 u^{2-x}\right) \qquad \ln\left(5x^2 \sqrt[4]{\frac{pq^2}{(a^2 b)^2}}\right)$$

2.4.8 Anwendung in Scilab

Reelle Zahlen werden in Scilab mit einem Punkt als Dezimalzeichen eingegeben.

```
3.4
```

Eine Summe wird in Scilab mit sum() berechnet. Soll eine Summe von beliebigen Zahlen berechnet werden, so sind die Zahlen in eckigen Klammern und durch Kommas getrennt einzugeben.

```
sum(1:6) -> 21
sum(3*(1:4)^2) -> 90
sum([3,6,1]) -> 10
```

Für eine Doppelsumme muss zuerst ein Zahlenfeld (siehe auch Kapitel 5) in Scilab eingegeben werden. Die Zeilen werden durch Semikolon getrennt. Die Doppelsumme über das Zahlenfeld wird durch den einfachen Summenbefehl berechnet. Soll nur die Summe über die Spalten berechnet werden, so muss nach der Angabe der Variablen ein weiteres Argument angegeben werden. In diesem Fall ist es eine 1. Für die Summe über die Zeilen ist das Argument eine 2.

```
tab=[2,3,4;5,6,7]

2 3 4
5 6 7

sum(tab) -> 27
sum(tab,1) -> 7 9 11
sum(tab,2)

9
18
```

Das Produkt eines Zahlenfelds wird mit dem Befehl prod() berechnet.

```
prod(tab) -> 5040
prod(tab,1)-> 10 18 28
prod(tab,2)

24
210
```

Den Betrag einer Zahl erhält man in Scilab mit dem Befehl abs().

```
abs(-2) -> 2
```

Die Gauß-Klammer wird durch die Abrundungsfunktion floor() berechnet. Die Aufrundungsfunktion ist durch die Funktion ceil() definiert.

```
floor(2.8) -> 2
ceil(2.8) -> 3
```

Potenzen und Wurzeln können in Scilab mit dem «Dach»-Operator berechnet werden.

```
2^4 -> 16
2^0.25 -> 1.1892071
sqrt(2)
```

Für die 2-te Wurzel steht auch die gesonderte Funktion sqrt zur Verfügung. Die Exponentialfunktion zur Basis e wird mit dem Befehl exp() aufgerufen.

```
exp(1) -> 2.7182818
```

Die Berechnung des Logarithmus zur Basis e erfolgt mit log, also der ln in der Notation des Buches. Es stehen noch weitere Logarithmusfunktionen in Scilab zur Verfügung.

```
log(2) -> 0.6931472
log10(2) -> 0.30103
log2(2) -> 1
```

Für alle Funktionen steht eine Hilfe zur Verfügung. Sie wird mit help aufgerufen. Für die Summenfunktion ist es beispielsweise

```
help sum
```

2.5 Fazit

Das Summenzeichen wird viel in der linearen Algebra und in Polynomen verwendet. Das Produktzeichen findet vor allem in der Kombinatorik seine Anwendung. Die Logarithmus- und die Exponentialfunktion sind wichtige mathematische Funktionen, die zur Beschreibung von Wachstumsprozessen und zur Auflösung von Gleichungen herangezogen werden. Insbesondere in der Finanzmathematik werden diese Funktionen verwendet.

3

Kombinatorik

Inhalt

3.1	Vorbemerkung		43
3.2	Fakultät und Binomialkoeffizient		44
	3.2.1	Fakultät	44
	3.2.2	Binomialkoeffizient	44
	3.2.3	Definition des Binomialkoeffizienten in Scilab	46
3.3	Permutation		46
	3.3.1	Permutation ohne Wiederholung	47
	3.3.2	Permutation mit Wiederholung	47
3.4	Variation		48
	3.4.1	Variation ohne Wiederholung	48
	3.4.2	Variation mit Wiederholung	49
3.5	Kombination		50
	3.5.1	Kombination ohne Wiederholung	50
	3.5.2	Kombination mit Wiederholung	51
3.6	Fazit		54

3.1 Vorbemerkung

Die Kombinatorik ist die Grundlage vieler statistischer und wahrscheinlichkeitstheoretischer Vorgänge. Sie untersucht, auf wie viele Arten man n verschiedene Dinge anordnen kann bzw. wie viele Möglichkeiten es gibt, aus der Grundmenge von n-Elementen m-Elemente auszuwählen. Sie zeigt also, wie richtig «ausgezählt» wird, und damit gehört die Kombinatorik auch in den Bereich der Mathematik.

Es wird folgende Notation für die Kombinatorik eingesetzt:

$n!$ Fakultät
$\binom{a}{b}$ Binomialkoeffizient
P Permutation ohne Wiederholung
P_w Permutation mit Wiederholung

V   Variation ohne Wiederholung
V_w Variation mit Wiederholung
C   Kombination ohne Wiederholung
C_w Kombination mit Wiederholung

3.2 Fakultät und Binomialkoeffizient

3.2.1 Fakultät

Das Produkt

$$\prod_{i=1}^{n} i = n!, \quad \text{mit } n \in \mathbb{N}$$

wird als **Fakultät** bezeichnet. Es gilt $0! = 1$. In Scilab wird die Fakultät mit dem Befehl `factorial(n)` berechnet.

3.2.2 Binomialkoeffizient

Der **Binomialkoeffizient** ist für m, n und $m \leq n$ wie folgt definiert:

$$\binom{n}{m} = \frac{n!}{m!\,(n-m)!} \quad \text{mit } m \leq n \in \mathbb{Z}^+$$

Man spricht: «n über m».

Beispiel 3.1.

$$\binom{5}{3} = \frac{5!}{3!\,2!} = 10$$

$$\binom{6}{2} = \frac{6!}{2!\,4!} = 15$$

✼

Es gelten u. a. folgende Rechenregeln für den Binomialkoeffizienten:

$$\binom{n}{m} = \binom{n}{n-m}$$

$$\binom{n+1}{m+1} = \binom{n}{m} + \binom{n}{m+1}$$

Herleitung der zweiten Gleichung:

$$\binom{n}{m} + \binom{n}{m+1} = \frac{n!}{m!\,(n-m)!} + \frac{n!}{(m+1)!\,(n-m-1)!}$$
$$= \frac{n!\,(m+1)}{m!\,(m+1)\,(n-m)!} + \frac{n!\,(n-m)}{(m+1)!\,(n-m-1)!\,(n-m)}$$
$$= \frac{n!\,(m+1)}{(m+1)!\,(n-m)!} + \frac{n!\,(n-m)}{(m+1)!\,(n-m)!}$$
$$= \frac{n!\,(m+1) + n!\,(n-m)}{(m+1)!\,(n-m)!} = \frac{(n+1)!}{(m+1)!\,(n-m)!}$$
$$= \binom{n+1}{m+1}$$

Beispiel 3.2.
$$\binom{8}{1} = \frac{8!}{1!\,7!} = \binom{8}{7} = 8$$

☼

Die Bezeichnung von $\binom{n}{m}$ als Binomialkoeffizienten hängt eng mit der Auflösung von binomischen Ausdrücken der Form $(a+b)^n$ zusammen. Für $n = 0, 1, 2, \ldots$ kann man $(a+b)^n$ explizit angeben:

$$(a+b)^n = \binom{n}{0} a^n b^0 + \binom{n}{1} a^{n-1} b^1 + \binom{n}{2} a^{n-2} b^2 + \ldots$$
$$+ \binom{n}{n-1} a^1 b^{n-1} + \binom{n}{n} a^0 b^n \quad a,b \in \mathbb{R}, n \in \mathbb{N}$$
$$= \sum_{i=0}^{n} \binom{n}{i} a^{n-i} b^i$$

Die Binomialkoeffizienten sind die Zahlen des Pascalschen Dreiecks.

Tabelle 3.1: Pascalsche Dreieck

n	0	1	2	3	4	5	6	...	2^n
0	1								2^0
1	1	1							2^1
2	1	2	1						2^2
3	1	3	3	1					2^3
4	1	4	6	4	1				2^4
5	1	5	10	10	5	1			2^5
6	1	6	15	20	15	6	1		2^6
⋮									

Die Summe der n-ten Zeile ist die Anzahl aller Kombinationen.

$$\sum_{m=0}^{n} \binom{n}{m} = 2^n$$

Wieso? Ein Element kann ausgewählt oder nicht ausgewählt werden: $A = 1$ oder $A = 0$. Zwei Elemente können auf 4 verschiedene Weise ausgewählt werden: $A = 1, B = 1$ oder $A = 1, B = 0$ oder $A = 0, B = 1$ oder $A = 0, B = 0$. 3 Elemente auf 8 usw.

Beispiel 3.3.

$$(a+b)^0 = 1$$
$$(a+b)^1 = \binom{1}{0} a b^0 + \binom{1}{1} a^0 b$$
$$(a+b)^2 = \binom{2}{0} a^2 b^0 + \binom{2}{1} a b + \binom{2}{2} a^0 b^2$$
$$(a+b)^3 = \binom{3}{0} a^3 b^0 + \binom{3}{1} a^2 b + \binom{3}{2} a b^2 + \binom{3}{3} a^0 b^3$$

☆

Im Folgenden werden drei Klassen von kombinatorischen Fragestellungen behandelt:
1. die Bildung von unterscheidbaren Reihenfolgen (Permutationen),
2. die Auswahl verschiedener Elemente, wobei es auf die Reihenfolge der Ziehung ankommt (Variationen) und
3. die Ziehung verschiedener Elemente ohne Berücksichtigung der Reihenfolge (Kombinationen).

3.2.3 Definition des Binomialkoeffizienten in Scilab

In Scilab lässt sich der Binomialkoeffizient einfach durch eine Funktion definieren.
```
deff('y=bincoef(n,m)','y=factorial(n)/...
   (factorial(m)*factorial(n-m))')
bincoef(6,2)
> 15
```

3.3 Permutation

Eine Anordnung von n Elementen in einer bestimmten Reihenfolge heißt **Permutation**. Die definierende Eigenschaft einer Permutation ist die Reihenfolge, in der die Elemente angeordnet werden.

Es ist zu beachten, ob alle n Elemente unterscheidbar sind oder ob sich unter den n Elementen m identische befinden. Dies wird häufig durch die Differenzierung mit und ohne Wiederholung ausgedrückt.

3.3.1 Permutation ohne Wiederholung

Bei der Permutation ohne Wiederholung sind alle n Elemente eindeutig identifizierbar. Für das erste Element kommen n verschiedene Plazierungsmöglichkeiten in der Reihenfolge in Betracht. Für das zweite Element kommen nur noch $n-1$ Plazierungsmöglichkeiten in Betracht, da bereits ein Platz von dem ersten Element besetzt ist. Jede Anordnung ist mit jeder anderen kombinierbar, d. h., insgesamt entstehen

$$P(n) = n! = n \times (n-1) \times \cdots \times 2 \times 1 \quad \text{mit } n \in \mathbb{Z}^+$$

Permutationen. Die Zahl der Permutationen von n unterscheidbaren Elementen beträgt damit: $n!$

Beispiel 3.4. Vier Sprinter können in $4! = 24$ verschiedenen Anordnungen in einer Staffel laufen. ☼

Beispiel 3.5. Der Vertreter, der 12 Orte zu besuchen hat und unter allen denkbaren Rundreisen die kürzeste sucht, steht vor der Aufgabe, unter $12! = 479\,001\,600$ verschiedenen Rundreisen diejenige mit der kürzesten Entfernung finden zu müssen. Glücklicherweise sind in der Wirklichkeit nie alle Orte direkt miteinander verbunden. ☼

3.3.2 Permutation mit Wiederholung

Hier wird angenommen, dass unter n Elementen k Elemente nicht voneinander zu unterscheiden sind. Die k Elemente sind auf ihren Plätzen jeweils vertauschbar, ohne dass sich dadurch eine neue Reihenfolge ergibt. Auf diese Weise sind genau

$$P_w(n,k) = k! = k \times (k-1) \times \cdots \times 2 \times 1$$

Reihenfolgen identisch. Die Zahl der Permutationen von n Elementen, unter denen k Elemente identisch sind, beträgt somit:

$$P_w(n,k) = \frac{n!}{k!} = (k+1) \times (k+2) \times \cdots \times (n-1) \times n \quad \text{mit } k \leq n \in \mathbb{Z}^+$$

Beispiel 3.6. Wie viele verschiedene zehnstellige Zahlen lassen sich aus den Ziffern der Zahl 7 841 673 727 bilden? In der Zahl tritt die Ziffer 7 viermal auf, die übrigen Ziffern je einmal. Die Permutation der vier «7» sind nicht unterscheidbar, so dass insgesamt

$$P_w(10,4) = \frac{10!}{4!} = 151200$$

Zahlen gebildet werden können. ☼

Gibt es nicht nur eine Gruppe, sondern r Gruppen mit

$$k_1, \ldots, k_r$$

nicht unterscheidbaren Elementen, so existieren

$$\frac{n!}{k_1! \cdots k_r!} \quad \text{mit } k_1, \ldots, k_r \in \mathbb{N} \cup 0$$

Permutationen. Gilt ferner $k_1 + \ldots + k_r = n$, dann wird der obige Koeffizient als **Multinomialkoeffizient** bezeichnet.

Beispiel 3.7. In einem Regal sollen 3 Lehrbücher der Ökonomie sowie je 2 Lehrbücher der Mathematik und Statistik untergebracht werden. Ohne Berücksichtigung der Fachgebiete gibt es für die 7 Bücher insgesamt $7! = 5040$ Permutationen. Werden die Bücher nur nach Fachgebieten unterschieden, wobei nicht nach Fachgebieten geordnet werden soll, so erhält man

$$P_w(7,3,2,2) = \frac{7!}{(3! \times 2! \times 2!)} = 5 \times 6 \times 7 = 210$$

Permutationen. Sollen die Bücher eines Fachgebiets jeweils zusammenstehen, so gibt es für die Anordnung der Fachgebiete $3! = 6$ Permutationen. ✧

Für $r = 2$ Gruppen mit $k_1 = k$ bzw. $k_2 = n - k$ nicht unterscheidbaren Elementen erhält man

$$P_w(n,k) = \frac{n!}{k!\,(n-k)!} = \binom{n}{k} = C(n,k) \quad \text{mit } k \leq n \in \mathbb{Z}^+$$

Permutationen. Dies ist der **Binomialkoeffizient**.

Übung 3.1. Sie stehen an der Kasse und müssen genau 4.50 € bezahlen. In ihrem Geldbeutel befinden sich drei 1-Euro-Münzen und drei 50 Cent-Münzen. Sie nehmen die Münzen nacheinander heraus und legen sie auf den Tisch. Wie viele unterschiedliche Möglichkeiten existieren, die Münzen der Reihe nach anzuordnen?

3.4 Variation

Eine Auswahl von m Elementen aus n Elementen unter Berücksichtigung der Reihenfolge heißt **Variation**.

3.4.1 Variation ohne Wiederholung

Kann das gezogene Element nicht wieder ausgewählt werden, dann liegt eine Variation ohne Zurücklegen vor. Bei n Elementen gibt es dann $n!$ Anordnungen (Permutationen). Da aber eine Auswahl von m aus n Elementen betrachtet wird, werden nur die ersten m ausgewählten Elemente betrachtet, wobei jedes Element nur einmal ausgewählt werden darf. Die restlichen $n - m$ Elemente werden nicht beachtet. Daher ist jede ihrer $(n-m)!$ Anordnungen hier ohne Bedeutung. Sie müssen aus den $n!$ Anordnungen herausgerechnet werden. Es sind also

$$V(n,m) = \frac{n!}{(n-m)!} = (n-m+1) \times (n-m+2) \times \cdots \times n \qquad (3.1)$$
$$\text{mit } m \leq n \in \mathbb{Z}^+$$

verschiedene Variationen möglich.

Man kann die Anzahl der Variationen auch so begründen: Das erste Element kann aus n Elementen ausgewählt werden. Da es nicht noch einmal auftreten kann, kann das zweite Element daher nur noch aus $n-1$ Elementen ausgewählt werden. Das m-te Element kann dann noch unter $n-m+1$ Elementen ausgewählt werden. Da die Reihenfolge der Elemente beachtet wird, ist die Anordnung zu permutieren:

$$V(n,m) = n(n-1)\cdots(n-m+1) \quad \text{mit } m \leq n \in \mathbb{Z}^+ \qquad (3.2)$$

Gleichung (3.1) und Gleichung (3.2) liefern das gleiche Ergebnis.

Beispiel 3.8. Aus einer Urne mit 3 Kugeln (rot, blau, grün) sollen zwei Kugeln gezogen werden. Ist zum Beispiel die erste gezogene Kugel rot, so verbleiben für die zweite Position noch die zwei Kugeln blau und grün.

Tabelle 3.2: Variation ohne Wiederholung

1. Kugel	rot		blau		grün	
2. Kugel	blau	grün	rot	grün	rot	blau

Insgesamt können

$$V(3,2) = \frac{3!}{(3-2)!} = 6$$

verschiedene Paare gezogen werden. ☼

Beispiel 3.9. Der bereits bekannte Handelsvertreter kann am ersten Tag nur 3 der 13 Orte besuchen. Wie viele Möglichkeiten verschiedener Routenwahlen für den ersten Tag kann er auswählen? Bei einer Auswahl von 3 Orten aus den insgesamt 13 Orten unter Berücksichtigung der Reihenfolge ergeben sich

$$V(13,3) = \frac{13!}{(13-3)!} = 1716$$

Reisemöglichkeiten. ☼

3.4.2 Variation mit Wiederholung

Wenn das gezogene Element wiederholt ausgewählt werden kann, nach der Ziehung also zurückgelegt wird, spricht man von einer Variation mit Wiederholung. Ein Element darf wiederholt bis maximal m-mal auftreten. Beim ersten Element besteht die Auswahl aus n Elementen. Da das erste Element auch als zweites zugelassen ist,

50   3 Kombinatorik

besteht für dieses wieder die Auswahl aus n Elementen. Für jedes der m Elemente kommen n Elemente infrage, also sind n Elemente m-mal zu permutieren. Die Zahl der Variationen von m Elementen aus n Elementen mit Wiederholung beträgt folglich:

$$V_w(n,m) = n^m \quad \text{mit } n,m \in \mathbb{N}$$

Beispiel 3.10. Im Dezimalsystem werden zur Zahlendarstellung zehn Ziffern benutzt. Wie viele vierstellige Zahlen sind damit darstellbar? Es können 4 Ziffern zur Zahlendarstellung variiert werden, wobei Wiederholungen (zum Beispiel 7788) gestattet sind. Es sind somit $10^4 = 10000$ Zahlen darstellbar. Dies sind die Zahlen von 0000 bis 9999. ☼

Übung 3.2. Sie wollen 3 Wochen Urlaub machen und zwar jede Woche in einem anderen Land. Sie haben sich entschieden, ihren Urlaub im Reisebüro X zu buchen und erhalten dort die Auskunft, Sie könnten jederzeit in 25 Ländern Urlaub machen, müssten sich dann aber festlegen. Wie viele Möglichkeiten gibt es, Ihren Urlaub in drei Ländern zu buchen? Eine der Möglichkeiten wäre etwa: zuerst nach Spanien, dann nach Frankreich und zuletzt nach Italien.

3.5 Kombination

Eine Auswahl von m Elementen aus n Elementen ohne Berücksichtigung der Reihenfolge heißt **Kombination**.

3.5.1 Kombination ohne Wiederholung

Bei Kombinationen kommt es nur auf die Auswahl der Elemente an, nicht auf deren Anordnung. Daher ist die Anzahl der möglichen Kombinationen geringer als bei der Variation, da die Permutation der m ausgewählten Elemente nicht unterscheidbar ist; $m!$ Kombinationen sind identisch. Daher entfallen diese und müssen herausgerechnet werden. Dies geschieht, indem man die Zahl der Variationen von m aus n Elementen (dies sind $\frac{n!}{(n-m)!}$ Variationen) durch die Zahl der Permutationen von m Elementen (dies sind $m!$ Permutationen) dividiert. Die Zahl der Kombinationen von m Elementen aus n Elementen ohne Wiederholung beträgt also

$$C(n,m) = \frac{n!}{m!\,(n-m)!} = \binom{n}{m} \quad \text{mit } m \leq n \in \mathbb{Z}^+$$

und ist gleich dem **Binomialkoeffizienten**.

Der Binomialkoeffizient entspricht einer Permutation mit Wiederholung bei zwei Gruppen. Bei der Kombination steht die Überlegung der Auswahl von m aus n Elementen im Zentrum. Bei der Permutation ist es die Überlegung der Anordnung von n Elementen, wobei m und $n-m$ Elemente identisch sind, sich also wiederholen.

Beispiel 3.11. Es sind 6 aus 49 Zahlen (Lotto) in beliebiger Reihenfolge zu ziehen. Wie viele Kombinationen von 6 Elementen existieren?

$$C(49,6) = \binom{49}{6} = \frac{49!}{6!\,(49-6)!} = 13983816$$

☆

3.5.2 Kombination mit Wiederholung

Die Anzahl der möglichen Ergebnisse ist größer als bei der Kombination ohne Wiederholung. Ein Element kann nun bis zu m-mal ausgewählt werden. Statt ein Element zurückzulegen, kann man sich die n Elemente auch um die Zahl der Wiederholungen ergänzt denken. Die n Elemente werden also um $m-1$ Elemente, von denen jedes für eine Wiederholung steht, ergänzt. Dabei werden nur $m-1$ Elemente ergänzt, weil eine Position durch die erste Auswahl festgelegt ist; außerdem können nur $m-1$ Wiederholungen erfolgen. Damit ist die Anzahl von Kombinationen mit m aus n Elementen mit Wiederholung gleich der Anzahl der Kombinationen von m Elementen aus $n+m-1$ Elementen ohne Wiederholung.

Die Zahl der Kombinationen von m Elementen aus n Elementen mit Wiederholung beträgt:

$$C_w(n,m) = \binom{n+m-1}{m} = \frac{(n+m-1)!}{m!\,(n-1)!} \quad \text{mit } m \leq n \in \mathbb{Z}^+$$

Beispiel 3.12. Stellt man sich eine Lottoziehung vor, bei der die gezogenen Kugeln wieder zurückgelegt werden und somit erneut gezogen werden können, dann liegt der Fall der Kombination mit Wiederholung vor.

$$C_w(49,6) = \binom{49+6-1}{6} = \binom{54}{6} = \frac{54!}{6!\,(49-1)!} = 25827165$$

Es gibt hier fast doppelt so viele Kombinationen wie beim normalen Lottospiel.

☆

Tabelle 3.3: Kombinatorik

	Wiederholung mit	ohne
mit Reihenfolge	n^m	$\frac{n!}{(n-m)!}$
ohne Reihenfolge	$\binom{n+m-1}{m}$	$\binom{n}{m}$

Die Übersicht in Tabelle 3.3 zeigt die verschiedenen Möglichkeiten auf, aus n Elementen m zu ziehen.

Beispiel 3.13. Ein Experiment mit 2 Würfeln liefert Ergebnisse der Form (i,j), wobei i die Augenzahl des ersten und j die Augenzahl des zweiten Würfels ist. Folgende Ergebnisse sind möglich:

$$\begin{array}{llllll}(1,1)&(1,2)&(1,3)&(1,4)&(1,5)&(1,6)\\(2,1)&(2,2)&(2,3)&(2,4)&(2,5)&(2,6)\\(3,1)&(3,2)&(3,3)&(3,4)&(3,5)&(3,6)\\(4,1)&(4,2)&(4,3)&(4,4)&(4,5)&(4,6)\\(5,1)&(5,2)&(5,3)&(5,4)&(5,5)&(5,6)\\(6,1)&(6,2)&(6,3)&(6,4)&(6,5)&(6,6)\end{array}$$

1. Variation mit Wiederholung: Soll die Reihenfolge berücksichtigt werden, so muss das Wurfergebnis $(3,5)$ und $(5,3)$ unterschieden werden und eine Wiederholung möglich sein. Im Beispiel $(2,2)$ gibt es

$$V_w(6,2) = 6^2 = 36$$

Ergebnisse.

2. Variation ohne Wiederholung: Wird die Reihenfolge berücksichtigt, eine Wiederholung aber ausgeschlossen, so entfallen die 6 Ergebnisse: $(1,1),\ldots,(6,6)$. Es existieren

$$V(6,2) = 36 - 6 = 30 = \frac{6!}{(6-2)!}$$

verschiedene Ergebnisse.

3. Kombination ohne Wiederholung: Soll die Reihenfolge nicht berücksichtigt werden und eine Wiederholung ausgeschlossen sein, so entfallen gegenüber 2. die Hälfte der Ergebnisse. Es sind alle Paare (i,j) mit $i<j$ und es verbleiben noch

$$C(6,2) = \frac{30}{2} = 15 = \binom{6}{2}$$

Ergebnisse.

4. Kombination mit Wiederholung: Soll die Reihenfolge nicht berücksichtigt werden, aber eine Wiederholung zulässig sein, so kommen gegenüber 3. wieder 6 Ergebnisse $(1,1),\ldots,(6,6)$ hinzu. Es existieren

$$C_w(6,2) = 15 + 6 = 21 = \binom{6+2-1}{2}$$

Ergebnisse.

☼

Die Bestimmung der Anzahl der Möglichkeiten ist nicht immer unmittelbar mit den angegebenen Formeln möglich. Mitunter müssen die Formeln miteinander kombiniert werden. Werden die Fälle durch ein logisches UND miteinander verknüpft, so ist die Anzahl der Möglichkeiten miteinander zu multiplizieren.

Beispiel 3.14. Aus 10 verschiedenen Spielkarten sollen 2 Spieler je 4 Karten erhalten. Für den ersten Spieler gibt es dann

$$C(10,4) = \binom{10}{4} = 210$$

Möglichkeiten. Für den zweiten Spieler verbleiben dann noch 6 Karten und es gibt

$$C(6,4) = \binom{6}{4} = 15$$

Möglichkeiten der Kartenzuteilung. Insgesamt gibt es dann 210 Möglichkeiten für den ersten Spieler UND 15 Möglichkeiten für den zweiten Spieler, also $210 \times 15 = 3\,150$ Möglichkeiten der Kartenausteilung insgesamt. ☆

Werden die Fälle durch ein logisches ODER verknüpft, so ist die Anzahl der Möglichkeiten zu addieren.

Beispiel 3.15. In einer Bibliothek sollen Bücher mit einer ODER mit zwei aus 5 Farben signiert werden. Wenn die Reihenfolge und eine Wiederholung der Farben zulässig ist, dann existieren

$$V_w(5,1) + V_w(5,2) = 5^1 + 5^2 = 25$$

Möglichkeiten, die Bücher zu signieren. ☆

Übung 3.3. Drei Kartenspieler sitzen in einer festen Reihenfolge; der erste Spieler verteilt die Karten. Wie viele verschiedene Anfangssituationen sind beim Skatspiel möglich (32 verschiedene Karten, 3 Spieler erhalten je 10 Karten, 2 Karten liegen im Skat)?

Übung 3.4. Ein Student muss in einer Prüfung 8 von 12 Fragen beantworten, davon mindestens 3 aus den ersten 5 Fragen. Insgesamt sind genau 8 Fragen zu beantworten. Wie viele verschiedene zulässige Antwortmöglichkeiten besitzt der Student?

Übung 3.5. Wie viele verschiedene Ziehungen gibt es beim Zahlenlotto 6 aus 49 mit 5, 4 und 3 Richtigen?

Übung 3.6. An einer Feier nehmen 20 Personen teil. Plötzlich geht das Bier aus. Um hinreichenden Nachschub zu besorgen, werden 3 Leute ausgewählt, weil 3 Personen notwendig sind, um das neue Fass zu transportieren. Wie viele unterschiedliche Möglichkeiten gibt es, 3 Leute zum Bierholen zu schicken?

Übung 3.7. Sie gehen mit 3 Kommilitonen in die Mensa. Dort stehen 5 verschiedene Menüs zur Auswahl. Während sich die Kommilitonen bereits auf die Plätze setzen, erhalten Sie den Auftrag, für sich und für die 3 Kommilitonen jeweils irgendein Essen zu besorgen. Wie viele unterschiedliche Möglichkeiten gibt es insgesamt, die Menüs auszuwählen.

Übung 3.8. Ein Passwort besteht aus zwei Buchstaben und vier Ziffern, wobei die Ziffern, aber nicht die Buchstaben mehrfach auftreten dürfen. Klein- und Großschreibung ist als signifikant anzusehen. Wie viele Passwörter können Sie bilden?

3.6 Fazit

In der Kombinatorik wird das Abzählen von verschiedenen Anordnungen berechnet. Die Permutation ist eine zentrale Definition, die die Anordnung in einer bestimmten Reihenfolge berechnet. Sind alle Elemente identifizierbar, liegt eine Permutation ohne Wiederholung vor. Sind hingegen einige Elemente nicht voneinander unterscheidbar, dann liegt eine Permutation mit Wiederholung vor.

Eine Variation liegt vor, wenn bei der Auswahl der Elemente die Reihenfolge der Züge unterscheidbar ist. Eine Kombination liegt hingegen vor, wenn die Reihenfolge der Züge ohne Bedeutung ist. Die Kombinatorik wird zur Berechnung von Wahrscheinlichkeiten eingesetzt.

Teil II

Lineare Algebra

4
Vektoren

Inhalt

4.1	Vorbemerkung	57
4.2	Eigenschaften von Vektoren	58
4.3	Operationen mit Vektoren	60
4.3.1	Addition (Subtraktion) von Vektoren	60
4.3.2	Skalares Vielfaches eines Vektors	60
4.4	Geometrische Darstellung von Vektoren	61
4.5	Linearkombinationen und lineare Abhängigkeit von Vektoren	61
4.6	Linear unabhängige Vektoren und Basisvektoren	62
4.7	Skalarprodukt (inneres Produkt)	64
4.8	Vektoren in Scilab	67
4.9	Fazit	68

4.1 Vorbemerkung

Vektoren, wie auch Matrizen, sind Konstrukte, die Zahlen zusammenfassen, damit bestimmte Rechnungen einfacher werden. In einem Vektor bleibt jede Einzelgröße erhalten. Der Vektor ist eine kompakte Schreibweise für ein Zahlenfeld. Aus dieser Notation haben sich eigenständige Rechenanweisungen entwickelt.

In den folgenden Abschnitten werden grundlegende Operationen mit Vektoren gezeigt. Unmittelbar darauf aufbauend folgen die Kapitel 5 **Matrizen**, Kapitel 6 **lineare Gleichungssysteme** und Kapitel 7 **lineare Optimierung**. Sie stellen zusammen einen Teil der linearen Algebra dar.

Die lineare Algebra wird heute in der Wirtschaftspraxis sehr häufig angewendet. So wird sie beispielsweise mit der Matrizenrechnung in der Kostenrechnung oder im Controlling eingesetzt. Lineare Gleichungssysteme werden zur Beschreibung von Input-Output-Beziehungen verwendet und die lineare Optimierung dient zur Lösung unterschiedlicher Entscheidungsprobleme. Bei all den genannten Problemen werden nur Variablen in der ersten Potenz verwendet, woraus sich das Adjektiv linear ableitet. Jedoch werden hier nicht nur eine Gleichung und eine Variable betrachtet, sondern ein System von Gleichungen mit vielen Variablen. So können unterschiedliche wirtschaftliche Probleme – zumindest näherungsweise – beschrieben werden. Denn kleine Wertänderungen können häufig durch eine lineare Beziehung approximiert werden.

Der Begriff «lineare Algebra» ist eine lateinisch-arabische Wortbildung. Das Adjektiv «linear» kommt aus dem lateinischen und bedeutet geradlinig, linienförmig, eindimensional. Dies bezieht sich auf die Variablen, die nur in der ersten Potenz auftreten. Bei der folgenden Gleichung handelt es sich um eine einfache lineare Gleichung.

$$y = ax + b$$

Das Wort «Algebra» stammt aus dem Arabischen (al-dschabr) und bedeutet «die Einrenkung gebrochener Teile». Dies bezieht sich natürlich nicht auf Brüche im medizinischen Sinne, sondern auf mathematische Brüche. Mit Einrenkung ist hier die Auflösung einer Gleichung gemeint.

$$\frac{3}{4}y = x \quad \Rightarrow \quad 3y = 4x$$

Einige geläufige Bezeichnungen in der Vektoralgebra:

a,b,...	Vektor
$a_i, b_i,$...	Vektorkomponente
$'$	Transpositionssymbol
[ ]	Klammern für Vektorkomponente
λ	Koeffizient (sprich: lambda)
$\|\mathbf{a}\|$	Norm oder absoluter Betrag eines Vektors

4.2 Eigenschaften von Vektoren

Die Zahlen $a_1, a_2, \ldots, a_n$ werden in einem **Vektor** durch folgende Notation dargestellt:

$$\mathbf{a} = \begin{bmatrix} a_1 \\ a_2 \\ \vdots \\ a_n \end{bmatrix}$$

Die Einzelgröße a_i wird als i-te Komponente des Vektors **a** bezeichnet. Der Vektor selbst wird durch Fettdruck eines kleinen lateinischen Buchstabens gekennzeichnet. Die Anzahl der Komponenten bestimmt die **Dimension** des Vektors. Die Zusammenfassung der Komponenten in einem Vektor impliziert eine Ordnung, die durch die Indizierung der Komponenten eindeutig ist. Die Komponenten eines Vektors sind Einzelgrößen, die auch als **Skalar** bezeichnet werden.

Wird die Anordnung der Komponenten in einem Vektor spaltenweise (also untereinander) vorgenommen, so bezeichnet man einen solchen Vektor als Spaltenvektor.

Im Gegensatz dazu werden bei einem Zeilenvektor die Komponenten in einer Zeile angeordnet.
$$\mathbf{b} = \begin{bmatrix} a_1 & a_2 & \ldots & a_n \end{bmatrix}$$

Aus jedem Spaltenvektor kann durch **Transposition** ein Zeilenvektor erzeugt werden. Die Transposition wird durch ein $'$ dargestellt. Achtung: In der Differentialrechnung hat dieses Symbol eine andere Bedeutung! Daher wird manchmal die Transposition auch durch ^{T} beschrieben, wenn die Gefahr einer Verwechslung besteht.

Ein transponierter Vektor unterscheidet sich lediglich durch die Anordnung der Komponenten von dem nicht transponierten Vektor.

$$\mathbf{a}' = \mathbf{b} \qquad \mathbf{b}' = \mathbf{a}$$

Beispiel 4.1.
$$\mathbf{a} = \begin{bmatrix} 0 \\ 1 \\ 2 \end{bmatrix} \Rightarrow \mathbf{a}' = \begin{bmatrix} 0 & 1 & 2 \end{bmatrix} \Rightarrow (\mathbf{a}')' = \begin{bmatrix} 0 \\ 1 \\ 2 \end{bmatrix}$$

☼

Vektoren lassen sich vergleichen und verknüpfen. Es dürfen aber nur Vektoren gleichen Inhalts und gleicher Dimension miteinander in Beziehung gesetzt werden. Die Ordnungsrelationen dürfen bei Vektoren nicht auf einzelne Komponenten beschränkt werden, sondern sie müssen für alle Komponenten gleichzeitig gültig sein. Daher sind zwei n-dimensionale Vektoren $\mathbf{a}$ und $\mathbf{b}$ nur gleich, wenn sie komponentenweise gleich sind.

$$\mathbf{a} = \mathbf{b} \Leftrightarrow a_i = b_i \quad \text{für alle } i = 1, 2, \ldots, n$$

Analog zur Gleichheit sind auch die Ordnungsrelationen $<, >, \leq, \geq$ anzuwenden.

Beispiel 4.2.
$$\mathbf{a} = \begin{bmatrix} 1 \\ 0 \\ 4 \end{bmatrix} \quad \mathbf{b} = \begin{bmatrix} 2 \\ 1 \\ 3 \end{bmatrix} \quad \mathbf{c} = \begin{bmatrix} -1 \\ 1 \\ 1 \end{bmatrix} \quad \mathbf{d} = \begin{bmatrix} -1 \\ -1 \\ 1 \end{bmatrix} \quad \mathbf{e} = \begin{bmatrix} 2 \\ 1 \\ 3 \end{bmatrix}$$

Es gelten unter anderem folgende Beziehungen:

$$\mathbf{a} > \mathbf{d} \quad \mathbf{c} \leq \mathbf{b} \quad \mathbf{e} = \mathbf{b} \quad \mathbf{e} \geq \mathbf{c}$$

☼

4.3 Operationen mit Vektoren

Beim Rechnen mit Vektoren unterscheidet man solche Rechenoperationen, bei denen die Dimension des Vektors erhalten bleibt, und solche, bei denen er seine Dimension verändert. Die Addition (Subtraktion) von Vektoren sind dimensionserhaltende Operationen. Ebenso erhält die Multiplikation eines Vektors mit einem Skalar die Dimension. Hingegen führt das skalare Produkt (auch inneres Produkt) zweier Vektoren zu einer Dimensionsveränderung.

4.3.1 Addition (Subtraktion) von Vektoren

Bei der Addition (Subtraktion) von zwei Vektoren wird jede Komponente des ersten Vektors mit der entsprechenden Komponente des zweiten Vektors addiert (subtrahiert). Es ist leicht einzusehen, dass nur Vektoren gleicher Dimension addiert (subrathiert) werden können.

$$\mathbf{c} = \mathbf{a} \pm \mathbf{b}$$

$$= \begin{bmatrix} a_1 \\ a_2 \\ \vdots \\ a_n \end{bmatrix} \pm \begin{bmatrix} b_1 \\ b_2 \\ \vdots \\ b_n \end{bmatrix} = \begin{bmatrix} a_1 \pm b_1 \\ a_2 \pm b_2 \\ \vdots \\ a_n \pm b_n \end{bmatrix}$$

Beispiel 4.3.

$$\mathbf{c} = \begin{bmatrix} 0 \\ 1 \\ 2 \end{bmatrix} + \begin{bmatrix} 2 \\ 1 \\ 3 \end{bmatrix} = \begin{bmatrix} 2 \\ 2 \\ 5 \end{bmatrix}$$

✧

4.3.2 Skalares Vielfaches eines Vektors

Die Multiplikation eines Vektors mit einem Skalar erfolgt, indem man alle Komponenten des Vektors mit dem Skalar multipliziert.

$$\mathbf{b} = \lambda \times \mathbf{a} \quad \text{mit } \lambda \in \mathbb{R}$$

$$= \lambda \times \begin{bmatrix} a_1 \\ a_2 \\ \vdots \\ a_n \end{bmatrix} = \begin{bmatrix} \lambda \times a_1 \\ \lambda \times a_2 \\ \vdots \\ \lambda \times a_n \end{bmatrix}$$

Ist $\lambda = 0$, so entsteht ein **Nullvektor**, ein Vektor mit Nullen. Mit dem Faktor $\frac{1}{\lambda}$ werden die Komponenten durch den Faktor λ geteilt.

Beispiel 4.4. Für $\lambda = 0.5$ und **a** aus Beispiel 4.1 erhält man:

$$\mathbf{b} = 0.5 \begin{bmatrix} 0 \\ 1 \\ 2 \end{bmatrix} = \begin{bmatrix} 0 \\ 0.5 \\ 1 \end{bmatrix}$$

☆

4.4 Geometrische Darstellung von Vektoren

Die Menge aller n-dimensionalen Vektoren bilden einen linearen **Vektorraum** $\mathbb{R}^n$. Eine geometrische Darstellung ist nur bis zur Dimension drei möglich.

Beispiel 4.5. Es sind die beiden Vektoren

$$\mathbf{a}_1 = \begin{bmatrix} 1 \\ 3 \\ 3 \end{bmatrix} \quad \text{und} \quad \mathbf{a}_2 = \begin{bmatrix} 2 \\ 0 \\ 1 \end{bmatrix}$$

gegeben. Jede Komponente der Vektoren beschreibt dabei eine Koordinate im Raum. Abbildung 4.1 zeigt die grafische Darstellung dieser beiden Vektoren. ☆

4.5 Linearkombinationen und lineare Abhängigkeit von Vektoren

Als Linearkombination wird ganz allgemein die Addition von Größen mit skalaren Gewichtungsfaktoren verstanden. Bei Vektoren bedeutet dies, dass man einen Vektor aus einer Summe von Vektoren erzeugt, die jeweils mit einem Skalar $\lambda_i \in \mathbb{R}$ gewichtet sind.

$$\mathbf{b} = \lambda_1 \mathbf{a}_1 + \lambda_2 \mathbf{a}_2 + \ldots + \lambda_n \mathbf{a}_n = \sum_{i=1}^{n} \lambda_i \mathbf{a}_i \quad \text{mit } \lambda \in \mathbb{R} \quad (4.1)$$

Mit $\mathbf{a}_i$ wird der i-te Vektor bezeichnet.

Beispiel 4.6. Mit den beiden Vektoren aus Beispiel 4.5 wird eine Linearkombination gebildet. Die beiden Gewichtungsfaktoren sollen

$$\lambda_1 = \frac{3}{4} \quad \text{und} \quad \lambda_2 = \frac{1}{2}$$

sein. Dann entsteht folgender neuer Vektor,

$$\mathbf{b} = \frac{3}{4} \mathbf{a}_1 + \frac{1}{2} \mathbf{a}_2 = \begin{bmatrix} 1.75 \\ 2.25 \\ 2.75 \end{bmatrix},$$

der linear abhängig von $\mathbf{a}_1$ und $\mathbf{a}_2$ ist. Der Vektor **b** ist als gestrichelte Linie in Abb. 4.1 dargestellt. ☆

Eine Linearkombination von n Vektoren erzeugt einen von n Vektoren **linear abhängigen Vektor**. Die lineare Abhängigkeit von Vektoren bestimmt die Lösbarkeit linearer Gleichungssysteme.

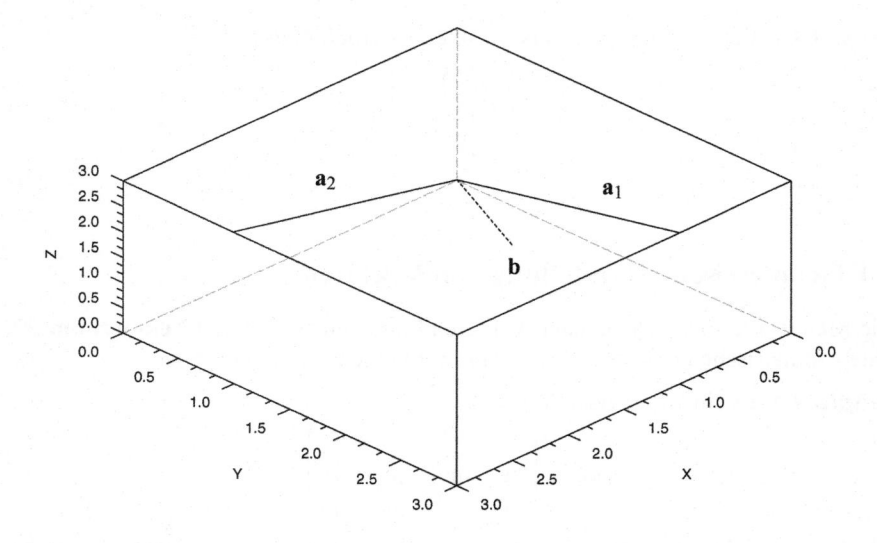

Abb. 4.1: Dreidimensionaler Vektorraum mit zwei Vektoren

4.6 Linear unabhängige Vektoren und Basisvektoren

Lineare Unabhängigkeit kann man einfach als Umkehrung der linearen Abhängigkeit definieren. Dies bedeutet, dass keine Linearfaktoren $\lambda_i \neq 0$ existieren, also müssen alle $\lambda_i = 0$ ($i = 1, \ldots, n$) sein. Somit ist dann in der Gleichung (4.1) der Vektor **b** ein Nullvektor. Auf **linear unabhängige Vektoren** kann man also nur schließen, wenn die Gleichung

$$\lambda_1 \mathbf{a}_1 + \lambda_2 \mathbf{a}_2 + \ldots + \lambda_n \mathbf{a}_n = \mathbf{0} \quad \text{mit } \mathbf{a}_i \neq \mathbf{0} \text{ für } i = 1, \ldots, n$$

für die Linearfaktoren

$$\lambda_1 = \lambda_2 = \ldots = \lambda_n = 0$$

erfüllt ist. Wäre nur ein $\lambda_i \neq 0$, so wäre die Gleichung nicht mehr erfüllt und **b** wäre dann eine Linearkombination von $\mathbf{a}_i$.

Beispiel 4.7. Der Nachweis, dass die drei Vektoren aus den Beispielen 4.5 und 4.6 linear unabhängig sind, ist dann wie folgt. Aus der Definitionsgleichung

$$\lambda_1 \begin{bmatrix} 1 \\ 3 \\ 3 \end{bmatrix} + \lambda_2 \begin{bmatrix} 2 \\ 0 \\ 1 \end{bmatrix} + \lambda_3 \begin{bmatrix} 1.75 \\ 2.25 \\ 2.75 \end{bmatrix} = \begin{bmatrix} 0 \\ 0 \\ 0 \end{bmatrix}$$

4.6 Linear unabhängige Vektoren und Basisvektoren

erhalten wir das Gleichungssystem:

$$\lambda_1 + 2\lambda_2 + 1.75\lambda_3 = 0$$
$$3\lambda_1 + 2.25\lambda_3 = 0$$
$$3\lambda_1 + \lambda_2 + 2.75\lambda_3 = 0$$

Durch Auflösen und Einsetzen wird dann die folgende Lösung erzeugt:

$$\lambda_1 = -0.75\lambda_3$$
$$\lambda_2 = -0.5\lambda_3$$

Es ist nicht möglich λ_i eindeutig zu bestimmen. Es wird aber deutlich, dass $\lambda_i \neq 0$ möglich ist, um das Gleichungssystem zu lösen. Eine Möglichkeit ist $\lambda_3 = -1$. Dann erhält man für $\lambda_1 = 0.75$ und $\lambda_2 = 0.5$, wie in Beispiel 4.6. Die drei Vektoren sind also linear abhängig. ✩

Beispiel 4.8. Nun werden die zwei Vektoren $\mathbf{a}_1$ und $\mathbf{a}_2$ auf lineare Unabhängigkeit geprüft.

$$\lambda_1 \begin{bmatrix} 1 \\ 3 \\ 3 \end{bmatrix} + \lambda_2 \begin{bmatrix} 2 \\ 0 \\ 1 \end{bmatrix} = \mathbf{0}$$

Das Auflösen des Gleichungssystems führt zu den Gleichungen:

$$\lambda_1 + 2\lambda_2 = 0$$
$$3\lambda_1 = 0$$
$$3\lambda_1 + \lambda_2 = 0$$

Es ist sofort zu erkennen, dass $\lambda_1 = 0$ ist. Daraus ergibt sich unmittelbar, dass auch $\lambda_2 = 0$ sein muss, damit das Gleichungssystem erfüllt ist. Es existiert also nur die Lösung $\lambda_1 = \lambda_2 = 0$. Die beiden Vektoren $\mathbf{a}_1$ und $\mathbf{a}_2$ sind linear unabhängig. ✩

Linear unabhängige Vektoren, die den Vektorraum erzeugen, bezeichnet man als **Basisvektoren**. In einem n dimensionalen Vektorraum können maximal n unabhängige Vektoren sein.

Ein Basisvektor der Form

$$\mathbf{e}_i = \begin{bmatrix} 0 \\ \vdots \\ 0 \\ 1 \\ 0 \\ \vdots \\ 0 \end{bmatrix} \leftarrow i\text{-te Position}$$

wird **Einheitsvektor** genannt und häufig mit dem Buchstaben **e** bezeichnet.

Den **absoluten Betrag** oder **Norm** eines Vektors $\mathbf{a} \in \mathbb{R}^n$ berechnet man mit einer Verallgemeinerung des Satzes des Pythagoras. Er ist ein Skalar.

$$\|\mathbf{a}\| = \sqrt{a_1^2 + a_2^2 + \ldots + a_n^2}$$

Die Norm wird als Länge des Vektors interpretiert. Im $\mathbb{R}^2$ und $\mathbb{R}^3$ ist dies anschaulich. Wird ein Vektor mit dem Kehrwert seines Betrags multipliziert,

$$\frac{1}{\|\mathbf{a}\|} \mathbf{a} = \begin{bmatrix} \frac{a_1}{\|\mathbf{a}\|} \\ \frac{a_2}{\|\mathbf{a}\|} \\ \vdots \\ \frac{a_n}{\|\mathbf{a}\|} \end{bmatrix},$$

so normiert man den Vektor. Er besitzt dann den Betrag bzw. die Norm Eins und wird als **normiert** bezeichnet.

Die Norm des Einheitsvektors ist stets Eins. Definitionsgemäß stehen die Einheitsvektoren senkrecht aufeinander. Man sagt, die Einheitsvektoren sind **orthogonal** und **normiert** oder in Kurzform **orthonormiert**. Die Einheitsvektoren bilden somit ein orthonormiertes Vektorsystem.

Übung 4.1. Es sind die drei Vektoren

$$\mathbf{a}_1 = \begin{bmatrix} 1 \\ 0 \\ 1 \end{bmatrix} \quad \mathbf{a}_2 = \begin{bmatrix} 0 \\ -1 \\ 1 \end{bmatrix} \quad \mathbf{a}_3 = \begin{bmatrix} -1 \\ 1 \\ 1 \end{bmatrix}$$

gegeben, die linear unabhängig sind. Überprüfen Sie dies. Der Vektor

$$\mathbf{b} = \begin{bmatrix} 2 \\ 4 \\ -2 \end{bmatrix}$$

soll als Linearkombination der obigen Basisvektoren dargestellt werden. Berechnen Sie eine Linearkombination.

4.7 Skalarprodukt (inneres Produkt)

Die Addition zweier Vektoren und die Multiplikation eines Vektors mit einem Skalar erhalten die Dimension des Vektors. Hingegen wird mit dem Skalarprodukt eine Operation definiert, die als Ergebnis einen Skalar hat.

Beispiel 4.9. Ein Unternehmen setzt zur Herstellung eines Produkts verschiedene Produktionsfaktoren ein. Die Angaben in Tabelle 4.1 beziehen sich auf eine Mengeneinheit des Produkts.

4.7 Skalarprodukt (inneres Produkt)

Tabelle 4.1: Faktoren, Mengen und Faktorpreise

Faktor	Menge	Dimension	Faktorpreis
Faktor 1	100.5	kg	15.50 €/kg
Faktor 2	20.4	ℓ	0.25 €/ℓ
Faktor 3	5.2	h	152.00 €/h
Arbeit	7.8	Mh	65.20 €/Mh

Die nahe liegende Frage, wie viel die Herstellung einer Mengeneinheit des Produkts kostet, ist einfach zu beantworten, denn die Gesamtkosten sind gleich der Produktsumme der Mengen mal den Preisen.

$$k = 100.5 \times 15.50 + 20.4 \times 0.25 + 5.2 \times 152.00 + 7.8 \times 65.20 = 2\,861.81\,€$$

Die Angaben lassen sich in einem Mengenvektor **m** und einem Preisvektor **p** zusammenfassen, wobei sich die jeweils i-te Mengenkomponente auf den i-ten Faktor beziehen muss.

$$\mathbf{m} = \begin{bmatrix} 100.5 \\ 20.4 \\ 5.2 \\ 7.8 \end{bmatrix} \quad \mathbf{p} = \begin{bmatrix} 15.50 \\ 0.25 \\ 152.00 \\ 65.20 \end{bmatrix}$$

Die gesuchten Gesamtkosten ergeben sich dann durch komponentenweise Multiplikation und Summenbildung.

$$k = \sum_{i=1}^{4} m_i p_i = 2\,861.81\,€ \tag{4.2}$$

✿

Die Operation in (4.2) wird als **Skalarprodukt** oder als **skalare Multiplikation zweier Vektoren** bezeichnet. Das Ergebnis des Skalarprodukts ist immer eine reelle Zahl. Man verwendet für eine kompakte Schreibweise hier gerne die Transposition, um die Produktsumme darzustellen. In der Matrixrechnung erweist sich diese Schreibweise als nützlich.

$$\sum_{i=1}^{n} a_i b_i = \mathbf{a}' \mathbf{b}$$

Übrigens kann mit dem Skalarprodukt auch eine lineare Gleichung beschrieben werden.

$$a_1 x_1 + a_2 x_2 + \ldots + a_n x_n = c$$

$$\begin{bmatrix} a_1 \\ a_2 \\ \vdots \\ a_n \end{bmatrix}' \begin{bmatrix} x_1 \\ x_2 \\ \vdots \\ x_n \end{bmatrix} = c$$

$$\mathbf{a}' \mathbf{x} = c$$

Aus der Definition des skalaren Produkts gehen folgende Rechenregeln hervor:

$$\mathbf{a}'\mathbf{b} = \mathbf{b}'\mathbf{a} = (\mathbf{a}'\mathbf{b})' \quad \text{Kommutativgesetz}$$

aber $\quad \mathbf{a}'\mathbf{b} \neq \mathbf{b}\mathbf{a}'$

$$(\mathbf{a} \pm \mathbf{b})'\mathbf{c} = (\mathbf{a}' \pm \mathbf{b}')\mathbf{c}$$
$$= \mathbf{a}'\mathbf{c} \pm \mathbf{b}'\mathbf{c} \quad \text{Distributivgesetz}$$
$$\mathbf{a}'(\mathbf{b} \pm \mathbf{c}) = \mathbf{a}'\mathbf{b} \pm \mathbf{a}'\mathbf{c}$$

Beispiel 4.10. Das innere Produkt der beiden Vektoren

$$\mathbf{a} = \begin{bmatrix} -1 \\ 2 \\ 0 \\ 4 \end{bmatrix} \quad \mathbf{b} = \begin{bmatrix} 3 \\ -2 \\ 4 \\ 7 \end{bmatrix}$$

beträgt:

$$\mathbf{a}'\mathbf{b} = \begin{bmatrix} -1 & 2 & 0 & 4 \end{bmatrix} \begin{bmatrix} 3 \\ -2 \\ 4 \\ 7 \end{bmatrix} = 21$$

$$\mathbf{b}'\mathbf{a} = \begin{bmatrix} 3 & -2 & 4 & 7 \end{bmatrix} \begin{bmatrix} -1 \\ 2 \\ 0 \\ 4 \end{bmatrix} = 21$$

Wird der Vektor

$$\mathbf{c} = \begin{bmatrix} 0 \\ 1 \\ 0 \\ 1 \end{bmatrix}$$

mit dem inneren Produkt $\mathbf{a}'\mathbf{b}$ multipliziert, so ergibt sich wieder ein Vektor.

$$(\mathbf{a}'\mathbf{b})\mathbf{c} = 21 \begin{bmatrix} 0 \\ 1 \\ 0 \\ 1 \end{bmatrix} = \begin{bmatrix} 0 \\ 21 \\ 0 \\ 21 \end{bmatrix}$$

☼

Ist das Skalarprodukt zweier Vektoren Null, so stehen die Vektoren orthogonal (senkrecht) zueinander. Die Vektoren sind dann linear unabhängig. Damit ist eine leichte Überprüfung auf lineare Unabhängigkeit von Vektoren möglich. Eine Erklärung für diese Eigenschaft erfordert eine geometrische Darstellung, auf die hier verzichtet wird. Aber nicht alle linear unabhängigen Vektoren sind orthogonal zueinander!

Beispiel 4.11.
$$[-2\ 4] \begin{bmatrix} -2 \\ -1 \end{bmatrix} = 4 - 4 = 0$$

Die beiden Vektoren sind orthogonal zueinander und daher auch linear unabhängig. Hingegen sind die beiden Vektoren aus Beispiel 4.8 linear unabhängig, aber nicht orthogonal zueinander, denn deren Skalarprodukt ist nicht Null. ✩

Ist das Skalarprodukt gleich Null, so gilt nicht wie bei der Multiplikation, dass dann mindestens einer der beiden Faktoren gleich Null ist.

Übung 4.2. Ein Unternehmen produziert den Output **x** von n Gütern. Dazu verwendet es den Input **v**. Das Nettoergebnis **b** ergibt sich als Differenz von Output und Input. Die Preise für die n Güter sind im Vektor **p** erfasst.
Geben Sie in Vektorgleichungen die

1. Einnahmen
2. Kosten und
3. Gewinn

an.

Übung 4.3. Für welche Werte von x ist das innere Produkt von

$$\mathbf{a} = \begin{bmatrix} x \\ x-1 \\ 3 \end{bmatrix} \qquad \mathbf{b} = \begin{bmatrix} x \\ x \\ 3x \end{bmatrix}$$

Null? Welche Eigenschaft weisen dann die Vektoren auf?

4.8 Vektoren in Scilab

Ein (Zeilen-) Vektor wird in Scilab durch eckige Klammern definiert. Der Vektor

$$\mathbf{a} = \begin{bmatrix} 2 & 3 & 4 \end{bmatrix}$$

```
a=[2,3,4]  ->  2 3 4
```

Die Transposition erfolgt durch ein angefügtes Apostroph an den Variablennamen.

```
a'

2
3
4
```

Soll ein Vektor direkt als Spaltenvektor eingegeben werden, so sind die einzelnen Zahlen durch ein Semikolon zu trennen.

```
a=[2;3;4]
```

```
2
3
4
```

Die Vektoroperationen können mit den gewohnten Befehlen $+, -, \times$ durchgeführt werden.

```
b=[5,6,7]
a+b'
```

```
7
9
11
```

```
b*a -> 56
```

4.9 Fazit

Vektoren sind eindimensionale Zahlenfelder. Sie eignen sich zur Beschreibung von linearen Zusammenhängen. Die Grundrechenarten können – bis auf die Division – auf Vektoren übertragen werden. Darüber hinaus muss für die Multiplikation von Vektoren das innere Produkt oder das so genannte Skalarprodukt definiert werden, das als Ergebnis einen Skalar besitzt. Eine wichtige Definition bei Vektoren ist die Unabhängigkeit von Vektoren, die später Aussagen zulassen, ob gegebene lineare Gleichungssysteme eine Lösung besitzen oder nicht.

5
Matrizen

Inhalt

5.1	Vorbemerkung	69
5.2	Einfache Matrizen	70
5.3	Spezielle Matrizen	70
5.4	Operationen mit Matrizen	72
	5.4.1 Addition (Subtraktion) von Matrizen	72
	5.4.2 Multiplikation einer Matrix mit einem skalaren Faktor	73
	5.4.3 Multiplikation von Matrizen	73
5.5	Ökonomische Anwendung	74
5.6	Matrizenrechnung mit Scilab	78
5.7	Fazit	79

5.1 Vorbemerkung

In diesem Kapitel wird das Konstrukt des Vektors erweitert und die Matrix eingeführt. In der Darstellung wird sich auf die für Ökonomen wichtigen Eigenschaften und Operationen der Matrizenalgebra beschränkt. Mit der Matrizenrechnung kann dann eine Materialverflechtung eines mehrstufigen Produktionsprozesses einfach berechnet werden.

Einige geläufige Bezeichnungen in der Matrizenalgebra:

A,B,...	Matrix
a_{ij}, b_{ij},...	Matrixelement
diag **A**	Hauptdiagonalelemente einer Matrix
diag **a**	Erzeugung einer Diagonalmatrix aus dem Vektor **a**
I	Einheitsmatrix

5.2 Einfache Matrizen

Fasst man mehrere gleichdimensionale, sachlogisch verwandte Vektoren zusammen, so entsteht ein zweidimensionales, rechteckiges Zahlenfeld, das als **Matrix** bezeichnet wird.

$$\mathbf{A} = \begin{bmatrix} a_{11} & a_{12} & \ldots & a_{1m} \\ a_{21} & a_{22} & \ldots & a_{2m} \\ \vdots & \vdots & a_{ij} & \vdots \\ a_{n1} & a_{n2} & \ldots & a_{nm} \end{bmatrix}$$

Die Matrix wird auch als ein $n \times m$ Tupel bezeichnet. Sie besitzt n Zeilen und m Spalten. Ihre Dimension ist daher $n \times m$. Eine Matrix wird im Folgenden durch Fettdruck eines großen lateinischen Buchstabens gekennzeichnet.

Die Matrix ist eine Erweiterung eines Vektors. Hieraus ergibt sich, dass alle Rechenoperationen zwischen Vektoren auch für Matrizen gelten. Möchte man eine bestimmte Spalte in einer Matrix benennen, so wird häufig die **Punktnotation** verwendet. Die Beschreibung der j-ten Spalte in der Matrix $\mathbf{A}$ erfolgt dann durch:

$$\mathbf{A}_{\cdot j} = \begin{bmatrix} a_{1j} \\ a_{2j} \\ \vdots \\ a_{nj} \end{bmatrix}$$

Ebenso kann mit der Punktnotation die i-te Zeile in der Matrix $\mathbf{A}$ gekennzeichnet werden.

$$\mathbf{A}_{i \cdot} = \begin{bmatrix} a_{i1} & a_{i2} & \ldots & a_{im} \end{bmatrix}$$

Zwei Matrizen sind nur gleich, wenn alle Elemente der einen Matrix gleich der der anderen Matrix sind. Analog zur Gleichheit sind auch die Ordnungsrelationen $<, >, \leq, \geq$ definiert.

$$\mathbf{A} = \mathbf{B} \Leftrightarrow a_{ij} = b_{ij} \quad \text{für alle } i = 1, \ldots, n; j = 1, \ldots, m$$

Die **Transposition einer Matrix** erfolgt durch Vertauschen von Zeilen und Spalten bzw. durch Spiegelung der Elemente an der Hauptdiagonalen. Das Ergebnis der Transposition wird transponierte Matrix genannt und mit $\mathbf{A}'$ bezeichnet.

$$\mathbf{A} = \begin{bmatrix} a_{11} & a_{12} & \ldots & a_{1m} \\ a_{21} & a_{22} & \ldots & a_{2m} \\ \vdots & \vdots & \ddots & \vdots \\ a_{n1} & a_{n2} & \ldots & a_{nm} \end{bmatrix} \Rightarrow \mathbf{A}' = \begin{bmatrix} a_{11} & a_{21} & \ldots & a_{n1} \\ a_{12} & a_{22} & \ldots & a_{n2} \\ \vdots & \vdots & \ddots & \vdots \\ a_{1m} & a_{2m} & \ldots & a_{nm} \end{bmatrix}$$

5.3 Spezielle Matrizen

Besitzt eine Matrix $\mathbf{A}$ die gleiche Anzahl von Zeilen und Spalten, so wird die Matrix als **quadratisch** bezeichnet. In der Matrix werden die Koeffizienten, die auf der

Linie von links oben (a_{11}) nach rechts unten (a_{nn}) liegen als **Hauptdiagnale** bezeichnet. Die **Nebendiagonale** verläuft von rechts oben nach links unten. Verschiebt man die Hauptdiagonale nach rechts oder unten, so erhält man Linien, die man ebenfalls Nebendiagonalen nennt. Eine nach rechts verschobene Nebendiagonale nennt man obere Nebendiagonale, eine nach unten verschobene nennt man untere Nebendiagonale.

$$\mathbf{A} = \begin{bmatrix} a_{11} & a_{12} & \dots & a_{1n} \\ a_{21} & a_{22} & \dots & a_{2n} \\ \vdots & \vdots & \ddots & \vdots \\ a_{n1} & a_{n2} & \dots & a_{nn} \end{bmatrix}$$

Sind in einer quadratischen Matrix nur die Elemente auf der Diagonalen ungleich Null, so wird diese Matrix als **Diagonalmatrix** bezeichnet.

$$\mathbf{D} = \begin{bmatrix} d_{11} & 0 & \dots & 0 \\ 0 & d_{22} & & \vdots \\ \vdots & & \ddots & 0 \\ 0 & \dots & 0 & d_{nn} \end{bmatrix}$$

Beispiel 5.1.

$$\mathbf{D} = \begin{bmatrix} 2 & 0 & 0 \\ 0 & 1 & 0 \\ 0 & 0 & -4 \end{bmatrix}$$

☼

Der Operator diag erzeugt eine Diagonalmatrix aus einem Vektor. Wird der Operator diag hingegen auf eine Matrix angewendet, liefert er die Hauptdiagonalelemente der quadratischen Matrix.

Beispiel 5.2.

$$\mathbf{a} = \begin{bmatrix} 2 \\ 3 \end{bmatrix} \quad \Rightarrow \quad \text{diag}\,\mathbf{a} = \begin{bmatrix} 2 & 0 \\ 0 & 3 \end{bmatrix} = \mathbf{A}$$

$$\text{diag}\,\mathbf{A} = \begin{bmatrix} 2 \\ 3 \end{bmatrix} = \mathbf{a}$$

Eine Diagonalmatrix, bei der alle Diagonalkoeffizienten $d_{ii} = 1$ sind, heißt **Einheitsmatrix**. Sie setzt sich aus Einheitsvektoren zusammen. Sie wird häufig mit **I** bezeichnet.

$$\mathbf{I} = \begin{bmatrix} 1 & 0 & \dots & 0 \\ 0 & 1 & & \vdots \\ \vdots & & \ddots & 0 \\ 0 & \dots & 0 & 1 \end{bmatrix}$$

Eine Matrix wird **symmetrisch** genannt, wenn sie gleich ihrer Transponierten ist.

$$A = A'$$

Beispiel 5.3.

$$A = \begin{bmatrix} 2 & -1 & 3 \\ -1 & 7 & -2 \\ 3 & -2 & 4 \end{bmatrix} \Leftrightarrow A' = \begin{bmatrix} 2 & -1 & 3 \\ -1 & 7 & -2 \\ 3 & -2 & 4 \end{bmatrix}$$

☼

Eine spezielle Form einer symmetrischen Matrix ist die Diagonalmatrix.

5.4 Operationen mit Matrizen

Operationen von Matrizen – wie auch schon bei Vektoren – können nur unter bestimmten geeigneten Voraussetzungen vorgenommen werden.

5.4.1 Addition (Subtraktion) von Matrizen

Zur Addition (Subtraktion) zweier Matrizen ist es notwendig, dass die Matrizen die gleiche Anzahl von Zeilen und Spalten besitzen. Die Addition (Subtraktion) zweier Matrizen **A** und **B** erfolgt, indem ihre entsprechenden Matrixelemente addiert (subtrahiert) werden.

$$A \pm B = C \Leftrightarrow a_{ij} \pm b_{ij} = c_{ij} \quad \text{für alle } i, j$$

Beispiel 5.4.

$$\begin{bmatrix} 1 & 3 \\ 2 & 4 \end{bmatrix} + \begin{bmatrix} 2 & 3 \\ 0 & 4 \end{bmatrix} = \begin{bmatrix} 3 & 6 \\ 2 & 8 \end{bmatrix}$$

$$\begin{bmatrix} 1 & 3 \\ 2 & 4 \end{bmatrix} - \begin{bmatrix} 2 & 3 \\ 0 & 4 \end{bmatrix} = \begin{bmatrix} -1 & 0 \\ 2 & 0 \end{bmatrix}$$

☼

Aus der Definition der Addition (Subtraktion) von Matrizen ergeben sich unmittelbar die folgenden Rechenregeln.

$$A + B = B + A$$
$$A - B = -B + A$$
Kommutativgesetz

$$(A + B) \pm C = A + (B \pm C)$$
$$(A - B) + C = A - (B - C)$$
Assoziativgesetz

$$(A \pm B)' = A' \pm B'$$
Transposition

5.4.2 Multiplikation einer Matrix mit einem skalaren Faktor

Eine Matrix wird mit einem skalaren Faktor multipliziert, indem jedes einzelne Element der Matrix mit dem Faktor multipliziert wird.

$$\mathbf{C} = \lambda \mathbf{A} = \lambda \begin{bmatrix} a_{11} & \cdots & a_{1m} \\ \vdots & \ddots & \vdots \\ a_{n1} & \cdots & a_{nm} \end{bmatrix} = \begin{bmatrix} \lambda a_{11} & \cdots & \lambda a_{1m} \\ \vdots & \ddots & \vdots \\ \lambda a_{n1} & \cdots & \lambda a_{nm} \end{bmatrix}$$

Rechenregeln:

$\lambda \mathbf{A} = \mathbf{A} \lambda$ \hspace{2em} Kommutativgesetz

$\lambda_1 (\lambda_2 \mathbf{A}) = (\lambda_1 \lambda_2) \mathbf{A}$ \hspace{2em} Assoziativgesetz

$(\lambda_1 \pm \lambda_2) \mathbf{A} = \lambda_1 \mathbf{A} \pm \lambda_2 \mathbf{A}$

$\lambda (\mathbf{A} \pm \mathbf{B}) = \lambda \mathbf{A} \pm \lambda \mathbf{B}$ \hspace{2em} Distributivgesetz

5.4.3 Multiplikation von Matrizen

Die **Multiplikation von Matrizen** ist analog zu dem Skalarprodukt der Vektoren definiert. Es sind die Zeilen der ersten Matrix mit den Spalten der zweiten Matrix durch eine Produktsumme zu einem Ergebniselement zu berechnen. Dazu muss die linke Matrix **A** der Dimension $n \times k$ (n Zeilen, k Spalten) und die rechte Matrix **B** der Dimension $k \times m$ (k Zeilen, m Spalten) sein. Das Produkt der beiden Matrizen ergibt die Matrix **C** der Dimension $n \times m$.

$$\mathbf{C} = \begin{bmatrix} a_{11} & \cdots & a_{1k} \\ \vdots & \ddots & \vdots \\ a_{n1} & \cdots & a_{nk} \end{bmatrix} \begin{bmatrix} b_{11} & \cdots & b_{1m} \\ \vdots & \ddots & \vdots \\ b_{k1} & \cdots & b_{km} \end{bmatrix} = \begin{bmatrix} \sum_{h=1}^{k} a_{1h} b_{h1} & \cdots & \sum_{h=1}^{k} a_{1h} b_{hm} \\ \vdots & \ddots & \vdots \\ \sum_{h=1}^{k} a_{nh} b_{h1} & \cdots & \sum_{h=1}^{k} a_{nh} b_{hm} \end{bmatrix}$$

Beispiel 5.5. Die beiden Matrizen

$$\mathbf{A} = \begin{bmatrix} 1 & 4 \\ 2 & 5 \\ 3 & 6 \end{bmatrix} \quad \mathbf{B} = \begin{bmatrix} 2 & 3 \\ 0 & 4 \end{bmatrix}$$

werden wie folgt miteinander multipliziert.

$$\mathbf{C} = \begin{bmatrix} 1 & 4 \\ 2 & 5 \\ 3 & 6 \end{bmatrix} \begin{bmatrix} 2 & 3 \\ 0 & 4 \end{bmatrix} \begin{bmatrix} 1 \times 2 + 4 \times 0 & 1 \times 3 + 4 \times 4 \\ 2 \times 2 + 5 \times 0 & 2 \times 3 + 5 \times 4 \\ 3 \times 2 + 6 \times 0 & 3 \times 3 + 6 \times 4 \end{bmatrix} = \begin{bmatrix} 2 & 19 \\ 4 & 26 \\ 6 & 33 \end{bmatrix}$$

☼

Es gelten die Rechenregeln für das Skalarprodukt von Vektoren. Insbesondere ist darauf zu achten, dass das Kommutativgesetz in der Regel für die Multiplikation von Matrizen nicht gilt.

$$AB \neq BA$$

Übung 5.1. Vereinfachen Sie folgenden Ausdruck:

$$B' \times A' \times F + (G' \times A \times B)' + (F' \times A \times B)' + (A \times B)' \times G$$

5.5 Ökonomische Anwendung

Beispiel 5.6. Es wird angenommen, dass drei Menüs von der Mensa aus nur vier Zutaten zubereitet werden können. Die Rezepte für die jeweiligen Menüs stehen in der folgenden Tabelle.

Tabelle 5.1: Rezepte für Mensamenüs

	Zutat 1 [in kg]	Zutat 2 [in kg]	Zutat 3 [in g]	Zutat 4 [in ℓ]
Menü 1	0.6	0.8	1.0	0.5
Menü 2	0.2	0.7	1.2	1.0
Menü 3	0.4	1.0	1.5	0.2

Der Inhalt der Tabelle kann in einer Matrix **M** erfasst werden.

$$M = \begin{bmatrix} 0.6 & 0.8 & 1.0 & 0.5 \\ 0.2 & 0.7 & 1.2 & 1.0 \\ 0.4 & 1.0 & 1.5 & 0.2 \end{bmatrix}$$

Die Preise der Zutaten schwanken je nach Saison. Wir unterstellen, dass in der ersten Jahreshälfte einige Zutaten billiger sind als in der zweiten. Daher werden die Preise für die beiden Jahreszeiten getrennt ausgegeben.

Tabelle 5.2: Preise für die Menüzutaten

Preis für	Winter	Sommer
Zutat 1 [€/kg]	9.20	9.50
Zutat 2 [€/kg]	1.10	1.90
Zutat 3 [€/ g]	1.70	1.70
Zutat 4 [€/ ℓ]	1.30	1.50

Auch diese Angaben können in eine Preismatrix überführt werden.

5.5 Ökonomische Anwendung

$$\mathbf{P} = \begin{bmatrix} 9.20 & 9.50 \\ 1.10 & 1.90 \\ 1.70 & 1.70 \\ 1.30 & 1.50 \end{bmatrix}$$

Die Kosten je Menü für die Winter- bzw. Sommerzeit werden durch die Summe der Preis × Mengenkombination berechnet. Genau diese Operation ist durch das Skalarprodukt festgelegt und kann hier durch die Matrixmultiplikation einfach berechnet werden.

$$\mathbf{K} = \begin{bmatrix} 0.6 & 0.8 & 1.0 & 0.5 \\ 0.2 & 0.7 & 1.2 & 1.0 \\ 0.4 & 1.0 & 1.5 & 0.2 \end{bmatrix} \times \begin{bmatrix} 9.20 & 9.50 \\ 1.10 & 1.90 \\ 1.70 & 1.70 \\ 1.30 & 1.50 \end{bmatrix} = \begin{bmatrix} 8.75 & 9.67 \\ 5.95 & 6.77 \\ 7.59 & 8.55 \end{bmatrix}$$

☼

Beispiel 5.7. In einem mehrstufigen Produktionsprozess stellt ein Betrieb aus den Rohteilen R_1, R_2 und R_3 die Zwischenprodukte Z_1, Z_2 und Z_3 her. Hieraus werden in einer zweiten Stufe Baugruppen B_1, B_2, B_3 und B_4 montiert, die schließlich auf der dritten Produktionsstufe zu den Fertigprodukten F_1 und F_2 gefertigt werden. Die folgenden Matrizen geben den Materialverbrauch auf jeder Stufe an, wobei in den Zeilen jeweils der Input je Mengeneinheit des Outputs steht, der in der Spalte angegeben ist.

Tabelle 5.3: Materialverflechtung

	Z_1	Z_2	Z_3		B_1	B_2	B_3	B_4		F_1	F_2
R_1	1	4	2	Z_1	1	3	2	1	B_1	1	2
R_2	2	3	1	Z_2	1	0	2	4	B_2	2	3
R_3	0	2	3	Z_3	2	1	2	1	B_3	1	2
									B_4	3	1

Es soll der Gesamtverbrauch an Einzelteilen festgestellt werden, der zur Produktion jeweils einer Einheit von F_1 und F_2 notwendig ist. Wird der Inhalt der ersten Tabelle in einer Matrix **A**, der Inhalt der zweiten in einer Matrix **B** und der Inhalt der dritten in einer Matrix **C** niedergeschrieben, so gibt die folgende Matrixmultiplikation das gesuchte Ergebnis an:

$$\mathbf{F} = \underbrace{\begin{bmatrix} 1 & 4 & 2 \\ 2 & 3 & 1 \\ 0 & 2 & 3 \end{bmatrix}}_{\mathbf{A}} \times \underbrace{\begin{bmatrix} 1 & 3 & 2 & 1 \\ 1 & 0 & 2 & 4 \\ 2 & 1 & 2 & 1 \end{bmatrix}}_{\mathbf{B}} \times \underbrace{\begin{bmatrix} 1 & 2 \\ 2 & 3 \\ 1 & 2 \\ 3 & 1 \end{bmatrix}}_{\mathbf{C}}$$

$$= \underbrace{\begin{bmatrix} 9 & 5 & 14 & 19 \\ 7 & 7 & 12 & 15 \\ 8 & 3 & 10 & 11 \end{bmatrix}}_{\mathbf{D}} \times \underbrace{\begin{bmatrix} 1 & 2 \\ 2 & 3 \\ 1 & 2 \\ 3 & 1 \end{bmatrix}}_{\mathbf{C}} = \begin{bmatrix} 90 & 80 \\ 78 & 74 \\ 57 & 56 \end{bmatrix}$$

Es werden für eine Einheit des ersten Produkts also 90 Einzelteile der ersten Sorte, 78 Einzelteile der zweiten Sorte und 57 Einzelteile der dritten Sorte benötigt. Die Mengenangaben für das zweite Produkt können leicht aus der obigen Matrix **F** abgelesen werden. Die Matrix **D** gibt den Verbrauch an Einzelteilen an, der zu jeweils einer Einheit der Baugruppen B_1 bis B_4 benötigt wird.

Wird nun ein Fertigungsprogramm mit 70 Einheiten für F_1 und 120 Einheiten für F_2 aufgelegt, so kann der Einkäufer mit dem folgenden Matrixprodukt schnell die Bedarfsmengen an Einzelteilen berechnen:

$$\mathbf{F} \times \begin{bmatrix} 70 \\ 120 \end{bmatrix} = \begin{bmatrix} 15900 \\ 14340 \\ 10710 \end{bmatrix}$$

☼

5.5 Ökonomische Anwendung

Übung 5.2. In dem Unternehmen werden durch Einsatz menschlicher Arbeit R_1 aus den beiden Rohstoffen R_2 und R_3 die Zwischenprodukte Z_1 und Z_2, die Halbfabrikate H_1, H_2 und H_3 und die Fertigprodukte F_1 und F_2 in drei Stufen hergestellt. Die Verflechtung von Rohstoffen, Zwischenprodukten, Halbfabrikaten und Fertigprodukten ist in Abb. 5.1 veranschaulicht.

Beschreiben Sie die im Gozintograph enthaltene Information mittels mehrerer Matrizen und berechnen Sie damit den Bedarf an Rohstoffen R_1, R_2, R_3, wenn 100 F_1 und 70 F_2 produziert werden. Das Wort «Gozinto» ist eine Verfremdung der Schreibweise von *goes into*.

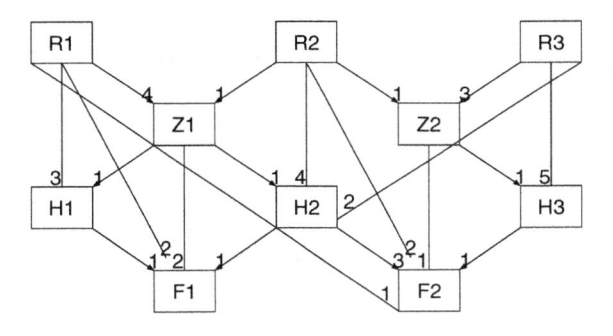

Abb. 5.1: Gozintograph

Übung 5.3. Ein Betrieb stellt aus 3 Rohstoffen R_1, R_2, R_3 in der ersten Produktionsstufe 3 Zwischenprodukte Z_1, Z_2, Z_3 her. In der zweiten Stufe werden hieraus 4 Fertigprodukte F_1, F_2, F_3, F_4 gefertigt. Der Materialverbrauch beider Produktionsstufen beträgt:

Tabelle 5.4: Materialverflechtung

	Z_1	Z_2	Z_3		F_1	F_2	F_3	F_4
R_1	2	1	0	Z_1	2	0	3	4
R_2	1	2	3	Z_2	1	2	5	0
R_3	2	1	1	Z_3	4	2	0	3

1. Berechnen Sie die Matrix, die für jede Einheit eines Endprodukts den Rohstoff angibt.
2. Welche Rohstoffmengen werden benötigt, wenn die Fertigprodukte in den Mengen
$$\begin{bmatrix} 100 & 550 & 80 & 60 \end{bmatrix}$$
hergestellt werden sollen?

5.6 Matrizenrechnung mit Scilab

In Scilab können Diagonalmatrizen platzsparend als Vektor eingegeben werden, der anschließend mit dem Befehl `diag()` diagonalisert wird.

```
a=[2 1 -4];
A=diag(a)

2  0   0
0  1   0
0  0  -4
```

Wird der `diag()` Befehl auf eine Matrix angewendet, so liefert dieser die Diagonalelemente der Matrix als Vektor.

```
diag(A)

 2
 1
-4
```

Eine Einheitsmatrix kann in Scilab mit dem Befehl `eye(a,a)` erzeugt werden.

```
eye(2,2)
```

```
1 0
0 1
```

Matrizenoperationen können in Scilab aufgrund der vordefinierten Variableneigenschaften sehr leicht durchgeführt werden, wobei jede Variable als Matrix expandiert werden kann. So können – sofern die Matrizen die notwendigen Eigenschaften besitzen – mit $+, -, \times$ die Matrizenoperationen berechnet werden.

Beispiel 5.8. Um die Materialverflechtung aus Beispiel 5.7 zu berechnen, müssen zuerst die Matrizen in Scilab eingegeben werden. Im Programmfenster oder im Editor werden die folgenden Zeilen eingetippt. Jede neue Zeile wird mit einem `return` erzeugt, wobei die Einrückungen reine Kosmetik sind.

```
A=[1  4  2
   2  3  1
   0  2  3]
B=[1  3  2  1
   1  0  2  4
   2  1  2  1]
C=[1  2
   2  3
   1  2
   3  1]
F=A*B*C

90  80
78  74
57  56
```

In F steht das Ergebnis. ☼

5.7 Fazit

Matrizen sind zweidimensionale Zahlenfelder. Sie können auch als aneinander gefügte Vektoren betrachtet werden. Die Rechenoperationen für Vektoren können auf Matrizen angewendet werden. Mit der Matrizenalgebra können lineare ökonomische Fragestellungen wie die Einzelteilberechnung in mehrstufigen Produktionsprozessen berechnet werden.

6

Lineare Gleichungssysteme

Inhalt

6.1	Vorbemerkung		82
6.2	Inhomogene lineare Gleichungssysteme		82
	6.2.1	Lösung eines inhomogenen Gleichungssystems	83
	6.2.2	Linear abhängige Gleichungen im Gleichungssystem	85
	6.2.3	Lösen eines Gleichungssystems mit dem Gauß-Algorithmus	88
	6.2.4	Lösen eines Gleichungssystems mit Scilab	94
6.3	Rang einer Matrix		94
	6.3.1	Eigenschaft des Rangs	95
	6.3.2	Rang und lineares Gleichungssystem	95
	6.3.3	Berechnung des Rangs mit Scilab	96
6.4	Inverse einer Matrix		96
	6.4.1	Eigenschaft der Inversen	96
	6.4.2	Berechnung der Inversen	97
	6.4.3	Berechnung von Inversen mit Scilab	99
6.5	Ökonomische Anwendung: Input-Output-Analyse		99
	6.5.1	Klassische Analyse	99
	6.5.2	Preisanalyse	102
	6.5.3	Lösen linearer Gleichungssysteme mit Scilab	106
6.6	Determinante einer Matrix		108
	6.6.1	Berechnung von Determinanten	108
	6.6.2	Einige Eigenschaften von Determinanten	111
	6.6.3	Berechnung von Determinanten in Scilab	112
6.7	Homogene Gleichungssysteme		112
	6.7.1	Eigenwerte	112
	6.7.2	Eigenvektoren	113
	6.7.3	Einige Eigenschaften von Eigenwerten	114
	6.7.4	Ähnliche Matrizen	114
	6.7.5	Berechnung von Eigenwerten und Eigenvektoren mit Scilab	116
6.8	Fazit		117

6.1 Vorbemerkung

Viele Probleme der Praxis lassen sich in Form linearer Gleichungssysteme modellieren und damit lösen. Besonders häufig ergeben sich lineare Gleichungssysteme in ökonomischen Bereichen, weil hier viele Beziehungen tatsächlich linear sind oder als linear angenommen werden können. Die Kenntnisse aus den Kapiteln 4 und 5 werden hier eingesetzt und erweitert. Inhomogene lineare Gleichungssysteme werden in der Input-Output-Analyse verwendet. Die Abschnitte **Determinante einer Matrix** und **Homogene Gleichungssysteme** sind Grundlagen für weiterführende Themen. Die Berechnung von Determinanten wird in den Abschnitten 11.4 und 11.5 verwendet. Homogene Gleichungssysteme und Eigenwertprobleme sind eng miteinander verbundene Fragestellungen. Diese werden bei einigen statistischen Verfahren eingesetzt.

Einige geläufige Bezeichnungen:

a_{ij}	Koeffizient der j-ten Variablen in der i-ten Gleichung
$\mathbf{A}^{-1}$	Inverse der Matrix $\mathbf{A}$
det $\mathbf{A}$	Determinante einer Matrix
$|\mathbf{A}_{ij}|$	Minor einer Matrix
b_i	rechte Seite der i-ten Gleichung
c_{ij}	Adjunkte zum Minor $|\mathbf{A}_{ij}|$
λ	Koeffizient oder Eigenwert (kontextabhängig)
m	Anzahl der Variablen
n	Anzahl der Gleichungen
rg $\mathbf{A}$	Rang einer Matrix
Sp $\mathbf{A}$	Spur einer Matrix
$\mathbf{v}$	Eigenvektor
x_j	Variable

6.2 Inhomogene lineare Gleichungssysteme

Ein inhomogenes lineares Gleichungssystem ist durch mehrere lineare Gleichungen gekennzeichnet, die gemeinsam (simultan) gelöst werden müssen.

$$\begin{aligned}
a_{11}x_1 + \ldots + a_{1j}x_j + \ldots + a_{1m}x_m &= b_1 \\
&\vdots \\
a_{i1}x_1 + \ldots + a_{ij}x_j + \ldots + a_{im}x_m &= b_i \\
&\vdots \\
a_{n1}x_1 + \ldots + a_{nj}x_j + \ldots + a_{nm}x_m &= b_n
\end{aligned} \quad (6.1)$$

In den obigen Gleichungen werden die a_{ij} ($i = 1, \ldots, n; j = 1, \ldots, m$) als Koeffizienten, die x_j als Variablen und b_i ($i = 1, \ldots, n$) als absolute Glieder bezeichnet. Solange nicht alle absoluten Glieder Null sind, handelt es sich um ein inhomogenes lineares Gleichungssystem. Sind hingegen die absoluten Glieder alle Null, so handelt es sich um ein homogenes Gleichungssystem, das in Kapitel 6.7 behandelt wird.

Die Matrixschreibweise erlaubt eine sehr kompakte Beschreibung des Gleichungssystems (6.1).

$$\mathbf{A}\mathbf{x} = \mathbf{b} \quad \text{mit} \quad \mathbf{A} = \begin{bmatrix} a_{11} & \dots & a_{1j} & \dots & a_{1m} \\ \vdots & \ddots & \vdots & & \vdots \\ a_{i1} & \dots & a_{ij} & \dots & a_{im} \\ \vdots & & \vdots & \ddots & \vdots \\ a_{n1} & \dots & a_{nj} & \dots & a_{nm} \end{bmatrix} \quad \mathbf{x} = \begin{bmatrix} x_1 \\ \vdots \\ x_i \\ \vdots \\ x_m \end{bmatrix} \quad \mathbf{b} = \begin{bmatrix} b_1 \\ \vdots \\ b_i \\ \vdots \\ b_n \end{bmatrix}$$

Beispiel 6.1. Das folgende lineare Gleichungssystem mit 3 Gleichungen und 3 Variablen

$$\begin{aligned} 2x_1 - x_2 + 4x_3 &= 10 \\ 3x_1 - x_2 + x_3 &= 0 \\ x_2 - 3x_3 &= 6 \end{aligned}$$

ergibt die Matrizengleichung

$$\begin{bmatrix} 2 & -1 & 4 \\ 3 & -1 & 1 \\ 0 & 1 & -3 \end{bmatrix} \begin{bmatrix} x_1 \\ x_2 \\ x_3 \end{bmatrix} = \begin{bmatrix} 10 \\ 0 \\ 6 \end{bmatrix}$$

☆

6.2.1 Lösung eines inhomogenen Gleichungssystems

Gefragt wird, ob ein lineares Gleichungssystems lösbar ist und wenn ja, ob die Lösung eindeutig ist. Hierzu folgende Überlegung: Eine lineare Gleichung mit einer Variablen

$$a_1 x_1 = b$$

besitzt für die Variable x_1 genau eine Lösung, sofern $a_1 \neq 0$ gilt.

$$x_1 = \frac{b}{a_1}$$

Die Lösung lässt sich als Punkt auf einer Zahlengeraden im $\mathbb{R}^1$ darstellen. Eine lineare Gleichung mit zwei Variablen

$$a_{11}x_1 + a_{12}x_2 = b_1$$

liefert unendlich viele Lösungen für die beiden Variablen, sofern $a_1, a_2 \neq 0$ gilt. Gibt man aber eine Variable als Parameter vor, zum Beispiel x_1, so kann die andere Variable in Abhängigkeit dieser Variablen beschrieben werden:

$$x_2 = \frac{b_1 - a_{11}x_1}{a_{12}}$$

6 Lineare Gleichungssysteme

Die obige Gleichung zeigt eine Gerade im $\mathbb{R}^2$. Sie stellt einen linearen Unterraum der Dimension 1 dar. Die Gerade legt die Werte für x_2 in Abhängigkeit von x_1 fest. Durch die Gerade wird ein **Freiheitsgrad** gebunden. Wird x_1 vorgegeben, so ist x_2 durch die Gerade festgelegt.

Eine zweite linear unabhängige Gleichung liefert ebenfalls eine Lösung für eine Variable.

$$a_{21} x_1 + a_{22} x_2 = b_2$$

Sie bindet ebenfalls einen Freiheitsgrad. Setzt man die Lösung für x_2 in die obige Gleichung ein, so erhält man nach einigen Umformungen eine eindeutige Lösung für x_1 und x_2.

$$x_1 = \frac{a_{22} b_1 - a_{12} b_2}{a_{11} a_{22} - a_{12} a_{21}} \tag{6.2}$$

$$x_2 = \frac{a_{11} b_2 - a_{21} b_1}{a_{11} a_{22} - a_{12} a_{21}} \tag{6.3}$$

Die Lösung befindet sich im Kreuzungspunkt der beiden Linien (siehe Abb. 6.1). Es wurde das (2×2) Gleichungssystem

$$\begin{bmatrix} a_{11} & a_{12} \\ a_{21} & a_{22} \end{bmatrix} \begin{bmatrix} x_1 \\ x_2 \end{bmatrix} = \begin{bmatrix} b_1 \\ b_2 \end{bmatrix} \tag{6.4}$$

gelöst.

Beispiel 6.2. Die beiden linear unabhängigen Gleichungen

$$2x_1 + 3x_2 = 6$$
$$x_1 - 2x_2 = 1$$

liefern die Lösung $x_1 = \frac{15}{7}$ und $x_2 = \frac{4}{7}$ (siehe Abb. 6.1). Eine Gleichung mit zwei Variablen beschreibt also eine Gerade des $\mathbb{R}^2$. ☆

Eine Gleichung mit drei Variablen beschreibt eine Ebene im $\mathbb{R}^3$ (siehe Abb. 6.2[1]). Eine Lösung lässt sich ermitteln, wenn man zwei Variablen beliebige Werte zuweist. Der Wert der dritten Variablen ergibt sich dann zwangsläufig. Man besitzt also zwei Freiheitsgrade, d.h. die Freiheit, für zwei Variablen beliebige Werte vorzugeben. Dies ist in Abb. 6.2 durch die zweidimensionalen Ebenen dargestellt. Die Zahl der Freiheitsgrade bestimmt die Dimension des linearen Unterraums, der durch die Gleichungen beschrieben wird. Wird eine zweite linear unabhängige Gleichung mit drei Variablen gleichzeitig erfüllt, so werden die Lösungen durch die Schnittgerade der beiden Ebenen beschrieben. Bei zwei Gleichungen mit jeweils drei Variablen ist dann nur noch eine Variable frei wählbar. Die anderen beiden Variablenwerte sind durch die beiden Gleichungen bestimmt. Die Lösungsmenge besitzt nur noch einen Freiheitsgrad. Sie stellt folglich einen eindimensionalen Unterraum dar, der in der Abbildung durch die Schnittgerade dargestellt ist. Nimmt man eine dritte linear unabhängige Gleichung hinzu, d.h. deren Ebene verläuft nicht parallel zur Schnittgeraden, so

---

[1] Es handelt sich um das Gleichungssystem in Übung 6.1.

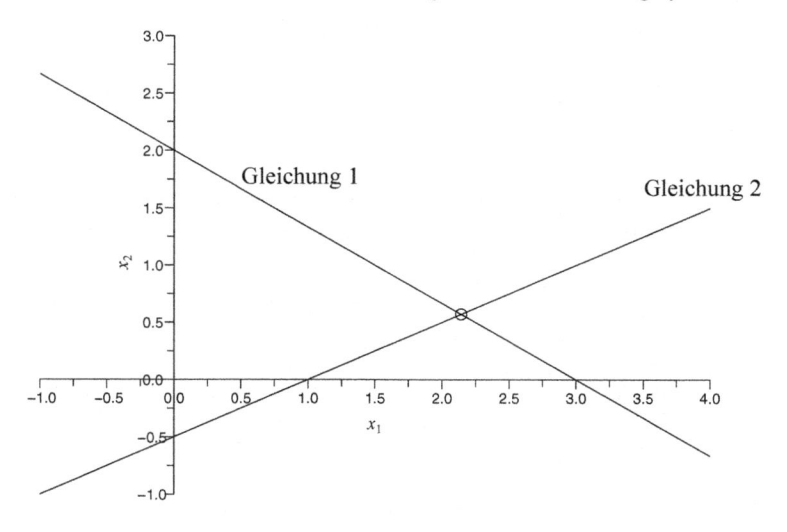

Abb. 6.1: Schnittgeraden im $\mathbb{R}^2$

sind alle Variablenwerte bestimmt. Die Lösungsmenge besitzt keinen Freiheitsgrad mehr. Das Gleichungssystem besitzt dann eine eindeutige Lösung. Es ist der Punkt, der durch die drei Schnittgeraden bestimmt wird.

Jede Gleichung eines Gleichungssystems bindet also einen Freiheitsgrad, sofern die Gleichung linear unabhängig ist. Ist eine oder sind mehrere Gleichungen eines Gleichungssystems linear abhängig, so binden diese keinen Freiheitsgrad.

6.2.2 Linear abhängige Gleichungen im Gleichungssystem

Die lineare Abhängigkeit einer Gleichung bedeutet, dass diese durch eine andere lineare Gleichungen ersetzt werden kann. Dadurch ist diese Gleichung dann nicht mehr unabhängig von den den anderen Gleichungen.

Beispiel 6.3. In dem linearen Gleichungssystem

$$4x_1 + 2x_2 = 8$$
$$8x_1 + 4x_2 = 16$$

kann beispielsweise die zweite Gleichung durch die erste Gleichung ersetzt werden, wenn diese mit 2 multipliziert wird.

6 Lineare Gleichungssysteme

$$4x_1 + 2x_2 = 8$$
$$2\left(4x_1 + 2x_2\right) = 2 \times 8$$

☼

Eine Gleichung ist in einem Gleichungssystem linear abhängig, wenn sie sich als Linearkombination der restlichen Gleichungen darstellen lässt. Gegeben sei

$$\sum_{j=1}^{m} a_{ij} x_j = b_i \quad \text{für } i = 1, \ldots, n$$

ein lineares Gleichungssystem mit n Gleichungen und m Variablen. Ist eine Gleichung als Linearkombination der restlichen Gleichungen (oder eines Teils von ihnen) darstellbar, dann heißt das Gleichungssystem **linear abhängig**.

$$k\text{-te Gleichung} = \sum_{\substack{i=1 \\ i \neq k}}^{n} \lambda_i \times i\text{-te Gleichung}$$

Die Summierung der $(i-1)$ Gleichungen gilt sowohl für die linke als auch für die rechte Seite.

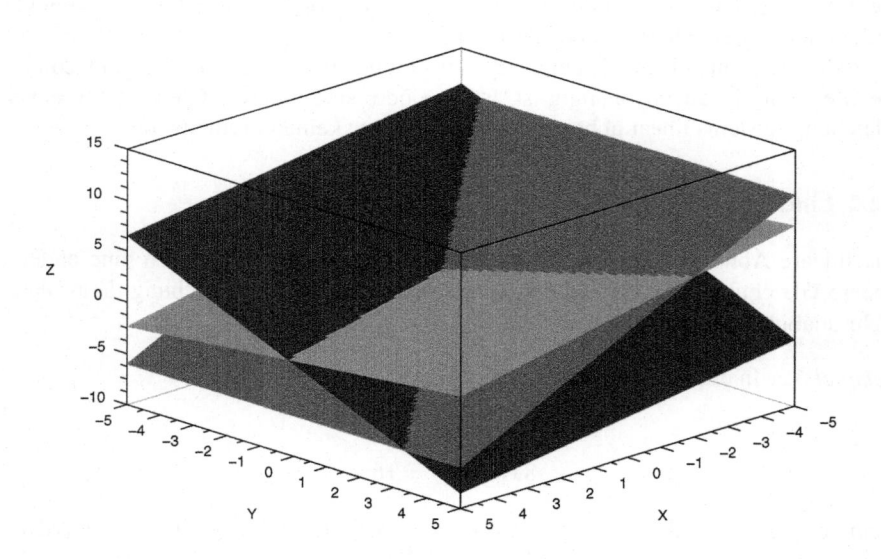

Abb. 6.2: Schnittgeraden im $\mathbb{R}^3$

6.2 Inhomogene lineare Gleichungssysteme

$$\underbrace{\sum_{j=1}^{m} a_{kj} x_j = \sum_{\substack{i=1 \\ i \neq k}}^{n} \lambda_i \sum_{j=1}^{m} a_{ij} x_j}_{\text{linke Seite}} = \underbrace{b_k = \sum_{\substack{i=1 \\ i \neq k}}^{n} \lambda_i b_i}_{\text{rechte Seite}}$$

Beispiel 6.4. Es ist zu überprüfen, ob das folgende Gleichungssystem eine linear abhängige Gleichung aufweist.

$$2x_1 + 2x_2 + 5x_3 = 8$$
$$x_1 + 2x_2 + 2x_3 = 3$$
$$-2x_2 + x_3 = 2$$

Aus der Definition für lineare Unabhängigkeit wird ein Gleichungssystem mit den Zeilenvektoren zur Überprüfung der linearen Abhängigkeit aufgestellt. Es liegt lineare Unabhängigkeit vor, wenn für alle $\lambda_i = 0$ gilt. Für die linke Seite des Gleichungssystems ergibt sich dann folgendes System, das zu überprüfen ist.

$$\lambda_1 \begin{bmatrix} 2 \\ 2 \\ 5 \end{bmatrix} + \lambda_2 \begin{bmatrix} 1 \\ 2 \\ 2 \end{bmatrix} + \lambda_3 \begin{bmatrix} 0 \\ -2 \\ 1 \end{bmatrix} = \mathbf{0}$$

$$2\lambda_1 + \lambda_2 = 0$$
$$2\lambda_1 + 2\lambda_2 - 2\lambda_3 = 0$$
$$5\lambda_1 + 2\lambda_2 + \lambda_3 = 0$$

Aus den Gleichungen erhält man die Lösungen

$$\lambda_2 = -2\lambda_1$$
$$\lambda_3 = -\lambda_1$$

$\lambda_1 \neq 0$ ist frei wählbar, um die Gleichungen zu erfüllen. Wird $\lambda_1 = 1$ gewählt, so gilt $\lambda_2 = -2$ und $\lambda_3 = -1$ und die erste Gleichung kann durch folgende Kombination beschrieben werden.

1-te Gleichung = $2 \times$ (2-te Gleichung) + $1 \times$ (3-te Gleichung)

Man kann die Prüfung auf lineare Unabhängigkeit auch mit der rechten Seite des Gleichungssystems durchführen. Die gegebene Linearkombination muss auch hier gelten.

$$8\lambda_1 + 3\lambda_2 + 2\lambda_3 = 0$$

Für die 1-te Gleichung gilt damit:

$$8 + 3(-2) + 2(-1) = 0 \quad \Leftrightarrow \quad 8 = 3 \times 2 + 2 \times 1$$

Das obige Gleichungssystem weist somit eine lineare Abhängigkeit auf. Die Folge der linearen Abhängigkeit ist, dass das obige Gleichungssystem nicht lösbar ist, obwohl die drei Variablen durch drei Gleichungen beschrieben werden. Eine der Gleichungen ist eine Linearkombination der beiden anderen. Es sind nur zwei der drei Gleichungen linear unabhängig. Daher werden auch nur zwei der drei Freiheitsgrade gebunden. ☼

Übung 6.1. Überprüfen Sie das folgende Gleichungssystem auf lineare Unabhängigkeit.

$$2x_1 - x_2 - 3x_3 = 8$$
$$x_1 + 3x_2 + 2x_3 = 3$$
$$5x_1 + 3x_3 = 7$$

6.2.3 Lösen eines Gleichungssystems mit dem Gauß-Algorithmus

In Abschnitt 6.2.1 ist bereits prinzipiell aufgezeigt worden, wie ein Gleichungssystem gelöst werden kann. Diese Technik wird im Folgenden strukturiert. Als erstes ist festzuhalten, dass Gleichungen sich linear kombinieren lassen.

Beispiel 6.5. Die Gleichung

$$2x_1 - x_2 + 4x_3 = 10$$

und die Gleichung

$$x_1 - 0.5x_2 + 2x_3 = 5$$

sind identisch. Die zweite Gleichung wurde mit 0.5 erweitert. ☼

Jede Gleichung kann mit einem Faktor $\lambda \in \mathbb{R}$ erweitert werden. Die neue Gleichung ist dann eine Linearkombination der ursprünglichen Gleichung.

$$\sum_{j=1}^{m} a_j x_j = b \quad \Leftrightarrow \quad \lambda \sum_{j=1}^{m} a_j x_j = \lambda b$$

Wird die ursprüngliche Gleichung durch ihre Linearkombination ersetzt, so ändert sich die Lösungsmenge nicht.

Als zweites ist festzuhalten, dass man eine Gleichung eines Gleichungssystems zu (von) anderen Gleichungen des Gleichungssystems addieren (subtrahieren) kann, ohne dass sich die Lösungsmenge ändert.

Beispiel 6.6. In dem folgenden Gleichungssystem

$$2x_1 - x_2 + 4x_3 = 10 \tag{6.5}$$
$$3x_1 - x_2 + x_3 = 0 \tag{6.6}$$
$$x_2 - 3x_3 = 6 \tag{6.7}$$

wird die erste Gleichung mit 0.5 erweitert, um den Faktor für x_1 auf Eins zu setzen. Der Vorteil dieser Normierung liegt in einer einfacheren Umrechnung des Gleichungssystems. Die Variable x_1 wird dann als **Pivotvariable** bezeichnet. Die Gleichung wird **Pivotgleichung** genannt.

Es wird das Dreifache der ersten Gleichung von der zweiten Gleichung subtrahiert, um x_1 aus dieser Gleichung zu eliminieren. Das so veränderte Gleichungssystem besitzt die gleiche Lösungsmenge wie das ursprüngliche. Die dritte Gleichung wird nicht verändert, weil x_1 in ihr nicht vorkommt.

$$0.5 \times (6.5): \quad x_1 - 0.5 x_2 + 2 x_3 = 5 \quad (6.8)$$
$$(6.6) - 3 \times (6.8): \quad 0.5 x_2 - 5 x_3 = -15 \quad (6.9)$$
$$x_2 - 3 x_3 = 6 \quad (6.10)$$

Im nächsten Schritt zur Berechnung der Lösung wird die zweite Gleichung mit 2 erweitert und von der dritten Gleichung subtrahiert. Die erste Gleichung wird nicht weiter umgeformt.

$$x_1 - 0.5 x_2 + 2 x_3 = 5 \quad (6.11)$$
$$2 \times (6.9): \quad x_2 - 10 x_3 = -30 \quad (6.12)$$
$$(6.10) - (6.12): \quad 7 x_3 = 36 \quad (6.13)$$

Man erkennt jetzt leicht die Lösung für x_3. Es ist $\frac{36}{7}$. ☼

Drittens, ein Zeilentausch ändert ebenfalls nicht die Lösung und kann Iterationsschritte vereinfachen. Die eben beschriebene Vorgehensweise heißt **Eliminationsphase**. Sie eliminiert Variablen aus einem Teil eines Gleichungssystems. Die Pivotvariablen müssen aber auf jeden Fall erhalten bleiben.

Beispiel 6.7. Fortführung von Beispiel 6.6: Um die Lösungen für x_2 und x_3 zu berechnen, kann nun die Lösung für x_3 in die beiden oberen Gleichungen eingesetzt werden. Es ergibt sich für x_2 dann die Gleichung

$$x_2 - 10 \times \frac{36}{7} = -30$$

und die Lösung:

$$x_2 = \frac{150}{7}$$

Die Berechnung der Lösung für x_1 erfolgt analog.

$$x_1 - 0.5 \times \frac{150}{7} + 2 \times \frac{36}{7} = 5 \quad \Leftrightarrow \quad x_1 = \frac{38}{7}$$

☼

Die eben angewandte Vorgehensweise wird als **Substitutionsphase** bezeichnet. Eliminations- und Substitutionsphase zusammen werden als Gauß-Algorithmus bezeichnet.

6 Lineare Gleichungssysteme

Um die Schreibarbeit etwas zu verringern, wird eine Matrixstruktur zur Aufzeichnung der Koeffizienten verwendet. Es wird dabei das Gleichungssystem in Matrixform geschrieben. Die skalare Multiplikation mit dem Vektor **x** entfällt. Dies hat den Vorteil, dass die Variablen nicht mehr mitgeführt werden müssen.

Beispiel 6.8. Das Gleichungssystem aus Beispiel 6.6 wird wie folgt notiert:

$$\begin{bmatrix} \mathbf{2} & -1 & 4 & | & 10 \\ 3 & -1 & 1 & | & 0 \\ 0 & 1 & -3 & | & 6 \end{bmatrix}$$

In den Spalten stehen die Variablen x_1 bis x_3. Zur leichteren Orientierung werden die Pivotelemente durch fettgedruckte Zahlen hervorgehoben. Nun können die obigen Rechenschritte wiederholt werden.

$$\begin{matrix} \text{(I)} \\ \text{(II)} \\ \text{(III)} \end{matrix} \begin{bmatrix} 1 & -0.5 & 2 & | & 5 \\ 0 & \mathbf{0.5} & -5 & | & -15 \\ 0 & 1 & -3 & | & 6 \end{bmatrix} \begin{matrix} \\ \text{(II')} = \frac{1}{0.5} \times \text{(II)} \\ \text{(III')} = \text{(III)} - 1 \times \text{(II')} \end{matrix}$$

$$\begin{matrix} \\ \text{(II')} \\ \text{(III')} \end{matrix} \begin{bmatrix} 1 & -0.5 & 2 & | & 5 \\ 0 & 1 & -10 & | & -30 \\ 0 & 0 & \mathbf{7} & | & 36 \end{bmatrix} \begin{matrix} \\ \\ \text{(III'')} = \frac{1}{7} \times \text{(III')} \end{matrix}$$

$$\begin{matrix} \\ \\ \text{(III'')} \end{matrix} \begin{bmatrix} 1 & -0.5 & 2 & | & 5 \\ 0 & 1 & -10 & | & -30 \\ 0 & 0 & 1 & | & \frac{36}{7} \end{bmatrix}$$

Aus der letzten Tabelle kann dann aus der zweiten Zeile das Ergebnis für x_2 wieder berechnet werden.

$$x_2 - 10 \times \frac{36}{7} = -30 \quad \Leftrightarrow \quad x_2 = -30 + 10 \frac{36}{7} = \frac{150}{7}$$

Die Werte für x_2 und x_3 werden in die erste Gleichung (Zeile) eingesetzt und liefern das Ergebnis für x_1. ☼

Um ein Gleichungssystem zu lösen, ist die Normierung der Pivotelemente nicht notwendig. Die restlichen Gleichung werden dann mit dem Verhältnis des Koeffizienten der betreffenden Gleichung und dem Pivotkoeffizienten erweitert.

Beispiel 6.9. Das Gleichungssystem wird aus Beispiel 6.6 ohne Normierung gelöst.

6.2 Inhomogene lineare Gleichungssysteme

$$\begin{array}{c}\text{(I)}\\\text{(II)}\\\text{(III)}\end{array} \begin{bmatrix} \mathbf{2} & -1 & 4 & | & 10 \\ 3 & 1 & 1 & | & 0 \\ 0 & 1 & -3 & | & 6 \end{bmatrix} \quad \text{(II')} = \text{(II)} - \tfrac{3}{2} \times \text{(I)}$$

$$\begin{array}{c}\\\text{(II')}\\\text{(III')}\end{array} \begin{bmatrix} 2 & -1 & 4 & | & 10 \\ 0 & \mathbf{1} & -10 & | & -30 \\ 0 & 1 & -3 & | & 6 \end{bmatrix} \quad \text{(III'')} = \text{(III')} - \tfrac{1}{1} \times \text{(II')}$$

$$\begin{array}{c}\\\\\text{(III'')}\end{array} \begin{bmatrix} 2 & -1 & 4 & | & 10 \\ 0 & 1 & -10 & | & -30 \\ 0 & 0 & 7 & | & 36 \end{bmatrix}$$

Die Lösung kann nun wie schon zuvor über Substitution berechnet werden. ☼

Es ist noch anzumerken, dass die Bearbeitung der Gleichungen nicht in derselben Reihenfolge der Gleichungen im Gleichungssystem erfolgen muss. Wichtig ist nur, dass jede Gleichung nur einmal als Pivotgleichung ausgewählt wird.

Beispiel 6.10. Das Gleichungssystem aus Beispiel 6.6 wird durch eine andere Reihenfolge der Bearbeitung gelöst. Es wird die dritte Gleichung (6.7) bzw. (6.16) als erste Pivotgleichung gewählt und x_2 als erste Pivotvariable. Diese wird aus den ersten beiden Gleichungen eliminiert.

$$(6.5) + (6.16): \quad 2x_1 + x_3 = 16 \tag{6.14}$$
$$(6.6) + (6.16): \quad 3x_1 - 2x_3 = 6 \tag{6.15}$$
$$x_2 - 3x_3 = 6 \tag{6.16}$$

Nun wird das Zweifache der ersten Gleichung (Pivotgleichung) zu der zweiten addiert. x_3 ist Pivotvariable. Die erste Pivotgleichung (Gleichung (6.7)) wird nicht wieder umgeformt.

$$2x_1 + x_3 = 16 \tag{6.17}$$
$$(6.15) + 2 \times (6.14): \quad 7x_1 = 38 \tag{6.18}$$
$$x_2 - 3x_3 = 6 \tag{6.19}$$

Die zweite Gleichung liefert nun die Lösung für x_1. Durch Einsetzen dieser Lösung in die erste Gleichung erhält man x_3 und kann dann mit der dritten Gleichung x_2 berechnen.

Der gleiche Rechenvorgang in Matrixform sieht wie folgt aus:

6 Lineare Gleichungssysteme

$$
\begin{array}{c}
\text{(I)} \\
\text{(II)} \\
\text{(III)}
\end{array}
\begin{bmatrix}
2 & -1 & 4 & | & 10 \\
3 & -1 & 1 & | & 0 \\
0 & \mathbf{1} & -3 & | & 6
\end{bmatrix}
\quad
\begin{array}{l}
\text{(I')} = \text{(I)} - (-1) \times \text{(III)} \\
\text{(II')} = \text{(II)} - (-1) \times \text{(III)}
\end{array}
$$

$$
\begin{array}{c}
\text{(I')} \\
\text{(II')}
\end{array}
\begin{bmatrix}
2 & 0 & \mathbf{1} & | & 16 \\
3 & 0 & -2 & | & 6 \\
0 & 1 & -3 & | & 6
\end{bmatrix}
\quad \text{(II'')} = \text{(II')} - (-2) \times \text{(I')}
$$

$$
\text{(II'')}
\begin{bmatrix}
2 & 0 & 0 & | & 16 \\
7 & 0 & 0 & | & 38 \\
0 & 0 & -3 & | & 6
\end{bmatrix}
$$

Aus der letzten Tabelle ergibt sich unmittelbar das Ergebnis $x_1 = \frac{38}{7}$. Der Wert für x_3 berechnet sich durch Einsetzen des Wertes von x_1 in die erste Gleichung.

$$2 \times \frac{38}{7} + x_3 = 16 \quad \Leftrightarrow \quad x_3 = \frac{36}{7}$$

Entsprechend wird die Lösung für x_2 aus der dritten Zeile bestimmt.

$$x_2 - 3 \times \frac{36}{7} = 6 \quad \Leftrightarrow \quad x_2 = \frac{150}{7}$$

☆

Eine weitere Variante des Gauß-Algorithmus besteht darin, die Substitutionsphase zu vermeiden, in dem die Elimination der Variablen auch in den zuvor als Pivotgleichungen ausgewählten Gleichungen des Systems erfolgt. Diese Vorgehensweise wird als **vollständige Elimination** bezeichnet und wird sich später als nützlich erweisen. Zur Berechnung der Lösung eines Gleichungssystems ist die vollständige Elimination rechnerisch etwas aufwändiger als die zuvor beschriebene Kombination aus Eliminations- und Substitutionsphase.

Beispiel 6.11. Das Gleichungssystem aus Beispiel 6.6 wird durch vollständige Elimination gelöst.

$$
\begin{array}{l}
2x_1 - x_2 + 4x_3 = 10 \\
3x_1 - x_2 + x_3 = 0 \\
x_2 - 3x_3 = 6
\end{array}
\Rightarrow
\begin{array}{l}
x_1 - 0.5x_2 + 2x_3 = 5 \\
0.5x_2 - 5x_3 = -15 \\
x_2 - 3x_3 = 6
\end{array}
$$

$$
\Rightarrow
\begin{array}{l}
x_1 - 3x_3 = -10 \\
x_2 - 10x_3 = -30 \\
7x_3 = 36
\end{array}
\Rightarrow
\begin{array}{l}
x_1 = \dfrac{38}{7} \\
x_2 = \dfrac{150}{7} \\
x_3 = \dfrac{36}{7}
\end{array}
$$

Die verkürzte Schreibweise in Matrixform:

$$\begin{bmatrix} 2 & -1 & 4 & | & 10 \\ 3 & -1 & 1 & | & 0 \\ 0 & 1 & -3 & | & 6 \end{bmatrix} \Rightarrow \begin{bmatrix} 1 & -0.5 & 2 & | & 5 \\ 0 & 0.5 & -5 & | & -15 \\ 0 & 1 & -3 & | & 6 \end{bmatrix}$$

$$\Rightarrow \begin{bmatrix} 1 & 0 & -3 & | & -10 \\ 0 & 1 & -10 & | & -30 \\ 0 & 0 & 7 & | & 36 \end{bmatrix} \Rightarrow \begin{bmatrix} 1 & 0 & 0 & | & \frac{38}{7} \\ 0 & 1 & 0 & | & \frac{150}{7} \\ 0 & 0 & 1 & | & \frac{36}{7} \end{bmatrix}$$

☆

Das vollständige Eliminationsverfahren des Gauß-Algorithmus wird nun nochmal kurz formal zusammengefasst. Das Gleichungssystem

$$\begin{matrix} a_{11} & \ldots & a_{1m} & | & b_1 \\ \vdots & & \vdots & | & \vdots \\ a_{n1} & \ldots & a_{nm} & | & b_n \end{matrix}$$

wird durch folgende Schritte gelöst.

Schritt 1 Es wird das Pivotelement $a_{rs} \neq 0$ (zum Beispiel a_{11}) gewählt. Dann ist die r-te (erste) Zeile Pivotzeile und die s-te (erste) Spalte Pivotspalte.

Schritt 2 Die Pivotzeile r wird wie folgt umgerechnet.

$$\tilde{a}_{rj} = \frac{a_{rj}}{a_{rs}} \quad \text{und} \quad \tilde{b}_r = \frac{b_r}{a_{rs}}$$

Die neuen Elemente der r-ten Zeile sind $\tilde{a}_{rj}$ und $\tilde{b}_r$.

Schritt 3 Alle übrigen Zeilen werden wie folgt berechnet:

$$\tilde{a}_{ij} = a_{ij} - \tilde{a}_{rj} a_{is} \quad \text{und} \quad \tilde{b}_i = b_i - \tilde{b}_r a_{is}$$

Die neuen Elemente der übrigen Zeilen (bis auf die Pivotzeile r aus Schritt 1) sind $\tilde{a}_{ij}$ und $\tilde{b}_i$.

Schritt 1 und 3 werden für alle Zeilen wiederholt, bis jede Zeile einmal als Pivotelement verwendet wurde.

Übung 6.2. Überprüfen Sie das Gleichungssystem in Übung 6.1 mit Hilfe des Gauß-Algorithmus auf lineare Unabhängigkeit.

Übung 6.3. Von einer Kostenfunktion $K(x)$ weiß man, dass sie sich näherungsweise wie eine kubische Funktion (Polynom 3. Grades) bezüglich der Stückzahl x verhält. Bestimmen Sie die explizite Gestalt einer solchen Funktion, wenn die Kostenwerte in Tabelle 6.1 konkret bekannt sind.

Tabelle 6.1: Kostenwerte

x [Stück]	10	15	20	25
$K(x)$ [€]	2 700	3 475	5 700	10 125

Setzen Sie die unbekannten Koeffizienten des kubischen Polynoms als Variablen an, und berechnen Sie die daraus resultierenden Funktionswerte für die gegebenen Stückzahlen x. Durch Gleichsetzen mit den Sollwerten aus der Tabelle erhält man daraus ein lineares Gleichungssystem zur Bestimmung der gesuchten Koeffizienten.

6.2.4 Lösen eines Gleichungssystems mit Scilab

Das Lösen eines linearen Geichungssystems in Scilab erfolgt mit dem Befehl linsolve(A,b), wobei A und b, wie in den vorhergehenden Abschnitten beschrieben, die Koeffizienten bzw. die rechte Seite des Gleichungssystems sind. Eine Besonderheit ist, dass der Befehl linsolve ein Gleichungssystem der Form

$$\mathbf{A}\mathbf{x} + \mathbf{b} = 0$$

voraussetzt. Der Vektor **b** muss also negativ angegeben werden, wenn wir von der bisherigen Darstellung ausgehen.

Beispiel 6.12. Ausgehend vom Beispiel 6.6 wird die Befehlsfolge zur Berechnug der Lösung gezeigt.

```
A=[2 -1 4; 3 -1 1; 0  1 -3];
b=[10; 0; 6];
x=linsolve(A,-b)
```

Der Vektor **x** enthält die bekannte Lösung. ☼

6.3 Rang einer Matrix

Der **Rang** einer Matrix ist eine natürliche Zahl, die die maximale Anzahl linear unabhängiger Vektoren einer Matrix angibt. Mittels des Rangs einer Matrix kann man somit einfach die Lösbarkeit eines linearen Gleichungssystems beschreiben. Man schreibt für den Rang einer Matrix rg **A**.

6.3.1 Eigenschaft des Rangs

Für eine $n \times m$ Matrix ist der Rang nicht größer als der kleinere Wert der Zeilenzahl n und der Spaltenzahl m.

$$\operatorname{rg} \mathbf{A} \leq \min(n, m)$$

Die Matrix $\mathbf{A}$ besitzt einen **vollen** Rang, wenn der $\operatorname{rg} \mathbf{A} = \min(n, m)$ ist.

Die Rangbestimmung einer Matrix ist am einfachsten, wenn mit dem Gauß-Algorithmus eine Dreiecksmatrix erzeugt wird. Die Zeilenzahl minus der Nullzeilen ist die Anzahl der linear unabhängigen Zeilen. Sie gibt den Rang der Matrix an.

Beispiel 6.13. Die Matrix

$$\mathbf{A} = \begin{bmatrix} 1 & 2 & 3 \\ 2 & 4 & 6 \\ 3 & 2 & 1 \end{bmatrix}$$

besitzt, den Rang

$$\operatorname{rg} \mathbf{A} = \operatorname{rg} \begin{bmatrix} 1 & 2 & 3 \\ 0 & 0 & 0 \\ 0 & -4 & -8 \end{bmatrix} = 2$$

Die Matrix $\mathbf{A}$ besitzt den Rang 2, weil eine Nullzeile auftritt. Ein Vektor ist linear abhängig. Der Rang der Matrix bleibt durch den Tausch der Zeilen (und Spalten) unverändert. ☆

6.3.2 Rang und lineares Gleichungssystem

Mit dem Rang einer Matrix kann leicht festgestellt werden, ob die Matrix eine lineare Abhängigkeit zwischen den Zeilen oder Spalten besitzt. Daher wird der Rang verwendet, um die Lösbarkeit eines linearen Gleichungssystems

$$\mathbf{A}\mathbf{x} = \mathbf{b}$$

zu beschreiben. Das Gleichungssystem besitzt keine Lösung, wenn

$$\operatorname{rg} \mathbf{A} < \operatorname{rg}(\mathbf{A} \mid \mathbf{b})$$

gilt. Es liegt ein Widerspruch im Gleichungssystem vor. Die linke Seite des Gleichungssystems weist eine lineare Abhängigkeit aus, die rechte hingegen nicht. Mit $\mathbf{A}|\mathbf{b}$ wird die um den Vektor $\mathbf{b}$ erweitere Koeffizientenmatrix $\mathbf{A}$ beschrieben. Um die Lösbarkeit des Gleichungssystems sicherzustellen, muss

$$\operatorname{rg} \mathbf{A} = \operatorname{rg}(\mathbf{A} \mid \mathbf{b})$$

gelten. Es könnte dann aber eine mehrdeutige Lösung vorliegen, weil die Anzahl der Gleichungen von der Anzahl der Variablen verschieden sein kann. Um eine eindeutige Lösung für das Gleichungssystem sicherzustellen, muss

$$\text{rg}\,\mathbf{A} = \text{rg}(\mathbf{A} \mid \mathbf{b}) = m$$

gelten, wobei mit m die Anzahl der Variablen bezeichnet wird.

Ein Gleichungssystem mit n Gleichungen und m Variablen heißt

bestimmt, wenn $m = n$ gilt und alle Gleichungen linear unabhängig sind. Das bestimmte Gleichungssystem besitzt eine eindeutige Lösung.
überbestimmt, wenn $m < n$ gilt, d. h. wenn mehr linear unabhängige Gleichungen als Variablen vorhanden sind. Das Gleichungssystem besitzt keine Lösung und enthält einen Widerspruch.
unterbestimmt, wenn $m > n$ gilt, d. h. wenn weniger Gleichungen als Variablen vorliegen. Ein unterbestimmtes Gleichungssystem besitzt im Allgemeinen unendlich viele Lösungen.

Beispiel 6.14. Das Gleichungssystem aus Beispiel 6.4 besitzt folgende Ranggleichungen:

$$\text{rg}\,\mathbf{A} = \text{rg}\begin{bmatrix} 2 & 2 & 5 \\ 1 & 2 & 2 \\ 0 & -2 & 1 \end{bmatrix} = \begin{bmatrix} 2 & 2 & 5 \\ 0 & 1 & -0.5 \\ 0 & 0 & 0 \end{bmatrix} = 2$$

$$\text{rg}(\mathbf{A} \mid \mathbf{b}) = \text{rg}\begin{bmatrix} 2 & 2 & 5 & | & 8 \\ 1 & 2 & 2 & | & 3 \\ 0 & -2 & 1 & | & 2 \end{bmatrix} = \begin{bmatrix} 2 & 2 & 5 & | & 8 \\ 0 & 1 & -0.5 & | & -1 \\ 0 & 0 & 0 & | & 0 \end{bmatrix} = 2$$

Das Gleichungssystem besitzt eine Lösung, weil der Rang von $\text{rg}\,\mathbf{A}$ gleich dem Rang von $\text{rg}(\mathbf{A} \mid \mathbf{b})$ ist. Weil aber der Rang (Anzahl der linear unabhängigen Gleichungen) kleiner als die Anzahl der Variablen ist, liegen unendlich viele Lösungen vor. ☼

6.3.3 Berechnung des Rangs mit Scilab

In Scilab wird der Rang einer Matrix $\mathbf{A}$ mit dem Befehl `rank(A)` berechnet.

6.4 Inverse einer Matrix

Eine weitere wichtige Matrixoperation ist die Matrixinversion. Sie ist nützlich zum Lösen von Gleichungssystemen und ergänzt die bereits vorgestellten Grundoperationen.

6.4.1 Eigenschaft der Inversen

Die Lösung des bestimmten Gleichungssystems

$$\mathbf{A}\mathbf{x} = \mathbf{b} \tag{6.20}$$

wurde mit dem Gauß-Algorithmus bisher dadurch erzeugt, dass das Gleichungssystem bei der vollständigen Elimination wie folgt umgeformt wurde:

$$\mathbf{I}\mathbf{x} = \mathbf{b}^*$$

In $\mathbf{b}^*$ stehen die Lösungen für $\mathbf{x}$. Es wird nun eine Matrix $\mathbf{A}^{-1}$ definiert, die als **Inverse** der regulären quadratischen Matrix $\mathbf{A}$ bezeichnet wird. Regulär bedeutet hier, dass die Matrix den vollen Rang besitzt. Sie besitzt per Definition die Eigenschaft

$$\mathbf{A}\mathbf{A}^{-1} = \mathbf{A}^{-1}\mathbf{A} = \mathbf{I}$$

Damit lässt sich die Lösung des Gleichungssystems (6.20) auch wie folgt erzeugen:

$$\mathbf{A}^{-1}\mathbf{A}\mathbf{x} = \mathbf{A}^{-1}\mathbf{b}$$
$$\mathbf{x} = \mathbf{A}^{-1}\mathbf{b}$$

wobei

$$\mathbf{A}^{-1}\mathbf{b} = \mathbf{b}^*$$

ist. Die Inverse stellt keine Division mit einer Matrix dar, wie vielleicht die Schreibweise nahelegen könnte. Die Lösung des Gleichungssystems erfolgt vielmehr durch Multiplikation der Gleichung mit der Inversen.

6.4.2 Berechnung der Inversen

Mit der Eigenschaft der Inversen ist aber noch kein Weg zur Berechnung der Inversen gezeigt. Die Berechnung erfolgt mit dem Gauß-Algorithmus.

Beispiel 6.15. Es ist die Inverse der Matrix zu dem Beispiel 6.2.

$$\mathbf{A} = \begin{bmatrix} 2 & 3 \\ 1 & -2 \end{bmatrix}$$

zu berechnen. Dazu wird das folgende Gauß-Tableau aufgestellt:

$$\begin{bmatrix} \mathbf{2} & 3 & | & 1 & 0 \\ 1 & -2 & | & 0 & 1 \end{bmatrix}$$

Durch vollständige Elimination der linken Seite wird auf der linken Seite des Tableaus eine Matrix erzeugt, die die Inverse von $\mathbf{A}$ ist.

$$\begin{bmatrix} 1 & \frac{3}{2} & | & \frac{1}{2} & 0 \\ 0 & -\frac{7}{2} & | & -\frac{1}{2} & 1 \end{bmatrix} \Rightarrow \begin{bmatrix} 1 & 0 & | & \frac{2}{7} & \frac{3}{7} \\ 0 & 1 & | & \frac{1}{7} & -\frac{2}{7} \end{bmatrix}$$

Die Inverse der Matrix $\mathbf{A}$ ist

98   6 Lineare Gleichungssysteme

$$\mathbf{A}^{-1} = \begin{bmatrix} \frac{2}{7} & \frac{3}{7} \\ \frac{1}{7} & -\frac{2}{7} \end{bmatrix}$$

Die Multiplikation $\mathbf{A}^{-1}\mathbf{A}$ muss die Einheitsmatrix ergeben.

$$\begin{bmatrix} \frac{2}{7} & \frac{3}{7} \\ \frac{1}{7} & -\frac{2}{7} \end{bmatrix} \begin{bmatrix} 2 & 3 \\ 1 & -2 \end{bmatrix} = \begin{bmatrix} 1 & 0 \\ 0 & 1 \end{bmatrix}$$

Die Inverse wird zur Lösung des Gleichungssystems aus Beispiel 6.2 eingesetzt. Das Gleichungssytem besitzt folgende Matrixform:

$$\begin{bmatrix} 2 & 3 \\ 1 & -2 \end{bmatrix} \begin{bmatrix} x_1 \\ x_2 \end{bmatrix} = \begin{bmatrix} 6 \\ 1 \end{bmatrix}$$

Mit dem Matrixprodukt $\mathbf{A}^{-1}\mathbf{b}$ kann die Lösung für x_1 und x_2 berechnet werden.

$$\begin{bmatrix} x_1 \\ x_2 \end{bmatrix} = \begin{bmatrix} \frac{2}{7} & \frac{3}{7} \\ \frac{1}{7} & -\frac{2}{7} \end{bmatrix} \begin{bmatrix} 6 \\ 1 \end{bmatrix} = \begin{bmatrix} \frac{15}{7} \\ \frac{4}{7} \end{bmatrix}$$

☼

Bei der Anwendung des Gauß-Algorithmus ist es nicht immer sinnvoll oder möglich, die Pivotelemente auf der Hauptdiagonalen zu wählen. Wählt man andere Elemente aus (natürlich darf jede Zeile nur einmal ausgewählt werden), so entsteht auf der rechten Seite dann eine permutierte Matrix der Inversen. Durch Vertauschen der Zeilen erhält man dann die Inverse.

Beispiel 6.16. Es ist die Matrix

$$\mathbf{A} = \begin{bmatrix} 1 & 2 & 1 \\ 0 & 2 & 1 \\ 2 & 1 & 1 \end{bmatrix}$$

gegeben. Die Anwendung des Gauß-Algorithmus liefert folgendes Ergebnis:

$$\left[\begin{array}{ccc|ccc} 1 & 2 & 1 & 1 & 0 & 0 \\ 0 & 2 & 1 & 0 & 1 & 0 \\ 2 & 1 & 1 & 0 & 0 & 1 \end{array}\right] \Rightarrow \left[\begin{array}{ccc|ccc} 1 & 0 & 0 & 1 & -1 & 0 \\ 0 & 2 & 1 & 0 & 1 & 0 \\ 2 & -1 & 0 & 0 & -1 & 1 \end{array}\right]$$

$$\Rightarrow \left[\begin{array}{ccc|ccc} 1 & 0 & 0 & 1 & -1 & 0 \\ 4 & 0 & 1 & 1 & -1 & 2 \\ -2 & 1 & 0 & 0 & 1 & -1 \end{array}\right] \Rightarrow \left[\begin{array}{ccc|ccc} 1 & 0 & 0 & 1 & -1 & 0 \\ 0 & 0 & 1 & -4 & 3 & 2 \\ 0 & 1 & 0 & 2 & -1 & -1 \end{array}\right]$$

Das Vertauschen der letzten beiden Zeilen liefert die gesuchte Inverse.

$$\left[\begin{array}{ccc|ccc} 1 & 0 & 0 & 1 & -1 & 0 \\ 0 & 1 & 0 & 2 & -1 & -1 \\ 0 & 0 & 1 & -4 & 3 & 2 \end{array}\right]$$

☼

6.4.3 Berechnung von Inversen mit Scilab

Die Inverse einer Matrix **A** wird in Scilab mit dem Befehl `inv(A)` berechnet.

Beispiel 6.17. `A = [1 2;1 1]`
```
A = 1 2
    1 1
inv(A)
ans = -1  2
       1 -1
```

6.5 Ökonomische Anwendung: Input-Output-Analyse

Input-Output-Tabellen werden zur Beschreibung von Wirtschaftssystemen verwendet. Das System (Volkswirtschaft oder Unternehmen) besteht aus einzelnen Sektoren (Betriebsstätten, Kostenstellen), die untereinander Leistungen austauschen, um verschiedene Gesamtleistungen gemeinsam zu erstellen. Die Verflechtungen der einzelnen Sektoren lassen sich in einem «Gozinto» Graph darstellen. Die Leistungen sind in Geldeinheiten bewertet. In der folgenden Darstellung der Input-Output-Analyse wird die Verwendung im Rahmen der Betriebswirtschaftslehre betont und die ursprünglich volkswirtschaftliche Anwendung vernachlässigt.

6.5.1 Klassische Analyse

Beispiel 6.18. Der Sektor 1 in Abb. 6.3 benötigt zur Erstellung einer bestimmten Gesamtleistung Vorleistungen im Wert von 30 € seiner eigenen Produktion und 50 € von Sektor 2. Der Sektor 2 bezieht Vorleistungen im Wert von 60 € von Sektor 1 und verbraucht Leistungen im Wert von 15 € seiner eigenen Produktion. Aus der Gesamtproduktion wird eine Endnachfrage im Wert von 10 € aus Sektor 1 und 85 € aus Sektor 2 bedient. ✩

Das Wirtschaftssystem kann mit einer **Verflechtungsmatrix T** (auch als **Zentralmatrix** bezeichnet) (*complication matrix*) beschrieben werden.

$$\mathbf{T} = \begin{bmatrix} 30 & 60 \\ 50 & 15 \end{bmatrix}$$

In der Matrix **T** wird in den Zeilen der Aufwand (*Input*) und in den Spalten das Ergebnis (*Output*) abgetragen. Die Input-Output-Analyse mittels eines linearen Gleichungssystems geht auf Wassily W. Leontief zurück.

Um das Gesamtsystem vollständig zu beschreiben, ist die Angabe einer Endnachfrage (Nettoproduktion) (*final demand*) oder einer Gesamtleistung (Bruttoproduktion = Nettoproduktion plus Vorleistungen) (*output level*) notwendig. Im Beispiel ist die Nettoproduktion mit

Sektor 1　　　Sektor 2　　　Endnachfrage

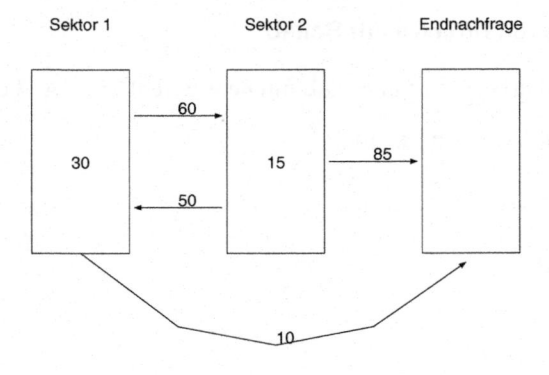

Abb. 6.3: Gozintograph

$$\mathbf{b} = \begin{bmatrix} 10 \\ 85 \end{bmatrix}$$

angegeben. In einer so genannten **Input-Output-Tabelle** wird das Gesamtsystem abgetragen (siehe Tabelle 6.2).

Tabelle 6.2: Input-Output-Tabelle

T		v	b	x
30	60	90	10	100
50	15	65	85	150

In der Tabelle 6.2 werden mit **v** die Vorleistungen je Sektor (*primary input*) bezeichnet. Sie ist die Summe der jeweiligen Zeile aus der Verflechtungsmatrix **T**.

$$\mathbf{v} = \mathbf{T} \times \mathbf{1} \quad \text{mit } \mathbf{1} = \begin{bmatrix} 1 \\ \vdots \\ 1 \end{bmatrix}$$

Die Gesamtleistung des Systems ergibt sich aus der Summe der Vorleistungen **v** und der Endnachfrage **b**.

$$\mathbf{x} = \mathbf{T} \times \mathbf{1} + \mathbf{b} = \mathbf{v} + \mathbf{b} \tag{6.21}$$

Die Vorleistungen sind von der Gesamtleistung abhängig. Um diese Abhängigkeit in der Gleichung (6.21) aufzuzeigen, werden die Vorleistungen auf eine Einheit umgerechnet. Ferner werden die Annahmen getroffen, dass stets in konstan-

6.5 Ökonomische Anwendung: Input-Output-Analyse

ten Proportionen produziert wird und sowohl Substitution als auch technischer Fortschritt ausgeschlossen sind. Die so transformierten Vorleistungen werden als **Input-Output-Koeffizienten** bezeichnet.

$$d_{ij} = \frac{T_{ij}}{x_j} = \frac{\text{Input des Sektors } i \text{ an den Sektor } j}{\text{Output des Sektors } j}$$

Sie können als Normgrößen für die bei der Produktion verwandte Technologie angesehen werden. Die Koeffizienten d_{ij} geben den Vorleistungsstrom an, der benötigt wird, um in jedem Sektor gerade eine Bruttoeinheit zu erstellen.

$$\mathbf{D} = \mathbf{T}(\operatorname{diag} \mathbf{x})^{-1} = \mathbf{T} \begin{bmatrix} 100 & 0 \\ 0 & 150 \end{bmatrix}^{-1} = \begin{bmatrix} \frac{30}{100} & \frac{60}{150} \\ \frac{50}{100} & \frac{15}{150} \end{bmatrix}$$

Die Matrix **D** wird als **Matrix der technischen Koeffizienten** (*input coefficient matrix*) oder **Direktbedarfsmatrix** bezeichnet. Mit dieser Matrix lässt sich nun folgendes Gleichungssystem aufstellen und lösen. Durch Einsetzen von

$$(\operatorname{diag} \mathbf{x})^{-1} \mathbf{x} = \mathbf{1}$$

in die Gleichung (6.21) erhält man:

$$\begin{aligned} \mathbf{x} &= \mathbf{T} \times \mathbf{1} + \mathbf{b} \\ &= \underbrace{\mathbf{T}(\operatorname{diag} \mathbf{x})^{-1}}_{\mathbf{D}} \mathbf{x} + \mathbf{b} \\ &= \mathbf{D}\mathbf{x} + \mathbf{b} \end{aligned} \quad (6.22)$$

Angewendet auf das Beispiel bekommt man dann folgende Gleichung:

$$\begin{bmatrix} 100 \\ 150 \end{bmatrix} = \begin{bmatrix} 0.3 & 0.4 \\ 0.5 & 0.1 \end{bmatrix} \begin{bmatrix} 100 \\ 150 \end{bmatrix} + \begin{bmatrix} 10 \\ 85 \end{bmatrix}$$

Die Gleichung wird umgestellt, so dass der Vektor **x** auf der linken Seite ausgeklammert werden kann.

$$(\mathbf{I} - \mathbf{D})\mathbf{x} = \mathbf{b}$$
$$\begin{bmatrix} 0.7 & -0.4 \\ -0.5 & 0.9 \end{bmatrix} \begin{bmatrix} 100 \\ 150 \end{bmatrix} = \begin{bmatrix} 10 \\ 85 \end{bmatrix}$$

Die Gleichung wird mit der Inversen von **I** − **D** erweitert, um die Lösung für den Vektor **x** berechnen zu können.

$$\mathbf{x} = \underbrace{(\mathbf{I} - \mathbf{D})^{-1}}_{\text{Leontief-Inverse}} \mathbf{b}$$

$$\begin{bmatrix} 100 \\ 150 \end{bmatrix} = \begin{bmatrix} \frac{90}{43} & \frac{40}{43} \\ \frac{50}{43} & \frac{70}{43} \end{bmatrix} \begin{bmatrix} 10 \\ 85 \end{bmatrix}$$

Die Koeffizienten der **Leontief-Inverse** geben an, wie viel der Sektor i (Zeile) herstellen muss, damit der Sektor j (Spalte) eine Einheit für die Endnachfrage abgeben kann. Es werden dabei alle direkten und indirekten Effekte erfasst. Die Leontief-Inverse wird auch als **Gesamtbedarfsmatrix** (*composite demand matrix*) bezeichnet, weil mit ihr der Gesamtbedarf für eine gegebene Endnachfrage berechnet werden kann.

Im vorliegenden Fall muss der Sektor 1 an eigenen Leistungen $\frac{90}{43}$ Einheiten und der Sektor 2 Leistungen in Höhe von $\frac{50}{43}$ produzieren, damit eine Leistungseinheit für die Endnachfrage entsteht.

Die Elemente auf der Hauptdiagonalen müssen immer größer-gleich Eins sein. Damit der Sektor i eine Einheit anbieten kann, muss dieser Sektor selbst auf jeden Fall eine Einheit herstellen. Alles darüber hinaus ist der zusätzliche Bedarf der Sektoren, die von Sektor i mit Vorleistungen versorgt werden, damit diese wiederum ihre Vorleistungen an Sektor i liefern können.

6.5.2 Preisanalyse

Aus betriebswirtschaftlicher Sicht ist nun eine Aufteilung der Gesamtleistung in Preis **p** mal Menge $\mathbf{x}_p$ interessant. Die innerbetriebliche Leistungsverflechtung zeigt dann Verrechnungspreise, die zur betrieblichen Analyse wichtig sind. Hierbei wird davon ausgegangen, dass der (Verrechnungs-) Preis einer Leistungseinheit sich aus einem internen Verrechnungspreis und einem externen Preis zusammensetzt.

$$\mathbf{p} = \underbrace{\mathbf{D}_p \, \mathbf{p}}_{\mathbf{p}_{int}} + \mathbf{p}_{ext}$$

Beispiel 6.19. Ein Unternehmen besteht aus 4 Kostenstellen. Die Leistungsverflechtung sieht wie folgt aus (vgl. [10]).

Tabelle 6.3: Leistungsverflechtung zum Beispiel 6.19

von/an	Kostenstelle				
	1	2	3	4	Gesamtleistung
1	–	400	200	300	1200
2	–		100	400	100	600
3	600	–	300	200	1600
4	400	–	–	–	2000
ext. Kosten	90 000	60 000	120 000	200 000	

Es sind die Verrechnungspreise und die internen Verrechnungspreise zu berechnen. Dazu ist zuerst das Gleichungssystem mit den Bilanzgleichungen (Einnahmen = Ausgaben) aufzustellen.

6.5 Ökonomische Anwendung: Input-Output-Analyse

$$1200\,p_1 = 600\,p_3 + 400\,p_4 + 90000$$
$$600\,p_2 = 400\,p_1 + 100\,p_2 + 60000$$
$$1600\,p_3 = 200\,p_1 + 400\,p_2 + 300\,p_3 + 120000$$
$$2000\,p_4 = 300\,p_1 + 100\,p_2 + 200\,p_3 + 200000$$

Dieses kann mit folgenden Variablen beschrieben werden.

$$\underbrace{\operatorname{diag}\mathbf{x}_p\,\mathbf{p}}_{\mathbf{k}} = \underbrace{\mathbf{T}_p\,\mathbf{p}}_{\mathbf{k}_{int}} + \mathbf{k}_{ext}$$

$$\begin{bmatrix} 1200 & 0 & 0 & 0 \\ 0 & 600 & 0 & 0 \\ 0 & 0 & 1600 & 0 \\ 0 & 0 & 0 & 2000 \end{bmatrix} \begin{bmatrix} p_1 \\ p_2 \\ p_3 \\ p_4 \end{bmatrix} = \begin{bmatrix} 0 & 0 & 600 & 400 \\ 400 & 100 & 0 & 0 \\ 200 & 400 & 300 & 0 \\ 300 & 100 & 200 & 0 \end{bmatrix} \begin{bmatrix} p_1 \\ p_2 \\ p_3 \\ p_4 \end{bmatrix}$$
$$+ \begin{bmatrix} 90000 \\ 60000 \\ 120000 \\ 200000 \end{bmatrix}$$

Der Vektor $\mathbf{k}_{int}$ beinhaltet den internen Kostenanteil. Der Vektor $\mathbf{k}_{ext}$ beschreibt die externen Kosten, die auch als Primärkosten bezeichnet werden. Die Lösung des Gleichungssystems nach $\mathbf{p}$ erfolgt in der bekannten Weise.

$$\left(\operatorname{diag}\mathbf{x}_p - \mathbf{T}_p\right)\mathbf{p} = \mathbf{k}_{ext}$$

$$\mathbf{p} = \left(\operatorname{diag}\mathbf{x}_p - \mathbf{T}_p\right)^{-1}\mathbf{k}_{ext}$$
$$= \begin{bmatrix} 1200 & 0 & -600 & -400 \\ -400 & 500 & 0 & 0 \\ -200 & -400 & 1300 & 0 \\ -300 & -100 & -200 & 2000 \end{bmatrix}^{-1} \begin{bmatrix} 90000 \\ 60000 \\ 120000 \\ 200000 \end{bmatrix} \quad (6.23)$$

Die Lösung kann alternativ auch mit der Matrix der technischen Koeffizienten erfolgen. Diese enthält die Leistungen pro Output-Einheit und der Preis pro Einheit kann dann in einen internen und externen Preisanteil aufgeteilt werden.

6 Lineare Gleichungssysteme

$$\mathbf{p} = \underbrace{(\operatorname{diag}\mathbf{x}_p)^{-1}\mathbf{T}_p}_{\mathbf{D}_p}\mathbf{p} + \underbrace{(\operatorname{diag}\mathbf{x}_p)^{-1}\mathbf{k}_{ext}}_{\mathbf{p}_{ext}}$$

$$= \underbrace{\mathbf{D}_p\,\mathbf{p}}_{\mathbf{p}_{int}} + \mathbf{p}_{ext}$$

$$= (\mathbf{I} - \mathbf{D}_p)^{-1}\mathbf{p}_{ext}$$

$$= \left(\mathbf{I} - \begin{bmatrix} 0.0 & 0.0 & 0.5 & 0.33333 \\ 0.66666 & 0.16666 & 0.0 & 0.0 \\ 0.125 & 0.25 & 0.1875 & 0.0 \\ 0.15 & 0.05 & 0.1 & 0.0 \end{bmatrix}\right)^{-1} \begin{bmatrix} 75 \\ 100 \\ 75 \\ 100 \end{bmatrix} \quad (6.24)$$

$$= \begin{bmatrix} 1.00 & 0.00 & -0.50 & -0.33333 \\ -0.66666 & 0.83333 & 0.00 & 0.00 \\ -0.125 & -0.25 & 0.8125 & 0.00 \\ -0.15 & -0.05 & -0.10 & 1.00 \end{bmatrix}^{-1} \begin{bmatrix} 75 \\ 100 \\ 75 \\ 100 \end{bmatrix}$$

Die Berechnung der Inversen von (6.23) bzw. (6.24) erfolgt am besten mit einem Computerprogramm (siehe Ende des Abschnitts, Seite 106). Es ergeben sich mit den vorliegenden Werten dann die Verrechnungspreise:

$$\mathbf{p} = \begin{bmatrix} 247.81992 \\ 318.25594 \\ 228.35874 \\ 175.92166 \end{bmatrix}$$

Die internen Verrechnungspreise, also die Verrechnungspreise ohne die Primärkosten, sind:

$$\mathbf{p}_{int} = \mathbf{D}_p\,\mathbf{p} = \begin{bmatrix} 172.81992 \\ 218.25594 \\ 153.35874 \\ 75.921659 \end{bmatrix}$$

Die Kosten je Kostenstelle sind die Verrechnungspreise mit den Leistungen multipliziert.

$$\mathbf{k} = \operatorname{diag}\mathbf{x}_p\,\mathbf{p} = \begin{bmatrix} 297383.91 \\ 190953.56 \\ 365373.98 \\ 351843.32 \end{bmatrix}$$

Nun kann man auch wieder die Aufteilung der Kosten in interne und externe Kosten vornehmen. Die externen Kosten sind gegeben. Die internen Kosten sind die Differenzen aus Kosten je Kostenstelle minus deren externe Kosten.

$$\mathbf{k}_{int} = \mathbf{k} - \mathbf{k}_{ext}$$

Weiterhin lassen sich die internen Kosten je Kostenstelle auch aus den bewerteten Leistungen berechnen.

6.5 Ökonomische Anwendung: Input-Output-Analyse

$$\mathbf{k}_{int} = \text{diag}\,\mathbf{x}_p\,\mathbf{p}_{int} = \mathbf{T}_p\,\mathbf{p} = \begin{bmatrix} 207383.91 \\ 130953.56 \\ 245373.98 \\ 151843.32 \end{bmatrix}$$

Die Summe aus externen und internen Kosten ergeben die Gesamtkosten je Kostenstelle. Ebenso ergibt die Summe aus externem Preis und internem Verrechnungspreis den Verrechnungspreis je Kostenstelle. Wie in der vorhergehenden Analyse dargelegt, können die internen Verrechnungspreise auch auf die Kostenstellen aufgeteilt werden. Die Zentralmatrix der internen Verrechnungspreise liefert diese Aufteilung. Es sind die normierten Leistungen je Sektor, die mit den Verrechnungspreisen bewertet werden.

$$\mathbf{T}_{p_{int}} = \mathbf{D}_p\,\text{diag}\,\mathbf{p} = \begin{bmatrix} 0.0 & 0.0 & 114.17937 & 58.64055 \\ 165.21328 & 53.042656 & 0.0 & 0.0 \\ 30.97749 & 79.563984 & 42.81726 & 0.0 \\ 37.17299 & 15.91279 & 22.83587 & 0.0 \end{bmatrix}$$

Übrigens entsprechen die Zeilensummen der Matrix $\mathbf{T}_{p_{int}}$ den internen Verrechnungspreisen.

$$\mathbf{p}_{int} = \mathbf{T}_{p_{int}}\,\mathbf{1}$$

Die Aufteilung der internen Kosten auf die Kostenstelle kann mit der Bewertung der Zentralmatrix $\mathbf{T}_p$ mit den Verrechnungspreisen erfolgen. Eine andere Möglichkeit besteht darin, die Mengen $\mathbf{x}_p$ mit der Zentralmatrix der internen Verrechnungspreise $\mathbf{T}_{p_{int}}$ zu bewerten. Es entsteht die Zentralmatrix der Kosten.

$$\mathbf{T}_k = \mathbf{T}_p\,\text{diag}\,\mathbf{p} = \text{diag}\,\mathbf{x}_p\,\mathbf{T}_{p_{int}}$$
$$= \begin{bmatrix} 0.0 & 0.0 & 137015.24 & 70368.66 \\ 99127.97 & 31825.59 & 0.0 & 0.0 \\ 49563.98 & 127302.38 & 68507.62 & 0.0 \\ 74345.98 & 31825.59 & 45671.75 & 0.0 \end{bmatrix}$$

Auch für die Kosten gilt natürlich die grundlegende Aufteilung der Gleichung (6.21):

$$\mathbf{k} = \underbrace{\mathbf{T}_k \times \mathbf{1}}_{\mathbf{k}_{int}} + \mathbf{k}_{ext}$$

Somit können auch die folgenden Bilanzgleichungen zur direkten Berechnung der Kosten aufgestellt werden. Jedoch ist dann keine explizite Preisberechnung möglich.

$$k_1 = \frac{600}{1600}k_3 + \frac{400}{2000}k_4 + 90000$$
$$k_2 = \frac{400}{1200}k_1 + \frac{100}{600}k_2 + 60000$$
$$k_3 = \frac{200}{1200}k_1 + \frac{400}{600}k_2 + \frac{300}{1600} + 120000$$
$$k_4 = \frac{300}{1200}k_1 + \frac{100}{600}k_2 + \frac{200}{1600}k_3 + 200000$$

$$\mathbf{k} = \mathbf{T}_p \underbrace{(\operatorname{diag} \mathbf{x}_p)^{-1} \mathbf{k}}_{\mathbf{p}} + \mathbf{k}_{ext}$$

☼

6.5.3 Lösen linearer Gleichungssysteme mit Scilab

Das Beispiel 6.19 kann in Scilab wie folgt gelöst werden:

```
// 1. Variante
xp=[1200
    600
    1600
    2000];

Tp=[  0    0 600 400
    400 100   0   0
    200 400 300   0
    300 100 200   0];

kext=[ 90000
       60000
      120000
      200000];

p=inv(diag(xp)-Tp)*kext

// 2. Variante
Dp=inv(diag(xp))*Tp;
pext=inv(diag(xp))*kext;
p2=inv(eye(4,4)-Dp)*pext
```

Übung 6.4. Eine Unternehmung weist 4 Kostenstellen (KST) auf, die betriebliche Leistungen an eine Hauptkostenstelle (HKST) abgeben, sich wechselseitig beliefern und einen Eigenverbrauch haben. Die umlagebedürftigen Gesamtkosten einer Kostenstelle umfassen sowohl die primären Kosten als auch die Kosten der innerbetrieblichen Leistungen, die von den Kostenstellen erbracht werden (sekundäre Kosten). Berechnen Sie die innerbetrieblichen Verrechnungspreise der vier Kostenstellen.

Tabelle 6.4: Verflechtungstablle

von/an	Kostenstelle				HKST	primäre Kosten
	1	2	3	4	b	k_{ext}
1	10	40	20	30	500	110
2	40	10	30	120	600	3135
3	50	60	50	40	800	7740
4	60	50	10	80	1000	12365

Übung 6.5. Ein Großunternehmen unterhält drei energieproduzierende Anlagen. Sie liefern Warmwasser (W), Heißdampf (H) und Strom (S). Die Anlagen versorgen sich zum Teil gegenseitig, geben aber auch Energie an andere Bedarfsstellen ab. Die Tabelle 6.5 enthält die Leistungsverflechtung zwischen den Bedarfsstellen.

Tabelle 6.5: Leistungsverflechtung

von/an	W	H	S	b	x
W	15	2	8		30
H	3	12	4		20
S	9	4	20		40

1. Berechnen Sie **b**. Es ist die Versorgung der anderen Bedarfsstellen, die Endnachfrage.
2. Stellen Sie die Matrix **D** der relativen (technischen) Input-Output-Koeffizienten auf.
3. Nehmen Sie an, die Anlage zur Warmwasserbereitung muss über längere Zeit repariert werden. Die Betriebsleitung versucht nun, den Mangel durch eine Produktionsplanung von
$$\mathbf{x}' = \begin{bmatrix} 0 & 30 & 60 \end{bmatrix}$$
auszugleichen. Können die anderen Produktionsstätten unter diesen Bedingungen versorgt werden?
4. Welche Gesamtproduktion ist zur Nachfragedeckung von
$$\mathbf{b}' = \begin{bmatrix} 10 & 11 & 5 \end{bmatrix}$$
nötig? Lösung mittels der Inversen von $(\mathbf{I} - \mathbf{D})$ erwünscht!

6.6 Determinante einer Matrix

Jeder quadratischen Matrix **A** ist eindeutig eine reelle Zahl zugeordnet, die als ihre **Determinante** det(A) oder |**A**| bezeichnet wird. Mittels der Determinanten kann die lineare Abhängigkeit in Matrizen festgestellt werden. Besitzt die Matrix einen reduzierten Rang (keinen vollen Rang), ist die Determinante Null. Außerdem eignen sich Determinanten zur Bestimmung des «Vorzeichens» einer Matrix (auch Definitheit der Matrix genannt). Diese wird zur Bestimmung des Vorzeichens der zweiten Ableitung bei Funktionen mit mehr als einer Variablen eingesetzt (siehe Hesse-Matrix, Kapitel 11.4). Ferner lassen sich mit Determinanten Gleichungssysteme lösen (Cramersche Regel) und Inversen berechnen. Da jedoch diese beiden Verfahren einen hohen Rechenaufwand haben, wird auf deren Beschreibung hier verzichtet.

6.6.1 Berechnung von Determinanten

Die algebraische Lösung des (2×2) Gleichungssystems (6.4, siehe Seite 84) weist einen identischen Nenner in beiden Lösungsgleichungen auf (siehe Gleichungen (6.2) und (6.3)). Dieser Nenner ist die Determinante der Matrix **A**. Er berechnet sich im Fall der (2×2)-Matrix wie folgt:

$$\det \mathbf{A} = \begin{vmatrix} a_{11} & a_{12} \\ a_{21} & a_{22} \end{vmatrix} = a_{11} a_{22} - a_{12} a_{21}$$

Es ist das Produkt der Hauptdiagonalelemente minus dem Produkt der Nebendiagonalelemente. Die Berechnung von Determinanten höherer Ordnung kann nicht mehr mit der obigen Regel erfolgen, weil sie nicht alle Elemente berücksichtigt.

Hierfür liefert der **Laplacesche Entwicklungssatz** eine Möglichkeit, Determinanten beliebiger Ordnung zu berechnen. Dazu müssen die Konzepte des Minor und der Adjunkten eingeführt werden.

Als **Minor** der quadratischen Matrix **A** wird die Determinante $|\mathbf{A}_{ij}|$ bezeichnet, die durch Streichung der i-ten Zeile und j-ten Spalte entsteht.

Beispiel 6.20. Der Minor $|\mathbf{A}_{21}|$ der Matrix

$$\mathbf{A} = \begin{bmatrix} a_{11} & a_{12} & a_{13} \\ a_{21} & a_{22} & a_{23} \\ a_{31} & a_{32} & a_{33} \end{bmatrix}$$

wird aus der Restmatrix berechnet, die durch Streichen der 2-ten Zeile und der 1-ten Spalte entsteht. Die Determinante der Matrix

$$|\mathbf{A}_{21}| = \begin{vmatrix} a_{12} & a_{13} \\ a_{32} & a_{33} \end{vmatrix} = a_{12} a_{33} - a_{32} a_{13}$$

ist der Minor. Bei einer (3×3)-Matrix lassen sich insgesamt 9 Minoren berechnen.
☼

Multipliziert man den Minor mit $(-1)^{i+j}$, so erhält man die **Adjunkte** c_{ij} (auch Kofaktor).

$$c_{ij} = (-1)^{i+j} |\mathbf{A}_{ij}|$$

Beispiel 6.21. Die Adjunkte c_{21} zum Minor $|\mathbf{A}_{21}|$ aus Beispiel 6.20 ist:

$$c_{21} = (-1)^{2+1} |\mathbf{A}_{21}| = (-1)^3 |\mathbf{A}_{21}| = -|\mathbf{A}_{21}|$$

✩

Der **Laplacesche Entwicklungssatz** lautet nun:

Multipliziert man jedes Element a_{ij} einer beliebigen Zeile bzw. Spalte einer Determinanten n-ter Ordnung mit seiner zugehörigen Adjunkten c_{ij}, so ergibt die Summe dieser Produkte den Wert der Determinanten. Man spricht dann von der Entwicklung der Determinanten nach der i-ten Zeile

$$|\mathbf{A}| = \sum_{j=1}^{n} a_{ij} c_{ij} = \sum_{j=1}^{n} a_{ij} (-1)^{i+j} |\mathbf{A}_{ij}|$$

bzw. von der Entwicklung der Determinanten nach der j-ten Spalte:

$$|\mathbf{A}| = \sum_{i=1}^{n} a_{ij} c_{ij} = \sum_{i=1}^{n} a_{ij} (-1)^{i+j} |\mathbf{A}_{ij}|$$

Beispiel 6.22. Die Entwicklung der Determinanten der Matrix in Beispiel 6.20 nach der 1-ten Spalte führt zu folgender Gleichung:

$$\begin{aligned}|\mathbf{A}| &= a_{11} (-1)^{1+1} |\mathbf{A}_{11}| + a_{21} (-1)^{2+1} |\mathbf{A}_{21}| + a_{31} (-1)^{3+1} |\mathbf{A}_{31}| \\ &= a_{11} \begin{vmatrix} a_{22} & a_{23} \\ a_{32} & a_{33} \end{vmatrix} - a_{21} \begin{vmatrix} a_{12} & a_{13} \\ a_{32} & a_{33} \end{vmatrix} + a_{31} \begin{vmatrix} a_{12} & a_{13} \\ a_{22} & a_{23} \end{vmatrix} \\ &= a_{11} (a_{22} a_{33} - a_{32} a_{23}) - a_{21} (a_{12} a_{33} - a_{32} a_{13}) + a_{31} (a_{12} a_{23} - a_{22} a_{13})\end{aligned}$$

Nun wird die 2-te Zeile zur Entwicklung der Determinanten ausgewählt.

$$\begin{aligned}|\mathbf{A}| &= a_{21} (-1)^{2+1} |\mathbf{A}_{21}| + a_{22} (-1)^{2+2} |\mathbf{A}_{22}| + a_{23} (-1)^{2+3} |\mathbf{A}_{23}| \\ &= -a_{21} \begin{vmatrix} a_{12} & a_{13} \\ a_{32} & a_{33} \end{vmatrix} + a_{22} \begin{vmatrix} a_{11} & a_{13} \\ a_{31} & a_{33} \end{vmatrix} - a_{23} \begin{vmatrix} a_{11} & a_{12} \\ a_{31} & a_{32} \end{vmatrix} \\ &= -a_{21} (a_{12} a_{33} - a_{32} a_{13}) + a_{22} (a_{11} a_{33} - a_{31} a_{13}) - a_{23} (a_{11} a_{32} - a_{31} a_{12})\end{aligned}$$

Die weitere Auflösung der Gleichung zeigt, dass das gleiche Ergebnis entsteht. Lediglich die Anordnung der Elemente ist unterschiedlich. Jede andere Zeile oder Spalte führt zur gleichen Determinante. ✩

Beispiel 6.23. Die Berechnung der Determinanten der Matrix aus Beispiel 6.16 (siehe Seite 98) erfolgt mit der Entwicklung nach der 2-ten Zeile, da in dieser Zeile ein Element Null ist.

$$|\mathbf{A}| = 0(-1)^{2+1}\begin{vmatrix}2 & 1\\1 & 1\end{vmatrix} + 2(-1)^{2+2}\begin{vmatrix}1 & 1\\2 & 1\end{vmatrix} + 1(-1)^{2+3}\begin{vmatrix}1 & 2\\2 & 1\end{vmatrix}$$
$$= 2(1\times 1 - 2\times 1) - (1\times 1 - 2\times 2) = 1$$

Die Entwicklung der Determinanten nach der 1-ten Spalte hätte ebenso die Null berücksichtigt. Eine Entwicklung der Determinanten nach einer anderen Zeile oder Spalte wäre gleichwohl auch möglich, sie erzeugt aber mehr Rechenschritte. ✿

Exkurs: Es sei an dieser Stelle erwähnt, dass für 3×3 Matrizen neben der Laplace-Entwicklung eine alternative Vorgehensweise existiert. Hiermit ist die **Sarrus-Regel** gemeint, die nach dem französischen Mathematiker Pierre Frédéric Sarrus benannt ist. Zur Berechnung der Determinanten wird die Entwicklung über die Haupt- und Nebendiagonalen vorgenommen, wie wir sie schon im 2×2 Fall kennen gelernt haben. Zur Berechnung der Determinanten werden die ersten beiden Spalten der 3×3 Matrix rechts an die Matrix angefügt. In diesem Zahlenschema hat man nun 3 Hauptdiagonalen und 3 Nebendiagonalen.

$$|\mathbf{A}| = \begin{vmatrix}a_{11} & a_{12} & a_{13}\\a_{21} & a_{22} & a_{23}\\a_{31} & a_{32} & a_{33}\end{vmatrix}\begin{matrix}a_{11} & a_{12}\\a_{21} & a_{22}\\a_{31} & a_{32}\end{matrix}$$

Die Produkte der 3 Hauptdiagonalen werden addiert, wovon dann die addierten Produkte der 3 Nebendiagonalen subtrahiert werden. Somit haben wir für die Determinante einer 3×3 Matrix **A** folgende Entwicklung:

$$|\mathbf{A}| = a_{11}a_{22}a_{33} + a_{12}a_{23}a_{31} + a_{13}a_{21}a_{32}$$
$$- a_{31}a_{22}a_{13} - a_{32}a_{23}a_{11} - a_{33}a_{21}a_{12}$$

Diese Vorschrift von Sarrus lässt sich **nicht** auf n-reihige ($n > 3$) Determinanten übertragen.

Mit Hilfe des Entwicklungssatzes von Laplace lässt sich zeigen, dass die Determinante einer Dreiecksmatrix gleich dem Produkt der Koeffizienten der Hauptdiagonalen ist.

$$\det \mathbf{U} = \begin{vmatrix}u_{11} & \ldots & u_{1n}\\0 & \ddots & \vdots\\0 & 0 & u_{nn}\end{vmatrix} = \prod_{i=1}^{n} u_{ii}$$

Mittels des Gauß-Algorithmus kann man jede Matrix in eine Dreiecksmatrix umformen, so dass die einfache Berechnung der Determinanten einer Dreiecksmatrix angewendet werden kann.

Beispiel 6.24. Die Determinante der Matrix aus Beispiel 6.16 wird in eine Dreiecksmatrix umgeformt.

$$\det \mathbf{A} = \begin{vmatrix} 1 & 2 & 1 \\ 0 & 2 & 1 \\ 2 & 1 & 1 \end{vmatrix} = \begin{vmatrix} 1 & 2 & 1 \\ 0 & 2 & 1 \\ 0 & -3 & -1 \end{vmatrix} = \begin{vmatrix} 1 & 2 & 1 \\ 0 & 2 & 1 \\ 0 & 0 & \frac{1}{2} \end{vmatrix} = 1 \times 2 \times \frac{1}{2} = 1$$

☼

Liegen die Pivotelemente nach Abschluss der Eliminationsphase nicht auf der Hauptdiagonalen, so muss durch Spaltenvertauschung die Dreiecksform erreicht werden. Das Vertauschen einer Spalte bzw. einer Zeile führt zu einem Vorzeichenwechsel der Determinanten.

6.6.2 Einige Eigenschaften von Determinanten

Determinanten weisen einige interessante Eigenschaften auf, wobei einige der Eigenschaften schon im vorstehenden Abschnitt angewendet worden sind.

- Vertauscht man in einer Determinanten zwei Zeilen bzw. Spalten, so ändert sich nur das Vorzeichen der Determinanten.
- Die Determinante einer Dreiecksmatrix ist gleich dem Produkt der Elemente in der Hauptdiagonalen.
- Die Determinante einer Matrix ist Null, wenn Zeilen oder Spalten der Matrix linear abhängig sind.
- Die Matrix und ihre tranponierte Matrix besitzen die gleiche Determinante.

Beispiel 6.25. Die folgende Matrix weist eine lineare Abhängigkeit auf.

$$\mathbf{B} = \begin{bmatrix} 2 & 1 \\ 2 & 1 \end{bmatrix}$$

Die Determinante der Matrix ist Null.

$$\det \mathbf{B} = 0$$

☼

Übung 6.6. Berechnen Sie die Determinante der folgenden Matrix:

$$\mathbf{A} = \begin{bmatrix} 1 & 0 & 2 & 1 \\ -1 & 1 & 3 & 1 \\ 1 & -2 & 0 & -1 \\ 0 & -2 & 1 & 1 \end{bmatrix}$$

6.6.3 Berechnung von Determinanten in Scilab

In Scilab werden Determinanten mit dem Befehl det() berechnet.

```
A=[2 4; 1 3]
det(A) -> 2
```

6.7 Homogene Gleichungssysteme

Bei zahlreichen (linearen) ökonomischen Prozessen stellt sich die Frage, ob eine Lösung existiert, bei der die Produktion gleich dem Verbrauch sein kann. Im Rahmen eines Input-Output-Systems wäre dann der Vektor **b** = 0.

$$\mathbf{x} = \mathbf{A}\mathbf{x} \tag{6.25}$$

Es handelt sich dann um ein geschlossenes Leontief-Modell. Ein solches System wird auch als **homogenes lineares Gleichungssystem** bezeichnet.

Meistens entstehen Eigenwertprobleme aus mathematisch statistischen Fragestellungen, wie zum Beispiel in der Diskriminanzanalyse oder der kanonischen Korrelation.

6.7.1 Eigenwerte

Zur Lösung eines homogenen linearen Gleichungssystems wird ein Parameter benötigt, da ansonsten die Gleichung (6.25) mit Ausnahme der Lösung **x** = 0 nicht lösbar ist. Dieser Parameter wird häufig mit λ bezeichnet und heißt **Eigenwert** der Matrix **A**.

$$\mathbf{A}\mathbf{x} = \lambda\,\mathbf{x} \tag{6.26}$$

Das Gleichungssystem

$$(\mathbf{A} - \lambda\,\mathbf{I})\,\mathbf{x} = 0$$

ist dann nach **x** auflösbar, wenn die Matrix $(\mathbf{A} - \lambda\,\mathbf{I})$ invertierbar ist.

$$\mathbf{x} = (\mathbf{A} - \lambda\,\mathbf{I})^{-1}\,0 = 0$$

Ist die Matrix invertierbar, dann existiert nur die Lösung **x** = 0 und λ ist dann kein Eigenwert der Matrix **A**. Folglich darf die Matrix $(\mathbf{A} - \lambda\,\mathbf{I})$ nicht invertierbar sein, wenn eine Lösung für die Gleichung (6.25) existieren soll. Dies bedeutet, dass die Matrix $(\mathbf{A} - \lambda\,\mathbf{I})$ eine lineare Abhängigkeit aufweisen muss. Dies ist der Fall, wenn die Determinante Null ist.

$$\det(\mathbf{A} - \lambda\,\mathbf{I}) \stackrel{!}{=} 0$$

Dann ist λ ein Eigenwert der Matrix **A**. Die Determinante der Matrix ist ein Polynom n-ten Grades und heißt **charakteristisches Polynom** der Matrix **A**. Die Eigenwerte sind die Nullstellen dieses Polynoms.

Beispiel 6.26. Für das Input-Output-System in Abschnitt 6.5 ergibt sich bei einem Vektor **b** = 0 folgendes Gleichungssystem:

$$\mathbf{x} = \begin{bmatrix} 0.3 & 0.4 \\ 0.5 & 0.1 \end{bmatrix} \mathbf{x}$$

Die Berechnung der Eigenwerte erfolgt aus der Nullsetzung der Determinanten von $(\mathbf{A} - \lambda \mathbf{I})$. Diese liefert das charakteristische Polynom, deren Nullstellen die Eigenwerte sind. Die Nullstellenberechnung von Polynomen ist in Kapitel 8.2 und Kapitel 10.7 beschrieben.

$$\det \begin{bmatrix} 0.3 - \lambda & 0.4 \\ 0.5 & 0.1 - \lambda \end{bmatrix} \stackrel{!}{=} 0$$

$$(0.3 - \lambda)(0.1 - \lambda) - 0.2 \stackrel{!}{=} 0$$

$$\lambda^2 - 0.4\lambda - 0.17 \stackrel{!}{=} 0$$

$$\lambda_1 = 0.6582 \quad \lambda_2 = -0.2582$$

In dem vorliegenden Fall ist keine Lösung möglich, bei der der Konsum größer oder gleich der Produktion ist. In dem ersten Fall wird nur rund 66 Prozent des Verbrauchs produziert. Es handelt sich also um ein schrumpfendes Wirtschaftssystem.

$$\mathbf{A}\mathbf{x} = 0.66\,\mathbf{x}$$

In dem zweiten Fall ist keine ökonomische Situation vorstellbar. Die Produktion liefert minus 26 Prozent des Konsums!

$$\mathbf{A}\mathbf{x} = -0.26\,\mathbf{x}$$

☼

6.7.2 Eigenvektoren

Die Lösung $\mathbf{x} \neq 0$ der Gleichung (6.26) kann nur mit den Eigenwerten λ erfolgen. Der Lösungsvektor für das homogene Gleichungssystem heißt **Eigenvektor** und wird mit **v** bezeichnet. Er stellt die Lösung für das homogene Gleichungssystem dar ($\mathbf{x} = \mathbf{v}$). Zu jedem Eigenwert existiert mindestens ein Eigenvektor.

$$(\mathbf{A} - \lambda_i \mathbf{I})\mathbf{v}_i = 0 \quad \text{mit } i = 1, \ldots, n$$

Beispiel 6.27. Für das homogene Gleichungssystem aus Beispiel 6.26 werden die zu den Eigenwerten gehörigen Eigenvektoren berechnet. Das homogene Gleichungssystem für den ersten Eigenwert ist:

$$(\mathbf{A} - 0.6582\,\mathbf{I})\mathbf{v}_1 = 0 \tag{6.27}$$

$$\begin{bmatrix} -0.3582 & 0.4 \\ 0.5 & -0.5582 \end{bmatrix} \mathbf{v}_1 = 0 \quad \Leftrightarrow \quad \begin{bmatrix} 1 & -1.116 \\ 0 & 0 \end{bmatrix} \mathbf{v}_1 = 0 \quad \Rightarrow \quad \mathbf{v}_1 = \alpha \begin{bmatrix} 1.116 \\ 1 \end{bmatrix}$$

bzw.

$$\begin{bmatrix} 0 & 0 \\ -0.895 & 1 \end{bmatrix} \mathbf{v}_1 = 0 \quad \Rightarrow \quad \mathbf{v}_1 = \alpha \begin{bmatrix} 1 \\ 0.895 \end{bmatrix} \quad \text{mit } \alpha \in \mathbb{R}$$

Für den zweiten Eigenwert berechnet sich der Eigenvektor analog.

$$\begin{bmatrix} 0.5582 & 0.4 \\ 0.5 & 0.3582 \end{bmatrix} \mathbf{v}_2 = 0 \quad \Leftrightarrow \quad \begin{bmatrix} 1 & 0.7165 \\ 0 & 0 \end{bmatrix} \mathbf{v}_2 = 0 \quad \Rightarrow \quad \mathbf{v}_2 = \alpha \begin{bmatrix} -0.7165 \\ 1 \end{bmatrix}$$

Der Eigenvektor ist nicht eindeutig zu bestimmen. Denn auch ein Vielfaches des Eigenvektors erfüllt die Gleichung (6.27). ✿

6.7.3 Einige Eigenschaften von Eigenwerten

- Die Matrizen $\mathbf{A}$ und $\mathbf{A}'$ besitzen dieselben Eigenwerte.
- Seien $\mathbf{A}$ und $\mathbf{B}$ Matrizen der Dimension $(n \times n)$. Dann besitzen die Matrizen $\mathbf{AB}$ und $\mathbf{BA}$ dieselben Eigenwerte.
- Ist λ ein Eigenwert der regulären Matrix $\mathbf{A}$, dann ist $\frac{1}{\lambda}$ ein Eigenwert von $\mathbf{A}^{-1}$. $\mathbf{A}$ und $\mathbf{A}^{-1}$ haben dieselben Eigenvektoren.
- Ist λ ein Eigenwert von $\mathbf{A}$, dann ist λ^k ein Eigenwert von $\mathbf{A}^k$.
- Die Determinante einer $(n \times n)$ Matrix $\mathbf{A}$ ist gleich dem Produkt der Eigenwerte λ_i von $\mathbf{A}$.

$$\det \mathbf{A} = \prod_{i=1}^{n} \lambda_i$$

- Die Summe der Diagonalelemente von $\mathbf{A}$ wird als **Spur** der Matrix $\mathbf{A}$ bezeichnet und ist gleich der Summe der Eigenwerte λ_i einer Matrix $\mathbf{A}$.

$$\text{Sp}\,\mathbf{A} = \sum_{i=1}^{n} \lambda_i$$

6.7.4 Ähnliche Matrizen

Es wird von zwei quadratischen Matrizen $\mathbf{A}$ und $\mathbf{B}$ n-ter Ordnung ausgegangen. Die beiden Matrizen werden als **ähnlich** bezeichnet, wenn eine reguläre quadratische Matrix $\mathbf{C}$ gleicher Ordnung existiert, so dass

$$\mathbf{B} = \mathbf{C}^{-1} \mathbf{A} \mathbf{C}$$

gilt. Eine wesentliche Eigenschaft ähnlicher Matrizen ist, dass sie dieselben Eigenwerte besitzen, woraus sich das Adjektiv «ähnlich» erklärt. Aber Matrizen mit gleichen Eigenwerten müssen nicht notwendigerweise ähnlich sein.

6.7 Homogene Gleichungssysteme

Eine besonders interessante Transformation ist diejenige, die das Ergebnis einer Diagonalmatrix erzeugt. Diese stellt sich dann ein, wenn die Matrix **C** aus den **normierten Eigenvektoren** der Matrix **A** besteht. Die Elemente der Matrix **D** sind dann die Eigenwerte der Matrix **A**.

$$\mathbf{C}^{-1}\mathbf{A}\mathbf{C} = \mathbf{D} = \begin{bmatrix} \lambda_1 & \cdots & 0 \\ \vdots & \ddots & \vdots \\ 0 & \cdots & \lambda_n \end{bmatrix}$$

Beispiel 6.28. Die normierten Eigenvektoren in dem Beispiel 6.27 sind:

$$\tilde{\mathbf{v}}_1 = \frac{\mathbf{v}_1}{\|\mathbf{v}_1\|} \quad \text{und} \quad \tilde{\mathbf{v}}_2 = \frac{\mathbf{v}_2}{\|\mathbf{v}_2\|}$$

$$\tilde{\mathbf{v}}_1 = \begin{bmatrix} 0.7449 \\ 0.6671 \end{bmatrix} \qquad \tilde{\mathbf{v}}_2 = \begin{bmatrix} -0.5824 \\ 0.8128 \end{bmatrix}$$

Die Matrix **C** ist folglich:

$$\mathbf{C} = \begin{bmatrix} 0.7449 & -0.5824 \\ 0.6671 & 0.8128 \end{bmatrix}$$

Wird nun die obige Transformation vorgenommen, ist das Ergebnis die Diagonalmatrix der Eigenwerte.

$$\begin{bmatrix} 0.8176 & 0.5858 \\ -0.6711 & 0.7493 \end{bmatrix} \begin{bmatrix} 0.3 & 0.4 \\ 0.5 & 0.1 \end{bmatrix} \begin{bmatrix} 0.7449 & -0.5824 \\ 0.6671 & 0.8128 \end{bmatrix} = \begin{bmatrix} 0.6582 & 0 \\ 0 & -0.2582 \end{bmatrix}$$

☆

Wird für die Matrix **A** ferner eine **symmetrische** Matrix angenommen, dann stellt sich folgendes Ergebnis ein: Die normierten Eigenvektoren stehen senkrecht aufeinander. Es gilt daher:

$$\tilde{\mathbf{v}}_i' \tilde{\mathbf{v}}_i = 1 \quad \text{und} \quad \tilde{\mathbf{v}}_i' \tilde{\mathbf{v}}_j = 0 \quad \text{für } i \neq j, \, i,j = 1,\ldots,n$$

Die Matrix **C** hat als orthonormierte Matrix dann u. a. die Eigenschaft, dass ihre Transponierte gleich der Inversen ist. Es gilt also $\mathbf{C}' = \mathbf{C}^{-1}$.

$$\mathbf{C}'\mathbf{C} = \begin{bmatrix} \tilde{\mathbf{v}}_1' \\ \tilde{\mathbf{v}}_2' \\ \vdots \end{bmatrix} \begin{bmatrix} \tilde{\mathbf{v}}_1 & \tilde{\mathbf{v}}_2 & \cdots \end{bmatrix} = \begin{bmatrix} \tilde{\mathbf{v}}_1' \tilde{\mathbf{v}}_1 & \tilde{\mathbf{v}}_1' \tilde{\mathbf{v}}_2 & \cdots \\ \tilde{\mathbf{v}}_2' \tilde{\mathbf{v}}_1 & \tilde{\mathbf{v}}_2' \tilde{\mathbf{v}}_2 & \cdots \\ \vdots & \vdots & \ddots \end{bmatrix} = \begin{bmatrix} 1 & 0 & \cdots \\ 0 & 1 & \\ \vdots & & \ddots \end{bmatrix} = \mathbf{I}$$

Beispiel 6.29. Die symmetrische Matrix

$$\mathbf{A} = \begin{bmatrix} 2 & 2 \\ 2 & -1 \end{bmatrix}$$

soll in eine Diagonalmatrix transformiert werden. Sie besitzt die Eigenwerte $\lambda_1 = -2$ und $\lambda_2 = 3$ und die normierten Eigenvektoren

6 Lineare Gleichungssysteme

$$\tilde{\mathbf{v}}_1 = \begin{bmatrix} 0.4472 \\ -0.8944 \end{bmatrix} \quad \text{und} \quad \tilde{\mathbf{v}}_2 = \begin{bmatrix} -0.8944 \\ -0.4472 \end{bmatrix}$$

Die normierten Eigenvektoren stehen senkrecht aufeinander, wie man durch Berechnen der Skalarprodukte leicht feststellen kann. Die Transformation

$$\mathbf{C}'\mathbf{A}\mathbf{C} = \mathbf{D} = \begin{bmatrix} -2 & 0 \\ 0 & 3 \end{bmatrix}$$

liefert die gesuchte Diagonalmatrix. Dass $\mathbf{C}' = \mathbf{C}^{-1}$ gilt, kann man leicht mit einem Computerprogramm überprüfen. ☼

Übung 6.7. Berechnen Sie für die Matrix

$$\mathbf{A} = \begin{bmatrix} 0.7 & 0.2 \\ 0.0 & 1.1 \end{bmatrix}$$

die Eigenwerte und Eigenvektoren.

6.7.5 Berechnung von Eigenwerten und Eigenvektoren mit Scilab

In Scilab werden die Eigenwerte und Eigenvektoren mit dem Befehl [C,l] = spec(A) berechnet. Das Ergebnis [C,l] enthält die Eigenwerte und die normierten Eigenvektoren.

Beispiel 6.30. Die Anwendung des Befehls wird am Beispiel 6.29 gezeigt.

```
A=[2   2
   2  -1];
[C,l]=spec(A)

l=
-2   0
 0   3


C=
 0.447  -0.894
-0.894  -0.447
```

Der Vektor l enthält die beiden Eigenwerte $\lambda_1 = -2$ und $\lambda_2 = 3$. Die Matrix C enthält die beiden dazugehörigen normierten Eigenvektoren.

Das Beispiel 6.29 kann nun leicht nachgerechnet werden. Der Befehl C'*A*C liefert ebenso wie inv(C)*A*C die Diagonalmatrix mit den Eigenwerten, da die Matrix **A** symmetrisch ist. ☼

6.8 Fazit

Mit linearen Gleichungssytemen können essenzielle ökonomische Probleme beschrieben werden. Sie werden bevorzugt in Matrizengleichungen formuliert, weil damit spezielle Eigenschaften von Matrizen genutzt werden können. Eine besondere Form von Gleichungssystemen sind die homogenen Gleichungssysteme. Sie führen zu den Eigenwerten und Eigenvektoren.

7

Lineare Optimierung

Inhalt

7.1	Vorbemerkung	119
7.2	Formulierung der Grundaufgabe	120
7.3	Grafische Maximierung	123
7.4	Matrix-Formulierung der linearen Optimierung	123
7.5	Simplex-Methode für die Maximierung	125
7.6	Interpretation des Simplex-Endtableaus	129
7.7	Sonderfälle im Simplex-Algorithmus	131
	7.7.1 Unbeschränkte Lösung	131
	7.7.2 Degeneration	132
	7.7.3 Mehrdeutige Lösung	133
7.8	Erweiterungen des Simplex-Algorithmus	133
	7.8.1 Berücksichtigung von Größer-gleich-Beschränkungen	133
	7.8.2 Berücksichtigung von Gleichungen	136
7.9	Ein Minimierungsproblem	137
7.10	Grafische Minimierung	138
7.11	Simplex-Methode für die Minimierung	139
7.12	Dualitätstheorem der linearen Optimierung	141
7.13	Lineare Optimierung mit Scilab	142
7.14	Fazit	144

7.1 Vorbemerkung

Die lineare Optimierung (Synonyme: lineare Planungsrechnung, lineare Programmierung) (*operation research*) ist in den letzten Jahrzehnten, auch aufgrund der rasanten Entwicklung im Computerbereich, zu einem Standardverfahren in der Betriebswirtschaftslehre geworden. Sie kann grundsätzlich überall dort eingesetzt werden, wo eine optimale Verteilung knapper Ressourcen erforderlich ist, um ein gewünschtes Ziel zu erreichen. Die Ressourcen können zum Beispiel finanzielle Mittel oder die Kapazitäten von Fertigungsanlagen sein, die ein Unternehmen für einen bestimmten Zweck zur Verfügung hat. Auch die niedrigsten Kosten oder der höchste Gewinn können vorgegebene Ziele sein. Die mathematische Aufgabe besteht also darin, Extremwerte, d. h. ein Maximum oder Minimum einer linearen Zielfunktion, unter beliebig vielen linearen Nebenbedingungen zu suchen.

Zu den in den vorherigen Kapiteln verwendeten Bezeichnungen kommt in der linearen Optimierung noch die Zielfunktion hinzu.

$z()$ Zielfunktion

7.2 Formulierung der Grundaufgabe

Voraussetzung für den Einsatz der linearen Optimierung ist, dass sich das Problem mit einer **linearen Zielfunktion** (*linear target function*) beschreiben lässt, die zu maximieren bzw. zu minimieren ist. Die Optimierung der Zielfunkion ist jedoch nur dann sinnvoll, wenn **lineare Nebenbedingungen** (Restriktionen) (*linear side conditions*) formuliert werden, die den Optimierungsprozess beschränken. Die Nebenbedingungen werden in Form von linearen Ungleichungen angegeben. Eine Gewinnoptimierung beispielsweise, bei der keine Kapazitätsbeschränkungen formuliert werden, führt zu einer unendlichen Produktion mit einem unendlichen Gewinn.

Beispiel 7.1. Ein Produktionsproblem (vgl. [10]). Eine Unternehmung kann zwei Produkte fertigen, die unterschiedliche Deckungsbeiträge erbringen. Für Produkt 1 ergibt sich ein Deckungsbeitrag von 20 € pro Mengeneinheit, und für Produkt 2 beträgt er 30 € pro Mengeneinheit. Für die Fertigung beider Produkte stehen zwei Anlagen bereit, die in 20 Tagen 200 h (Anlage 1) bzw. 160 h (Anlage 2) genutzt werden können. Das Produkt 1 belegt beide Anlagen jeweils eine Stunde je Mengeneinheit; zur Fertigung des Produktes 2 wird die Anlage 1 zwei Stunden und die Anlage 2 eine Stunde genutzt. Vom Produkt 2 können in 20 Tagen höchstens 60 Mengeneinheiten abgesetzt werden, weshalb auch nicht mehr gefertigt werden soll.   ☆

Anhand des Beispiels 7.1 wird im Folgenden die Grundform der linearen Optimierung beschrieben. Auf der Produktionsanlage 1 können zwei Produkte in den Mengen x_1 und x_2 gefertigt werden, wobei für Produkt 1 eine Stunde und für Produkt 2 zwei Stunden Herstellungszeit auf der Anlage benötigt werden. Insgesamt kann die Anlage 200 Stunden im Monat laufen. Daraus ergibt sich, dass maximal 200 Einheiten von Produkt 1 ($x_1 = 200$) oder 100 Einheiten von Produkt 2 ($x_2 = 100$) oder jede Kombination der beiden Produkte produziert werden kann, die 200 Stunden Bearbeitungszeit benötigt (zum Beispiel $x_1 = 140$ und $x_2 = 30$). Die Produktionsstruktur der Anlage 1 kann in der linearen Form der Gleichung (7.1) angegeben werden.

$$x_1 + 2x_2 = 200 \quad \text{mit } x_1, x_2 \geq 0 \tag{7.1}$$

Bedingung $x_1, x_2 \geq 0$ bedeutet, dass negative Mengen nicht erlaubt sind und wird als **Nichtnegativitätsbedingung** bezeichnet. Die grafische Darstellung der Nebenbedingung ist eine Gerade, wie sie in Abb. 7.1 links gezeichnet ist. Alle Punkte auf der Linie erfüllen die Gleichung (7.1).

7.2 Formulierung der Grundaufgabe

Nun kann es aber durchaus sinnvoll sein, die Anlage weniger als 200 Stunden im Monat zu betreiben. Mathematisch wird dies durch eine Ungleichung beschrieben.

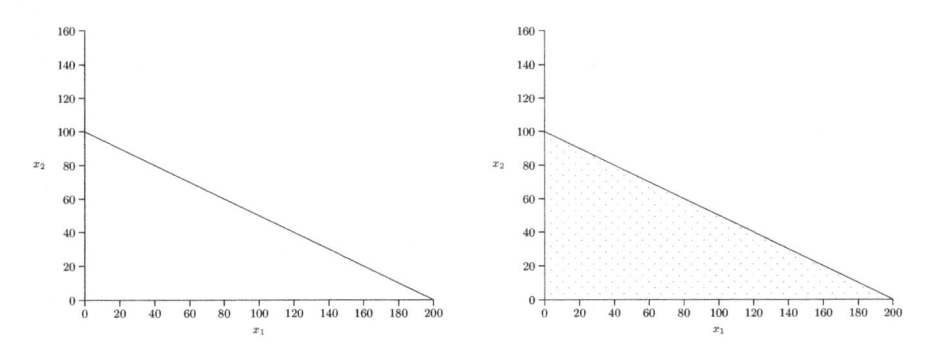

$$x_1 + 2x_2 \leq 200 \tag{7.2}$$

Abb. 7.1: Lineare Gleichung (links) und lineare Ungleichung (rechts)

Die Lösungen, die die Ungleichung (7.2) erfüllen, beinhalten alle Punkte auf und unterhalb der Geraden. Eine solche Ungleichung wird als Nebenbedingung bezeichnet (siehe Abb. 7.1 rechts). Aufgrund der Nichtnegativitätsbedingung ist der Lösungsraum auf die nichtnegativen Werte beschränkt.

In einem betrieblichen Produktionsprozess existieren in der Regel viele Nebenbedingungen, die die Produktion einschränken. Im Beispiel 7.1 wird auch eine zweite Anlage zur Bearbeitung der Produkte 1 und 2 eingesetzt. Für sie lautet die Nebenbedingung in Gleichungsform

$$x_1 + x_2 \leq 160 \tag{7.3}$$

Die Nebenbedingung (7.3) schränkt den zulässigen Produktionsraum weiter ein. Dies wird deutlich, wenn die Gleichung zusätzlich in die Abb. 7.1 aufgenommen wird (siehe Abb. 7.2). Im Beispiel 7.1 wird noch eine weitere Nebenbedingung genannt, die eine Absatzbeschränkung für das Produkt 2 ist und bei 60 Einheiten liegt.

$$x_2 \leq 60 \tag{7.4}$$

Mit den 3 Nebenbedingungen (Gleichungen (7.2), (7.3) und (7.4)) und der Nichtnegativitätsbedingung $x_1, x_2 \geq 0$ sind die Beschränkungen aus dem Beispiel 7.1 vollständig erfasst. Sie geben den zulässigen Lösungsraum an.

Jedoch muss entschieden werden, welche unter den möglichen (unendlich vielen) Lösungen gewählt werden soll. Das Entscheidungsproblem lässt sich nur dann lösen, wenn die Alternativen bewertet werden. Eine solche Bewertung wird mittels der linearen Zielfunktion vorgenommen. Im Beispiel 7.1 werden die Produkte mit ihrem Deckungsbeitrag pro Stück (Bruttogewinn pro Stück) bewertet. Die Funktion

$$z(x_1, x_2) = 20x_1 + 30x_2$$

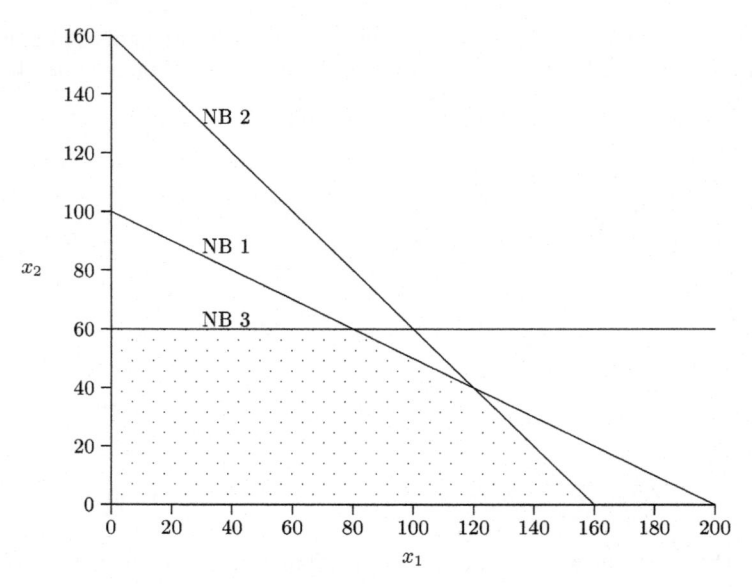

Abb. 7.2: Zulässiger Lösungsraum

gibt den Gewinn an, der durch die beiden Produkte erwirtschaftet wird. Es ist nun möglich, diejenige Produktmengenkombination zu suchen, die den höchsten Gewinn erzielt. Die Zielfunktion muss also maximiert werden. Beschreibt die Zielfunktion beispielsweise die Kosten einer Produktion, so sind diese natürlich zu minimieren. Zunächst wird das **Standardproblem der linearen Optimierung** erläutert, bei dem die Zielfunktion unter den linearen Nebenbedingungen maximiert wird.

Eine formale Beschreibung des linearen Optimierungsproblems sieht wie folgt aus: Maximiere z mit

$$z(x_1,\ldots,x_m) = \sum_{j=1}^{m} c_j x_j + c_0$$

unter den Nebenbedingungen

$$\sum_{j=1}^{m} a_{ij} x_j \leq b_i \quad \text{für } i = 1,\ldots,n$$

$$x_j \geq 0 \quad \text{für } j = 1,\ldots,m$$

Die Variablen x_j ($i = 1,\ldots,m$) sind dabei die Entscheidungsvariablen, die reellwertig und kontinuierlich sein müssen. In der Zielfunktion kann zusätzlich ein absoluter Koeffizient c_0 berücksichtigt werden. Er kann beispielsweise einen Fixbetrag darstellen. Im obigen Beispiel ist der Koeffizient c_0 Null.

Beispiel 7.2. Für das Beispiel 7.1 lautet die Aufgabe somit: Maximiere z mit

$$z(x_1,x_2) = 20x_1 + 30x_2$$

unter den Nebenbedingungen

$$x_1 + 2x_2 \leq 200$$
$$x_1 + x_2 \leq 160$$
$$x_2 \leq 60$$
$$x_1, x_2 \geq 0$$

Die letzte Restriktion, die sogenannte Nichtnegativitätsbedingung, ist in der Abb. 7.2 mit der Beschränkung auf die positiven Achsen enthalten. ☼

7.3 Grafische Maximierung

Um die Zielfunktion zu maximieren, wird sie in die Grafik 7.2 eingezeichnet. Hierbei ist es vorteilhaft für den Zielfunktionswert z einen Wert vorzugeben, der zu möglichst einfachen Werten von x führt. Im Beispiel 7.1 ergeben sich für ein gesetztes $z = 1800$ die Koordinatenpunkte ($x_1 = 0, x_2 = 60$) und ($x_1 = 90, x_2 = 0$). Diese Gerade gibt alle Produktmengenkombinationen von x_1 und x_2 an, die zu einem Gewinn von $z = 1800$ € führen. Diese Gerade wird auch als **Isogewinngerade** bezeichnet. Verschiebt man die Gerade parallel, so verändert sich der Gewinn. Er wird in die eingezeichnete Richtung immer größer (siehe Abb. 7.3). Dies liegt daran, dass mit einer weiter im «Nordosten» liegenden Zielfunktionsgeraden die Werte von x_1 und x_2 monoton ansteigen. Dadurch erhöht sich der Zielfunktionswert z streng monoton, da die Deckungsbeiträge positiv sind. Will man also den maximalen Wert von z ermitteln, so muss man die Zielfunktionsgerade so weit in Richtung des wachsenden Zielwertes parallel verschieben, bis der zulässige Bereich gerade noch tangiert wird. Dies wird in der Abb. 7.3 dargestellt. Im Eckpunkt $x_1 = 120$ und $x_2 = 40$ wird der maximale Zielwert $z_{max} = 3600$ € erreicht. Im Normalfall handelt es sich – wie hier – um einen Eckpunkt des Lösungsraums.

Nur wenn die Zielfunktionsgerade parallel zu einer Restriktionsgeraden verläuft, ist die optimale Lösung nicht mehr eindeutig. In dem Bereich, in dem die Zielfunktionsgerade identisch mit der Restriktionsgeraden verläuft, stellen alle Punkte eine optimale Lösung dar. Zu der Menge der optimalen Lösungen gehören auch die Eckpunkte.

7.4 Matrix-Formulierung der linearen Optimierung

Das lineare Optimierungsproblem kann auch in Matrixform aufgeschrieben werden. Die Zielfunktion ist ein Skalarprodukt der Zielfunktionskoeffizienten mit den Variablen. Werden diese jeweils in Spaltenvektoren zusammengefasst, erhalten wir folgende Form der Zielfunktion:

$$z(\mathbf{x}) = \mathbf{c}' \mathbf{x} + c_0 \quad \text{mit } \mathbf{c} = \begin{bmatrix} c_1 \\ \vdots \\ c_m \end{bmatrix} \text{ und } \mathbf{x} = \begin{bmatrix} x_1 \\ \vdots \\ x_m \end{bmatrix}$$

124   7 Lineare Optimierung

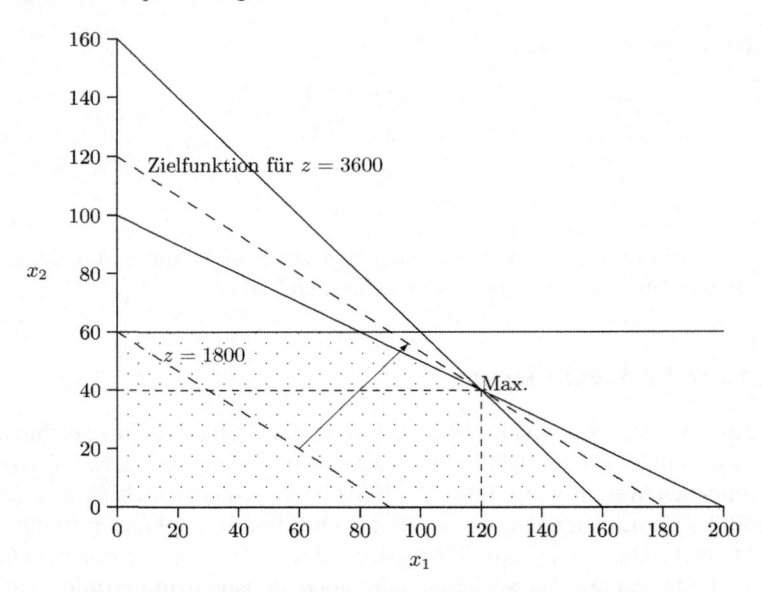

Abb. 7.3: Maximierung der Zielfunktion von Beispiel 7.1

Die Nebenbedingungen können ebenfalls sehr leicht in Matrixform aufgeschrieben werden. Es ist im Prinzip ein lineares Gleichungssystem, das hier durch Ungleichungen ersetzt wird. Die Koeffizienten a_{ij} der Nebenbedingungen werden in einer Matrix $\mathbf{A}$ zusammengefasst. Die rechte Seite mit den Beschränkungen ist ein n-dimensionaler Vektor.

$$\mathbf{A}\mathbf{x} \leq \mathbf{b} \quad \text{mit } \mathbf{A} = \begin{bmatrix} a_{11} & \dots & a_{1m} \\ \vdots & & \vdots \\ a_{n1} & \dots & a_{nm} \end{bmatrix} \text{ und } \mathbf{b} = \begin{bmatrix} b_1 \\ \vdots \\ b_n \end{bmatrix}$$

Die lineare Optimierungsaufgabe lautet dann: Maximiere z mit

$$z(\mathbf{x}) = \mathbf{c}'\mathbf{x} + c_0$$

unter den Nebenbedingungen

$$\mathbf{A}\mathbf{x} \leq \mathbf{b}, \ \mathbf{x} \geq 0$$

Beispiel 7.3. Das Beispiel 7.1 in Matrixschreibweise ist:

$$\begin{bmatrix} 20 & 30 \end{bmatrix} \begin{bmatrix} x_1 \\ x_2 \end{bmatrix} \to \max$$

$$\begin{bmatrix} 1 & 2 \\ 1 & 1 \\ 0 & 1 \end{bmatrix} \begin{bmatrix} x_1 \\ x_2 \end{bmatrix} \leq \begin{bmatrix} 200 \\ 160 \\ 60 \end{bmatrix}$$

7.5 Simplex-Methode für die Maximierung

Eine grafische Lösung für mehr als 2 Variablen scheidet in der Regel aus und eine Lösung kann nur numerisch berechnet werden. Ein Rechenverfahren zur Lösung von linearen Optimierungsproblemen wurde von George Bernard Dantzig 1947 entwickelt[1]. Es heißt **Simplex-Methode**. Die Methode verwendet im Kern den Gaußschen-Algorithmus. Dieser ist so zu erweitern, dass zum einen die Zielfunktion zur Bewertung der Lösung verwendet werden kann, zum anderen, dass lineare Ungleichungen berücksichtigt werden können.

Am Beispiel 7.1 wird die Simplex-Methode in ihrer Grundform erklärt, die die Zielfunktion maximiert. Die Nebenbedingungen werden durch **Schlupfvariablen** (*slack variables*) zu Gleichungen ergänzt. Aus den Ungleichungen werden somit Gleichungen. Die Nebenbedingungen bilden dann ein System linearer Gleichungen. Ökonomisch bedeuten die Schlupfvariablen die nicht ausgenutzten Restriktionsobergrenzen.

$$\mathbf{A}\mathbf{x} \leq \mathbf{b} \quad \Rightarrow \quad \mathbf{A}\mathbf{x} + \underbrace{\mathbf{y}}_{\text{Schlupfvariablen}} = \mathbf{b}$$

Auch die Zielfunktion wird leicht verändert. Die Koeffizienten der Zielfunktion werden mit (-1) multipliziert. Aus der ursprünglichen Zielfunktion entsteht dann die Form:

$$\mathbf{c}'\mathbf{x} + c_0 = z(\mathbf{x}) \to \max \quad \Rightarrow \quad -\mathbf{c}'\mathbf{x} = z(\mathbf{x}) + c_0 \to \max$$

Der Grund für diesen Vorzeichenwechsel liegt in der ökonomischen Interpretation der Koeffizienten $-\mathbf{c}$. Diese werden nach Aufstellen des Simplex-Tableaus erklärt.

Beispiel 7.4. Das lineare Optimierungsproblem für das Beispiel 7.1 sieht dann wie folgt aus: Optimiere z mit

$$-20x_1 - 30x_2 = z(x_1, x_2) \quad \text{mit } z \to \max$$

unter den Nebenbedingungen

$$x_1 + 2x_2 + y_1 = 200$$
$$x_1 + x_2 + y_2 = 160$$
$$x_2 + y_3 = 60$$
$$x_1, x_2 \geq 0, \ y_1, y_2, y_3 \geq 0$$

Die Nichtnegativitätsbedingungen werden im Simplexalgorithmus damit berücksichtigt, dass die rechte Seite keine negativen Werte annehmen darf (siehe Abschnitt 7.8.1). ☆

---

[1] In der Literatur existieren verschiedene Darstellungen dieses Rechenverfahrens.

Im nächsten Schritt wird das lineare Optimierungsproblem in das so genannte **Simplex-Tableau** übertragen. Die Indizierung der Schlupfvariablen bezieht sich dabei auf die Restriktionen und nicht auf die Variablen. Sofern keine Produktion stattfindet, also $x_1 = x_2 = 0$ gilt, besitzen die Schlupfvariablen y_i den Wert der rechten Seite b_i. Man nennt diese Lösung die erste **Basislösung**.

Die Variablen, die mit einem Einheitsvektor verbunden sind, heißen **Basisvariablen**. In der Tabelle 7.1 sind y_1, y_2 und y_3 Basisvariablen. Diese besitzen den Wert der Restriktionsobergrenzen, der in der rechten Spalte b abgelesen wird. Die nicht in der Lösung befindlichen Variablen heißen **Nichtbasisvariablen**. Sie besitzen den Wert Null.

Die veränderte Zielfunktion wird in die letzte Zeile des Simplex-Tableaus eingetragen. Diese Zeile wird **Zielfunktionszeile** genannt. Der Zielfunktionswert z hat dann den Wert Null und wird im Tableau rechts unten abgelesen.

Tabelle 7.1: Simplex-Tableau

x_1	x_2	y_1	y_2	y_3	b
1	2	1	0	0	200
1	1	0	1	0	160
0	1	0	0	1	60
−20	−30	0	0	0	0

Die Lösung ist nicht optimal. Dies erkennt man an den negativen Zielfunktionswerten. Die Produktion von x_1 könnte einen Gewinn von 20 € pro Stück liefern. Da keine Produktion von x_1 stattfindet, entsteht ein fiktiver Verlust in Höhe von 20 €. Diesen fiktiven Verlust durch die Nicht-Produktion bezeichnet man in der Ökonomie als **Opportunitätskosten** (*opportunity costs*). Diese Interpretation ist der Grund für den Vorzeichenwechsel der Zielfunktionskoeffizienten. Die Opportunitätskosten für das Produkt 2 sind höher. Durch die Produktion einer Einheit von x_2 wird ein höherer Gewinn erzielt als mit x_1. Dies bedeutet, dass die Nichtbasisvariable x_2 nun zu einer Basisvariablen werden muss. Dafür muss dann eine bisherige Basisvariable in eine Nichtbasisvariable umgewandelt werden. Diesen Variablentausch nennt man **Basistransformation**.

Die Basistransformation ergibt nur dann eine Zielwerterhöhung, wenn der zugehörige Zielfunktionskoeffizient (letzte Zeile im Tableau) der Variablen negativ ist. Ist kein Zielfunktionskoeffizient negativ, ist die optimale Lösung erreicht.

Die erste Basislösung wird durch folgende Rechenschritte verbessert: Man wählt die Nichtbasisvariable (Pivotspalte) aus, die die größte Zielwertveränderung je Mengeneinheit ergibt. Das heißt, man nimmt den minimalen Wert in der Zielfunktionszeile. Im Beispiel 7.1 besitzt die Nichtbasisvariable x_2 einen höheren Deckungsbeitrag je ME als x_1 und soll daher in die Lösung mit einem Wert größer Null eingehen, also Basisvariable werden.

Welche Nebenbedingungen beschränken hier die Produktion von x_2? Die Auswahl der Pivotzeile erfolgt nach dem so genannten **Quotientenkriterium**: Man teilt die rechte Seite durch die Koeffizienten der Pivotspalte. Die Zeile mit dem kleinsten Quotienten wird als Pivotzeile ausgewählt. Koeffizienten von Null und negative Koeffizienten bleiben dabei unberücksichtigt. Eine Division durch Null ist nicht definiert und die Koeffizienten dürfen wegen der Nichtnegativtätsbedingung auch nichtnegativ werden. Ökonomisch bedeutet dies, dass man die maximal mögliche Produktion des Produktes mit dem höchsten Deckungsbeitrag je Mengeneinheit auswählt.

Beispiel 7.5. Im Beispiel wird die 3. Gleichung ausgewählt, da von den Quotienten $\frac{200}{2}$, $\frac{160}{1}$ und $\frac{60}{1}$ der letzte Quotient am kleinsten ist. Die maximal mögliche Produktion von x_2 beträgt 60 Mengeneinheiten. ☼

Im Simplex-Tableau werden diese Schritte mittels des Gaußschen Eliminationsverfahrens durchgeführt, d. h., es wird in der Pivotspalte ein Einheitsvektor erzeugt. Dabei wird im ersten Schritt der Pivotkoeffizient (Koeffizient im Kreuz von Pivotzeile und Pivotspalte) auf Eins normiert. Dies geschieht, indem man die ganze Pivotzeile durch den Wert des Pivotkoeffizienten teilt. Im zweiten Schritt werden die restlichen Koeffizienten der Pivotspalte mit einer Gauß-Iteration auf Null umgerechnet.

Beispiel 7.6. Im Beispiel besitzt der Koeffizient bereits den Wert Eins. Im nächsten Schritt werden ober- und unterhalb der Pivotzeilen in der Pivotspalte Nullen durch entsprechende Addition bzw. Subtraktion ggf. eines Vielfaches der ganzen Pivotzeile erzeugt. Die nächste Basislösung des Beispiels sieht dann im Simplex-Tableau wie folgt aus:

Tabelle 7.2: Simplex-Tableau

x_1	x_2	y_1	y_2	y_3	b
1	0	1	0	−2	80
1	0	0	1	−1	100
0	**1**	0	0	1	60
−20	0	0	0	30	1800

Die erste Zeile in diesem Tableau wird durch die folgende Rechnung erzeugt: Die Pivotzeile

$$0 \quad 1 \quad | \quad 0 \quad 0 \quad 1 \quad | \quad 60$$

wird mit 2 multipliziert, weil der Koeffizient in der ersten Zeile der Pivotspalte 2 ist. Danach wird die Pivotzeile von der ersten Zeile subtrahiert, um an der Position eine Null zu erzeugen.

	1	2	1	0	0	200
−	0	2	0	0	2	120
=	1	0	1	0	−2	80

7 Lineare Optimierung

Für die zweite Zeile wird eine entsprechende Rechnung durchgeführt.

Aus dem Simplex-Tableau 7.2 lassen sich nun folgende Werte ablesen: $x_1 = 0$, weil in der Spalte von x_1 (noch) kein Basisvektor (Einheitsvektor) steht. Der Wert von x_2 beträgt 60 Mengeneinheiten. Die Schlupfvariablen y_1 und y_2 besitzen die Werte 80 und 100. Dies bedeutet, dass die Anlagen 1 und 2 noch Restkapazitäten von 100 bzw. 80 Stunden besitzen. Der Gewinn beträgt bei dieser Produktionsstruktur 1 800 €. Da in der Zielfunktionszeile noch ein negativer Koeffizient steht, ist die Lösung noch nicht optimal. Durch die Produktion von x_1 kann pro Mengeneinheit ein Deckungsbeitrag von 20 € erzielt werden. Daher wird eine erneute Basistransformation durchgeführt, bei der x_1 die Basisvariable wird. Mittels des Quotientenkriteriums wird berechnet, dass die Anlage 1 für die Produktion von x_1 beschränkend ist; denn auf der Anlage 2 können maximal 100 Mengeneinheiten von x_1 gefertigt werden, wohingegen auf der Anlage 1 nur 80 Mengeneinheiten erzeugt werden.

x_1	x_2	y_1	y_2	y_3	b
1	0	1	0	−2	80
0	0	−1	1	1	20
0	1	0	0	1	60
0	0	20	0	−10	3400

Diese Lösung ist immer noch nicht optimal, da in der Zielfunktionszeile noch ein negativer Wert steht. Dieser bedeutet hier, dass durch Unterschreiten der Absatzrestriktion ein zusätzlicher Stückgewinn von 10 € erzielt werden kann. Im folgenden Simplex-Tableau wird daher in der Basistransformation der Wert der Schlupfvariablen y_3 erhöht und aufgrund des Quotientenkriteriums die Schulpfvariable von Anlage 2 auf Null gesetzt.

x_1	x_2	y_1	y_2	y_3	b
1	0	−1	2	0	120
0	0	−1	1	1	20
0	1	1	−1	0	40
0	0	10	10	0	3600

Nun ist die optimale Lösung erreicht. Kein Wert in der Zielfunktionszeile ist mehr negativ. Der maximale Gewinn beträgt $z_{max} = 3\,600$ €. Die gewinnoptimale Produktion beträgt $x_1 = 120$ Mengeneinheiten und von $x_2 = 40$ Mengeneinheiten. Die numerische Lösung stimmt mit der grafischen Lösung überein. ✧

Der Simplex-Algorithmus bestimmt über die Bewertung der zulässigen Basislösungen mittels der Zielfunktion die für die optimale Lösung notwendigen Restriktionen und Variablen. Daher werden Gleichungssysteme eindeutig gelöst, obwohl sie über- oder unterbestimmt sind.

Beispiel 7.7. Die optimale Lösung wird im Beispiel 7.1 mit den Restriktionen 1 und 3 berechnet. Dies ist aus dem Endtableau ersichtlich, da dort die Schlupfvariablen y_1

und y_2 den Wert Null besitzen. Folglich bestimmt das Gleichungssystem

$$\mathbf{A}\mathbf{x} = \mathbf{b} \Leftrightarrow \begin{bmatrix} 1 & 2 \\ 1 & 1 \end{bmatrix} \begin{bmatrix} x_1 \\ x_2 \end{bmatrix} = \begin{bmatrix} 200 \\ 160 \end{bmatrix}$$

die optimale Lösung.

$$\mathbf{x} = \mathbf{A}^{-1}\mathbf{b} = \begin{bmatrix} -1 & 2 \\ 1 & -1 \end{bmatrix} \mathbf{b} = \begin{bmatrix} 120 \\ 40 \end{bmatrix}$$

Der maximale Wert der Zielfunktion errechnet sich aus

$$\mathbf{c}'\mathbf{x} = \mathbf{c}'\mathbf{A}^{-1}\mathbf{b} = \begin{bmatrix} 20 & 30 \end{bmatrix} \begin{bmatrix} -1 & 2 \\ 1 & -1 \end{bmatrix} \begin{bmatrix} 200 \\ 160 \end{bmatrix} = 3600$$

☆

Übung 7.1. In einem Betrieb werden die Produkte x_1 und x_2 nacheinander auf den Maschinen A, B und C bearbeitet. Die Maschinenzeit bei A ist für x_1 doppelt so groß wie für x_2, bei B sind die Maschinenzeiten gleich und bei C ist die Maschinenzeit für x_2 dreimal so groß wie für x_1. Auf A können in der Woche maximal 60 Stück von x_1 oder 120 Stück von x_2 bearbeitet werden. Auf Maschine B können in der Woche höchstens 70 Stück von x_1 oder x_2 bearbeitet werden und auf Maschine C 150 Stück x_1 oder 50 Stück x_2 je Woche. Für das Produkt x_1 erzielt das Unternehmen einen Stückgewinn von $p_1 = 10$ € und für x_2 von $p_2 = 15$ €. Berechnen Sie die optimale Lösung für das lineare Optimierungsproblem.

7.6 Interpretation des Simplex-Endtableaus

Im Simplex-Endtableau, das die optimale Lösung enthält, können in der Zielfunktionszeile der Schlupfvariablen die so genannten **Schattenpreise** bzw. **Opportunitätskosten** abgelesen werden, die angeben, um wie viel sich der Gewinn verändert, wenn die wirksame Restriktion um eine Einheit verändert wird.

Beispiel 7.8. Wenn zum Beispiel im vorliegenden Fall, die Anlage 1 eine Stunde mehr Laufleistung besäße, so könnte ein um 10 € höherer Gewinn pro Mengeneinheit erwirtschaftet werden. ☆

Die Koeffizienten in den entsprechenden Spalten geben an, um wie viel sich die Werte auf der rechten Seite bei Änderung der Restriktion 1 um eine Mengeneinheit ändern.

Beispiel 7.9. Wird im Beispiel 7.1 die Beschränkung der ersten Nebenbedingung um eine Stunde erhöht (200 → 201), so steigt der Gewinn um 10 € auf 3 610 €. Von x_1 werden dann nur noch 119 Mengeneinheiten, von x_2 41 Mengeneinheiten hergestellt. Die Absatzrestriktion weist nur noch 19 nicht genutzte Mengeneinheiten aus. ☆

Ist eine Strukturvariable (*x*-Variable) nicht in der Basis enthalten, ändert sich die Interpretation. Der Wert in der Zielfunktionszeile zeigt dann an, um wie viel der Zielfunktionskoeffizient den ursprünglichen Wert übersteigen muss, damit die Variable in die Basis kommt. Die Werte im darüber liegenden Vektor sind die Umrechnungsfaktoren für die neue Basislösung.

Beispiel 7.10. Im bisherigen Beispiel wird der Zielfunktionskoeffizient (hier Deckungsbeitrag) auf 3 reduziert.

x_1	x_2	y_1	y_2	y_3	b
1	2	1	0	0	200
1	1	0	1	0	160
0	1	0	0	1	60
−20	−3	0	0	0	0

Die optimale Lösung enthält dann nicht die Variable x_2.

x_1	x_2	y_1	y_2	y_3	b
0	1	1	−1	0	40
1	1	0	1	0	160
0	1	0	0	1	60
0	17	0	20	0	3200

Die Strukturvariable x_2 ist nicht in der Basislösung enthalten. Würde bei dem vorliegenden Deckungsbeitrag von 3 € eine Einheit von x_2 produziert, dann würde der Zielfunktionswert (Gewinn) um 17 € sinken. Die anderen Koeffizienten im Vektor geben die negativen Faktoren an, mit denen x_2 in die neuen Werte der restlichen Basisvariablen eingeht.

Um das zu verdeutlichen wird x_2 als Basisvariable erzwungen, indem ein Einheitsvektor in der betreffenden Spalte berechnet wird. Die Produktion von x_2 wird auf eine Einheit gesetzt (siehe rechte Seite).

x_1	x_2	y_1	y_2	y_3	b
0	1	1	−1	0	1
1	1	0	1	0	160
0	1	0	0	1	60
0	17	0	20	0	3200

Mit Berechnung der neuen Basislösung erhält man nun das oben beschriebene Ergebnis.

x_1	x_2	y_1	y_2	y_3	b
0	1	1	−1	0	1
1	0	−1	2	0	159
0	0	−1	1	1	59
0	0	−17	37	0	3183

Würde der Zielfunktionskoeffizient (Deckungsbeitrag) in dem Ausgangsproblem eine Änderung von mindestens 17 € aufweisen (also auf über 20 steigen), dann würde x_2 Basisvariable werden. Wird im obigen Simplex-Tableau der Zielfunktionswert für x_2 auf 21 gesetzt und die Auswahl der Pivotelemente beibehalten («was wäre wenn»), dann errechnet sich eine Lösung mit x_2.

$$\frac{40}{1} = 40 = x_2$$
$$160 - 1 \times 40 = 120 = x_1$$
$$60 - 1 \times 40 = 20 = y_3$$
$$3200 - (17 - (21 - 3)) = 3240 = z$$

x_1	x_2	y_1	y_2	y_3	b
1	2	1	0	0	200
1	1	0	1	0	160
0	1	0	0	1	60
−20	−21	0	0	0	0

$\Rightarrow$

x_1	x_2	y_1	y_2	y_3	b
0	1	1	−1	0	40
1	1	0	1	0	160
0	1	0	0	1	60
0	−1	0	20	0	3200

x_1	x_2	y_1	y_2	y_3	b
0	1	1	−1	0	40
1	0	−1	2	0	120
0	0	−1	1	1	20
0	0	1	19	0	3240

☼

7.7 Sonderfälle im Simplex-Algorithmus

7.7.1 Unbeschränkte Lösung

Treten im Rahmen des Simplex-Algorithmus in einer Spalte mit negativen Zielfunktionswerten ebenfalls alle Koeffizienten negativ auf, so ist die Lösung unbeschränkt. Bei realen Problemen darf es keine unbeschränkten Lösungen geben, da Gewinn, Deckungsbeitrag oder Umsatz nicht über alle Grenzen wachsen können. Das Eintreten dieses Falles ist dann in der Regel ein Indiz für eine falsche bzw. unvollständige Modellierung des Problems.

Beispiel 7.11. Die folgende lineare Optimierung führt zu einer unbeschränkten Lösung:

x_1	x_2	y_1	y_2	b
−2	1	1	0	2
2	−2	0	1	6
−2	−1	0	0	0

$\Rightarrow$

x_1	x_2	y_1	y_2	b
0	−1	1	1	8
1	−1	0	0.5	3
0	−3	0	1	6

☼

7.7.2 Degeneration

Eine Degeneration liegt vor, wenn im Simplex-Tableau eine Auswahlmöglichkeit für die Pivotzeile besteht. Dann hat im nächsten Tableau mindestens eine Basisvariable den Wert Null. Die verschiedenen Möglichkeiten können zu verschiedenen Lösungen führen. Daher sind immer alle möglichen Optimallösungen zu berechnen. Graphisch bedeutet die Degeneration, dass sich bei n Variablen mehr als n Restriktionen in einem Punkt schneiden.

Beispiel 7.12. Die dritte Restriktion im Beispiel 7.1 wird nun durch eine im Optimalpunkt linear abhängige Restriktion ersetzt. Es ist also die Zielfunktion

$$z = 20x_1 + 30x_2 \to \max$$

unter den Nebenbedingungen

$$x_1 + 2x_2 \leq 200$$
$$x_1 + x_2 \leq 160$$
$$x_2 \leq 40$$

zu maximieren.

x_1	x_2	y_1	y_2	y_3	b
1	2	1	0	0	200
1	1	0	1	0	160
0	1	0	0	1	40
−20	−30	0	0	0	0

$\Rightarrow$

x_1	x_2	y_1	y_2	y_3	b
1	0	1	0	−2	120
1	0	0	1	−1	120
0	1	0	0	1	40
−20	0	0	0	30	1200

x_1	x_2	y_1	y_2	y_3	b
1	0	1	0	−2	120
0	0	−1	1	1	0
0	1	0	0	1	40
0	0	20	0	−10	3600

$\Rightarrow$

x_1	x_2	y_1	y_2	y_3	b
1	0	−1	2	0	120
0	0	−1	1	1	0
0	1	1	−1	0	40
0	0	10	10	0	3600

Im zweiten Tableau tritt eine Auswahlmöglichkeit für die Pivotzeile auf. Im dritten Tableau besitzt die Basisvariable y_2 den Wert Null.

Wird im zweiten Tableau die zweite Zeile als Pivotzeile gewählt, so stellt sich in diesem Fall das gleiche Ergebnis ein, jedoch mit einer Restkapazität von Null für die erste Nebenbedingung. ✡

7.7.3 Mehrdeutige Lösung

Ein anderer Sonderfall liegt vor, wenn die Zielfunktion steigungsgleich mit einer Nebenbedingung verläuft. Die Optimallösung liegt dann nicht in einem Eckpunkt, sondern auf einer Restriktionsgeraden zwischen zwei Eckpunkten. Man spricht dann von einer mehrdeutigen Lösung. In diesem Fall besitzt eine Nichtbasisvariable eine Null in der Zielfunktionszeile. Um die übrigen möglichen Optimallösungen zu bestimmen, bringt man die Variablen, die in der Zielfunktionszeile eine Null aufweisen, in ein lineares Gleichungssystem.

Beispiel 7.13. Das folgende Problem besitzt eine mehrdeutige Lösung. Die erste Restriktion ist steigungsgleich mit der Zielfunktion.

x_1	x_2	y_1	y_2	y_3	b		x_1	x_2	y_1	y_2	y_3	b
1	2	1	0	0	200		1	0	1	0	−2	80
1	1	0	1	0	160	⇒	0	0	−1	1	1	20
0	1	0	0	1	60		0	1	0	0	1	60
−20	−40	0	0	0	0		0	0	20	0	**0**	4000

Es ergibt sich ein lineares Gleichungssystem aus drei Gleichungen und vier Variablen, das nur bei Vorgabe von Werten für eine Variable gelöst werden kann.

$$x_1 - 2y_3 = 80$$
$$y_2 + y_3 = 20$$
$$x_2 + y_3 = 60$$

Eine mögliche Lösung für das unterbestimmte Gleichungssystem ist zum Beispiel $y_3 = 0$. Die anderen Werte sind dann $x_1 = 80$, $x_2 = 60$ und $y_2 = 20$. ✡

Eine andere Form der Mehrdeutigkeit tritt auf, wenn zwei Zielfunktionskoeffizienten gleich sind. In diesem Fall sind alle möglichen Lösungen zu berechnen, denn sie können zu verschiendenen Optimallösungen führen.

7.8 Erweiterungen des Simplex-Algorithmus

7.8.1 Berücksichtigung von Größer-gleich-Beschränkungen

Eine Größer-gleich-Nebenbedingung kann durch Vorzeichenumkehr als Kleinergleich-Nebenbedingungen berücksichtigt werden. Damit erhält man eine «natürliche» Basisvariable. Allerdings ist der Ursprung, d. h. die Lösung $x_j = 0$ nicht zulässig, weil mit $y_i = -b_i$ die Nichtnegativitätsbedingung in der ersten Basislösung verletzt wird.

$$\sum_{j=1}^{m} a_{ij} x_j \geq b_i \quad \Rightarrow \quad -\sum_{j=1}^{m} a_{ij} x_j \leq -b_i$$

Negative Koeffizienten auf der rechten Seite treten nicht nur bei der Umwandlung von Größer-gleich-Beziehungen auf, sondern können auch während des Algorithmus auftreten. Bei einem negativen Koeffizienten auf der rechten Seite ist die Nichtnegativitätsbedingung verletzt. Es liegt daher nahe, für die Schlupfvariable zunächst $y_i = 0$ zu erzwingen, um die Nichtnegativitätsbedingung zu erfüllen, d. h., die Zeile i ist als Pivotzeile zu wählen. Sind mehrere Koeffizienten auf der rechten Seite negativ, so kann man die am stärksten verletzte Nebenbedingung als erstes erfüllen, in dem man also min b_i wählt. Wie bei der Gleichungsauflösung wird also zunächst die Pivotzeile und dann erst die Pivotspalte ausgewählt! Mit der Wahl des Pivotelements fällt dann die Entscheidung über die Pivotspalte. Damit die in die Basis gelangende Nichtbasisvariable nicht erneut negativ wird, muss das Pivotelement selbst negativ sein. Stehen mehrere negative Koeffizienten in der Pivotzeile zur Auswahl, so sollte man sich für den kleinsten entscheiden (min $a_{\text{Pivotzeile } j}$). Existiert kein negativer Koeffizient, so ist das Gleichungssystem widersprüchlich.

Beispiel 7.14. Es ist folgende Zielfunktion

$$3x_1 + 12x_2 = z \to \max$$

unter den Nebendingungen

$$\begin{aligned}
-x_1 + 2x_2 &\leq 6 \\
4x_1 + 2x_2 &\geq 12 \quad \Rightarrow \quad -4x_1 - 2x_2 \leq -12 \\
2x_1 - x_2 &\leq 8 \\
x_1 + 2x_2 &\leq 10 \\
x_2 &\geq 1 \quad \Rightarrow \quad -x_2 \leq -1 \\
x_1 &\geq 0
\end{aligned}$$

zu maximieren. Die Größer-gleich-Restriktionen werden durch Vorzeichenumkehr in Kleiner-gleich-Restriktionen umgesetzt. Das Simplex-Tableau besitzt damit auf der rechten Seite negative Koeffizienten, die anzeigen, dass die erste Basislösung unzulässig ist.

x_1	x_2	y_1	y_2	y_3	y_4	y_5	b
-1	2	1	0	0	0	0	6
-4	-2	0	1	0	0	0	-12
2	-1	0	0	1	0	0	8
1	2	0	0	0	1	0	10
0	-1	0	0	0	0	1	-1
-3	-12	0	0	0	0	0	0

7.8 Erweiterungen des Simplex-Algorithmus

Es wird aufgrund der obigen Empfehlung das Element in der 2. Zeile und der 1. Spalte ausgewählt. Auch die Auswahl von -2 in der 2. Zeile (2. Spalte) wäre möglich gewesen, ebenso wie die Wahl der 5. Zeile mit -1. Mit der Wahl der kleinsten Elemente wird oft der geringste Rechenaufwand erzeugt. Die Gauß-Iteration ergibt folgendes Tableau:

x_1	x_2	y_1	y_2	y_3	y_4	y_5	b
0	2.50	1	-0.25	0	0	0	9
1	0.50	0	-0.25	0	0	0	3
0	-2.00	0	0.50	1	0	0	2
0	1.50	0	0.25	0	1	0	7
0	$-\mathbf{1.00}$	0	0.00	0	0	1	-1
0	-10.50	0	-0.75	0	0	0	9

Eine zulässige Basislösung ist noch nicht erzeugt, da auf der rechten Seite die 5. Nebenbedingung noch die Nichtnegativität der Lösung verletzt.

x_1	x_2	y_1	y_2	y_3	y_4	y_5	b
0	0	1	-0.25	0	0	$\mathbf{2.50}$	6.50
1	0	0	-0.25	0	0	0.50	2.50
0	0	0	0.50	1	0	-2.00	4.00
0	0	0	0.25	0	1	1.50	5.50
0	1	0	0.00	0	0	-1.00	1.00
0	0	0	-0.75	0	0	-10.50	19.50

Nun ist die erste zulässige Basislösung gefunden und der Simplex-Algorithmus kann beginnen. Es werden über die Zielfunktionszeile nun wieder die größten Opportunitätskosten gesucht und dann über das Quotientenkriterium die Pivotzeile bestimmt.

x_1	x_2	y_1	y_2	y_3	y_4	y_5	b
0	0	0.40	-0.10	0	0	1	2.60
1	0	-0.20	-0.20	0	0	0	1.20
0	0	0.80	0.30	1	0	0	9.20
0	0	-0.60	$\mathbf{0.40}$	0	1	0	1.60
0	1	0.40	-0.10	0	0	0	3.60
0	0	4.20	-1.80	0	0	0	46.80

x_1	x_2	y_1	y_2	y_3	y_4	y_5	b
0	0	0.25	0	0	0.25	1	3
1	0	−0.50	0	0	0.50	0	2
0	0	1.25	0	1	−0.75	0	8
0	0	−1.50	1	0	2.50	0	4
0	1	0.25	0	0	0.25	0	4
0	0	1.50	0	0	4.50	0	54

Die optimale Lösung ist gefunden. ☼

7.8.2 Berücksichtigung von Gleichungen

Eine Gleichung als Nebenbedingung kann mittels einer künstlichen Schlupfvariablen berücksichtigt werden, um welche die Gleichung erweitert wird. Damit allerdings die ursprüngliche (und nicht die willkürlich erweiterte) Gleichung erfüllt ist, muss für eine zulässige Lösung die künstliche Schlupfvariable den Wert Null haben.

$$\sum_{j=1}^{m} a_{ij} x_j + \tilde{y}_i = b_i$$

Im Algorithmus lässt sich dieser Weg durch eine geeignete Pivotauswahl nachvollziehen. Um die künstliche Basisvariable $\tilde{y}_i$ aus der Basis zu eliminieren, muss die entsprechende Zeile als Pivotzeile gewählt werden. Als Pivotspalte wählt man am besten den größten Wert in der Pivotzeile aus, wenn b_i positiv ist, bzw. den kleinsten Wert, wenn b_i negativ ist. Damit erfüllt dann die Basisvariable nach der Umrechnung die Nichtnegativitätsbedingung. Nach der Pivotoperation ist die künstliche Schlupfvariable die Nichtbasisvariable. In dieser Weise werden zunächst alle Gleichungen aufgelöst, die eine künstliche Schlupfvariable enthalten. Erst dann wird mit dem eigentlichen Simplex-Verfahren die Optimallösung bestimmt. Die Spalten mit der künstlichen Schlupfvariablen werden im Simplex-Algorithmus dann aber nicht mehr berücksichtigt.

Beispiel 7.15. In dem bekannten Beispiel 7.1 wird nun die dritte Restriktion durch eine Gleichungsrestriktion ersetzt. Es ist also folgende Zielfunktion

$$20x_1 + 30x_2 = z \to \max$$

unter den Nebenbedingungen

$$x_1 + 2x_2 \leq 200$$
$$x_1 + x_2 \leq 160$$
$$x_2 = 60$$

zu maximieren. Es entsteht das Simplex-Tableau, in dem die künstliche Schlupfvariable enthalten ist.

x_1	x_2	y_1	y_2	$\tilde{y}_3$	b		x_1	x_2	y_1	y_2	$\tilde{y}_3$	b
1	2	1	0	0	200		1	0	1	0	−2	80
1	1	0	1	0	160	⇒	1	0	0	1	−1	100
0	1	0	0	1	60		0	1	0	0	1	60
−20	−30	0	0	0	0		−20	0	0	0	30	1800

x_1	x_2	y_1	y_2	$\tilde{y}_3$	b
1	0	1	0	−2	80
0	0	−1	1	1	20
0	1	0	0	1	60
0	0	20	0	−10	3400

Der Simplex-Algorithmus wird abgebrochen, obwohl noch ein negativer Wert in der Zielfunktionszeile steht. Dieser wird jedoch nicht mehr berücksichtigt, weil er in der Spalte der künstlichen Schlupfvariablen steht, die die Gleichheitsrestriktion berücksichtigt und den Wert Null haben muss. ✩

Übung 7.2. Maximiere die Zielfunktion

$$-x_1 + 2x_2 = z \to \max$$

unter den Nebenbedingungen:

$$x_1 + x_2 \geq 2$$
$$-3x_1 + 4x_2 \leq 4$$
$$x_1 \leq 4$$
$$x_2 \geq 1$$
$$x_1, x_2 \geq 0$$

7.9 Ein Minimierungsproblem

Bei einem Minimierungsproblem beschreibt die Zielfunktion zum Beispiel die Kosten einer Produktion, die zu minimieren sind. Um eine nicht triviale Lösung ($x_1, x_2 \neq 0$) zu erhalten, muss der Lösungsraum auch von «unten» («Südwesten») her eingeschränkt sein. Dazu werden Nebenbedingungen in Form von Größer-gleich-Beziehungen benötigt.

$$\sum_{j=1}^{m} a_{ij} x_j \geq b_i \quad \text{für } i = 1, \ldots, n$$

Beispiel 7.16. Ein Mischungsproblem. Ein Produkt setzt sich aus den Grundstoffen N_1, N_2 und N_3 zusammen. Es werden aus den Grundstoffen zwei Produkte F_1 und F_2 gefertigt, die unterschiedliche Konzentrationen der Grundstoffe enthalten:

Tabelle 7.3: Rezeptur

	Grundstoff/ME		
	N_1	N_2	N_3
F_1	3	4	1
F_2	1	3	3

Eine Mengeneinheit des Fertigprodukts F_1 kostet 25 €, eine Mengeneinheit des zweiten Fertigprodukts F_2 kostet 50 €. Wie viele Mengeneinheiten von F_1 und F_2 sind zu mischen, um bei möglichst geringen Kosten eine Zusammensetzung von mindestens 9 Einheiten des Grundstoffs N_1, mindestens 19 Einheiten des Grundstoffs N_2 und mindestens 7 Einheiten des Grundstoffs N_3 zu erreichen?

Die gesuchten Mengeneinheiten von F_1 und F_2 ergeben sich als Lösung einer linearen Optimierung. Hierzu seien x_1 und x_2 die zu mischenden Mengen von F_1 und von F_2. Für die Entscheidungsvariablen nimmt man x_1 und x_2, die ausschließlich nichtnegative Werte annehmen dürfen ($x_1, x_2 \geq 0$).

Der zu deckende Bedarf an Nährstoffen wird sichergestellt durch die Nebenbedingungen, wobei auf der linken Seite die Grundstoffmengen in Abhängigkeit von den Fertigproduktmengen und auf der rechten Seite die geforderten Mindestmengen stehen.

$$3x_1 + x_2 \geq 9$$
$$4x_1 + 3x_2 \geq 19$$
$$x_1 + 3x_2 \geq 7$$
$$x_1, x_2 \geq 0$$

Die Kosten z, die aus der Mischung von x_1 und x_2 entstehen, sind:

$$z = 25x_1 + 50x_2$$

Es sind die Kosten z unter den Nebenbedingungen zu minimieren. ✧

7.10 Grafische Minimierung

Bei der grafischen Minimierung wird die Zielfunktion parallel in Richtung auf den Ursprung des Koordinatensystems verschoben. In Abb. 7.4 sind die Nebenbedingungen und die Zielfunktion aus Beispiel 7.16 abgetragen. Der Lösungsraum liegt bei Größer-gleich-Beziehungen oberhalb der Restriktionen. Die grafische Minimierung der Zielfunktion wird vorgenommen, indem die Zielfunktionsgerade nach «Südwesten» parallel verschoben wird. Der kleinste Wert ist erreicht, wenn der niedrigste Punkt des zulässigen Lösungsraums erreicht ist.

Beispiel 7.17. Im Beispiel 7.16 ist die minimale Kostenkombination bei

$$x_1 = 4$$
$$x_2 = 1$$

gefunden. Die minimalen Kosten betragen

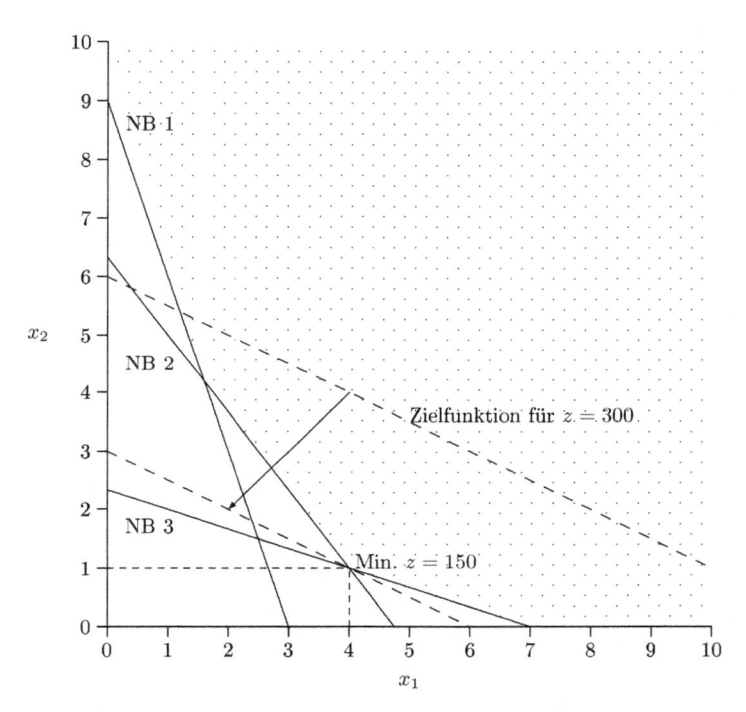

Abb. 7.4: Minimierung der Zielfunktion von Beispiel 7.16

$$z_{\min} = 150\,\text{€}.$$

☼

7.11 Simplex-Methode für die Minimierung

Im Simplex-Algorithmus kann die Minimierung als umgekehrte Maximierung durchgeführt werden. Eine Zielfunktion mit negativem Zielwert wird maximiert; der positive Zielwert wird dann minimiert.

$$\mathbf{c}'\mathbf{x} = z(\mathbf{x}) \to \min \quad \Leftrightarrow \quad -\mathbf{c}'\mathbf{x} = -z(\mathbf{x}) \to \max$$

Bei einem Minimierungsproblem ist der Lösungsraum stets auch von unten eingeschränkt. Dies bedeutet, dass die erste Basislösung mit $\mathbf{x} = 0$ nicht zulässig ist.

7 Lineare Optimierung

Dies äußert sich in den Größer-gleich-Restriktionen. Diese werden durch eine Negation (wie im Abschnitt 7.8.1) in Kleiner-gleich-Restriktionen umgewandelt. Die rechte Seite enthält somit im Starttableau negative Werte. Dies zeigt die Unzulässigkeit der Basislösung an. Daher muss zuerst eine zulässige Basislösung berechnet werden. Es wird eine Restriktion mit negativem Wert auf der rechten Seite gewählt und dazu ein negativer Koeffizient. Diese so genannte Vorphase wird solange durchgeführt, bis kein negativer Wert mehr auf der rechten Seite steht. Dann ist die erste zulässige Basislösung berechnet. Nun erst kann der eigentliche Simplex-Algorithmus beginnen, sofern negative Zielfunktionskoeffizienten vorhanden sind.

Beispiel 7.18. Ein Betrieb besitzt 2 Rohstoffe R_1 und R_2, die er als Mischung weiterverarbeitet. R_1 und R_2 enthalten drei für die Weiterverarbeitung wichtige Bestandteile B_1, B_2 und B_3. Die Anteile sind durch folgende Nebenbedingungen gegeben:

$$6x_1 + 2x_2 \geq 10 \quad \text{Mindestanteil von } B_1$$
$$3x_1 + 4x_2 \geq 12 \quad \text{Mindestanteil von } B_2$$
$$x_1 + 4x_2 \geq 8 \quad \text{Mindestanteil von } B_3$$
$$x_1, x_2 \geq 0 \quad \text{Nichtnegativitätsbedingung}$$

Die Rohstoffe haben Stückkosten in Höhe von 1 € bzw. 2 € pro Einheit. In welchen Quantitäten sind die Rohstoffe zu beschaffen, so dass die Kosten minimal werden?

$$x_1 + 2x_2 = z \to \min \quad \Rightarrow \quad -x_1 - 2x_2 = -z \to \max$$

Das Optimierungsproblem wird zuerst in die Standardform transformiert. Dies bedeutet, dass die Nebenbedingungen durch Multiplikation mit -1 in Kleiner-gleich-Restriktionen gebracht werden. Die Zielfunktion wird ebenfalls mit -1 erweitert, so dass eine Maximierung vorzunehmen ist.

Das erste Simplex-Tableau wird dann wie bisher aufgebaut. Die Zielfunktion steht wegen der abermaligen Erweiterung mit -1 mit positiven Koeffizienten in der Zielfunktionzeile. Aufgrund der Verletzung der Nichtnegativität der Variablen (die rechte Seite weist negative Werte auf), ist die so genannte Vorphase zur Berechnung einer zulässigen Basislösung erforderlich. Es ist der kleinste Wert auf der rechten Seite zu suchen (-12) und der kleinste negative Koeffizient in dieser Zeile (-4). Diese Vorphase wird so lange durchgeführt bis die rechte Seite nur noch positive Werte besitzt. Dann kann mit dem eigentlichen Simplex-Algorithmus begonnen werden.

x_1	x_2	y_1	y_2	y_3	b
-6	-2	1	0	0	-10
-3	-4	0	1	0	-12
-1	-4	0	0	1	-8
1	2	0	0	0	0

$\Rightarrow$

x_1	x_2	y_1	y_2	y_3	b
-4.50	0	1	-0.50	0	-4
0.75	1	0	-0.25	0	3
2.00	0	0	-1.00	1	4
-0.50	0	0	0.50	0	-6

x_1 x_2	y_1	y_2	y_3	b	x_1 x_2	y_1	y_2	y_3	b
1 0	−0.222	0.111	0	0.888	1 0	0	−0.500	0.50	2.0
0 1	0.166	−0.333	0	2.333 ⇒ 0 1	0	0.125	−0.375	1.5
0 0	**0.444**	−1.222	1	2.222	0 0	1	−2.750	2.250	5.0
0 0	−0.111	0.555	0	−5.555	0 0	0	0.25	0.25	−5.0

Die minimalen Kosten liegen bei 5 €. Sie werden durch den Einsatz von 2 Einheiten des Rohstoffs R_1 und 1.5 Einheiten des Rohstoffs R_2 erreicht.

Interpretation der Spalte von y_2: Der Schattenpreis einer Lockerung der zweiten Restriktion um eine Einheit (von 12 → 11 Einheiten) würde die Kosten um 0.25 € reduzieren: $5 - 0.25 = 4.75$ €. Die Menge von x_1 wird dann auf $2 - 0.5 = 1.5$ fallen, die Menge von x_2 auf $1.5 + 0.125 = 1.625$ steigen und der überschüssige Mindestanteil von B_1 fällt auf $5 - 2.75 = 2.25$. ☆

Übung 7.3. Minimiere z mit

$$z = 9x_1 + 8x_2 \to \min$$

unter den Nebenbedingungen

$$x_1 - 3x_2 \leq 3$$
$$x_1 \geq 6$$
$$3x_1 + 2x_2 \geq 42$$
$$-4x_1 + 3x_2 \leq 24$$
$$x_1, x_2 \geq 0$$

7.12 Dualitätstheorem der linearen Optimierung

Jedem primalen Maximierungsproblem steht ein duales Minimierungsproblem in der linearen Optimierung gegenüber, sofern eine zulässige Lösung existiert. Werden im primalen Problem die Variablen **x** maximiert, so werden im dualen Problem die Variablen **y** (es sind die ehemaligen Schlupfvariablen) minimiert.

primales Problem	duales Problem
$\mathbf{c}'\mathbf{x} = z(\mathbf{x}) \to \max$	$\mathbf{b}'\mathbf{y} = z(\mathbf{y}) \to \min$
$\mathbf{A}\mathbf{x} \leq \mathbf{b} \Rightarrow \mathbf{A}\mathbf{x} + \mathbf{y} = \mathbf{b}$	$\mathbf{A}'\mathbf{y} \geq \mathbf{c} \Rightarrow \mathbf{A}'\mathbf{y} + \mathbf{x} = \mathbf{c}$
$\mathbf{x} \geq 0, \mathbf{y} \geq 0$	$\mathbf{y} \geq 0, \mathbf{x} \geq 0$

Beispiel 7.19. Im Beispiel 7.1 wurden die Mengen x_1 und x_2 maximiert, damit der Gewinn maximal wird. Die Schlupfvariablen konnten als Opportunitätskosten der Restriktionen interpretiert werden. Die Zielfunktion

$$[20\ 30] \begin{bmatrix} x_1 \\ x_2 \end{bmatrix} \to \max$$

wird unter den Nebenbedingungen

$$\begin{bmatrix} 1 & 2 \\ 1 & 1 \\ 0 & 1 \end{bmatrix} \begin{bmatrix} x_1 \\ x_2 \end{bmatrix} \leq \begin{bmatrix} 200 \\ 160 \\ 60 \end{bmatrix}$$

maximiert. Im dualen Problem werden nun die (Opportunitäts-) Kosten minimiert, damit die Mengen optimal (kostengünstig) auf den Anlagen produziert werden. Die Zielfunktion

$$[200\ 160\ 60] \begin{bmatrix} y_1 \\ y_2 \\ y_3 \end{bmatrix} \to \min$$

wird unter den Nebenbedingungen

$$\begin{bmatrix} 1 & 1 & 0 \\ 2 & 1 & 1 \end{bmatrix} \begin{bmatrix} y_1 \\ y_2 \\ y_3 \end{bmatrix} \geq \begin{bmatrix} 20 \\ 30 \end{bmatrix}$$

minimiert. ☼

Übung 7.4. Lösen Sie die Übung 7.3 über einen Dualitätsansatz.

7.13 Lineare Optimierung mit Scilab

In der Praxis werden lineare Optimierungen mit Computerprogrammen wie zum Beispiel mit Scilab gelöst. In Scilab kann ein lineares Maximierungsproblem mit der Funktion linpro gelöst werden. Die Funktion ist mit dem Atoms-Modul-Manager von Scilab zu installieren. Sie befindet sich in der Kategorie Optimization in dem Modul Quapro. Die Funktion linpro verwendet nicht den Simplex-Algorithmus zur Berechnung der Lösung. Ein alternative Funktion in Scilab zur Lösung linearer Optimierungsprobleme ist die Funktion karmarkar.

Die Funktion linpro minimiert die Zielfunktion

$$\mathbf{c}'\mathbf{x} = z(\mathbf{x}) \to \min$$

unter den Nebenbedingungen

$$\mathbf{A}\mathbf{x} \leq \mathbf{b}$$

Aus der Erkenntnis, dass eine negative Maximierung eine Minimierung erzeugt, wird nun eine negative Zielfunktion minimiert, um eine Maximierung der Zielfunktion zu erreichen. Das lineare Maximierungsproblem aus dem Beispiel 7.1 wird in Scilab dann folgendermaßen umgesetzt:

7.13 Lineare Optimierung mit Scilab

```
// Matrix der Koeffizienten
A=[1 2;1 1;0 1];

// RHS
b=[200;160;60];

// Zielfunktionskoeffizienten
c=[20;30];

// Es wird die Zielfunktion -z=(-c)'*x -> min!
// => also z=c'*x -> max!
[x,lagr,z]=-linpro(-c,A,b)

// Ergebnis x
// lagr: Schattenpreise
// z Zielfunktionswert
```

Als Lösung erhält man:

```
z=3600.

lagr=10.
     10.
      0.

x=120.
   40.
```

Das Minimierungsproblem aus Beispiel 7.16 wird wie folgt in Scilab gelöst:

```
// Matrix der Koeffizienten
A=[3 1;4 3;1 3];

// RHS
b=[9;19;7];

// Zielfunktionskoeffizienten
c=[25;50];

// Es wird die Zielfunktion z=c'*x -> min!
// A*x <= b <-> -A*x >= -b
[x,lagr,z] = linpro(c,-A,-b);
disp(x,'x=',lagr,'lagr=',z,'z=')
```

Bei der Angabe der Nebenbedingung ist darauf zu achten, dass Scilab diese als Kleiner-gleich-Bedingungen interpretiert und daher ist sie mit −1 zu erweitern. Als Lösung erhält man:

```
z=150.

lagr=0.
      2.7777778
     13.888889

x=4.
   1.
```

Auch der Dualitätsansatz lässt sich in Scilab verwirklichen. Hierzu sind jedoch in der Regel Untergrenzen für die Lösungsvariablen x vorzugeben. Um die Lösung des Beispiels 7.1 im Dualitätsansatz in Scilab zu berechnen, muss im Vektor c_i die Nichtnegativitätsbedingung angegeben werden. Eine Obergrenze liegt nicht vor und wird durch cs=[] offen angegeben.

```
A=[1 2;1 1;0 1];
b=[200;160;60];
c=[20;30];
ci=zeros(3,1); cs=[];
[x,lagr,z]=linpro(b,-A',-c,ci,cs)
```

7.14 Fazit

Lineare Programme sind für viele ökonomische Fragestellungen verwendbar. Ein lineares Programm besteht aus einer Zielfunktion, die unter Nebenbedingungen optimiert wird. Die Nebenbedingungen (Restriktionen) sind in der Regel als Ungleichungen formuliert. Sie beschreiben Maschinenkapazitäten, Mischungsbedingungen und/oder Ressourcenverfügbarkeiten.

Die rechnerische Lösung erfolgt mit einem Matrixsystem, das mit dem Simplex-Verfahren gelöst wird. Graphisch gesehen sucht das Simplex-Verfahren die Eckpunkte des Lösungsraumes ab. Das Dualitätstheorem besagt, dass zu jedem Maximierungsproblem auch ein duales Minimierungsproblem existiert und umgekehrt.

Teil III

Analysis

8

Rationale Funktionen, Folgen und Reihen

Inhalt

8.1	Vorbemerkung		147
8.2	Ganz-rationale Funktionen		148
	8.2.1	Partialdivision und Linearfaktorzerlegung	150
	8.2.2	Nullstellenberechnung mit der Regula falsi	151
	8.2.3	Nullstellenberechnung mit Scilab	155
8.3	Gebrochen-rationale Funktionen		156
8.4	Folgen		158
	8.4.1	Arithmetische Folge	159
	8.4.2	Geometrische Folge	160
8.5	Reihen		160
	8.5.1	Arithmetische Reihe	161
	8.5.2	Geometrische Reihe	162
8.6	Fazit		164

8.1 Vorbemerkung

In Kapitel 2 wurde der Funktionsbegriff eingeführt. In dem folgenden Text wird die Klasse der rationalen Funktionen näher betrachtet. Besteht die Funktion nur aus der Summe der Potenzfunktionen mit natürlichen Exponenten, dann spricht man von einer ganz-rationalen Funktion. Besteht die rationale Funktion aus einem Verhältnis zweier ganz-rationaler Funktionen, dann wird die Funktion als gebrochen-rationale Funktion bezeichnet.

Rationale Funktionen spielen in der Ökonomie eine bedeutsame Rolle. Bekannte ökonomische Funktionen sind zum Beispiel Produktionsfunktionen, Preis-Absatz-Funktionen, Nachfragefunktionen, Kostenfunktionen, Ertragsfunktionen und Gewinnfunktionen. Die Funktionen dienen der formalen Beschreibung realer ökonomischer Probleme (Modellbildung). Das Kapitel endet mit der Beschreibung von Folgen und Reihen, die spezielle Funktionen sind. Die geometrische Reihe ist ebenfalls eine ganz-rationale Funktion, die die Grundlage der Finanzmathematik ist.

148   8 Rationale Funktionen, Folgen und Reihen

Im Folgenden werden einige wichtige Grundlagen und Eigenschaften von Funktionen mit einer Veränderlichen beschrieben.

Einige geläufige Bezeichnungen in der Analysis sind

a_i	Koeffizient oder Folgenglied
$[a_n]$	Folge
ε	beliebig kleine positive Zahl
$p_n(x)$	rationales Polynom n-ten Grades
s_n	Teilsumme
$[s_n]$	Reihe
x_1	erste Nullstelle einer Funktion
$x_{(1)}, x_{(2)}$	Wertepaar in der Umgebung einer Nullstelle
$x^{(1)}$	1-te Näherung einer gesuchten Nullstelle
$\stackrel{!}{=}$	Bedingung

8.2 Ganz-rationale Funktionen

Die **rationale Funktion** wird auch als **Polynomfunktion** oder kurz als Polynom bezeichnet. Die Analyse der Nullstellen von rationalen und gebrochen-rationalen Funktionen steht im Mittelpunkt der beiden folgenden Kapitel, da sie in der Finanzmathematik eine besondere Rolle spielen. Ferner werden Polynome zur Approximation beliebiger Funktionen verwendet.

Ein Polynom n-ten Grades ist eine Funktion der Gestalt

$$p_n(x) = a_0 + a_1 x + \ldots + a_n x^n$$
$$= \sum_{i=0}^{n} a_i x^i \quad \text{für } a_i, x \in \mathbb{R} \text{ und } a_n \neq 0 \tag{8.1}$$

Die Größen a_i werden **Koeffizienten** genannt und sind gegebene konstante Größen. Rationale Funktionen sind für jeden Wert von x definiert und stetig (zur Stetigkeit siehe Kapitel 10.2).

Beispiel 8.1.

$$p_1(x) = a_0 + a_1 x \qquad \text{Polynom 1. Grades: lineare Funktion}$$
$$p_2(x) = a_0 + a_1 x + a_2 x^2 \qquad \text{Polynom 2. Grades: Parabelfunktion}$$

☼

Für die **Nullstelle** einer Funktion gilt:

$$p(x) \stackrel{!}{=} 0$$

Das Zeichen $\stackrel{!}{=}$ bedeutet, dass für die Funktion $p(x)$ das Argument x gesucht wird, für das der Funktionswert $p(x) = 0$ gilt.

Beispiel 8.2. Die Nullstelle des Polynoms 1. Grades wird durch folgenden Ansatz bestimmt:
$$p_1(x) = a_0 + a_1 x \stackrel{!}{=} 0$$
Die Lösung ist durch Auflösen der Gleichung leicht zu finden.
$$x_1 = -\frac{a_0}{a_1}$$

☆

Beispiel 8.3. Nullstellenbestimmung für ein Polynom 2. Grades (Parabelfunktion). Für die Funktion
$$p_2(x) = -3 - 2x + x^2 \quad \text{für } x \in \mathbb{R} \tag{8.2}$$
sollen die Nullstellen gesucht werden. Hierzu wird die **quadratische Ergänzung** verwendet. Die Normalform einer quadratischen Gleichung ist
$$x^2 + px + q \stackrel{!}{=} 0 \tag{8.3}$$
Es werden folgende Umformungen vorgenommen, damit die Gleichung (8.3) nach x aufgelöst werden kann:
$$x^2 + px = -q \quad \Leftrightarrow \quad x^2 + px + \left(\frac{p}{2}\right)^2 = \left(\frac{p}{2}\right)^2 - q$$
$$\left(x + \frac{p}{2}\right)^2 = \left(\frac{p}{2}\right)^2 - q \quad \Leftrightarrow \quad x + \frac{p}{2} = \pm\sqrt{\left(\frac{p}{2}\right)^2 - q}$$
$$x_{1,2} = -\frac{p}{2} \pm \sqrt{\left(\frac{p}{2}\right)^2 - q}$$
Die Nullstellen der Funktion (8.2) sind somit leicht zu bestimmen.
$$x_{1,2} = 1 \pm \sqrt{1+3} \quad \Rightarrow \quad x_1 = 3, \quad x_2 = -1$$

☆

Können auch die Nullstellen von Polynomen höheren Grades so leicht berechnet werden? Wie viele Nullstellen gibt es für ein Polynom n-ten Grades?

Auf die letzte Frage hat Gauß mit dem **Hauptsatz der Algebra** eine Antwort gegeben:

Die Anzahl der Nullstellen eines Polynoms n-ten Grades $p_n(x)$ besitzt genau n Nullstellen, die jedoch nicht reell zu sein brauchen und von denen einzelne mehrfach vorkommen können.

Ein Polynom ungeraden Grades besitzt immer mindestens eine reelle Nullstelle, was darauf zurückzuführen ist, dass die Funktionswerte dann für $x \to \infty$ (positive Werte) nach $p_n \to +\infty$ streben und für $x \to -\infty$ (negative Werte) nach $p_n \to -\infty$ streben.

8 Rationale Funktionen, Folgen und Reihen

Da die Polynomfunktion stetig ist, muss es also mindestens einen Punkt geben, der den Funktionswert Null hat. Dies kann man leicht an einem Polynom 1. Grades überprüfen. Für ein Polynom geraden Grades ist eine derartige Aussage nicht möglich, so dass man nur folgern kann: Ein Polynom n-ten Grades bei geradem n besitzt höchstens n reelle Nullstellen.

Die Antwort auf die erste Frage (Können die Nullstellen eines Polynoms leicht berechnet werden?) lautet nein. Im Allgemeinen wird für die Nullstellenbestimmung von Polynomen 3. Grades oder höher ein Näherungsverfahren eingesetzt. Zwar wurde eine formelmäßige Auflösung für Polynome 3. als auch 4. Grades gefunden, die so genannte Cardanische Formel, jedoch ist die Berechnung der Nullstellen mit dieser Formel sehr aufwendig. Darüber hinaus gelang Niels Abel der Nachweis, dass eine formelmäßige Lösung für Polynome mit einem Grad von $n > 4$ nicht möglich ist. Ein Näherungsverfahren ist die regula falsi (oder Sekantenverfahren), das in Kapitel 8.2.2 erklärt wird. In Kapitel 10.7 wird dazu ein weiteres Verfahren, das Newton-Verfahren, vorgestellt.

Übung 8.1. Berechnen Sie die Lösung für x.

$$\frac{x-2}{x+2} - \frac{x+4}{x-2} = 2 \cdot \frac{x^2-38}{x^2-4}$$

8.2.1 Partialdivision und Linearfaktorzerlegung

Ist für die Polynomfunktion $p_n(x)$ die Nullstelle x_1 bekannt, so ist $p_n(x)$ darstellbar als

$$p_n(x) = p_{n-1}(x)(x-x_1)$$

Das Restpolynom $p_{n-1}(x)$ besitzt dann einen um eins niedrigeren Grad und wird durch **Partialdivision** bestimmt. Die Division erfolgt nach den normalen Divisionsregeln

$$p_{n-1}(x) = \frac{p_n(x)}{(x-x_1)}$$

Beispiel 8.4. Für das Polynom

$$p_3(x) = 2.01 - 1.66x - 2.67x^2 + x^3 \quad \text{für x} \in \mathbb{R} \tag{8.4}$$

ist die Nullstelle $x_1 = 0.67$ bekannt. Das Polynom besitzt noch zwei weitere Nullstellen. Wenn man nun das Restpolynom $p_2(x)$ bestimmt, dann können die beiden restlichen Nullstellen mit der quadratischen Ergänzung berechnet werden. Dies geschieht per Polynomendivision.

Die folgende Division ist der Rechenweise nach eine schriftliche Division. Im ersten Schritt wird der Divisor mit dem größten Faktor (hier x^2) multipliziert, den der Zähler enthält. Der Rest wird per Subtraktion gebildet. Für diesen Rest wird wieder der größte Faktor gesucht, der in ihm enthalten ist (hier $-2x$). Diese Rechnung wird fortgesetzt bis ein Rest von Null oder ein nicht ganzteiliger Rest vorhanden ist. Die Division

$$\begin{array}{r}(x^3 -2.67x^2 -1.66x +2.01) \div (x-0.67) = x^2 -2x-3\\ \underline{-(x^3 -0.67x^2)}\\ -2x^2 -1.66x\\ \underline{-(-2x^2 +1.34x)}\\ -3x +2.01\\ \underline{-(-3x +2.01)}\\ 0\end{array}$$

ergibt das Restpolynom

$$p_2(x) = -3 - 2x + x^2$$

aus dem Beispiel 8.3 die beiden verbleibenden Nullstellen bekannt sind. $x_1 = 0.67$ ist also tatsächlich eine Nullstelle des Polynoms (8.4), da die Division ohne Rest erfolgt. Das Polynom (8.4) besitzt also folgende äquivalente Darstellung

$$p_3(x) = (x-0.67)(x-3)(x+1), \tag{8.5}$$

aus der die 3 Nullstellen sofort ablesbar sind. ✿

Bezeichnet man mit $x_1, x_2, \ldots, x_n$ die Nullstellen der Polynomfunktion (8.1), so ergibt sich durch die wiederholte Polynomdivision (Partialdivision) die **Linearfaktorzerlegung** von $p_n(x)$:

$$p_n(x) = a_n(x-x_1)(x-x_2)\cdots(x-x_n) \tag{8.6}$$

8.2.2 Nullstellenberechnung mit der Regula falsi

Bei der **regula falsi** wird mittels Probieren ein Intervall für den Funktionswert $p_n(x)$ gesucht, bei dem die Werte nahe Null liegen. Es ist dabei nicht notwendig, dass ein Vorzeichenwechsel im Intervall stattfindet. Der Name „falsche Regel" rührt daher, dass ein (näherungsweiser) linearer Verlauf zwischen den beiden Intervallwerten

$$[x_{(1)}, p_n(x_{(1)})] \qquad [x_{(2)}, p_n(x_{(2)})]$$

unterstellt wird. Diese Punkte werden durch eine Gerade (Polynom 1. Grades)

$$p_1(x) = a_0 + a_1 x \Leftrightarrow y = mx + b$$

verbunden (siehe Abb. 8.1). Wir bezeichnen der Einfachheit halber das erste Wertepaar mit $(x_{(1)}, y_{(1)})$, das zur ersten Gleichung (8.7) führt. Der Wert $y_{(1)}$ berechnet sich durch Einsetzen des Wertes $x_{(1)}$ in das Polynom $p_n(x_{(1)})$: $y_{(1)} = p_n(x_{(1)})$. Das zweite Wertepaar $(x_{(2)}, y_{(2)})$ führt zur zweiten Gleichung (8.8).

$$y_{(1)} = mx_{(1)} + b \tag{8.7}$$
$$y_{(2)} = mx_{(2)} + b \tag{8.8}$$

Aus den beiden Gleichungen können dann die beiden Koeffizienten m und b berechnet werden.

$$m = \frac{y_{(2)} - y_{(1)}}{x_{(2)} - x_{(1)}}$$

$$b = y_{(1)} - m x_{(1)}$$

Der Schnittpunkt der Geraden mit der Abszisse ist die 1. Näherung für die gesuchte Nullstelle.

$$mx + b \stackrel{!}{=} 0 \quad \Rightarrow \quad x^{(1)} = -\frac{b}{m}$$

Im nächsten Schritt wird von der 1. Näherung der Funktionswert $p_n(x^{(1)})$ berechnet, um dann erneut über lineare Interpolation eine 2. Näherung für die Nullstelle des Polynoms zu berechnen.

Beispiel 8.5. Für das Polynom

$$p_3(x) = 2.01 - 1.66x - 2.67x^2 + x^3 \quad \text{für } x \in \mathbb{R} \tag{8.9}$$

sollen die Nullstellen bestimmt werden. Es handelt sich um ein Polynom 3. Grades. Daher ist mindestens eine Nullstelle von den insgesamt 3 Nullstellen reellwertig.

Es wird im Intervall $x = [0,1]$ eine Nullstelle gesucht, da hier der Funktionswert $p_3(x)$ das Vorzeichen wechselt.

$$x_{(1)} = 0 \quad \Rightarrow \quad p_3(0) = 2.01$$
$$x_{(2)} = 1 \quad \Rightarrow \quad p_3(1) = -1.32$$

Mittels der beiden Wertepaare können nun die beiden Koeffizienten m und b der Geradengleichung berechnet werden.

$$2.01 = m \times 0 + b \quad \Rightarrow \quad b = 2.01$$
$$-1.32 = m \times 1 + b \quad \Rightarrow \quad m = -3.33$$

Damit ist die Geradengleichung bestimmt.

$$y = 2.01 - 3.33x \stackrel{!}{=} 0$$

Für die Gleichung wird nun die Nullstelle gesucht, die die erste Näherung der Nullstelle von (8.9) ist (siehe Abb. 8.1).

$$x^{(1)} = \frac{2.01}{3.33} = 0.6036$$

Die erste Näherung liefert einen Funktionswert von

$$p_3(0.6036) = 0.2552,$$

der schon wesentlich näher an Null liegt als $p_3(0) = 2.01$. Die Näherung der Nullstelle erfolgt vom linken Intervallrand. Mit dem neuen Intervall $x = [0.6036, 1]$ wird nun das Gleichungssystem

$$0.2552 = m \times 0.6036 + b$$

$$-1.32 = m \times 1 + b$$

aufgestellt, aus dem die Koeffizienten

$$m = -3.9737 \qquad b = 2.6537$$

berechnet werden. Die Nullstelle der Geradengleichung

$$y = 2.6537 - 3.9737x \stackrel{!}{=} 0$$

liefert die 2. Näherung für die gesuchte Nullstelle von (8.9).

$$x^{(2)} = 0.6678$$

Der Wert $x^{(2)} = 0.6678$ liefert einen Funktionswert von $p_3(0.6678) = 0.0085$, der schon relativ nahe an Null liegt. Die 3. Näherung mit dem Gleichungssystem

$$0.0085 = m \times 0.6678 + b$$
$$-1.32 = m \times 1 + b$$

liefert die Koeffizienten

$$m = -3.9993 \qquad b = 2.6793$$

die zur näherungsweisen Nullstelle von

$$x^{(3)} = 0.6699$$

führen. Der Funktionswert $p_3(0.6699) = 0.00023$ weist bereits einen Wert nahe Null auf. Wird weiter iteriert, so stellt sich ein Wert von $x_1 = 0.67$ ein. ☆

Die i-te Iteration der regula falsi lässt sich in einer Formel (lineare Interpolation) zusammenfassen. Sie entsteht, wenn die Berechnungsformeln für die Koeffizienten aus (8.7) und (8.8) in die Gleichung

$$y = mx + b$$

eingesetzt werden. Wird diese Gleichung Null gesetzt und nach x aufgelöst, so erhält man die Gleichung (8.10). Mit $x_{(1)}^{(i-1)}$ und $x_{(2)}^{(i-1)}$ wird das Wertepaar der $i-1$-ten Iteration bezeichnet.

$$x_{\text{Nullstelle}}^{(i)} = x_{(1)}^{(i-1)} - y_{(1)}^{(i-1)} \frac{x_{(2)}^{(i-1)} - x_{(1)}^{(i-1)}}{y_{(2)}^{(i-1)} - y_{(1)}^{(i-1)}} \qquad (8.10)$$

Für einen Iterationsschritt werden

154 8 Rationale Funktionen, Folgen und Reihen

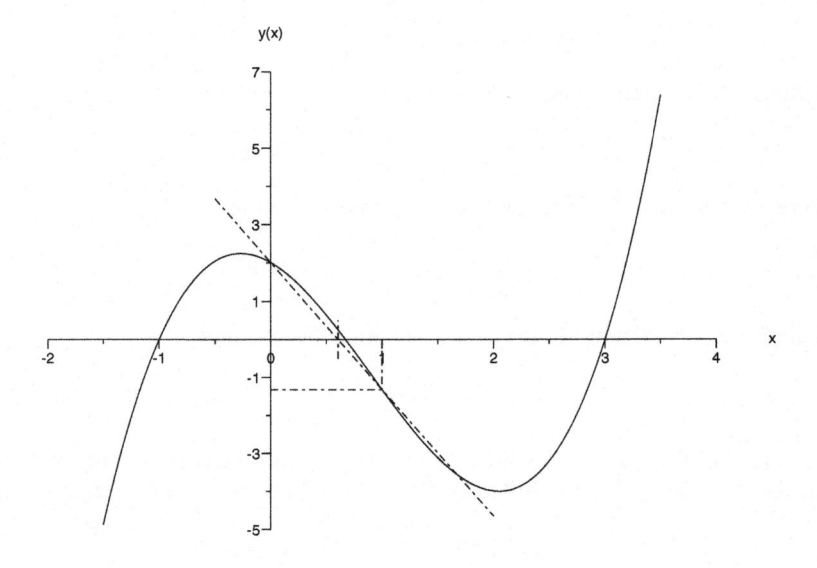

Abb. 8.1: Nullstellenbestimmung mit der regula falsi für das Polynom (8.9)

1. zwei Wertepaare in der Nähe der gesuchten Nullstelle gewählt. Wurde bereits ein Iterationsschritt berechnet, so wird ein Wertepaar aus der berechneten Näherung bestimmt. Das zweite Wertepaar wählt man besten so, dass die beiden Wertepaare die gesuchte Nullstelle umschließen. Dies ist aber nicht nötig.
2. Es wird die Nullstelle der Geradengleichung mit Gleichung (8.10) berechnet.
3. Die beiden Schritte werden solange wiederholt, bis die Näherung einer gewünschten Genauigkeit entspricht, zum Beispiel bis die 4-te Nachkommastelle sich nicht mehr ändert.

Beispiel 8.6. Anwendung der Formel (8.10): Das Intervall für die 3. Iteration zur Bestimmung der Nullstelle in Beispiel 8.5 ist $x = [0.6678, 1]$. Die y-Werte $y = [0.0085, -1.32]$ weisen einen Vorzeichenwechsel auf. Also enthält das Intervall der x-Werte die gesuchte Nullstelle. Mit der Formel (8.10) berechnet sich die 3. Näherung für die gesuchte Nullstelle dann wie folgt:

$$x^{(3)} = 0.6678 - 0.0085 \times \frac{1 - 0.6678}{-1.32 - 0.0085} = 0.6699$$

☼

Es ist also mit einigem Rechenaufwand möglich, die Nullstellen einer rationalen Polynomfunktion zu berechnen. Diese aufwendige Arbeit wird heute in der Regel von Computerprogrammen übernommen.

8.2.3 Nullstellenberechnung mit Scilab

Nullstellenprobleme werden heute mit Computerprogrammen zur numerischen Mathematik gelöst, wie zum Beispiel mit Scilab. Mit der Anweisung `poly()` wird bei diesem Programm ein Polynom eingegeben. Für das Beispiel 8.5 ist die Scilab-Anweisung:

```
p=poly([2.01 -1.66 -2.67 1],"x","coeff")

2.01 - 1.66x - 2.67x^2 + x^3
```

Der Vektor enthält die Koeffizienten des Polynoms; mit der Option `coeff` wird festgelegt, dass der Vektor die Koeffizienten enthält. Alternativ können mit der Option `roots` auch die Nullstellen angegeben und dann das zugehörige Polynom berechnet werden. Der Befehl

```
poly([-1 3 0.67],"x","roots")

2.01 - 1.66x - 2.67x^2 + x^3
```

liefert das Polynom (8.9).

Die Berechnung der Nullstellen des Polynoms erfolgt mit dem Befehl `roots`. Angewendet auf das Beispiel sieht die Anweisung wie folgt aus.

```
r=roots(p)

  0.67
 -1
  3
```

In dem Ergebnisvektor sind die Nullstellen des Polynoms gespeichert. In der Scilab Version 5 hat der standardmäßig verwendete Algorithmus in manchen Fällen Konvergenzprobleme. Mit der Option `roots(,'e')` wird ein aufwändigerer Algorithmus eingesetzt, der bessere Konvergenzeigenschaften besitzt. Siehe hierzu die Hilfefunktion von Scilab.

Ein Befehl für die Linearfaktorzerlegung des Polynoms ist auch in Scilab enthalten. Der Befehl `factors` liefert die Linearfaktoren des Polynoms (8.9) in der Form (8.5).

```
factors(p)

 -0.67 + x
  1 + x
 -3 + x
```

Zur Nullstellenberechnung für Funktionen allgemeiner Art steht in Scilab der Befehl `fsolve()` zur Verfügung.

```
function y=kapitalwert(q)
    y=2000*(q^10-1)/(q-1)-30000;
endfunction

// Berechnung der Nullstellen der Funktion mit dem
// Startwert q=1.02
fsolve(q=1.02,kapitalwert)
```

8.3 Gebrochen-rationale Funktionen

Eine **gebrochen-rationale Funktion** ist der Quotient zweier Polynomfunktionen.

$$f(x) = \frac{p_n(x)}{q_m(x)} = \frac{\sum_{i=0}^{n} a_i x^i}{\sum_{j=0}^{m} b_j x^j} \quad \text{für } x \in \mathbb{R}, q_m(x) \neq 0$$

Charakteristisch für den Funktionsverlauf von gebrochen-rationalen Funktionen ist das Auftreten von **Polstellen**. Dies sind die Werte x, für die das Nennerpolynom eine Nullstelle aufweist, das Zählerpolynom gleichzeitig aber keine Nullstelle besitzt. In den Polstellen ist die Funktion nicht definiert und somit auch nicht stetig. Bei der Annäherung der x-Werte an eine Polstelle wächst oder fällt der Funktionswert unbeschränkt (d. h. er strebt gegen $+\infty$ oder $-\infty$).

x ist eine Polstelle von $f(x)$, wenn $p_n(x) \neq 0$ und $q_m(x) = 0$ gilt.

Das Verhalten der Funktion $f(x)$ in der Umgebung der Polstelle x^{Pol} lässt sich leicht untersuchen. Hierzu wird eine beliebig kleine positive Zahl ε definiert, die zur Untersuchung der Umgebung von x dient. Für den Bereich kleiner (links) der Polstelle gilt dann $x^{Pol} - \varepsilon$. Ist der Funktionswert

$$\lim_{\varepsilon \to 0} f(x^{Pol} - \varepsilon) < 0,$$

so strebt die Funktion für $\varepsilon \to 0$ nach $f(x^{Pol}) \to -\infty$. Ist der Funktionswert

$$\lim_{\varepsilon \to 0} f(x^{Pol} - \varepsilon) > 0,$$

so strebt die Funktion für $\varepsilon \to 0$ nach $f(x^{Pol}) \to +\infty$. Die gleichen Überlegungen lassen sich für den Bereich größer (rechts) der Polstelle anstellen.

$$\lim_{\varepsilon \to 0} f(x^{Pol} + \varepsilon) < 0 \quad \Leftrightarrow \quad f(x^{Pol}) \to -\infty$$

$$\lim_{\varepsilon \to 0} f(x^{Pol} + \varepsilon) > 0 \quad \Leftrightarrow \quad f(x^{Pol}) \to +\infty$$

Die Nullstellen einer gebrochen-rationalen Funktion sind die Nullstellen des Zählerpolynoms, wenn nicht gleichzeitig das Nennerpolynom auch eine Nullstelle für diesen Wert besitzt.

x ist eine Nullstelle von $f(x)$, wenn $p_n(x) = 0$ und $q_m(x) \neq 0$ gilt.

8.3 Gebrochen-rationale Funktionen 157

Beispiel 8.7. Die gebrochen-rationale Funktion

$$f(x) = \frac{-3 - 2x + x^2}{x - 1} \quad \text{für } x \in \mathbb{R} \tag{8.11}$$

besitzt zwei Nullstellen $x_1 = -1$ und $x_2 = 3$, die aus Beispiel 8.3 bekannt sind, und eine Polstelle bei $x^{Pol} = 1$ (siehe Abb. 8.2). ☼

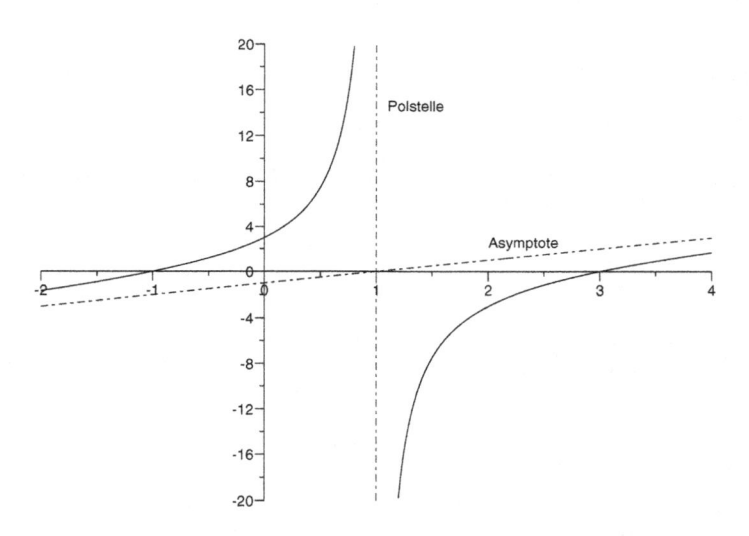

Abb. 8.2: Gebrochen-rationale Funktion (8.11)

Für sehr kleine oder sehr große Werte von x nähert sich eine gebrochen-rationale Funktion einer rationalen Funktion beliebig nahe. Man nennt diese Funktion **Asymptote**. Es sind 3 Fälle zu unterscheiden:

1. Besitzt das Nennerpolynom einen höheren Grad als das Zählerpolynom ($n < m$), so strebt die Funktion $f(x)$ für sehr kleine bzw. sehr große Werte von x offensichtlich gegen Null. Die Asymptote ist in diesem Fall die Abszisse.
2. Sind Zähler- und Nennergrad der Polynome gleich ($n = m$), so ergibt sich unter Anwendung der Regeln für die Grenzwertberechnung eine Konstante als Asymptote $f^{Asy}(x) = \frac{a_n}{b_m}$.
3. Ferner kann noch der Fall auftreten, dass der Zählergrad größer als der Nennergrad ist ($m < n$). Es ergibt sich dann eine asymptotische Funktion aus dem ganzen rationalen Anteil der gebrochen-rationalen Funktion, den man mittels Partialdivision erhält.

Beispiel 8.8. Im Beispiel 8.7 liegt der 3. Fall vor. Die gebrochen-rationale Funktion (8.11) wird mittels Partialdivision in eine rationale Funktion und ein gebrochen-rationales Restglieds zerlegt.

$$
\begin{array}{r}
(x^2 - 2x - 3) \div (x-1) = x - 1 - \frac{4}{x-1} \\
\underline{-\ (x^2 - x)} \\
-x \quad -3 \\
\underline{-\ (x\ +1)} \\
-4
\end{array}
$$

Für sehr kleine und sehr große Werte von x verschwindet das Restglied $\frac{4}{(x-1)}$ und als Asymptote verbleibt die lineare Funktion $f^{Asy}(x) = x - 1$. ☆

Übung 8.2. Ermitteln Sie mittels der Nullstellen, der Polstellen und der Asymptote in groben Zügen den Verlauf der Funktion

$$f(x) = \frac{(x-1)(x+2)^2}{x^2(x^2-16)} \quad \text{für } x \in \mathbb{R}$$

Übung 8.3. Ermitteln Sie mittels der Nullstellen, Polstellen und der Asymptote in groben Zügen den Verlauf der Funktion

$$f(x) = \frac{x^3 + 3x + 5}{x - 2} \quad \text{für } x \in \mathbb{R}$$

Bestimmen Sie die erste Nullstelle erst näherungsweise. Zur Berechnung der zweiten und dritten Nullstelle nehmen Sie für die erste Nullstelle $x_1 = -1.154$ an.

8.4 Folgen

Folgen sind spezielle Funktionen, deren Besonderheit es ist, dass die unabhängige Veränderliche stets aus der Menge der natürlichen Zahlen $\mathbb{N}$ gewählt wird. Eine Funktion, durch die jeder natürlichen Zahl $n \in \mathbb{N}$ (oder einer Teilmenge von $\mathbb{N}$) eine reelle Zahl $a_n \in \mathbb{R}$ zugeordnet wird, heißt eine **Folge**, die mit $[a_n]$ bezeichnet wird.

$$[a_n] = a_1, a_2, \ldots, a_n$$

Die reellen Zahlen $a_1, a_2, \ldots, a_n \in \mathbb{R}$ heißen **Glieder der Folge** mit a_n als dem allgemeinen Glied. In der Funktion wird das Bildungsgesetz der Folge beschrieben, deren Werte die Glieder der Folge sind. Um die Folge zu beschreiben genügt es, das Bildungsgesetz und den Definitionsbereich anzugeben.

Beispiel 8.9. Mit der Funktion

$$[a_n] = \left[\frac{1}{4}\left(n + (-1)^n n\right)\right] \quad \text{für alle } n \in \mathbb{N}$$

wird die Zahlenfolge $0, 1, 0, 2, 0, 3, \ldots$ beschrieben. ☆

Die Folge $[a_n]$ ist von der Menge ihrer Glieder $\{a_n\}$ zu unterscheiden. Bei der Folge ist im Gegensatz zur Menge immer eine Ordnung impliziert, und bei einer Folge können sich die Glieder (Elemente) wiederholen.

Beispiel 8.10. Im Beispiel 8.9 besitzen die Glieder $a_1, a_3, a_5, \ldots$ in der Zahlenfolge $[a_n]$ die gleiche Zahl. Die Menge der Glieder beträgt:

$$\{a_n\} = \mathbb{N}_0$$

☆

Beispiel 8.11. Als taktisches Konzept in Verhandlungen wird gelegentlich das Prinzip «zwei Schritte vor, einen zurück» verfolgt. In Zahlen ausgedrückt, ergibt sich die Folge:

$$[a_n] = \frac{n + \frac{3}{2} - \frac{3}{2}(-1)^n}{2} \quad \text{für alle } n \in \mathbb{N}$$
$$= 2, 1, 3, 2, 4, 3, 5, 4, \ldots$$

☆

Eine Folge wird als **endliche Folge** bezeichnet, wenn die unabhängige Variable n aus einer endlichen Menge gewählt wird. Andernfalls wird sie als **unendliche Folge** bezeichnet. Die arithmetische und die geometrische Folge spielen vor allem in der Finanzmathematik eine wichtige Rolle.

8.4.1 Arithmetische Folge

Bei der arithmetischen Folge ist die Differenz zweier aufeinander folgender Glieder konstant.

$$a_{n+1} - a_n = d \quad \text{mit } d = konst \text{ für alle } n \in \mathbb{N}$$

Das Bildungsgesetz führt auf die Folge

$$[a_n] = a_1, a_1 + d, a_1 + 2d, \ldots, a_1 + (n-1)d$$
$$= [a_1 + (n-1)d] \quad \text{für alle } n \in \mathbb{N}$$

Beispiel 8.12. Die Folge der ungeraden natürlichen Zahlen ist eine arithmetische Folge.

$$[a_n] = [1 + 2(n-1)] \quad \text{für alle } n \in \mathbb{N}$$
$$= 1, 3, 5, 7, 9, \ldots$$

☆

8.4.2 Geometrische Folge

Die andere Folge, die in der Finanzmathematik eine herausragende Position einnimmt, ist die geometrische Folge, bei der der Quotient zweier aufeinander folgender Glieder konstant ist.

$$\frac{a_{n+1}}{a_n} = q \quad \text{mit } q = konst \text{ für alle } n \in \mathbb{N}$$

Das Bildungsgesetz ergibt die Folge:

$$[a_n] = a_1, a_1 q, a_1 q^2, \ldots, a_1 q^{n-1}$$
$$= [a_1 q^{n-1}] \quad \text{für alle } n \in \mathbb{N}$$

Beispiel 8.13. Die Folge der Zweierpotenzen des Dualsystems ist eine geometrische Folge.

$$[a_n] = [2^{n-1}] \quad \text{für alle } n \in \mathbb{N}$$
$$= 1, 2, 4, 8, 16, \ldots \quad \text{mit } a_1 = 1 \text{ und } q = 2$$

☆

Beispiel 8.14. Es wird der Endbetrag eines Kapitals von $a_1 = 100$ € nach 5 Jahren gesucht, der mit einem Zinssatz von 5 Prozent pro Jahr verzinst wird. Nach dem ersten Jahr stehen $a_2 = 100 \times 1.05 = 105$ Euro zur Verfügung. Nach dem zweiten Jahr stehen $a_3 = 105 \times 1.05 = 100 \times 1.05^2 = 110.25$ Euro zur Verfügung. Der Endbetrag beträgt folglich $a_6 = 100 \times 1.05^5 = 127.63$ Euro. Es handelt sich um eine geometrische Folge mit dem Faktor $q = 1.05$ und dem Anfangsglied $a_1 = 100$. ☆

8.5 Reihen

Summiert man sukzessiv die Glieder von Folgen auf, so bildet die Folge der Teilsummen eine Reihe. Ausgangspunkt für die Bildung einer Reihe ist stets eine Zahlenfolge $[a_n]$. Die Summe der ersten n Glieder der Folge ergibt die n-te **Teilsumme** (Partialsumme) s_n.

$$s_n = \sum_{i=1}^{n} a_i = a_1 + a_2 + \ldots + a_n \quad \text{für alle } n \in \mathbb{N}$$

Beispiel 8.15. Es werden auf einem (unverzinsten) Konto mit einem Anfangssaldo von 0 € folgende Ein- und Auszahlungen (in €) vorgenommen:

$$[a_6] = +100, +10, -50, -20, +75, -20$$

Die Ein- und Auszahlungen stellen eine Folge dar. Wird nach jeder Ein- bzw. Auszahlung der Kontostand (Saldo) berechnet, so entsteht eine Folge von Teilsummen.

$$[s_6] = +100, +110, +60, +40, +115, +95$$

☆

Wird nun die Folge der n-ten Teilsummen $[s_n]$ für $n \to \infty$ betrachtet,

$$s = \lim_{n \to \infty}[s_n] = s_1, s_2, \ldots, s_n$$

und existiert der Grenzwert, dann heißt s eine **konvergente Reihe**. Konvergiert die Reihe nicht gegen einen festen Grenzwert, so wird diese als divergent bezeichnet.

Von speziellem Interesse sind in der Finanzmathematik zwei Reihen. Die erste Reihe ist die, die durch regelmäßige Zahlungen desselben Betrags entsteht, d. h. die sich aus der arithmetischen Folge ableitet und entsprechend **arithmetische Reihe** heißt. Die andere Reihe ist diejenige, welche durch eine regelmäßige Zahlung entsteht und verzinst wird. Sie leitet sich aus der geometrischen Folge ab und wird entsprechend **geometrische Reihe** genannt. Für beide Reihen kann der Wert der n-ten Teilsumme, sofern die Reihen endlich sind, angegeben werden.

8.5.1 Arithmetische Reihe

Eine arithmetische Reihe ist durch das Bildungsgesetz einer arithmetischen Folge bestimmt. Die n-te Teilsumme einer arithmetischen Reihe ist durch

$$s_n = a_1 + \underbrace{a_1 + d}_{a_2} + \underbrace{a_1 + 2d}_{a_3} + \ldots + \underbrace{a_1 + (n-1)d}_{a_n}$$

gegeben. Um den Endwert einer arithmetischen Reihe mit n Gliedern zu berechnen, wird die n-te Teilsumme zweimal in umgekehrter Summationsreihenfolge aufgeschrieben und addiert.

$$
\begin{array}{rcccccc}
s_n = & a_1 & + & (a_1 + d) & + \ldots + & (a_1 + (n-1)d) \\
+ \quad s_n = & (a_1 + (n-1)d) & + & (a_1 + (n-2)d) & + \ldots + & a_1 \\
\hline
2s_n = & (2a_1 + (n-1)d) & + & (2a_1 + (n-1)d) & + \ldots + & (2a_1 + (n-1)d)
\end{array}
$$

Nach der Addition der beiden Teilsummen ist jedes Glied gleich, so dass gilt:

$$\begin{aligned} 2s_n &= n(2a_1 + (n-1)d) \\ &= n\big(a_1 + \underbrace{a_1 + (n-1)d}_{a_n}\big) \end{aligned}$$

Über der geschweiften Klammer steht das n-te Glied der arithmetischen Folge a_n, und man erhält für die n-te Teilsumme der arithmetischen Reihe

$$s_n = \frac{n}{2}(a_1 + a_n) \quad \text{mit } a_n = a_1 + (n-1)d$$

Beispiel 8.16. Die einfachste arithmetische Zahlenfolge ist die Folge der natürlichen Zahlen.

$$[a_n] = [n] \quad \text{für alle } n \in \mathbb{N}$$

Die n-te Teilsumme entsteht durch die Addition der ersten n natürlichen Zahlen. Ihr Endwert beträgt

$$s_n = \sum_{i=1}^{n} i = \frac{n(n+1)}{2} \quad \text{für alle } n \in \mathbb{N}$$

Zur Veranschaulichung der Formel wird folgende Zahlenreihe betrachtet:

$$s_6 = 1+2+3+4+5+6 = (1+6)+(2+5)+(3+4) = 3 \times 7 = 21$$

Die Summe des ersten und letzten Reihenglieds, des zweiten und des vorletzten Reihenglieds usw. liefert immer das Ergebnis 7. Statt der Addition kann also 3 mal 7 gerechnet werden.

$$s_6 = \frac{6(6+1)}{2} = 21$$

☼

Beispiel 8.17. Es wird im Januar ein Betrag von 100 € in ein Sparschwein gegeben und dann jeden Folgemonat bis Dezember weitere 50 € eingezahlt. Wie viel Geld befindet sich am Ende des Jahres im Sparschwein? Es liegt folgende arithmetische Folge vor:

$$[a_{12}] = 100, 100 + 1 \times 50, \ldots, 100 + (12-1)50$$

Der Betrag im Sparschwein im Dezember ist durch die 12-te Teilsumme gegeben.

$$s_{12} = \sum_{i=1}^{12} a_i = \frac{12}{2}\left(2 \times 100 + (12-1)50\right) = 4500 \,€$$

☼

8.5.2 Geometrische Reihe

Eine geometrische Reihe ist durch das Bildungsgesetz einer geometrischen Folge bestimmt. Die n-te Teilsumme einer geometrischen Reihe ist durch

$$s_n = a_1 + a_1 q + \ldots + a_1 q^{n-1}$$

gegeben. Der Endwert einer geometrischen Reihe mit n Gliedern berechnet sich wie folgt.

$$
\begin{array}{rl}
s_n q = & a_1 q + \ldots + a_1 q^{n-1} + a_1 q^n \\
- s_n = & -(a_1 + a_1 q + \ldots + a_1 q^{n-1}) \\
\hline
s_n q - s_n = & -a_1 + 0 + \ldots + 0 + a_1 q^n
\end{array}
$$

Als Differenz der beiden Teilsummen erhält man

$$s_n q - s_n = a_1 q^n - a_1,$$

woraus leicht der Endwert der n-ten Teilsumme ermittelt werden kann:

$$s_n = a_1 \frac{q^n - 1}{q - 1} \qquad (8.12)$$

Beispiel 8.18. Es wird jährlich (am Ende eines Jahres) ein Betrag in Höhe von 2 000 € über 7 Jahre zu einem Zinssatz von $i = 5$ Prozent (jährliche nachschüssige Verzinsung) angelegt. Welcher Betrag liegt nach dem 7-ten Jahr vor?

Es handelt sich hier um eine geometrische Reihe, deren 7-te Teilsumme gesucht ist. Hier ist darauf zu achten, dass der Zinssatz i in den Zinsfaktor $q = i + 1$ (siehe Kapitel 9) überführt werden muss, da der Kapitalbetrag im folgenden Jahr $2000 + 2000 \times 0.05$, also $2000(1 + 0.05)$ beträgt.

$$[a_7] = 2000, 2100, 2205, 2315.25, 2431.01, 2552.56, 2680.19$$
$$[s_7] = 2000, 4100, 6305, 8620.25, 11051.26, 13603.83, 16284.02$$
$$s_7 = 2000 \frac{1.05^7 - 1}{1.05 - 1} = 16\,284.02\,\text{€}$$

Am Ende des 7. Jahres liegt auf dem Konto ein Betrag von 16 284.02 € vor. ✫

Für die n-te Teilsumme einer geometrischen Reihe kann auch dann ein Endwert bestimmt werden, wenn n gegen unendlich strebt ($n \to \infty$), sofern $|q| < 1$ vorliegt.

$$\lim_{n \to \infty} s_n = \lim_{n \to \infty} a_1 \frac{q^n - 1}{q - 1}$$
$$= a_1 \lim_{n \to \infty} \left(\frac{q^n}{q-1} - \frac{1}{q-1} \right)$$
$$= a_1 \lim_{n \to \infty} \frac{q^n}{q-1} - a_1 \frac{1}{q-1}$$

Für $|q| < 1$ ist $\lim_{n \to \infty} |q^n| = 0$, so dass gilt:

$$\lim_{n \to \infty} s_n = \frac{a_1}{1 - q}$$

Die Reihe konvergiert für $|q| < 1$; für $|q| > 1$ divergiert sie, wie leicht einzusehen ist. Damit sind die wesentlichen Grundlagen für die folgende Finanzmathematik beschrieben.

Übung 8.4. Berechnen Sie für ein Wirtschaftsgut mit einem Anschaffungswert von 40 000 € und einem Restwert von 2000 € nach 5 Jahren den Abschreibungsbetrag und den Wert im 3. Nutzungsjahr linear und geometrisch-degressiv.

8.6 Fazit

Um ökonomische Zusammenhänge darstellen zu können, werden mathematische Funktionen verwendet. Besondere Funktionsstellen wie Extrempunkte oder Nullstellen werden mit ökonomischen Fragestellungen verbunden.

Folgen sind spezielle Funktionen, deren Definitionsmenge die natürlichen Zahlen sind. Bekannte Folgen sind die arithmetische Folge und die geometrische Folge. Eine Reihe entsteht, wenn man die Folgenglieder sukzessive addiert. Auch hier findet man das Pendant zur arithmetischen und geometrischen Reihe. Die geometrische Reihe ist die Grundlage der Finanzmathematik.

9

Grundlagen der Finanzmathematik

Inhalt

9.1	Vorbemerkung		166
9.2	Tageszählkonventionen		167
9.3	Lineare Zinsrechnung		168
9.4	Exponentielle Zinsrechnung		169
	9.4.1	Nachschüssige exponentielle Verzinsung	169
	9.4.2	Vorschüssige exponentielle Verzinsung	171
	9.4.3	Gemischte Verzinsung	172
	9.4.4	Unterjährige periodische Verzinsung	173
		9.4.4.1 Konformer Zinssatz	173
		9.4.4.2 Relativer Zinssatz	174
9.5	Rentenrechnung		178
	9.5.1	Rentenrechnung mit linearer Verzinsung	178
	9.5.2	Rentenrechnung mit exponentieller Verzinsung	180
		9.5.2.1 Vorschüssige Rente	180
		9.5.2.2 Renditeberechnung mit Scilab	184
		9.5.2.3 Nachschüssige Rente	185
9.6	Besondere Renten		192
	9.6.1	Wachsende Rente	192
	9.6.2	Ewige Rente	193
9.7	Kurs- und Renditeberechnung eines Wertpapiers		194
	9.7.1	Kursberechnung	194
	9.7.2	Renditeberechnung für ein Wertpapier	197
	9.7.3	Berechnung einer Wertpapierrendite mit Scilab	199
	9.7.4	Zinssatzstruktur	200
	9.7.5	Barwertberechnung bei nicht-flacher Zinssatzstruktur	201
	9.7.6	Berechnung von Nullkuponrenditen mit Scilab	203
	9.7.7	Duration	204
	9.7.8	Berechnung der Duration mit Scilab	208
9.8	Annuitätenrechnung		208
	9.8.1	Annuität	208
	9.8.2	Restschuld	211

	9.8.3	Tilgungsrate	212
	9.8.4	Anfänglicher Tilgungssatz	212
	9.8.5	Tilgungsplan	214
	9.8.6	Berechnung eines Tilgungsplans mit Scilab	215
	9.8.7	Effektiver Kreditzinssatz	217
	9.8.8	Berechnung des effektiven Kreditzinssatzes mit Scilab	224
	9.8.9	Mittlere Kreditlaufzeit	225
	9.8.10	Margenbarwert eines Kredits	226
	9.8.11	Berechnung des Margenbartwerts mit Scilab	228
9.9		Investitionsrechnung	231
	9.9.1	Kapitalwertmethode	231
	9.9.2	Methode des internen Zinssatzes	233
	9.9.3	Berechnungen des Kapitalwerts und des internen Zinssatzes mit Scilab	234
	9.9.4	Probleme der Investitionsrechnung	235
	9.9.5	Investitionsrechnung bei nicht-flacher Zinssatzstruktur	237
9.10		Fazit	241

9.1 Vorbemerkung

Der Kern der Finanzmathematik ist die Berechnung einer Summe von verzinsten zukünftigen Zahlungen. Sind diese Zahlungen in der Zeit konstant, dann können sie mit der geometrischen Reihe berechnet werden. Dies liegt in der Rentenrechnung und in der Annuitätenrechnung vor. Variieren die zukünftigen Zahlungsströme (*cash flows*) hingegen, so können sie nicht mehr durch die geometrische Reihenformel (8.12) beschrieben werden. Dies ist der Fall in der Investitionsrechnung.

Zwei Prinzipien sind in der Finanzmathematik besonders wichtig. Das erste ist die Bewertung zukünftiger Zahlungen zum Gegenwartszeitpunkt ($t = 0$), das **Barwertprinzip**. Das zweite ist das **Äquivalenzprinzip**, das die Äquivalenz von Leistungen (Bank-/Kundenleistungen, Gläubiger-/Schuldnerleistungen) fordert. Mit diesem Prinzip wird die Berechnung der Effektivverzinsung, die auch Rendite bzw. im Kontext der Investitionsrechnung interner Zinsfuß heißt, durchgeführt.

Die wichtigsten finanzmathematischen Bezeichnungen sind:

A	Annuität bzw. Kapitaldienst
C_0	Kapitalwert
D	Duration
i	Zinssatz, in der Regel jährlich p. a.[1]
K_0	Anfangskapital
K_t	Restkapital zum Zeitpunkt t
K_n	Endkapital nach der Zeit n
m	Zahl der unterjährigen Perioden
n	Anzahl der Zinsperioden

---

[1] p. a. = per annum. Man spricht auch vom **Zinsfuß**, wenn der Zinssatz in Prozent, also $i \times 100$, angegeben wird.

q	Zinsfaktor. Es gilt: $q = 1 + i$
r	Rente
R_0	Rentenbarwert
R_n	Rentenendwert
t	Zeitpunkt
T_t	Tilgungszahlung zum Zeitpunkt t
Z_t	Zinszahlung zum Zeitpunkt t

9.2 Tageszählkonventionen

In der folgenden Auflistung stehen einige gebräuchliche **Tageszählkonventionen**. Die Zinsperiode kann als reelle Zahl angegeben werden, deren Wert als Bruchteil eines ganzen Jahres interpretiert wird. In der Bezeichnung «Zähler/Nenner» gibt der Zähler die Zählweise für die Tage der Zinsperiode und der Nenner die Zählweise für die Anzahl der Tage innerhalb eines Jahres an.

Grundsätzlich wird ein Zeitraum durch die Differenz der Anzahl der Tage, Monate, Quartale, Jahre plus Eins berechnet. Bei der Berechnung der Zinstage ist es jedoch üblich, den ersten Tag nicht als Zinstag zu zählen. Der Zeitraum vom 02.06. bis zum 05.06. umfasst daher nur 3 Zinstage.

Aufgrund der unterschiedlichen Anzahl von Tagen im Jahr haben sich unterschiedliche Tageszählkonventionen etabliert. Mit *akt* wird die aktuelle Zahl von Tagen bezeichnet.

akt/365: Es wird die tatsächliche Anzahl der Kalendertage zwischen Anfangsdatum und Enddatum gezählt und durch 365 geteilt, um den Zinszeitraum zu erhalten[2].

akt/360: Wie bei *akt*/365 wird die tatsächliche Anzahl der Kalendertage zwischen Anfangsdatum und Enddatum gezählt, das Jahr wird aber mit 360 Tagen festgelegt. Der Euro-Geldmarkt (Interbanken, Devisenterminmarkt) rechnet mit dieser Konvention.

akt/*akt*: Die tatsächliche Anzahl der Kalendertage wird durch die tatsächliche Anzahl der Tage des jeweiligen Jahres geteilt. Diese Tageszählkonvention wird am Anleihen- und Kapitalmarkt verwendet.

30/360: Es wird so gezählt, als hätte jeder Monat 30 und jedes Jahr 360 Tage. Diese Zählkonvention wird in der Regel im Passivgeschäft der Filialbanken mit Privatkunden eingesetzt. Auch ein Teil des Euro-Anleihe- und Zinsswapmarktes verwendet diese Methode.

Allgemein wird die relative Zahl der Zinsperioden durch $\frac{n}{m}$ berechnet, wobei n die Zahl der Zinstage und $m = 365, 360, akt$ die Jahresteilung bezeichnet.

Beispiel 9.1. Für den Zeitraum 17. Februar 2003 bis 22. Oktober 2003 erhält man mit den verschiedenen Tageszählkonventionen folgende Ergebnisse:

---
[2] In manchen Berechnungen wird eine genauere Jahresdauer von 365.25 Tage verwendet.

$$\frac{akt}{365} = \frac{247}{365} = 0.6767$$

$$\frac{akt}{360} = \frac{247}{360} = 0.6861$$

$$\frac{akt}{akt} = \frac{247}{364} = 0.6786$$

$$\frac{30 \times \text{Monate} + \text{Tage}}{360} = \frac{13 + 7 \times 30 + 22}{360} = \frac{245}{360} = 0.6806$$

Anmerkung: Das Jahr 2003 besitzt 365 Tage, aber nur 364 Zinstage (-perioden), da erst nach dem ersten Tag verzinst wird. ☆

9.3 Lineare Zinsrechnung

Die **lineare Zinsrechnung** (auch einfache Verzinsung) (*simple interest*) wird häufig in der Praxis am Geldmarkt eingesetzt, um Zinsen bei unterjährigen Zeiträumen zu berechnen. Die Zinsen aus Zinserträgen (die so genannten Zinseszinsen) sind bei kleinen Beträgen und kurzen Perioden vernachlässigbar klein.

Bei der linearen Zinsrechnung werden die Zinsen multiplikativ aus der relativen Zahl $\frac{n}{m}$ der Zinstage und dem Zinssatz berechnet. m bezeichnet die Anzahl der Tage im Jahr und n die Anzahl der Zinstage. Das Endkapital K_n ist die Summe aus Zinsen und Anfangskapital K_0. Ein Ertrag aus den Zinsen der Vorperiode (Zinseszinsen) wird nicht berücksichtigt.

$$Z_n = K_0 \times i \times \frac{n}{m}$$

$$K_n = K_0 + Z_n = K_0 \left(1 + i \times \frac{n}{m}\right)$$

Beispiel 9.2. Ein Betrag von 100 € wird vom 17.02.2003 bis zum 22.10.2003 (247 Tage) zu einem Zinssatz von $i = 0.06$ angelegt. Wie hoch sind die einfachen Zinsen?

$$Z_{akt/365} = 100 \times 0.06 \times 0.6767 = 4.06 \text{ €}$$

$$Z_{akt/360} = 100 \times 0.06 \times 0.6861 = 4.12 \text{ €}$$

$$Z_{akt/akt} = 100 \times 0.06 \times 0.6786 = 4.07 \text{ €}$$

$$Z_{30/360} = 100 \times 0.06 \times 0.6806 = 4.08 \text{ €}$$

Die Berechnung wurde mit einer größeren Mantisse berechnet als hier angegeben. ☆

Beispiel 9.3. Zahlungsbedingung auf einer Rechnung: Zahlung innerhalb von 10 Tagen mit 2 Prozent Skonto oder Zahlung innerhalb von 30 Tagen ohne Abzug. Welcher einfachen Verzinsung (p. a.) entsprechen 2 Prozent Skonto?

Es liegt eine Schuld in Höhe von K_{30} vor. Diese wird nach 30 Tagen fällig. Es besteht die Möglichkeit, die Schuld bereits nach 10 Tagen zu begleichen. Dann sind nur 98 Prozent des Betrags fällig, also $0.98 \times K_{30}$. Dieser Betrag muss dem Barwert der Schuld K_{30} entsprechen (**Äquivalenzansatz und Barwertprinzip**). Es gilt also

$$\frac{K_{30}}{\left(1+i\frac{20}{360}\right)} \stackrel{!}{=} 0.98 K_{30} \quad \Rightarrow \quad i = \left(\frac{1}{0.98} - 1\right)\frac{360}{20} = 0.3673$$

Zwei Prozent Skonto entsprechen einem jährlichen Zinssatz von 36.73 Prozent. Die Ausnutzung der Zahlungsfrist von 30 Tagen (durch den Schuldner) entspricht also einer Inanspruchnahme eines Kredits mit einem Zinssatz (ohne Zinseszinseffekt) in Höhe 36.73 Prozent. ☼

Die lineare Zinsrechnung ist einfach anzuwenden, aber wenig zufriedenstellend, da keine Zinseszinsen berücksichtigt werden. Zinseszinsen sind die Zinserträge aus früheren Zinszahlungen. Die exponentielle Verzinsung hingegen berücksichtigt Zinseszinsen und bildet die Grundlage für finanzmathematische Anwendungen.

9.4 Exponentielle Zinsrechnung

Bei der exponentiellen Verzinsung (*compound interest*) werden die Zinsen aus den Zinsen, die so genannten **Zinseszinsen** berücksichtigt. Das Anfangskapital wächst damit exponentiell. Man unterscheidet manchmal zwischen einer nachschüssigen Verzinsung und einer vorschüssigen Verzinsung. Bei einer nachschüssigen Verzinsung werden die Zinsen erst am Ende der Periode dem Kapital zugeschlagen; bei einer vorschüssigen Verzinsung werden die Zinsen am Anfang der Periode dem Kapital zugeschlagen. Dies kommt selten vor.

9.4.1 Nachschüssige exponentielle Verzinsung

Bei der **exponentiellen nachschüssigen Verzinsung** werden die Zinsen nach Ablauf der Periode gezahlt. Es erfolgt folgende Kapitalverzinsung:

$$\begin{aligned} K_t &= K_{t-1} + i K_{t-1} \quad \text{für } t = 1, \ldots, n \\ &= K_{t-1}(1+i) = K_{t-1} q \end{aligned} \tag{9.1}$$

Zum Zeitpunkt $t-1$ wird das Kapital ebenfalls verzinst.

$$K_{t-1} = K_{t-2} q$$

Wird K_{t-1} in der Gleichung (9.1) ersetzt, so erhält man:

$$K_t = K_{t-2} q^2$$

Nach n Perioden liegt ein **Endwert** (*future value*) von

$$K_n = K_0 q^n \tag{9.2}$$

vor.

Beispiel 9.4. Ein Betrag von 100 € wird zu 6 Prozent p. a. nachschüssig verzinst über 3 Jahre angelegt. Nach dem ersten Jahr liegt ein Betrag von

$$K_1 = 100 + 100 \times 0.06 = 100 \times 1.06 = 106.00 \, €$$

vor. Nach dem zweiten Jahr wächst das Kapital auf

$$K_2 = 106 \times 1.06 = 100 \times 1.06^2 = 112.36\,€$$

an. Im dritten Jahr liegt ein Kapital von

$$K_3 = 112.36 \times 1.06 = 100 \times 1.06^3 = 119.10\,€$$

vor. ☼

Beispiel 9.5. Durchschnittliche Verzinsung eines Wertpapiers mit Zinsansammlung. Das Wertpapier weist während der Laufzeit folgende jährliche Verzinsung auf:

1997	1998	1999	2000	2001	2002	2003
5.00%	6.50%	7.50%	8.00%	8.00%	8.25%	8.25%

Welche durchschnittliche Verzinsung kann bei einem Anlagezeitraum von 7 Jahren mit dem Wertpapier erzielt werden?

Wählt man das Ende des 7. Jahres als Vergleichszeitpunkt, so ist nach dem durchschnittlichen Zinssatz i gefragt, der nach dem 7. Jahr auf denselben Endbetrag führt wie derjenige, der mittels der Zinstreppe erzielt wird (Äquivalenzansatz). Es wird also die exponentielle Verzinsung des gesuchten Zinssatzes i der exponentiellen Verzinsung der Zinstreppe gleichgesetzt.

$$K_0\, \bar{q}^7 \stackrel{!}{=} K_0 \times \underbrace{1.05 \times 1.065 \times 1.075 \times 1.08 \times 1.08 \times 1.0825 \times 1.0825}_{1.6430}$$

$$\bar{q} = \sqrt[7]{1.6430} = 1.0735 \tag{9.3}$$

Die durchschnittliche Verzinsung beträgt 7.35 Prozent. Eine Geldanlage mit diesem Zinssatz führt zu einem gleichen Zinsertrag wie die in dem Wertpapier angebotene Verzinsung. Daher spricht man in diesem Zusammenhang auch von der Rendite des Schatzbriefs. Die Rechnung in der Gleichung (9.3) wird als **geometrisches Mittel** bezeichnet.

$$\bar{q} = \sqrt[n]{\prod_{i=1}^{n} q_i}$$

☼

Die Auflösung der Gleichung (9.2) nach K_0 liefert den **Barwert** (*present value*). Die Rechnung selbst wird als **Diskontierung** bezeichnet.

$$K_0 = \frac{K_n}{q^n}$$

Die Auflösung der Gleichung (9.2) nach i liefert die Zinssatzberechnung:

9.4 Exponentielle Zinsrechnung   171

$$i = \sqrt[n]{\frac{K_n}{K_0}} - 1$$

Zur Umstellung der Gleichung (9.2) nach *n* muss der Logarithmus verwendet werden.

$$n = \frac{\ln K_n - \ln K_0}{\ln q}$$

9.4.2 Vorschüssige exponentielle Verzinsung

Bei der **vorschüssigen exponentiellen Verzinsung** werden die Zinsen am Anfang der Periode dem Kapital zugesetzt; das Kapital wird zu Beginn der Periode verzinst, was eher selten ist. Sie wird manchmal zur Diskontierung von Wechseln oder bei der Kreditaufnahme angewendet. Es gilt also:

$$K_t = K_{t-1} + i K_t \quad \text{für } t = 1, \ldots, n$$
$$= \frac{K_{t-1}}{1-i} = \frac{K_{t-2}}{(1-i)^2} = \ldots$$

Das Ersetzen der Zähler $K_{t-1}, K_{t-2}, \ldots$ bis K_0 führt dann zu folgender Formel:

$$K_n = \frac{K_0}{(1-i)^n} \tag{9.4}$$

Beispiel 9.6. Ein Betrag von 100 € wird zu 6 Prozent p. a. vorschüssig verzinst über 3 Jahre angelegt. Nach dem ersten Jahr liegt ein Betrag von

$$K_1 = \frac{100}{1 - 0.06} = 106.38 \, \text{€}$$

vor. Nach dem zweiten Jahr wächst das Kapital auf

$$K_2 = \frac{106.38}{1 - 0.06} = \frac{100}{(1 - 0.06)^2} = 113.17 \, \text{€}$$

an. Im dritten Jahr liegt ein Kapital von

$$K_3 = \frac{113.17}{1 - 0.06} = \frac{100}{(1 - 0.06)^3} = 120.40 \, \text{€}$$

vor.   ☆

Anstatt die Berechnungsformel (9.4) bei der vorschüssigen Verzinsung mit dem Zinssatz *i* zu verwenden, kann man auch die Formel (9.2) der nachschüssigen Verzinsung mit dem nachschüssigen Ersatzzinssatz i^* heranziehen. Zum Zeitpunkt $t = 1$ gilt:

$$K_0 (1 + i^*) \stackrel{!}{=} \frac{K_0}{1-i} \quad \Rightarrow \quad i^* = \frac{i}{1-i} \tag{9.5}$$

Liegt eine vorschüssige Verzinsung bei einem jährlichen Zinssatz *i* vor, so wird der Zinssatz i^* auch als **nachschüssiger Ersatzzinssatz** bezeichnet.

Beispiel 9.7. Welcher nachschüssige Zinssatz i^* wäre nötig, damit das Kapital von 100 € in drei Jahren auf 120.40 € anwächst?

$$100(1+i^*)^3 \stackrel{!}{=} 120.40$$

$$i^* = \sqrt[3]{\frac{120.40}{100}} - 1 = 0.06382$$

Alternativ kann der Ersatzzinssatz auch aus (9.5) berechnet werden:

$$i^* = \frac{0.06}{1-0.06} = 0.06382$$

☼

Im Allgemeinen und so auch im folgenden Text wird von einer nachschüssigen Verzinsung ausgegangen.

9.4.3 Gemischte Verzinsung

Für Zinsperioden, die sich aus unterjährigen Abschnitten und ganzjährigen Abschnitten zusammensetzen, wird für die Periodenabschnitte unter einem Jahr in der Praxis vielfach die einfache Verzinsung eingesetzt. Für die ganzjährigen Zinsperiodenabschnitte wird die exponentielle Verzinsung angewendet. Die einzelnen Zinsperioden werden multiplikativ verkettet.

Beispiel 9.8. Auf welchen Betrag wächst ein Kapital von 2000 € an, das bei 6 Prozent Zinsen vom 17.02.2000 bis 22.10.2003 angelegt wird?

Der Zeitraum wird in drei Abschnitte unterteilt. Der erste unterjährige Zeitraum geht vom 17.02.2000 bis zum 31.12.2000 und besitzt 319 Tage (mit 366 Tagen in 2000). Der zweite Zeitraum vom 01.01.2001 bis zum 31.12.2002 beträgt 2 Jahre (mit jeweils 365 Tagen) und der dritte Zeitraum vom 01.01.2003 bis zum 22.10.2003 hat 295 Tage (mit 365 Tagen in 2003). Wird mit der Tageszählkonvention $\frac{akt}{akt}$ gearbeitet, so ergibt sich folgendes Endkapital:

$$K_n = 2000 \underbrace{\left(1 + 0.06 \times \frac{319}{366}\right)}_{\text{1. Zeitraum}} \underbrace{1.06^2}_{\text{2. Zeitraum}} \underbrace{\left(1 + 0.06 \times \frac{295}{365}\right)}_{\text{3. Zeitraum}}$$

$$= 2479.39 \,€$$

☼

Wird eine andere Tageszählkonvention verwendet, so ergibt sich ein anderes Ergebnis im obigen Beispiel.

9.4.4 Unterjährige periodische Verzinsung

Bei der **unterjährigen Verzinsung** (*more frequent compounding*) ist die Zinsperiode kürzer als ein Jahr (Halbjahre, Quartale, Monate, Tage). Die Perioden innerhalb des Jahres werden mit

$$m = \{2, 4, 12, 52, 365\}$$

bezeichnet. Im angelsächsischen Finanzmarkt wird häufig mit halbjährigen Zinszahlungen gearbeitet. Man unterscheidet zwei Formen der Umrechnung des jährlichen auf einen unterjährigen Zinssatz.

1. Eine exakte Umrechnung des jährlichen Zinssatzes bei Anwendung der exponentiellen Verzinsung auf eine unterjährige Periode wird mit dem **konformen Zinssatz** vorgenommen.
2. Eine in der Praxis weit verbreitete Annäherung eines jährlichen auf einen unterjährigen Zinssatz ist die Berechnung eines **relativen Zinssatzes**.

9.4.4.1 Konformer Zinssatz

Der **konforme Zinssatz** für die Teilperiode m ergibt sich aus der konsequenten Anwendung der exponentiellen Verzinsung. Die Methode wird auch als **ISMA-Methode**[3] bezeichnet. Der **Jahreszinssatz** i muss einer exponentiellen unterjährigen Verzinsung entsprechen.

$$\left(1 + i_m^{kon}\right)^m \stackrel{!}{=} 1 + i$$

Die Auflösung der Gleichung nach i_m^{kon} liefert den konformen unterjährigen Zinssatz.

$$i_m^{kon} = \sqrt[m]{1+i} - 1$$

Aus dem konformen Zinssatz für die Teilperiode m kann der Jahreszinssatz wie folgt berechnet werden:

$$i = \left(1 + i_m^{kon}\right)^m - 1$$

Beispiel 9.9. Der Jahreszinssatz beträgt 6 Prozent p. a. Der konforme Quartalszinssatz ($m = 4$) berechnet sich wie folgt:

$$i_4^{kon} = \sqrt[4]{1.06} - 1 = 0.0147 \Rightarrow 1.47 \text{ Prozent pro Quartal}$$

Wird dieser Zinssatz wieder auf ein Jahr hochgerechnet, so erhält man wieder den Zinssatz von 6 Prozent.

$$i = \left(\sqrt[4]{1.06}\right)^4 - 1 = 1.0147^4 - 1 = 0.06$$

☼

---
[3] ISMA: International Securities Market Association

Beispiel 9.10. Eine finanzmathematisch konsistente Berechnung für das Beispiel 9.8 besteht darin, bei einem Jahreszinssatz von 6 Prozent den Kapitalbetrag über den konformen Tageszinssatz zu berechnen. Dabei werden dann die Zinstage insgesamt als Zinsperioden angegeben. Im vorliegenden Beispiel sind es $319 + 2 \times 365 + 295 = 1344$ Zinstage.

$$q_{365} = \sqrt[365]{1.06} = 1.00015965$$
$$K_n = 2000\, q_{365}^{1344} = 2\,478.63\, €$$

Der Grund für die unterschiedlichen Beträge wird im folgenden Kapitel erklärt.

☼

9.4.4.2 Relativer Zinssatz

In der Praxis wird häufig der **relative Zinssatz** verwendet, der allerdings zu finanzmathematisch inkonsistenten Ergebnissen führt. Diese Vorgehensweise wird als **US-Methode** bezeichnet. Dass der relative Zinssatz dennoch häufig in der Praxis eingesetzt wird, kann nur mit dem Hang zum linearen, proportionalen Denken erklärt werden.

Der relative Zinssatz berechnet sich aus folgender Überlegung: Ein Kapital K_0 wird zu einem Zinssatz i (p. a.) verzinst, wobei der Zins nicht jährlich, sondern innerhalb des Jahres schon nach m Perioden berechnet wird. Es wird dann der m-te Teil des Zinses $\frac{i}{m}$ auf die Teilperioden angewendet.

$$i_m^{rel} = \frac{i}{m}$$

Wird nun die relative Verzinsung auf jede Teilperiode angewendet, dann tritt der Zinseszinseffekt nach jeder Teilperiode auf und es fallen Zinseszinsen an. Der Betrag des so angelegten Kapitals wird einer Anlage mit einer jährlichen Verzinsung gleichgesetzt.

$$\left(1 + i_m^{rel}\right)^m \stackrel{!}{=} (1 + i^{eff})$$

Die Auflösung der Gleichung nach i^{eff} liefert den **effektiven Jahreszinssatz** (*effective annual interest rate*) mit relativer Berechnungsweise.

$$i^{eff} = \left(1 + \frac{i}{m}\right)^m - 1 \tag{9.6}$$

Der effektive Jahreszinssatz liegt stets über dem Nominalzinssatz i. Eine finanzmathematisch widerspruchsfreie Vorgehensweise liefert nur die Rechnung mit dem konformen Zinssatz.

Beispiel 9.11. Gegeben sei ein nomineller Jahreszinssatz von 6 Prozent. Der vierteljährliche relative Zinssatz beträgt:

$$i_4^{rel} = \frac{0.06}{4} = 0.015$$

Bei vierteljährlichem Zinszuschlag von 1.5 Prozent ergibt sich der effektive Jahreszinssatz von:

$$i^{eff} = 1.015^4 - 1 = 0.0614$$

Die viermalige Anwendung des relativen Quartalszinssatzes von 1.5 Prozent führt zu einem jährlichen Effektivzinssatz von 6.14 Prozent und nicht zu 6 Prozent nominal. Wird zum Beispiel ein Kapital von 100 € für ein Jahr angelegt und nach jedem Quartal zu 1.5 Prozent verzinst, ergibt sich ein Endkapital von

$$K_1 = 100 \times 1.015^4 = 106.14\,\text{€}.$$

Wird hingegen der konforme Quartalszinssatz von 1.47 Prozent aus dem Beispiel 9.9 verwendet, stellt sich das gleiche Ergebnis wie bei einer jährlichen Verzinsung ein. Diese Rechnung ist konsistent.

$$K_1 = 100 \left(\sqrt[4]{1.06}\right)^4 = 106\,\text{€}$$

☼

Beispiel 9.12. Die Anwendung des relativen Zinssatzes mit den Angaben im Beispiel 9.10 führt zu folgendem Ergebnis:

$$q_m^{rel} = \left(1 + \frac{0.06}{365}\right)^{1344}$$
$$K_n = 2000\, q_m^{rel} = 2\,494.43\,\text{€}$$

Das Ergebnis fällt aufgrund des größeren Tageszinssatzes höher aus als im Beispiel 9.10 errechnet. ☼

Beispiel 9.13. Für einen Kredit wird eine vierteljährliche Zahlungsweise vereinbart. Bei einem Zinssatz von 3.5 Prozent p. a. und einer relativen Umrechnung des Zinssatzes auf die vierteljährliche Zahlunsgweise beträgt der effektive Jahreszinssatz nach Gleichung (9.6):

$$i^{eff} = \left(1 + \frac{0.035}{4}\right)^4 - 1 = 0.0355$$

Der effektive Jahreszinssatz beträgt damit 3.55 Prozent. ☼

Achtung: Bei manchen Angeboten wird der Zinssatz auf eine unterjährige Periode, z. B. ein Vierteljahr bezogen.

Beispiel 9.14. Ein vierteljähriger Zinssatz von 3.5 Prozent führt zu einem jährlichen Zinssatz von 14.75 Prozent.

$$i^{eff} = (1 + 0.035)^4 - 1 = 0.1475$$

☼

9 Grundlagen der Finanzmathematik

Die Hochrechnung von unterjährigen auf eine jährliche Änderungsrate wird als **Annualisierung von Wachstumsraten** bezeichnet.

Beispiel 9.15. Bei einer Aktie wird innerhalb von 10 Tagen ein Kursgewinn von 2 Prozent verzeichnet. Wie hoch wäre der jährliche Zuwachs (bei 360 Tagen), wenn der Kurs weiterhin mit 2 Prozent steigen würde?

$$i^{ann} = \left(1 + \frac{i \times akt}{360}\right)^{360} - 1$$

$$= \left(1 + \frac{0.02 \times 10}{360}\right)^{360} - 1 = 0.2213$$

Der jährliche Zuwachs würde bei 22.13 Prozent liegen. ✧

Wird nun die unterjährige Verzinsung auf n Jahre angewendet, so ist das Endkapital $K_{n \times m}$ mit dem relativen Zinssatz wie folgt zu berechnen:

$$K_{n \times m} = K_0 \left(1 + \frac{i}{m}\right)^{n \times m}$$

Beispiel 9.16. Es wird ein Kapital von $K_0 = 10000\,€$ auf $n = 3$ Jahre zu einem Zinssatz von $i = 0.06$ p.a. angelegt. Wie hoch ist das Endkapital, wenn es jährlich ($m=1$), halbjährlich ($m=2$), vierteljährlich ($m=4$), monatlich ($m=12$) und täglich ($m=365$) verzinst wird?

$$m = 1: \quad K_{3 \times 1} = K_0\, 1.06^3 = 11\,910.16\,€$$

$$m = 2: \quad K_{3 \times 2} = K_0 \left(1 + \frac{0.06}{2}\right)^{3 \times 2} = 11\,940.52\,€$$

$$m = 4: \quad K_{3 \times 4} = K_0 \left(1 + \frac{0.06}{4}\right)^{3 \times 4} = 11\,956.18\,€$$

$$m = 12: \quad K_{3 \times 12} = K_0 \left(1 + \frac{0.06}{12}\right)^{3 \times 12} = 11\,966.80\,€$$

$$m = 365: \quad K_{3 \times 365} = K_0 \left(1 + \frac{0.06}{365}\right)^{3 \times 365} = 11\,971.99\,€$$

Wird mit dem konformen Zinssatz gerechnet, so ergibt sich stets der gleiche Betrag von $11\,910.16\,€$. Das Ergebnis ist invariant gegenüber der Zahl der unterjährigen Zinsperioden.

$$K_3 = K_0\, 1.06^3 = K_0 \left(\sqrt[2]{1.06}\right)^{3 \times 2} = K_0 \left(\sqrt[4]{1.06}\right)^{3 \times 4} = K_0 \left(\sqrt[12]{1.06}\right)^{3 \times 12}$$

$$= K_0 \left(\sqrt[365]{1.06}\right)^{3 \times 365} = 11\,910.16\,€$$

✧

9.4 Exponentielle Zinsrechnung

Aus der unterjährigen relativen Verzinsung entsteht die **stetige Verzinsung**, wenn $m \to \infty$, d. h. $\frac{1}{m} \to 0$ strebt. Wenn nun $m \to \infty$ gilt, wächst dann das Endkapital unendlich an? Der Grenzwert von

$$\lim_{m \to \infty} \left(1 + \frac{1}{m}\right)^m = e \approx 2.718282$$

ist endlich und wird als **Eulersche Zahl** bezeichnet. Daher ist eine relative Verzinsung über unendlich viele kleine Teilperioden mit folgendem Zinsfaktor verbunden:

$$\lim_{m \to \infty} \left(1 + \frac{i}{m}\right)^m = e^i$$

Folglich besitzt das Endkapital, auch wenn es in unendlich vielen Teilperioden – also stetig – verzinst wird, einen endlichen Endwert.

$$K_{n,\infty} = K_0\, e^{i \times n}$$

Beispiel 9.17. Für die Angaben in Beispiel 9.16 ergibt sich bei stetiger Verzinsung ein Endkapital von

$$K_{n,\infty} = 10000\, e^{0.06 \times 3} = 11\,972.17\,€$$

☆

Welcher stetige Zinssatz i^{stetig} führt zum gleichen Endwert wie die jährliche Verzinsung mit i Prozent?

$$K_0\, e^{i^{stetig} n} \stackrel{!}{=} K_0\, (1+i)^n$$

Das Auflösen der obigen Gleichung nach i^{stetig} liefert das gesuchte Ergebnis:

$$i^{stetig} = \ln(1+i)$$

Beispiel 9.18. Für einen Zinssatz von $i = 0.06$ berechnet sich ein stetiger Zinssatz von:

$$i^{stetig} = \ln(1+0.06) = 0.0583$$

Dieser Zinssatz entspricht einer stetigen Verzinsung. Wird das Kapital von $10000\,€$ mit diesem stetigen Zinssatz verzinst, so erhält man das gleiche Ergebnis wie in Beispiel 9.16 bei konformer Verzinsung, weil $e^{3 \ln 1.06} = 1.06^3$ ist.

$$K_{n,\infty} = 10000\, e^{0.0583 \times 3} = 11910.16\,€$$

☆

Übung 9.1. Bestimmen Sie, durch welche Summe man heute eine Zahlung von $1000\,€$, die erst in 2 Jahren fällig wird, ablösen kann? Der Marktzinssatz beträgt 7 Prozent p. a.

Übung 9.2. Berechnen Sie für den Zinssatz von 7 Prozent p. a. den relativen und den konformen Monatszinssatz.

9.5 Rentenrechnung

Unter einer Rente versteht man eine Reihe von gleichen Zahlungen, die regelmäßig geleistet werden. Eine einzelne Zahlung heißt **Rentenrate** (*annuity*) oder Rate und wird hier mit r bezeichnet.

In der Rentenrechnung betrachtet man die Situation, dass eine Zahlung in Höhe von r € regelmäßig eingezahlt und verzinst wird. Die Fragen, die sich aus dieser Situation ergeben, sind folgende:

1. Wie hoch ist dann der Rentenendwert R_n?
2. Wie hoch ist der Rentenbarwert R_0?
3. Wie hoch ist die Rentenrate r, wenn ein Kapital K_0 bei einer gegebenen Verzinsung in n Jahren aufgezehrt wird?
4. Wie viele Jahre n kann ein Kapital K_0 bei gegebener Verzinsung mit einer Rente in Höhe von r belastet werden?
5. Wie hoch ist die Verzinsung i einer Rente bei gegebenem Rentenendwert und Zeitraum?

Bei der Beantwortung der Fragen ist zu beachten, ob die Zahlungen am Beginn oder am Ende der Periode geleistet werden. Man spricht dann von vorschüssigen (praenumerando) Renten und nachschüssigen (postnumerando) Renten. Es wird zuerst die vorschüssige Rente betrachtet.

9.5.1 Rentenrechnung mit linearer Verzinsung

Die lineare Verzinsung wird in der Praxis eingesetzt, um einen Endwert einer Rentenzahlung innerhalb der Jahresfrist zu berechnen. Der Zinseszinseffekt bleibt dabei aber unberücksichtigt. Eine Berechnung unterjähriger Rentenzahlungen mit Zinseszinseffekt erfolgt mit der exponentiellen Rentenrechnung.

Es wird nach dem **Rentenendwert R^{vor} bei linearer Verzinsung** gefragt, der bei Zahlung von n Raten in Höhe von r^{vor}, die zu Monatsbeginn eingezahlt werden, entsteht. Die erste Rate r^{vor} wird n Perioden mal verzinst; die zweite Rate $n-1$ Perioden mal usw.

$$R_n^{vor} = r^{vor} \left(\left[1 + i\frac{n}{m}\right] + \left[1 + i\frac{n-1}{m}\right] + \ldots + \left[1 + i\frac{1}{m}\right] \right)$$
$$= r^{vor} \left(n + \frac{i}{m} \sum_{t=1}^{n} t \right) = r^{vor} \left(n + \frac{i}{m} \frac{n(n+1)}{2} \right) \qquad (9.7)$$

In der letzten Zeile von (9.7) wird der Endwert einer arithmetischen Reihe von

$$\sum_{t=1}^{n} t = \frac{n(n+1)}{2}$$

eingesetzt.

Beispiel 9.19. Es werden 15 Raten von $r^{vor} = 5\,€$ zu einem Zinssatz von $i = 0.06$ angelegt. Es wird mit $\frac{akt}{360}$ gerechnet. Wie hoch ist der Rentenendwert?

$$R_n^{vor} = 5\left(15 + \frac{0.06}{360}\,\frac{15\,(15+1)}{2}\right) = 75.10\,€$$

☆

Werden die Raten r^{nach} erst am Monatsende gezahlt, wird die erste Rate nur $n-1$-mal verzinst und die Verzinsung der letzten Rate entfällt. Der **Rentenendwert** ist dann

$$R_n^{nach} = r^{nach}\left(n + \frac{i}{m}\,\frac{n(n-1)}{2}\right) \tag{9.8}$$

Der Barwert eines Rentenendwerts ist bei linearer Diskontierung

$$R_0 = \frac{R_n}{1+\frac{i}{m}n}$$

Somit sind die beiden Rentenbarwerte

$$R_0^{vor} = r^{vor}\,\frac{\left(n+\frac{i}{m}\,\frac{n(n+1)}{2}\right)}{1+\frac{i}{m}n} \qquad R_0^{nach} = r^{nach}\,\frac{\left(n+\frac{i}{m}\,\frac{n(n-1)}{2}\right)}{1+\frac{i}{m}n} \tag{9.9}$$

Die Gleichungen (9.7) und (9.8) können auch nach r und i umgestellt werden. In der Regel werden aufgrund des Barwertprinzips die Gleichungen (9.9) dazu verwendet.

$$r^{vor} = R_0^{vor}\,\frac{1+\frac{i}{m}n}{n+\frac{i}{m}\,\frac{n(n+1)}{2}} \qquad r^{nach} = R_0^{nach}\,\frac{1+\frac{i}{m}n}{n+\frac{i}{m}\,\frac{n(n-1)}{2}}$$

$$i = \frac{R_0^{vor} - rn}{\frac{r^{vor}}{m}\,\frac{n(n+1)}{2} - R_0^{vor}\,\frac{n}{m}} \qquad i = \frac{R_0^{nach} - rn}{\frac{r^{nach}}{m}\,\frac{n(n-1)}{2} - R_0^{nach}\,\frac{n}{m}}$$

Die Berechnung von n aus den Gleichungen (9.9) ist die Lösung einer quadratischen Gleichung. Für die vorschüssige Rente mit linearer Verzinsung ist die Formel

$$n = -\frac{mr + \frac{ir}{2} - iR_0^{vor}}{ir} + \sqrt{\left(\frac{mr + \frac{ir}{2} - iR_0^{vor}}{ir}\right)^2 + \frac{2mR_0^{vor}}{ir}}$$

und für die nachschüssige Rente lautet die Formel

$$n = -\frac{mr - \frac{ir}{2} - iR_0^{nach}}{ir} + \sqrt{\left(\frac{mr - \frac{ir}{2} - iR_0^{nach}}{ir}\right)^2 + \frac{2mR_0^{nach}}{ir}}$$

9.5.2 Rentenrechnung mit exponentieller Verzinsung

9.5.2.1 Vorschüssige Rente

Eine vorschüssige Rente mit exponentieller Verzinsung tritt zum Beispiel bei Sparverträgen oder Rentenzahlungen aus Kapitalanlagen auf. Sie wird am Periodenanfang geleistet. Die Grundstruktur der Zahlungen ist in Abb. 9.1 angegeben. Die Rentenzahlung erfolgt n-mal. Die Leistung zu Beginn der ersten Periode wird n-mal verzinst. Die Leistung zu Beginn der n-ten Periode wird einmal verzinst.

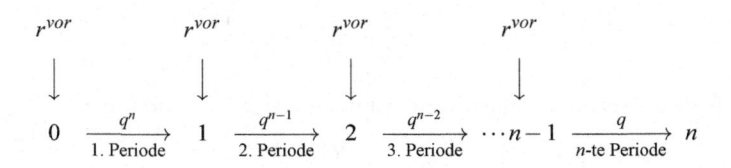

Abb. 9.1: Grundstruktur einer vorschüssigen Rente

In Abb. 9.2 sind die zwei Grundformen einer Rentenstruktur aufgezeichnet. In der oberen Abbildung wird ein Sparplan dargestellt. Ein Gläubiger zahlt über n Perioden Raten der Höhe r ein. Zum Zeitpunkt n hat der Schuldner (zum Beispiel eine Bank) das Ersparte (Rentenendwert) R_n^{vor} auszuzahlen. Die Leistungen des Gläubigers müssen den verzinsten Leistungen des Schuldners entsprechen.

In der unteren Abbildung ist ein Rentenplan aufgezeigt. Zum Zeitpunkt $t = 0$ wird ein Kapitalbetrag (Rentenbarwert) R_0^{vor} an eine Bank (Schuldner) gezahlt. Diese zahlt an den Gläubiger über n Perioden Raten in Höhe von r aus.

Nun kann der ersten Frage nachgegangen werden: Wie hoch ist der **Rentenendwert einer vorschüssigen Rente** (*future value*)? Er ist das Äquivalent für n zu zahlende Rentenraten zum Zeitpunkt n, der sich aus dem Endwert einer geometrischen Reihe berechnet (siehe Gleichung 8.12).

$$\begin{aligned} R_n^{vor} &= r^{vor} q^n + r^{vor} q^{n-1} + \ldots + r^{vor} q^2 + r^{vor} q \\ &= r^{vor} q \left(q^{n-1} + q^{n-2} + \ldots + q + 1 \right) \\ &= r^{vor} \underbrace{q \frac{q^n - 1}{q - 1}}_{\text{Rentenendwertfaktor}} \end{aligned} \quad (9.10)$$

Der Rentenendwertfaktor einer vorschüssigen Rente gibt an, wie groß der Endwert einer n-mal vorschüssig gezahlten Rente in Höhe von 1 € bei einem Zinssatz von i ist.

Der **Rentenbarwert einer vorschüssigen Rente** (*present value*) ist der diskontierte Rentenendwert.

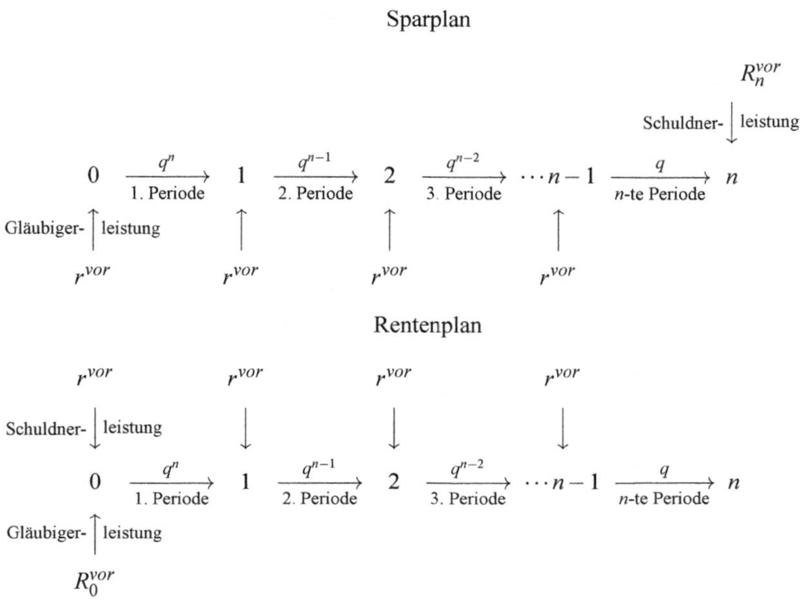

9.5 Rentenrechnung

Sparplan

```
                                                                    R_n^{vor}
                                                        Schuldner- ↓ leistung
     0  --q^n-->  1  --q^{n-1}-->  2  --q^{n-2}--> ··· n-1  --q-->  n
        1. Periode    2. Periode       3. Periode      n-te Periode
Gläubiger- ↑ leistung   ↑              ↑               ↑
     r^{vor}         r^{vor}         r^{vor}         r^{vor}
```

Rentenplan

```
     r^{vor}         r^{vor}         r^{vor}         r^{vor}
Schuldner- ↓ leistung  ↓              ↓               ↓
     0  --q^n-->  1  --q^{n-1}-->  2  --q^{n-2}--> ··· n-1  --q-->  n
        1. Periode    2. Periode       3. Periode      n-te Periode
Gläubiger- ↑ leistung
     R_0^{vor}
```

Abb. 9.2: Struktur vorschüssiger Renten

$$R_0^{vor} = \frac{1}{q^n} R_n^{vor} = r^{vor} \underbrace{\frac{q}{q^n} \frac{q^n - 1}{q - 1}}_{\text{Rentenbarwertfaktor}} \tag{9.11}$$

Die Frage nach der Rentenhöhe wird durch die Auflösung der Gleichung (9.10) bzw. (9.11) nach r^{vor} bei gegebenem Endwert R_n^{vor} bzw. Barwert R_0^{vor}, Perioden n und Zinsfaktor q gelöst.

$$r^{vor} = R_n^{vor} \frac{1}{q} \frac{q-1}{q^n-1} = R_0^{vor} \frac{q^n}{q} \frac{q-1}{q^n-1} \tag{9.12}$$

Beispiel 9.20. Ein 50-jähriger Angestellter schließt einen Sparplan ab, bei dem er über 15 Jahre hinweg jährlich vorschüssig $r^{vor} = 3000\,€$ einzahlt und dafür ab seinem 65. Lebensjahr 10 Jahre lang vorschüssig einen bestimmten Betrag erhalten wird. Wie hoch ist dieser Betrag bei einer angenommenen Verzinsung von 6 Prozent in der Sparphase und 7 Prozent in der Rentenphase?

Die Beantwortung der Frage erfolgt in zwei Schritten. Zuerst wird der Rentenendwert einer vorschüssigen Rente berechnet, wobei hier $q = 1.06$ und $n = 15$ Jahre gilt.

$$R_{15}^{vor} = 3000 \times 1.06 \frac{1.06^{15} - 1}{1.06 - 1} = 74017.58\,€$$

Dieser Rentenendwert stellt gleichzeitig den Barwert für die Auszahlungsphase dar. Mit $q = 1.07$ und $n = 10$ Jahren errechnet sich nach Gleichung (9.12) eine Rentenrate von:

$$r^{vor} = 74017.58 \frac{1.07^{10}}{1.07} \frac{1.07 - 1}{1.07^{10} - 1} = 9849.01 \,€\,/\,\text{Jahr}$$

☼

Wie viele Jahre kann das Kapital K_0 bei gegebener Verzinsung mit der Rente r belastet werden? Die Antwort auf diese Frage findet sich leicht, wenn die Gleichung (9.10) bzw. (9.11) nach n aufgelöst wird. Bei gegebenen q, R_n^{vor} bzw. R_0^{vor} und r^{vor} ist dann die Zahl der Zinsperioden n bestimmbar. Die Schritte der Umstellung nach n für die Gleichung (9.10) sind wie folgt:

$$\frac{R_n^{vor}}{r^{vor}} \frac{q-1}{q} + 1 = q^n \quad \Leftrightarrow \quad n = \frac{1}{\ln q} \ln\left(\frac{R_n^{vor}}{r^{vor}} \frac{q-1}{q} + 1\right)$$

Die Umstellung der Gleichung (9.11) nach n erfolgt analog.

$$n = \frac{1}{\ln q} \ln\left(\frac{r^{vor} q}{r^{vor} q - R_0^{vor}(q-1)}\right)$$

Beispiel 9.21. Wird ein Kapitalbetrag in Höhe von $R_0^{vor} = 74071.58\,€$ zu einem Zinssatz von 7 Prozent angelegt und jährlich zu Beginn des Jahres eine Rente von $r^{vor} = 9849.01\,€$ entnommen, so wird das Kapital innerhalb von

$$n = \frac{1}{\ln 1.07} \ln\left(\frac{9849.01 \times 1.07}{9849.01 \times 1.07 - 74017.58 \times 0.07}\right) = 10\,\text{Jahren}$$

aufgezehrt. Dies war genau die Vorgabe im Beispiel 9.20. ☼

Wie hoch ist die Verzinsung i der Rente bei gegebenem Rentenendwert und Zeitraum n? Die Beantwortung dieser letzten Frage ist schwieriger. Eine Auflösung der Gleichung (9.11) nach q ist für $n > 2$ im Allgemeinen nicht möglich. Daher wird die Gleichung so umgestellt, dass sich ein Nullstellenproblem ergibt (implizite Funktion), das mit einem entsprechenden Verfahren (regula falsi, Newton-Verfahren) gelöst werden kann. Allerdings ist eine exakte Lösung des Problems nicht möglich. Die reellen Nullstellen der Gleichung (9.13) liefern die gesuchte Verzinsung. Man spricht hier auch von der Rendite des Kapitals, weil die Verzinsung aus den restlichen Größen bestimmt wird. Insbesondere wenn das Kapital durch Gebühren, Steuern etc. belastet wird, muss zwischen der **Nominalverzinsung**, die zum Beispiel durch eine Bank garantiert wird, und der **Rendite** (oder **Effektivverzinsung**) (*yield*) unterschieden werden. Die Effektivverzinsung wird mit dem **Äquivalenzansatz der Barwerte**

$$R_0^{vor} \stackrel{!}{=} r^{vor} \frac{q}{q^n} \frac{q^n - 1}{q - 1}$$

gelöst. Die Gleichung wird als implizite Funktion umgeschrieben, so dass ein Nullstellenproblem zu lösen ist.

9.5 Rentenrechnung

$$q^{n+1} - \frac{R_0^{vor}}{R_0^{vor} - r^{vor}} q^n + \frac{r^{vor}}{R_0^{vor} - r^{vor}} q \stackrel{!}{=} 0 \qquad (9.13)$$

Beispiel 9.22. Ein Kapital von $R_0^{vor} = 74017.58\,€$ soll in $n = 10$ Jahren durch eine Rente von $r^{vor} = 9849.01\,€$ aufgebraucht werden. Wie hoch muss die Rendite (Effektivverzinsung) sein?

Aus dem Äquivalenzansatz

$$74017.58 \stackrel{!}{=} 9849.01 \frac{q}{q^{10}} \frac{q^{10} - 1}{q - 1}$$

erhält man das Polynom zur Renditeberechnung.

$$C_0(q) = q^{11} - \frac{74017.58}{74017.58 - 9849.01} q^{10} + \frac{9849.01}{74017.58 - 9849.01} q \stackrel{!}{=} 0 \qquad (9.14)$$

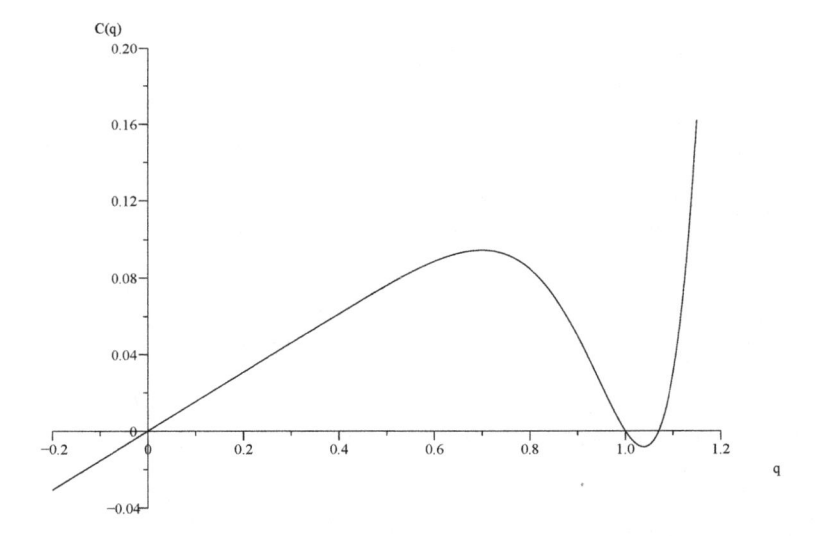

Abb. 9.3: Polynom $C_0(q)$ (9.14) zur Renditebestimmung

Eine der reellen Nullstellen der Gleichung (9.14) liefert die gesuchte Rendite (siehe Abb. 9.3). Mit dem Programm Scilab können die Nullstellen schnell berechnet werden. Die Programmanweisungen stehen im nächsten Abschnitt.

Mit der regula falsi erhält man nach dem ersten Iterationsschritt folgendes Ergebnis, wenn als Startwerte $\{q_1 = 1.06, q_2 = 1.08\}$ gewählt werden:

$$C_0(1.06) = 1.06^{11} - \frac{74017.58}{74017.58 - 9849.01} 1.06^{10}$$
$$+ \frac{9849.01}{74017.58 - 9849.01} 1.06$$
$$= -0.0047244$$
$$C_0(1.08) = 1.08^{11} - \frac{74017.58}{74017.58 - 9849.01} 1.08^{10}$$
$$+ \frac{9849.01}{74017.58 - 9849.01} 1.08$$
$$= 0.0071135$$
$$q^{(1)} = 1.06 - (-0.0047244) \frac{1.08 - 1.06}{0.0071135 - (-0.0047244)}$$
$$= 1.0679818$$

Nach weiteren Iterationen stellt sich dann ein genaueres Ergebnis ein, das bei 1.07 liegt. ☼

9.5.2.2 Renditeberechnung mit Scilab

In Scilab können die Nullstellen eines Polynoms sehr schnell berechnet werden. Die folgenden Anweisungen zeigen, wie für das Beispiel 9.22 die effektive Verzinsung bestimmt werden kann.

```
// Angaben
q1=1.06;  // Zinsfaktor Sparphase
n1=15;    // Laufzeit Sparphase
q2=1.07;  // Zinsfaktor Auszahlungsphase
n2=10;    // Laufzeit Auszahlungsphase

// Berechnung des Rentenendwerts der Sparphase
// hier gleich Rentenbarwert der Auszahlungsphase
B=3000*q1*(q1^n1-1)/(q1-1);

// Berechnung der Rente in der Auszahlungsphase
r=B*q2^n2/q2*(q2-1)/(q2^n2-1);

// Polynom aufstellen
c=poly([0 r/(B-r) zeros(1,n2-2) -B/(B-r) 1],...
   "q","coeff");

// Berechnung der Nullstellen
qeff=roots(c);
real(qeff(find(imag(qeff)==0)))
```

Mit `roots()` werden alle Nullstellen des Polynoms berechnet. Es liegen insgesamt 10 reelle und imaginäre Nullstellen vor. Von diesen interessieren uns nur die reellwertigen Nullstellen. Mit dem Befehl `imag() == 0` werden alle imaginären Nullstellen gefunden. Der `find()` Befehl (in Kombination mit dem vorherigen Befehl) findet die Indexposition der imaginären Nullstellen, so dass der `real()` Befehl jetzt nur noch die reellen Nullstellen anzeigt.

Die Gleichung (9.14) besitzt für $\{0.0, 1.0, 1.07\}$ reelle Nullstellen. Von diesen ist aber nur die Nullstelle $q = 1.07$ ökonomisch sinnvoll. $q = 0$ ist die triviale Lösung, die bedeutet, dass das Kapital vernichtet wird; mit $q = 1$ liegt eine Verzinsung von Null vor. Die gesuchte Rendite liegt bei 7 Prozent, wie zu erwarten war.

9.5.2.3 Nachschüssige Rente

Eine nachschüssige Rente tritt bei Sparplänen und bei Rückzahlungen von Krediten auf. Sie wird am Periodenende geleistet und ist durch die Struktur in Abb. 9.4 gekennzeichnet. Die Rentenzahlung (*annuity*) erfolgt n-mal in n Perioden. Die Verzinsung der ersten Rate erfolgt aber nur $(n-1)$-mal, da die Rate am Ende der ersten Periode gezahlt wird. Die letzte Rate wird nicht mehr verzinst. Auch bei dieser Zahlungsweise können Ein- und Auszahlungspläne betrachtet werden. Die Zahlungsströme sind in der Struktur identisch mit denen in Abb. 9.2, lediglich der Zeitpunkt der Zahlungen r erfolgt am Periodenende.

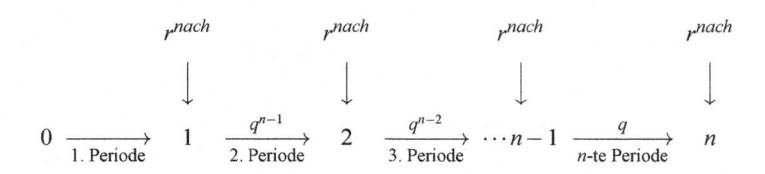

Abb. 9.4: Grundstruktur einer nachschüssigen Rente

Nun kann erneut der ersten Frage nachgegangen werden, und zwar diesmal für eine nachschüssige Rente. Der **Rentenendwert einer nachschüssigen Rente** (*future value*) wird wiederum aus dem Endwert einer geometrischen Reihe berechnet und beträgt

$$\begin{aligned} R_n^{nach} &= r^{nach} q^{n-1} + \ldots + r^{nach} q + r^{nach} \\ &= r^{nach} \left(q^{n-1} + \ldots + q + 1 \right) \\ &= r^{nach} \underbrace{\frac{q^n - 1}{q - 1}}_{\text{Rentenendwertfaktor}} \end{aligned} \quad (9.15)$$

Gegenüber der vorschüssigen Rente fehlt der Faktor q. Das erklärt sich daraus, dass jede Zahlung eine Periode später erfolgt und damit einmal weniger aufgezinst wird. Logischerweise gilt damit $R_n^{nach} < R_n^{vor}$.

Beispiel 9.23. Eine vorschüssige Jahresrente von $r^{vor} = 100$ € soll in eine nachschüssige Jahresrente r^{nach} umgewandelt werden. Wie hoch muss die nachschüssige Rente r^{nach} sein? Es wird eine Verzinsung von 3 Prozent p. a. angenommen.

$$r^{nach} = r^{vor} q = 100 \times 1.03 = 103 \text{ €}$$

☼

Der **Rentenbarwert einer nachschüssigen Rente** (*present value*) berechnet sich durch **Diskontierung** des Rentenendwerts.

$$R_0^{nach} = \frac{1}{q^n} R_n^{nach} = r^{nach} \underbrace{\frac{1}{q^n} \frac{q^n - 1}{q - 1}}_{\text{Rentenbarwertfaktor}} \qquad (9.16)$$

Beispiel 9.24. Frau Müller hat in der Lotterie gewonnen und erhält jetzt ein Leben lang monatlich zu Monatsbeginn 5000 €. Die Lotteriegesellschaft bietet ihr einen Sofortbetrag als Alternative an. Wie groß ist dieser, wenn eine Restlebenserwartung von 40 Jahren und ein Kalkulationszinssatz von 6 Prozent angenommen wird?

Es besteht die Möglichkeit die monatliche Rate mit einem konformen Monatszinssatz in eine konforme Jahresrate um zurechnen. Die Berechnung mit dem konformen Zinssatz entspricht dem internationalen Standard und wird auch als **ISMA-Methode** bezeichnet.

$$q_{12}^{kon} = \sqrt[12]{1.06} = 1.0048676$$

$$R_{12}^{vor} = 5000 \times 1.0048676 \frac{1.0048676^{12} - 1}{1.0048676 - 1}$$

$$= 61932.64 \text{ €}$$

Von dieser Jahresrate wird nun wieder der nachschüssige Rentenbarwert berechnet.

$$R_0^{nach} = 61932.64 \frac{1}{1.06^{40}} \frac{1.06^{40} - 1}{1.06 - 1}$$

$$= 931856.91 \text{ €}$$

Die Ablösesumme liegt bei 931 856.91 €. Eine Variante besteht darin, die gesamte Rechnung auf Monatsbasis vorzunehmen. Jetzt muss die Rechnung mit einer vorschüssigen Rente durchgeführt werden. Es liegt dann ein Zeitraum von $12 \times 40 = 480$ Monaten vor. Diese Rechnung muss aufgrund der konformen Umrechnung das gleiche Ergebnis wie die vorherige Rechnung liefern.

$$R_0^{vor} = 5000 \frac{1.0048676}{1.0048676^{480}} \frac{1.0048676^{480} - 1}{1.0048676 - 1}$$

$$= 931856.91 \text{ €}$$

Eine Berechnung mit dem relativen Zinssatz zeigt die Inkonsistenz des Ansatzes der mit der **US-Methode**. Der relative Zinsfaktor beträgt:

9.5 Rentenrechnung

$$q_{12}^{rel} = \left(1 + \frac{0.06}{12}\right) = 1.005$$

Mit diesem relativen Monatszinssatz wird die Jahresrate berechnet.

$$R_{12}^{vor} = 5000 \times 1.005 \frac{1.005^{12} - 1}{1.005 - 1}$$
$$= 61986.20 \,€$$

Mit dieser Jahresrate kann nun der Rentenbarwert berechnet werden.

$$R_0^{nach} = 61986.20 \frac{1}{1.06^{40}} \frac{1.06^{40} - 1}{1.06 - 1}$$
$$= 932662.78 \,€$$

Der Barwert des Gewinns liegt über dem der exakten Berechnung, weil die Jahresrate mit dem relativen Zinssatz höher ausfällt. Wird die gesamte Rechnung auf Monatsbasis durchgeführt, so zeigt sich sehr deutlich die Inkonsistenz der Rechnung mit dem relativen Zinssatz.

$$R_0^{vor} = 5000 \frac{1.005}{1.005^{480}} \frac{1.005^{480} - 1}{1.005 - 1}$$
$$= 913281.61 \,€$$

Aufgrund des höheren relativen Monatszinssatzes wird der Barwert stärker diskontiert und fällt deshalb niedriger aus als nach der exakten Rechnung. ✧

Die dritte Frage nach der Rentenrate ist leicht zu beantworten, wenn die Gleichung (9.15) bzw. (9.16) nach r^{nach} bei gegebenen R_n^{nach} bzw. R_0^{nach}, n und q umgestellt wird.

$$r^{nach} = R_n^{nach} \frac{q-1}{q^n - 1} = R_0^{nach} q^n \frac{q-1}{q^n - 1} \tag{9.17}$$

Die vierte Frage kann – wie bei der vorschüssigen Rente – mit der Auflösung der Gleichung (9.15) bzw. (9.16) nach n beantwortet werden:

$$n = \frac{1}{\ln q} \ln\left(R_n^{nach} \frac{q-1}{r^{nach}} + 1\right) = \frac{1}{\ln q} \ln\left(\frac{r^{nach}}{r^{nach} - R_0^{nach}(q-1)}\right)$$

Beispiel 9.25. Angenommen, ein Barwert in Höhe von $R_0^{nach} = 932118.09 \,€$ wird gewonnen (vgl. Beispiel 9.24), der zu einem Zinssatz von 6 Prozent angelegt werden kann. Es ist geplant, eine jährliche Rente von $61950 \,€$ im Dezember (also nachschüssig) zu beziehen. Wie viele Jahre kann man die Rente erhalten?

$$n = \frac{1}{\ln 1.06} \ln\left(\frac{61950}{61950 - 932118.09 \times 0.06}\right) = 40 \text{ Jahre}$$

Die Rente kann zu den gegebenen Bedingungen wie erwartet über 40 Jahre bezogen werden. ✧

9 Grundlagen der Finanzmathematik

Die fünfte Frage nach der Verzinsung (*yield*) ergibt sich wieder als Nullstellenproblem. Die Gleichung (9.16) wird als **Äquivalenzansatz der Barwerte** interpretiert und als implizite Funktion umgeschrieben. Man erhält das folgende rationale Polynom in Abhängigkeit von q, dessen reelle Nullstellen die gesuchte Verzinsung liefern.

$$q^{n+1} - \left(1 + \frac{r^{nach}}{R_0^{nach}}\right) q^n + \frac{r^{nach}}{R_0^{nach}} \stackrel{!}{=} 0$$

Beispiel 9.26. Die Fragestellung im Beispiel 9.24 wird nun verändert. Es sind $n = 40$ Jahre, $r^{nach} = 61950 \,€$ und $R_0^{nach} = 932118.09\,€$ gegeben. Die gesuchte Größe ist die Rendite (Verzinsung) des Kapitals. Es muss dazu eine ökonomisch sinnvolle Nullstelle des folgenden Polynoms bestimmt werden.

$$q^{41} - \left(1 + \frac{61950}{932118.09}\right) q^{40} + \frac{61950}{932118.09} \stackrel{!}{=} 0 \qquad (9.18)$$

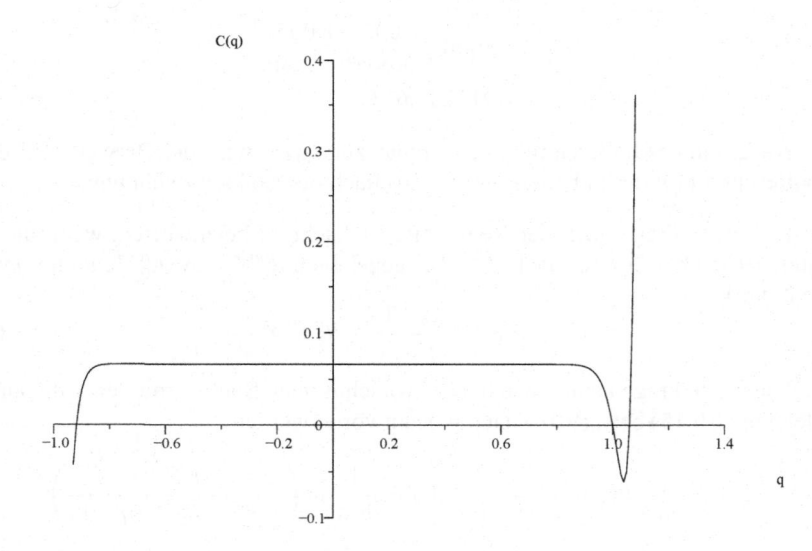

Abb. 9.5: Polynom $C_0(q)$ (9.18) zur Renditebestimmung

Das Programm Scilab liefert hier folgende reelle Nullstellen: $q_1 = 1.06$, $q_2 = 1.0$ und $q_3 = -0.918$ (siehe Abb. 9.5). Wiederum ist nur die reelle Nullstelle $q = 1.06$ sinnvoll. Es ist die bekannte Verzinsung von 6 Prozent. Auch der Ansatz nach der ISMA-Methode liefert die Verzinsung von 6 Prozent.

$$q^{481} - \frac{931856.91}{931856.91 - 5000} q^{480} + \frac{5000}{931856.91 - 5000} q \stackrel{!}{=} 0$$

☼

Beispiel 9.27. Es soll die Rendite aus einem Bonussparplan berechnet werden. Dafür wird über 10 Jahre monatlich eine Rate von r^{nach} zu einem Zinssatz von 3 Prozent nominal p. a. angelegt. Am Ende des 10. Jahres wird ein Bonus in Höhe von 12 Prozent des eingezahlten Betrags gezahlt.

$$Bonus_n = 0.12 \, nm \, r^{nach}$$

Nach der ISMA-Methode beträgt der konforme Monatszinssatz

$$i_{12}^{kon} = \sqrt[12]{1.03} - 1 = 0.002466$$

Der Endwert der Rente plus Bonus beträgt

$$R_{120}^{Bonus} = R_{120} + Bonus_{120}$$
$$= r^{nach} \frac{1.002466^{120} - 1}{1.002466 - 1} + 0.12 \times 120 \, r^{nach}$$
$$= r^{nach} \, 153.8479$$

Dies ist die Leistung der Bank. Der Barwert der Bankleistung (= Barwert des Sparplans) $R_0^{nach} = \frac{R_{120}^{Bonus}}{q_{12}^{120}}$ muss nach dem **Äquivalenzprinzip** einem Rentenbarwert ohne Bonus entsprechen.

$$R_0^{nach} = r^{nach} \frac{1}{q_{12}^{120}} \frac{q_{12}^{120} - 1}{q_{12} - 1}$$

Dies ist die Leistung des Kunden.

Leistung der Bank $\stackrel{!}{=}$ Leistung des Kunden

$$\frac{R_{120} + Bonus_{120}}{q_{12}^{120}} \stackrel{!}{=} \frac{r^{nach}}{q_{12}^{120}} \frac{q_{12}^{120} - 1}{q_{12} - 1}$$

q_{12} beinhaltet die gesuchte monatliche Rendite. Bei der Äquivalenz entfallen r^{nach} und der Diskontierungsfaktor $\frac{1}{q_{12}^{120}}$.

$$153.8479 = \frac{q_{12}^{120} - 1}{q_{12} - 1} \tag{9.19}$$

Die Gleichung (9.19) wird nun umgestellt, damit ein Nullstellenproblem entsteht.

$$C_0(q_{12}) = q_{12}^{120} - 153.8479 \, q_{12} + 153.8479 - 1 \stackrel{!}{=} 0$$

Mit dem Programm Scilab werden die reellen Nullstellen

$$q_{12} = \{1.0, 1.004021\}$$

berechnet. Nur der zweite Wert ist ökonomisch sinnvoll. Aus $q_{12} = 1.004021$ wird nun der konforme Jahreszinssatz bestimmt.

$$q = 1.004021^{12} = 1.04934$$

Die Rendite (p. a.) liegt bei etwa 4.93 Prozent. Mit der regula falsi und den Startwerten $q_{12} = \{1.005, 1.004\}$ (auch hier müssen Monatsverzinsungen eingesetzt werden) ergibt sich bei einer Iteration folgendes Ergebnis:

$$\begin{aligned} C_0(1.005) &= 1.005^{120} - 153.8479 \times 1.005 \\ &\quad + 153.8479968 - 1 \\ &= 0.0501567 \\ C_0(1.004) &= 1.004^{120} - 153.8479 \times 1.004 \\ &\quad + 153.8479 - 1 \\ &= -0.0008642 \end{aligned}$$

Die erste Näherung der gesuchten Nullstelle ist somit

$$\begin{aligned} q_{12}^{(1)} &= 1.004 - (-0.0008642) \\ &\quad \times \frac{1.005 - 1.004}{0.0501567 - (-0.0008642)} \\ &= 1.004016 \end{aligned}$$

Der monatliche Zinssatz beträgt also nach einer Iteration 0.4016 Prozent (entspricht $i = 1.004016^{12} - 1 = 0.04927$ p. a.). Für ein genaueres Ergebnis müssen weitere Iterationsschritte berechnet werden. ☼

Beispiel 9.28. Im folgenden Beispiel wird ein Sparplan in der Ansparphase mit einer Gebühr (negativer Bonus) betrachtet. Der Kunde zahlt die Rate r an die Bank. Die Gebühr ist ebenfalls an die Bank zu zahlen und ist daher zu den Leistungen des Kunden hinzu zu addieren. Der **Äquivalenzansatz der Barwerte** ist nun wie folgt:

$$\text{Leistung der Bank} \stackrel{!}{=} \text{Leistung des Kunden}$$

$$R_0 \stackrel{!}{=} \frac{r}{q_m^n} \frac{q_m^n - 1}{q_m - 1} + \textit{Gebühr}$$

In q_m ist der effektive Zinssatz enthalten. Durch ein Nullstellenproblem wird dieser ermittelt. Im Vergleich zu Beispiel 9.27 hat der Kunde nun eine zusätzliche Leistung zu erbringen. Beim Bonussparplan musste die Bank die zusätzliche Leistung erbringen.

9.5 Rentenrechnung

In der Auszahlungsphase werden die Raten r von der Bank an den Kunden überwiesen. Wird ein Sparplan in der Auszahlungsphase mit einer Gebühr belastet, so ist die Gebühr nun zum Barwert R_0 hinzu zu addieren (Leistung des Kunden) oder von den Bankleistung abzuziehen.

$$\text{Leistung des Kunden} \stackrel{!}{=} \text{Leistung der Bank}$$
$$R_0 \stackrel{!}{=} \frac{r}{q_m^n} \frac{q_m^n - 1}{q_m - 1} - Gebühr$$

☼

Beispiel 9.29. In diesem Beispiel wird eine Sparrate von 100 € über 10 Jahre zu 10 Prozent verzinst. Jedoch wird eine jährliche Gebühr von 1 Prozent auf das eingezahlte Kapital eingezogen. Wie hoch ist die insgesamt gezahlte Gebühr (Barwert)? Wie hoch wäre eine äquivalente periodische Gebühr in Euro (Rate)?

Der Bruttobarwert der Sparrate beträgt:

$$R_0^{brutto} = 100 \frac{1}{1.1^{10}} \frac{1.1^{10} - 1}{1.1 - 1} = 614.46 \,€$$

Die Nettoverzinsung beträgt 9 Prozent. Somit ist der Nettobarwert der Sparrate:

$$R_0^{netto} = 100 \frac{1}{1.09^{10}} \frac{1.09^{10} - 1}{1.09 - 1} = 641.77 \,€ \tag{9.20}$$

Der Barwert der Gebühr berechnet sich aus der Differenz der beiden Barwerte und liegt bei 27.31 €. Die äquivalente periodische Gebühr kann nun aus der Verrentung des Barwerts der Gebühr berechnet werden.

$$r^{Gebühr} = 27.31 \times 1.1^{10} \frac{1.1 - 1}{1.1^{10} - 1} = 4.44 \,€ / Jahr$$

Alternativ kann man auch direkt die jährliche Nettorate mit einem Äquivalenzansatz berechnen:

$$r^{netto} \frac{1}{1.1^{10}} \frac{1.1^{10} - 1}{1.1 - 1} \stackrel{!}{=} 100 \frac{1}{1.09^{10}} \frac{1.09^{10} - 1}{1.09 - 1}$$
$$r^{netto} = 100 \frac{1.09^{10} - 1}{1.09 - 1} \frac{1.1^{10}}{1.09^{10}} \frac{1.1 - 1}{1.1^{10} - 1} = 104.44 \,€ / Jahr = 100 + r^{Gebühr}$$

Nach dem Äquivalenzansatz muss die Sparrate von 104.44 € (inklusive Gebühr) bei einem Zinssatz von 10 Prozent äquivalent mit der Sparrate von 100 € bei einem Zinssatz von 9 Prozent sein.

$$104.44 \frac{1}{1.1^{10}} \frac{1.1^{10} - 1}{1.1 - 1} \stackrel{!}{=} 100 \frac{1}{1.09^{10}} \frac{1.09^{10} - 1}{1.09 - 1}$$

☼

9 Grundlagen der Finanzmathematik

Übung 9.3. Es sollen 1000 € in 2 Jahren bei einer Bank angespart werden, die bei vierteljährlicher Zurechnung der Zinsen 7 Prozent anbietet. Berechnen Sie die Höhe der vierteljährlichen Raten, wenn sie jeweils am Ende des Quartals erfolgen. Rechnen Sie einmal mit dem relativen Zinssatz und einmal mit dem konformen Zinssatz.

Übung 9.4. Bei 4 Prozent p. a. werden auf ein Konto folgende Beträge eingezahlt: 2000 € am 01.01.2005, 4000 € am 01.01.2007, 6000 € am 01.01.2008.

1. Das angesparte Kapital soll ab dem 01.01.2010 (es wird weiterhin mit 4 Prozent p. a. verzinst) über 10 Jahre in gleichmäßigen Raten zu Beginn des Monats aufgebraucht werden. Wie hoch ist die Rente nach der ISMA-Methode?
2. Aus dem angesparten Kapital sollen ab dem 01.01.2010 jeweils zu Beginn des Jahres 1000 € abgehoben werden. Wie lange können ganzzahlige Beträge abgehoben werden?

Übung 9.5. Es werden 1000 € geerbt. Man entscheidet sich, das Kapital anzulegen und durch eine nachschüssige jährliche Rente in Höhe von 600 € über 2 Jahre aufzubrauchen. Wie hoch muss die Verzinsung des Kapitals sein?

9.6 Besondere Renten

9.6.1 Wachsende Rente

Für eine **wachsende Rente** (*constant growing annuity*) wird angenommen, dass die Rente r mit dem Faktor $g = 1 + p$ wächst. Grund für eine solche Anforderung könnte zum Beispiel ein Inflationsausgleich (Kaufkraftverlust) sein. Der Endwert der wachsenden nachschüssigen Rente ist

$$\begin{aligned} R_n^{nach} &= r^{nach} q^{n-1} + r^{nach} q^{n-2} g + \ldots + r^{nach} q g^{n-2} + r^{nach} g^{n-1} \\ &= r^{nach} g^{n-1} \left(\frac{q^{n-1}}{g^{n-1}} + \frac{q^{n-2}}{g^{n-2}} + \ldots + \frac{q}{g} + 1 \right) \\ &= r^{nach} g^{n-1} \frac{\left(\frac{q}{g}\right)^n - 1}{\frac{q}{g} - 1} = r^{nach} \frac{q^n - g^n}{q - g} \end{aligned}$$

Der Barwert dieser wachsenden Rente ist der mit dem Zinsfaktor q^n diskontierte Endwert.

$$R_0^{nach} = \frac{R_n^{nach}}{q^n} = \frac{r^{nach}}{q^n} \frac{q^n - g^n}{q - g}$$

Beispiel 9.30. Es ist die Rente gesucht, die ein Kapital von 10 000 € über 15 Jahre hin aufbraucht. Das Kapital ist zu einem Festzinssatz von 5 Prozent p. a. angelegt. Es wird eine Inflationsrate von 2 Prozent pro Jahr angenommen.

$$r^{nach} = 10000 \times 1.05^{15} \times \frac{1.05 - 1.02}{1.05^{15} - 1.02^{15}} = 850.79\,€$$

Ohne Kaufkraftverlust würden 963.42 € pro Jahr zur Verfügung stehen. Aufgrund der angenommenen Inflation sind es aber nur 850.79 €. ☆

Bei einer vorschüssigen Rente wird aufgrund der vorgezogenen Zahlungsstruktur die letzte Rate auch verzinst, so dass im Ergebnis der Endwert und der Barwert zusätzlich mit dem Faktor q zu multiplizieren sind.

$$R_0^{vor} = r^{vor} \frac{q}{q^n} \frac{q^n - g^n}{q - g}$$

9.6.2 Ewige Rente

Bei einer **ewigen Rente** (*perpetuity*) geht die Anzahl der Perioden gegen unendlich. Um die Grenzwerte der Barwerte einer vor- und nachschüssigen Rente zu berechnen, ist es sinnvoll, den Ausdruck $\frac{(q^n-1)}{q^n}$ in den Gleichungen (9.11) und (9.16) wie folgt umzuformen:

$$\frac{q^n - 1}{q^n} = \left(1 - \frac{1}{q^n}\right) \quad (9.21)$$

Für $n \to \infty$ strebt der Ausdruck in der Gleichung (9.21) für $q > 1$ gegen 1, weil $\lim_{n\to\infty} \frac{1}{q^n} \to 0$ gilt.

$$\lim_{n\to\infty}\left(1 - \frac{1}{q^n}\right) = 1$$

Damit vereinfachen sich die beiden Formeln (9.11) und (9.16). Sie liefern die Barwerte einer ewigen vor- bzw. nachschüssigen Rente.

$$R_{0,\infty}^{vor} = r^{vor} \frac{q}{q-1} \qquad R_{0,\infty}^{nach} = r^{nach} \frac{1}{q-1} = \frac{1}{i}$$

Beispiel 9.31. Fortsetzung von Beispiel 9.24. Wie groß ist der Barwert der Rente, wenn sie als ewige Rente angeboten worden wird?

$$R_{0,\infty}^{vor} = 5000 \frac{1.0048676}{1.0048676 - 1} = 1032210.70\,€$$

☆

Der Barwert einer ewig wachsenden Rente existiert, wenn $g < q$ ist. Der Grenzwert des Faktors strebt für die Annahme gegen 1, weil $\frac{g}{q} < 1$ gilt.

$$\lim_{n\to\infty} \frac{q^n - g^n}{q^n} = 1 - \lim_{n\to\infty}\left(\frac{g}{q}\right)^n = 1$$

Der Barwert der ewig wachsenden Rente ist somit

$$R_{0,\infty}^{vor} = \lim_{n\to\infty} r^{vor} \frac{q}{q^n} \frac{q^n - g^n}{q-g} = r^{vor} \frac{q}{q-g}$$

$$R_{0,\infty}^{nach} = \lim_{n\to\infty} \frac{r^{nach}}{q^n} \frac{q^n - g^n}{q-g} = \frac{r^{nach}}{q-g} = \frac{r^{nach}}{i-p}$$

Beispiel 9.32. r sei die heutige Dividende einer Aktie. Sie betrage 3 €. Das Unternehmen hat ein jährliches Ertragswachstum von 7 Prozent prognostiziert. Wie hoch sollte der Wert der Aktie heute sein? Solange das Unternehmen existiert, wird die Dividende gezahlt. Daher unterstellt man eine ewige Rente. Als Diskontierungsatz wird ein Zinssatz von 11 Prozent[4] angenommen.

$$R_{0,\infty}^{vor} = 3 \times \frac{1.11}{1.11 - 1.07} = 83.25 \text{ €}$$

☆

9.7 Kurs- und Renditeberechnung eines Wertpapiers

9.7.1 Kursberechnung

Der Wert eines Wertpapiers ist der Barwert aller zukünftigen Leistungen, also der Rückzahlungskurs und die Zinszahlungen.

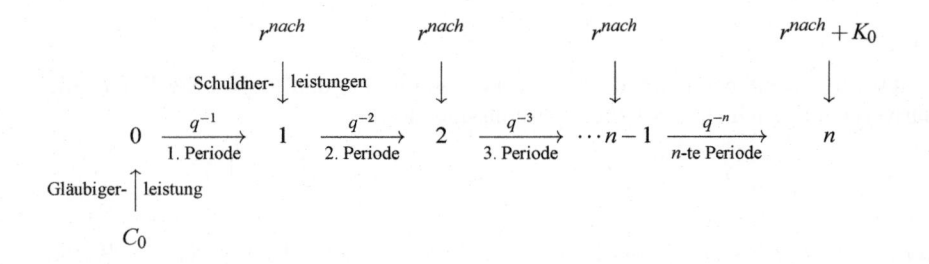

Abb. 9.6: Struktur eines Wertpapiers

Bei einem festverzinslichen Wertpapier ist die regelmäßige Zinszahlung die Rente r^{nach}, die am Ende der Periode gezahlt wird. r^{nach} ist die Nominalverzinsung des Wertpapiers. Der Rentenbarwert wird also folglich über die Rentenbarwertformel (9.16) einer nachschüssigen Rente berechnet. Zusätzlich zum Rentenbarwert muss noch der Rückzahlungskurs (Nennbetrag) K_0, der in der Regel 100 € beträgt, diskontiert hinzugerechnet werden. Damit ergibt sich der (Brutto-) Kurs eines festverzinslichen Wertpapiers als

---

[4] Der Zinssatz repräsentiert hier die Kapitalkosten eines Unternehmens. Diese setzen sich aus einer Eigenkapitalverzinsung und den Fremdkapitalzinsen zusammen (siehe auch Kapitel 9.9 Investitionsrechnung).

9.7 Kurs- und Renditeberechnung eines Wertpapiers

$$C_0(q) = \underbrace{r^{nach} \frac{1}{q^n} \frac{q^n - 1}{q - 1}}_{\text{Barwert Zinsen}} + \underbrace{K_0 \frac{1}{q^n}}_{\text{Barwert Nennwert}} \qquad (9.22)$$

In den Zinsfaktor q der Gleichung (9.22) geht der aktuelle Marktzins ein, da das Wertpapier mit einer Geldanlage zu Marktbedingungen verglichen werden muss.

Beispiel 9.33. Es wird ein Wertpapier zu einem Nennbetrag von 100 € angenommen, das zu 6 Prozent p. a. nominal verzinst wird. Es besitzt eine Laufzeit von 10 Jahren. Wie hoch ist der Kurs des Wertpapiers, wenn ein Marktzinssatz von 5 Prozent, 6 Prozent und 7 Prozent unterstellt wird?

$$C_0(1.05) = 6 \frac{1}{1.05^{10}} \frac{1.05^{10} - 1}{1.05 - 1} + 100 \frac{1}{1.05^{10}}$$
$$= 46.33 + 61.39 = 107.72\,\text{€}$$
$$C_0(1.06) = 44.16 + 55.84 = 100.00\,\text{€}$$
$$C_0(1.07) = 42.14 + 50.83 = 92.98\,\text{€}$$

Liegt der Marktzinssatz über dem Nominalzinssatz, so liegt der Kurs des Wertpapiers unter dem Rückzahlungsbetrag, hier 100 €. Durch den Kursabschlag erfolgt eine Erhöhung der Effektivverzinsung. Die Höhe des Kursabschlags beträgt 7.02 €. Er entspricht dem Barwert der Nominalzinsdifferenz.

$$(7 - 6) \frac{1}{1.07^{10}} \frac{1.07^{10} - 1}{1.07 - 1} = 7.02\,\text{€}$$

Ein Wertpapier mit der obigen Ausstattung besitzt bei einem Kurs von 92.98 € eine Rendite von 7 Prozent. Man kann den Kursabschlag auch über Kurswert (Preis) und Nachfrage erklären. Zu einem Preis von 100 € fragt bei einem Marktzinssatz von 7 Prozent niemand ein Wertpapier mit einer Verzinsung von 6 Prozent nach. Erst bei einem entsprechenden Preisnachlass wird das Angebot wieder attraktiv.

Tabelle 9.1: Kursentwicklung des Wertpapiers in Beispiel 9.33

Kurs	Restlaufzeit									
	10	9	8	7	6	5	4	3	2	1
bei 5%	107.72	107.11	106.46	105.79	105.08	104.33	103.55	102.72	101.86	100.95
bei 7%	92.98	93.48	94.03	94.61	95.23	95.90	96.61	97.38	98.19	99.07

Ein Wertpapier mit einer Nominalverzinsung von 6 Prozent bei einem Marktzinssatz von 5 Prozent wird ohne Kursaufschlag eine Rendite über Marktniveau besitzen. Bei einem Kursaufschlag in Höhe von 7.72 € reduziert sich die Rendite auf 5 Prozent. ☆

Wie verändert sich der Kurs eines Wertpapiers mit abnehmender Restlaufzeit? Der Kursauf- bzw. Kursabschlag wird abnehmen, da die Barwertdifferenz immer geringer wird. Der Kurs nähert sich somit immer mehr dem Rückzahlungsbetrag.

196   9 Grundlagen der Finanzmathematik

Beispiel 9.34. Die Kursentwicklung des Wertpapiers aus dem Beispiel 9.33 ist hier für die beiden Marktzinssätze 5 Prozent und 7 Prozent in Tabelle 9.1 und in Abb. 9.7 wieder gegeben. Die Wertpapierkurse nähern sich mit abnehmender Restlaufzeit ($n \to 0$) dem Rückzahlungsbetrag von 100 €. ✯

Wie entwickelt sich aber der Kurs eines Wertpapiers innerhalb einer Zinsperiode? Am Ende jeder Zinsperiode wird der entsprechende Zinsbetrag bzw. die Rente (auch **Kupon** genannt) bezahlt. Vor diesem Zinstermin besitzt das Wertpapier noch diesen Kupon und ist entsprechend mehr wert. Wird das Wertpapier nun vor diesem Zinstermin verkauft, so muss der Kupon anteilig auf die Zinsperiode aufgeteilt werden. In der Praxis bedient man sich hier der einfachen Verzinsung (siehe Kapitel 9.2 und 9.3) und berechnet die so genannten **Stückzinsen** (*accrued interest*). Seit Anfang 1999 wird (gemäß der ISMA-Regel 251) für die Stückzinsberechnung die Anzahl der Tage taggenau ($\frac{akt}{akt}$) ermittelt. Dies gilt sowohl für die Tage im Jahr als auch für die Tage zwischen dem letzten Zinstermin und dem Zinsvalutatag. Bei Geldmarktpapieren (U-Schätze) wird die Tageszählkonvention $\frac{akt}{360}$ angewendet. Dies gilt auch für variabel verzinsliche Anleihen mit Referenzzinssatz EURIBOR. Die Stückzinsen werden vom Kurs abgezogen und ergeben dann den so genannten **Nettokurs**. Weitere Informationen zur Stückzinsenberechnung von Bundesanleihen gibt es zum Beispiel unter http://www.deutsche-finanzagentur.de

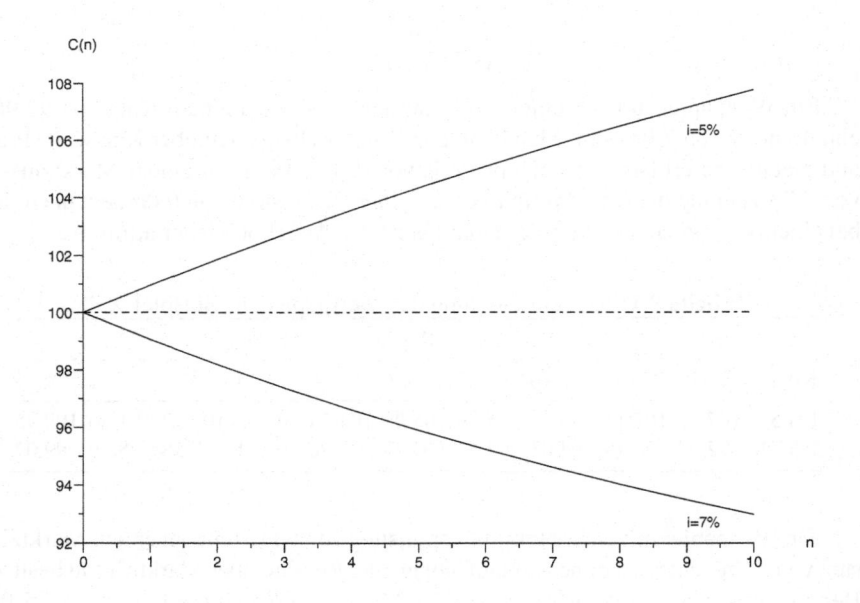

Abb. 9.7: Kursentwicklung des Wertpapiers in Beispiel 9.34

9.7 Kurs- und Renditeberechnung eines Wertpapiers   197

Beispiel 9.35. Am 18. August 1999 wird für nominal 5000 € eine 4.50 Prozent Anleihe des Bundes mit ganzjährigem Zinstermin 4. Juli gekauft. Die nächste Zinszahlung ist am 4. Juli 2000. Die Zahlung des Kaufpreises (Valutierungstag) erfolgt gemäß der üblichen 2-tägigen Valutierungsfrist am 20. August 1999, Zinsvalutatag ist der 19. August 1999. Dem Käufer werden in seiner Wertpapierabrechnung Stückzinsen für 47 Tage für die Zeit vom Beginn des Zinslaufs am 4. Juli 1999 bis einschließlich Zinsvalutatag 19. August 1999 berechnet. Das sind:

$$\textit{Stückzinsen} = 5000 \times 0.045 \times \frac{47}{366} = 28.89 \,\text{€}$$

Da die Zinsperiode vom 4. Juli 1999 bis einschließlich 3. Juli 2000 läuft, muss gemäß der taggenauen Methode $\frac{akt}{akt}$ hier das Jahr mit 366 Tagen gerechnet werden, da in die Zinsperiode der 29. Februar 2000 fällt.   ☆

Der Käufer wird bei dieser Rechnung zu stark belastet, da er den Zinskupon erst am 4. Juli 2000 erhält. Dies ist jedoch die Vorgehensweise in der Praxis. Nach dem Barwertansatz sind die Stückzinsen mit dem Marktzinssatz für den Zeitraum vom Kauf bis zum Zinstermin zu diskontieren.

Beispiel 9.36. In dem obigen Beispiel sind bei einem unterstellten Marktzinssatz von 3 Prozent die Stückzinsen wie folgt zu diskontieren:

$$\textit{Barwert der Stückzinsen} = 28.89 \times 1.03^{\frac{366-47}{366}} = 27.80 \,\text{€}$$

☆

9.7.2 Renditeberechnung für ein Wertpapier

Bei der Renditeberechnung wird für einen gegebenen Kurs die Verzinsung der Leistungen aus einem Wertpapier gesucht. Es handelt sich um ein Nullstellenproblem der Gleichung (9.22).

$$\frac{r^{nach}}{q^n} \frac{q^n - 1}{q - 1} + \frac{K_0}{q^n} - C_0(q) \stackrel{!}{=} 0$$

Die aus der Gleichung ermittelte Verzinsung wird **Rendite** (*yield*) genannt.

Beispiel 9.37. Es wird für ein Wertpapier die Rendite gesucht, das einen Nennbetrag von 100 € und eine Laufzeit von 5 Jahren besitzt, mit einem Nominalzinssatz von 5.25 Prozent ausgestattet, und das zu einem Kurs von 100.40 € angeboten wird. Es ist also folgende Gleichung zu lösen:

$$\frac{5.25}{q^5} \frac{q^5 - 1}{q - 1} + \frac{100}{q^5} - 100.40 \stackrel{!}{=} 0 \qquad (9.23)$$

Es wird die regula falsi zur Berechnung der Rendite angewendet. Aufgrund der Überlegungen aus Beispiel 9.34 kann folgende Abschätzung vorgenommen werden: Da der Kurs über 100 € liegt, muss $i < 0.0525$ sein. Wird $i = 0.05$ gewählt, so ergibt

9 Grundlagen der Finanzmathematik

sich nach Gleichung (9.22) ein Kurs von $C_0(1.05) = 101.08\,\text{€}$ bzw. nach Gleichung (9.23) eine Abweichung vom gesuchten Kurs in Höhe von 0.68. Da $101.08 > 100.4$ ist, liegt die gesuchte Verzinsung zwischen $0.05 < i < 0.0525$. Es wird als zweiter Startwert $i = 0.052$ gewählt. Damit ergibt sich ein Kurs von $C_0(1.052) = 100.22\,\text{€}$ bzw. eine Kursabweichung in Höhe von -0.18. Mit den gefundenen Startwerten kann nun die erste lineare Interpolation vorgenommen werden.

$$q^{(1)} = 1.05 - 0.68 \frac{1.052 - 1.05}{-0.18 - 0.68} = 1.05158 \qquad (9.24)$$

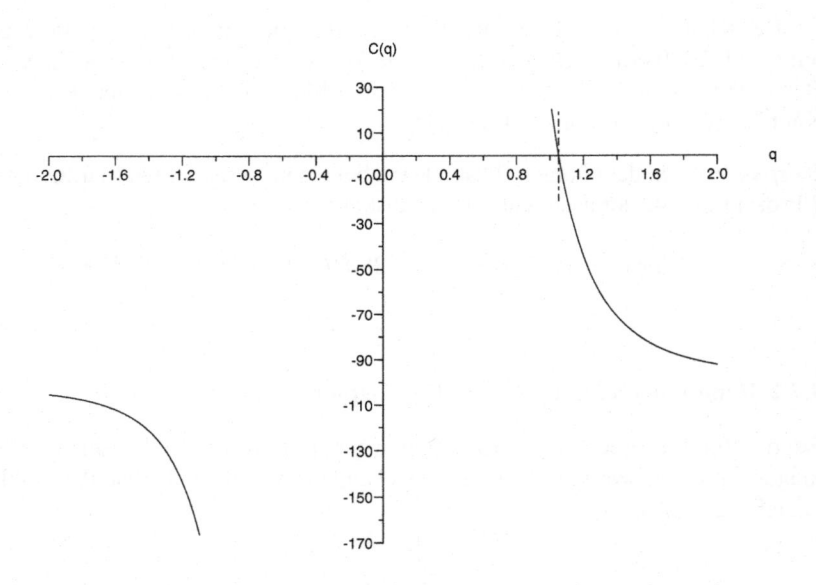

Nach der ersten Iteration hat das Wertpapier eine Rendite von ca. 5.158 Prozent. Das Programm Scilab errechnet eine Rendite von 5.15721 Prozent. ☼

Abb. 9.8: Rendite des Wertpapiers in Gleichung (9.24)

Wird der Kupon unterjährig gezahlt, dann wird er relativ auf die Perioden aufgeteilt. In der Praxis wird dann häufig der Kurs (Barwert) des Wertpapiers mit dem relativen unterjährigen Zinssatz berechnet. Wird aber das Wertpapier nicht zu pari (Barwert = Rückzahlungskurs) angeboten, dann entspricht dieser Zinssatz nicht der Rendite des Papiers.

Beispiel 9.38. Der Kupon aus Beispiel 9.37 wird nun halbjährlich gezahlt.

9.7 Kurs- und Renditeberechnung eines Wertpapiers 199

$$m = 2 \qquad r_m = \frac{5.25}{2}$$

Bei einem Kurs von 100 liegt die Rendite bei $i = \frac{0.0525}{2}$ und der Barwert beträgt folglich 100.

$$C_0 = \frac{5.25}{2} \frac{1}{1.02625^{10}} \frac{1.02625^{10} - 1}{1.02625 - 1} + \frac{100}{1.02625^{10}} = 100$$

Liegt der Kurs aber wie in Beispiel 9.33 bei 100.40, dann muss die Rendite aus dem Äquivalenzansatz

$$\frac{2.625}{q_m^{10}} \frac{q_m^{10} - 1}{q_m - 1} + \frac{100}{q_m^{10}} \stackrel{!}{=} 100.40$$

errechnet werden und liegt bei:

$$i = q_m^2 - 1 = 1.0257911^2 - 1 = 0.0522474$$

☆

9.7.3 Berechnung einer Wertpapierrendite mit Scilab

Die Rendite des Wertpapiers in Beispiel 9.37 wird mit folgenden Anweisungen berechnet.

```
r=5.25
n=5
K0=100
C0=100.4
c=poly([-(K0+r) K0 zeros(1,3) (C0+r) -C0],...
  "q","coeff")
q=roots(c)
q=real(q(find(imag(q)==0)))
```

Für das Wertpapier mit der halbjährlichen Kuponzahlung wird die Rendite wie folgt bestimmt.

```
m=2;
rm=r/m;
nm=n*m;
cm=poly([-(K0+rm) K0 zeros(1,8) (C0+rm) -C0],...
  "q","coeff");
qm=max(real(roots(cm)))
qm^2-1
```

9.7.4 Zinssatzstruktur

Als **Zinssatzstruktur**[5] (*yield curve*) bezeichnet man die Abhängigkeit des Zinssatzes von der Bindungsdauer einer Anlage. In der Regel besitzen langfristig festverzinsliche Wertpapiere höhere Renditen als kurzfristige. Diese Zinssatzstruktur wird dann als steigend oder normal bezeichnet. Infolge eines überproportionalen Angebots von Anleihen mit kurzer Laufzeit kann deren Rendite über der von langfristigen Anleihen liegen. Dieser Zustand wird als inverser Markt oder inverse Zinssatzstruktur bezeichnet. In Deutschland fand dies nach der Wiedervereinigung statt, als die öffentliche Hand und private Unternehmen einen hohen kurzfristigen Kapitalbedarf zur Finanzierung der Investitionen in den neuen Bundesländern hatten. Die Zinssatzstruktur wird als flach bezeichnet, wenn der Zinssatz von der Bindungsdauer unabhängig ist. Dies ist jedoch die Ausnahme. Die Zinssatzstruktur kann in der so genannten Zinskurve (siehe Abb. 9.9) veranschaulicht werden. Es ist noch anzumerken, dass jede Anlageform eine eigene Zinssatzstruktur besitzt[6].

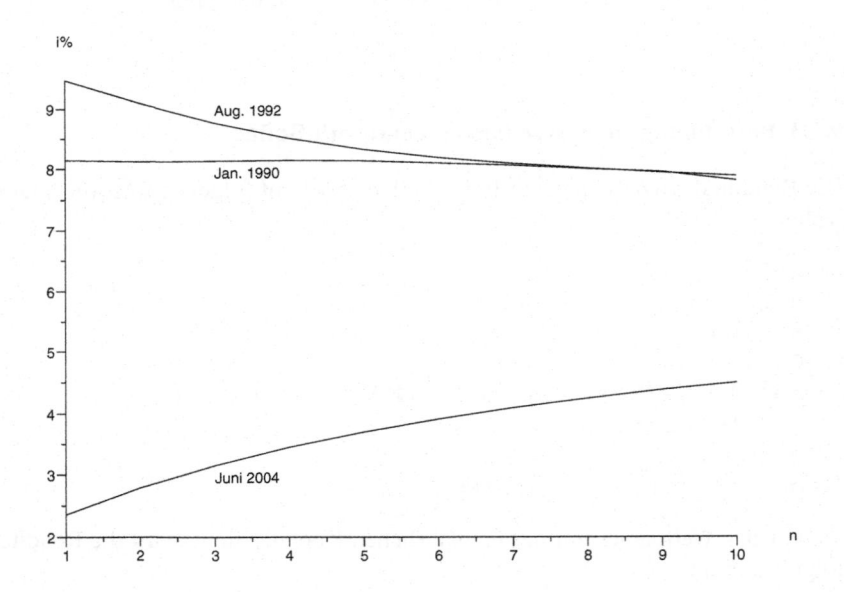

Abb. 9.9: Historische Zinskurven

Nun setzt die Renditeberechnung eine flache Zinssatzstruktur voraus, da für den gesamten Anlagehorizont der gleiche Zinssatz unterstellt wird. Dies kann dann pro-

---

[5] Sie wird auch als Renditestruktur bezeichnet.
[6] In Abb. 9.9 wird der gewichtete Durchschnittskurs synthetischer Anleihen zur jeweiligen Laufzeit gezeigt.

blematisch werden, wenn die Zinskurve einen deutlich steigenden oder fallenden Verlauf aufweist. Die berechnete Rendite fällt im Fall einer ansteigenden Zinskurve aufgrund der stärkeren Diskontierung der zukünftigen Leistungen höher aus; im Fall einer inversen Zinssatzstruktur wird die Rendite geringer sein.

9.7.5 Barwertberechnung bei nicht-flacher Zinssatzstruktur

Bei den bisherigen Berechnungen wurde immer eine **flache Zinssatzstruktur** über die Laufzeit und eine Wiederanlage der Erträge zum Zinssatz i angenommen. Als Zinssatzstruktur wird die Fristigkeitsstruktur der **Kassazinssätze** (*spot rate*) bezeichnet. Der Kassazinssatz ist der Zinssatz, den man heute mit Anleihen über eine gewisse Laufzeit risikolos absichern kann.

Eine flache Zinssatzstruktur bedeutet, dass die Kassazinssätze alle gleich sind. Diese Annahme ist in der Realität aber häufig nicht erfüllt. Die Terminzinssätze und somit auch die Kassazinssätze für $t = 1, \ldots, n$ sind verschieden.

Sind die Kassazinssätze für verschiedene Anlagezeiträume unterschiedlich, so kann die geometrische Reihe nicht mehr mit einem Zinsfaktor geschrieben werden und der bisherige Berechnungsansatz ist nicht mehr durchführbar. Mit welchen Zinssätzen i_t sind die zukünftigen Zinszahlungen zu diskontieren? Die Renditen von Kuponanleihen können nicht verwendet werden, weil hier zwischenzeitliche Zinszahlungen erfolgen. Die Diskontierung sollte aber mit Zinssätzen erfolgen, die weder eine zwischenzeitliche Zahlung noch eine Wiederanlage von Zinserträgen (Zinseszins) implizieren (wie bei Kassazinssätzen), weil die Zahlungen in der Zukunft liegen. Bei Renditen von Nullkuponanleihen (*zero bonds*) liegen keine Zahlungen zwischen der Gegenwart und dem Zeitpunkt n vor (vgl. [16, Kap. 2]). Die Rendite ergibt sich nur aus der Differenz zwischen Ausgabekurs und Rückzahlungskurs. Auf dem Anleihenmarkt existiert aber nicht für jede Laufzeit eine Nullkuponanleihe. Daher konstruiert man synthetische Nullkuponanleihen.

Der Barwert einer Zahlungsfolge ist die Summe der Barwerte der jeweiligen Periode, die mit den Barwertfaktoren c_t berechnet werden. Der Barwert von Kuponanleihen kann dann mit dem folgenden linearen Gleichungssystem beschrieben werden.

$$Z_{0,1} = c_1 Z_1 \tag{9.25}$$

$$Z_{0,2} = c_1 Z_{1,2} + c_2 Z_2 \tag{9.26}$$

$$Z_{0,3} = c_1 Z_{1,3} + c_2 Z_{2,3} + c_3 Z_3 \tag{9.27}$$

$$\vdots$$

$Z_{0,n}$ bezeichnen die Barwerte, $Z_{t,n}$ sind die Zahlungen zum Zeitpunkt t innerhalb von n Gesamtperioden und Z_n die Zahlung zum Zeitpunkt n. Werden der Einfachheit die Barwerte auf $Z_{0,n} = 1$ gesetzt und für die Zahlungen $Z_{t,n} = i_n$ sowie für $Z_n = 1 + i_n$ angenommen, so erhält man durch Lösen des Gleichungssystems (9.25)-(9.27) die Barwertfaktoren c_t (vgl. [8, Kap. 6.3], [6]).

9 Grundlagen der Finanzmathematik

$$\begin{bmatrix} 1 \\ 1 \\ 1 \\ \vdots \end{bmatrix} = \begin{bmatrix} (1+i_1) & 0 & 0 & 0 \cdots \\ i_2 & (1+i_2) & 0 & 0 \cdots \\ i_3 & i_3 & (1+i_3) & 0 \cdots \\ \vdots & & & \ddots \end{bmatrix} \begin{bmatrix} c_1 \\ c_2 \\ c_3 \\ \vdots \end{bmatrix}$$

$$\mathbf{1} = \mathbf{Z}\mathbf{c} \rightarrow \mathbf{c} = \mathbf{Z}^{-1}\mathbf{1}$$

Mit dem Barwertfaktor c_n wird nun der Barwert einer Nullkuponanleihe berechnet: $Z_{0,n} = c_n \times Z_n$.

Beispiel 9.39. Es wird folgende Kassazinssatzstruktur unterstellt:

Tabelle 9.2: Kassazinssatzstruktur

t	1	2	3	4	5
i_t	0.050	0.055	0.060	0.065	0.070

Mit dem linearen Gleichungssystem

$$\begin{bmatrix} 1.050 & 0 & 0 & 0 & 0 \\ 0.055 & 1.055 & 0 & 0 & 0 \\ 0.060 & 0.060 & 1.060 & 0 & 0 \\ 0.065 & 0.065 & 0.065 & 1.065 & 0 \\ 0.070 & 0.070 & 0.070 & 0.070 & 1.070 \end{bmatrix} \begin{bmatrix} c_1 \\ c_2 \\ c_3 \\ c_4 \\ c_5 \end{bmatrix} = \begin{bmatrix} 1 \\ 1 \\ 1 \\ 1 \\ 1 \end{bmatrix}$$

$$\mathbf{c} = \mathbf{Z}^{-1}\mathbf{b} = \begin{bmatrix} 0.9524 \\ 0.8982 \\ 0.8386 \\ 0.7748 \\ 0.7079 \end{bmatrix}$$

Der Barwert einer zweijährigen Nullkuponanleihe beträgt hier zum Beispiel 89.82 Cent. ☼

Die Dreiecksstruktur zur Berechnung der Barwertfaktoren ist nicht zwingend erforderlich (vgl. [7]). Das lineare Gleichungssystem (9.25)-(9.27) kann auch mit einer anderen entsprechenden Anleihenstruktur berechnet werden, das mit einer vollbesetzten Matrix verbunden ist.

Liegt eine flache Zinssatzstruktur (i konstant) vor, gilt

$$c_t = (1+i)^{-t} \tag{9.28}$$

und die Barwertberechnung ist dann identisch mit der Diskontierung bei flacher Zinssatzstruktur.

Die Rendite i_t^* einer Nullkuponanleihen über t Perioden ist die herkömmliche exponentielle Verzinsung: $Z_{0,t} = c_t (1+i_t^*)^t$. Mit der obigen Annahme für $Z_{0,t} = 1$ gilt dann: $1 \, \text{€} = c_t (1+i_t^*)^t$.

$$i_t^* = \sqrt[t]{c_t^{-1}} - 1 \tag{9.29}$$

9.7 Kurs- und Renditeberechnung eines Wertpapiers

Beispiel 9.40. Die Rendite einer einjährigen Zahlung beträgt aufgrund der fehlenden Zinszahlungen $i_1^* = i_1 = 5\%$ (der Zinssatz besitzt die gleiche Periodizität wie die Zahlungen Z_t). Die Rendite einer Zahlung in 2 Jahren ohne zwischenzeitliche Zahlung liegt bei

$$i_2^* = \sqrt[2]{0.8982^{-1}} - 1 = 5.5138\%$$

und einer Zahlung in 3 Jahren bei

$$i_3^* = \sqrt[3]{0.8386^{-1}} - 1 = 6.0410\%$$

Die weiteren Nullkuponrenditen berechnen sich entsprechend (siehe Tab. 9.3). ✩

Tabelle 9.3: Nullkuponrenditen (Kassazinssätze)

t	1	2	3	4	5
i_t^*	0.050	0.0551	0.0604	0.0658	0.0715

Mit den obigen Barwertfaktoren werden nun die Zahlungen diskontiert, um den Barwert zu berechnen.

$$C_0 = \sum_{t=1}^{n} \frac{Z_t}{(1 + i_t^*)^t} = \sum_{t=1}^{n} c_t Z_t$$

Beispiel 9.41. Für das Wertpapier mit dem Zahlungsstrom aus Beispiel 9.37 liegt dann folgender Barwert vor:

$$C_0 = \frac{5.25}{1.05} + \frac{5.25}{1.0551^2} + \frac{5.25}{1.0604^3} + \frac{5.25}{1.0658^4} + \frac{105.25}{1.0715^5} = 92.70\,\text{\euro}$$

✩

9.7.6 Berechnung von Nullkuponrenditen mit Scilab

In Scilab kann die Berechnung der Nullkuponrenditen einfach umgesetzt werden. Die folgenden Anweisungen berechnen die Werte der Tabelle 9.3.

```
// Renditestruktur
spotrates=[0.05,0.055,0.06,0.065,0.07]
n=length(spotrates)

// Matrix mit Zinsszahlungen
Z=tril(kron(spotrates',ones(1,n)))+eye(n,n)

// Barwertfaktoren
c=inv(Z)*ones(n,1)
```

```
// Nullkuponrenditen
yield=0;
for t=1:n
    yield(t)=c(t)^(-1/t)-1
end
// oder
yield=c.^(-[(1:n)^(-1)]')
```

Die Berechnung des Barwerts mit den Nullkuponrenditen wird mit den folgenden Anweisungen durchgeführt.

```
// Zahlungsströme = cf
cf=[5.25 5.25 5.25 5.25 105.25];

// Barwert = pv
pv=cf*c;
```

Übung 9.6. Berechnen Sie die Nullkuponrenditen (Kassazinssätze) für die folgende Renditestruktur:

t	1	2	3	4	5
i_t^*	0.07	0.065	0.06	0.055	0.05

9.7.7 Duration

Die Duration wird auch **durchschnittliche Kapitalbindungsdauer** oder durchschnittliche Laufzeit genannt. Es handelt sich hier um ein gewogenes arithmetisches Mittel, das die diskontierten Zahlungen Z_t mit den Zahlungszeitpunkten t gewichtet und mit dem Barwert der Zahlungen mittelt. Mit D wird die Duration nach Macaulay bezeichnet, die in Jahren gemessen wird.

$$D = \frac{\sum_{t=1}^{n} t Z_t q^{-t}}{\sum_{t=1}^{n} Z_t q^{-t}} \qquad (9.30)$$

Die Zahlungen Z_t sind bei Wertpapieren die Kuponzahlungen r^{nach} und die Rückzahlung des Nennbetrags K_0.

$$[Z_t] = \underbrace{r^{nach}, \ldots, r^{nach}}_{n-1\text{-mal}}, K_0 + r^{nach}$$

Beispiel 9.42. Die Zahlungsfolge für das Wertpapier in Beispiel 9.33 ist

$$[Z_t] = \underbrace{6, \ldots, 6}_{9\text{-mal}}, 106$$

und damit beträgt die Duration bei einem Marktzinssatz von 5 Prozent

$$D_{0.05} = \frac{\sum_{t=1}^{10} t Z_t 1.05^{-t}}{\sum_{t=1}^{10} Z_t 1.05^{-t}} = \frac{850.1560}{107.7217} = 7.8921 \text{ Jahre}$$

7.8921 Jahre beträgt der Zeitraum, in dem sich Marktzinsänderungen (etwa) ausgeglichen haben. Es ist die (durchschnittliche) Bindungsdauer des Kapitals, die benötigt wird, um einen gewünschten Kapitalbetrag C_D zum Zeitpunkt D zu erhalten unter Berücksichtigung möglicher Marktzinsänderungen (siehe Abb. 9.10).

$$C_D = C_0 q^D = 107.7217 \times 1.05^{7.8921} = 158.32$$

☆

Beispiel 9.43. Für das Wertpapier aus Beispiel 9.33 bzw. 9.42 kann zu den Zeitpunkten t der jeweilige Barwert berechnet werden. Der Wert der Anleihe zum Zeitpunkt t beträgt:

$$C_t(q) = \sum_{k=1}^{n} Z_k q^{(t-k)} \quad \text{für } 0 \leq t \leq n$$

Trägt man diese in einem Koordinatensystem $(t, C_t(q))$ ab, so erhält man den Barwertverlauf über die Laufzeit. Unterstellt man eine Marktzinsänderung, so lässt sich der neue Barwertverlauf darstellen (siehe Abb. 9.10). Man erkennt, dass sich die Barwertkurven in etwa im Zeitpunkt der Duration schneiden. Da es sich um eine näherungsweise Berechnung handelt, schneiden sich die Kurven nicht exakt zum Zeitpunkt D.

$$D_{0.04} = 7.9805 \quad D_{0.05} = 7.8921 \quad D_{0.06} = 7.8016$$

Wird das Wertpapier also bis zur Duration gehalten, so ist der Anleger gegenüber Zinsänderungsrisiken immun.

☆

Die Duration wird zur Beurteilung der Zinssensitivität einer Anleihe eingesetzt. Diese Interpretation ergibt sich aufgrund der Herleitung der Duration aus der ersten Ableitung der Barwertfunktion. Die Zinselastizität ist die Barwertänderung, die durch eine Zinsänderung verursacht wird. Ein *zero bond* (mit nur einer einzigen Zahlung zum Laufzeitende) besitzt eine größere Zinsempfindlichkeit als eine Anleihe gleicher Laufzeit, bei der jährlich Kuponzahlungen geleistet werden. Dies liegt daran, dass bei einer Nullkuponanleihe der gesamte Zinsertrag mit der n-ten Potenz des Diskontierungsfaktors erfasst wird. Eine Zinssatzänderung wirkt sich daher stärker aus, als bei einer Kuponanleihe, bei der die Zinszahlungen periodisch diskontiert werden. Bei einer Nullkuponanleihe ist die Duration gleich der Laufzeit der Anleihe, weil $Z_t = 0$ für $t < n$ gilt. Für eine Kuponanleihe ist die Duration hingegen immer kleiner als die Laufzeit der Anleihe: $D < n$.

Neben der Laufzeit einer Anleihe ist somit auch das zeitliche Anfallen der Zahlungen von Bedeutung. Die Duration verknüpft diese beiden Komponenten. Sie gewichtet den jeweiligen Zahlungszeitpunkt mit dem relativen Beitrag zum Barwert.

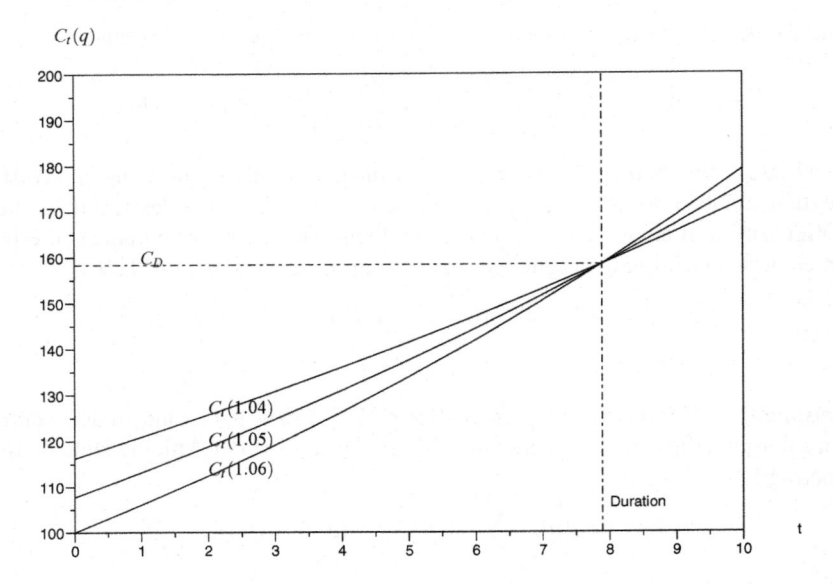

Abb. 9.10: Barwertverlauf und Duration

Eine höhere Duration lässt auf eine tendenziell höhere Zinssensitivität schließen. Die Duration ist umso höher, je niedriger der Kupon ist. Für den Extremfall der Nullkuponanleihe gilt, dass die Duration mit der Restlaufzeit der Anleihe übereinstimmt.

Auch bei diesen Überlegungen wird eine **flache Zinssatzstruktur** über die Laufzeit und eine Wiederanlage der Erträge zum Zinssatz i angenommen. Ferner wird nur eine einmalige Zinssatzänderung zum Zeitpunkt $t=0$ unterstellt.

Eine formale Herleitung der Duration ergibt sich aus der ersten Ableitung der Barwertfunktion $C_0(q)$ nach q (Ableitungen werden in Kapitel 10 erklärt). Sie eröffnet dann auch die Anwendung der Duration zur Berechnung einer Barwertänderung infolge einer Zinsänderung.

$$C_0(q) = \sum_{t=1}^{n} Z_t \, q^{-t}$$

$$C_0'(q) = \frac{\mathrm{d}C_0}{\mathrm{d}q} = -\frac{1}{q} \sum_{t=1}^{n} t \, Z_t \, q^{-t} \qquad (9.31)$$

Als Duration wird nun die relative Änderung

$$D = -\frac{\frac{\mathrm{d}C_0}{\mathrm{d}q}}{\frac{C_0}{q}} = -\frac{C_0'(q)}{C_0(q)}$$

9.7 Kurs- und Renditeberechnung eines Wertpapiers

bezeichnet. Durch Einsetzen der Definition (9.30) in (9.31) wird das gleiche Ergebnis geliefert:

$$C_0'(q) = -\frac{C_0(q)D}{q} \quad \Rightarrow \quad D = -\frac{\frac{dC_0}{dq}}{\frac{C_0}{q}} \tag{9.32}$$

Die Duration ist betragsmäßig die **Zinssatzelastizität des Barwerts** (siehe Kapitel 10.8.6 zum Begriff der Elastizität). Ändert sich q marginal, so ändert sich der Barwert um D Prozent. Die Duration kann also auch zur Berechnung einer Barwertänderung eingesetzt werden.

$$dC_0(q) = -C_0(q)\frac{D}{q}dq$$
$$= -C_0(q)MD\,dq \quad \text{mit } MD = \frac{D}{q}$$

Das Verhältnis $\frac{D}{q}$ wird mit MD bezeichnet und **modifizierte Duration** genannt. In der Praxis ersetzt man das Differential dq durch die Differenz Δq.

$$\Delta C_0(q) \approx C_0(q+\Delta q) - C_0(q)$$
$$\approx -C_0(q)MD\,\Delta q \tag{9.33}$$

Zur Berechnung der relativen Barwertänderung muss die Differenz in (9.33) durch $C_0(q)$ geteilt werden.

$$\frac{\Delta C_0(q)}{C_0(q)} \approx -\Delta q\,MD$$

Beispiel 9.44. Für das Wertpapier aus dem Beispiel 9.33 mit der Berechnung der Duration in Beispiel 9.42 berechnet sich folgende modifizierte Duration:

$$MD = \frac{7.8921}{1.05} = 7.5162$$

Bei einer Erhöhung des Marktzinssatzes um $\Delta q = 0.01$ erfolgt etwa eine Barwertänderung des Wertpapiers in Höhe von

$$\Delta C_0(1.05 + 0.01) \approx -0.01 \times 107.72 \times 7.5162 \approx -8.0967\,\text{€}$$

bzw. eine relative Barwertänderung in Höhe von

$$\frac{\Delta C_0(q+\Delta q)}{C_0(q)} \approx -0.01 \times 7.5162 \approx -7.5162\,\text{Prozent}$$

Aus der Kursberechnung in Beispiel 9.33 berechnet sich eine genaue Barwertänderung in Höhe von $-7.72173\,\text{€}$ bzw. -7.71682 Prozent. ☆

Die modifizierte Duration ist somit ein Maß für die Abschätzung der Kursänderung (Marktwertrisiko) festverzinslicher Wertpapiere.

9.7.8 Berechnung der Duration mit Scilab

In Scilab kann die Duration wie folgt berechnet werden:

```
q=1.05   // Marktzinssatz
K0=100   // Rückzahlung
p=0.06   // Kuponsatz
n=10     // Zeitraum in Jahren

Z=[ones(1,n-1).*K0*p,K0*(1+p)]   // Zahlungsreihe
t=1:n

GBW=sum(Z.*t./q^t)     // gewichteter Barwert
BW=sum(Z./q^t)         // Barwert
D=GBW/BW               // Duration

C_D=BW*q^D             // Barwert zum Zeitpunkt D

MD=D/q                 // modifizierte Duration

dq=0.01                // Änderung des Marktzinssatzes
-dq*MD                 // relative Barwertänderung mit MD
-dq*BW*MD              // absolute Barwertänderung mit MD
```

Übung 9.7. Berechnen Sie für die angegebenen Wertpapiere (Nennwert 100 €) den Barwert, die Duration und über die Modified Duration die Barwertänderung. Gehen Sie bei der Berechnung von einem Marktzinssatz von 7 Prozent p. a. und einer Marktzinserhöhung von 2 Prozentpunkten aus.

Wertpapier	1	2	3
Laufzeit in Jahren	2	3	4
Kupon	7%	12%	5%

9.8 Annuitätenrechnung

Die Annuitätenrechnung unterstellt eine Kreditbeziehung. Der Schuldner nimmt zum Zeitpunkt $t = 0$ einen Kredit in Höhe von K_0 auf und zahlt diesen an den Gläubiger in n gleichen Raten zurück. Die gleich hohen Raten werden Annuität A genannt. Sie werden nicht mehr als Rente bezeichnet, da sie sich aus Zinsen und Tilgung zusammensetzen.

9.8.1 Annuität

Die **Annuität** (*rate of repayment*) A ist eine regelmäßige Zahlung, die sich aus Tilgungs- und Zinsrate zusammensetzt.

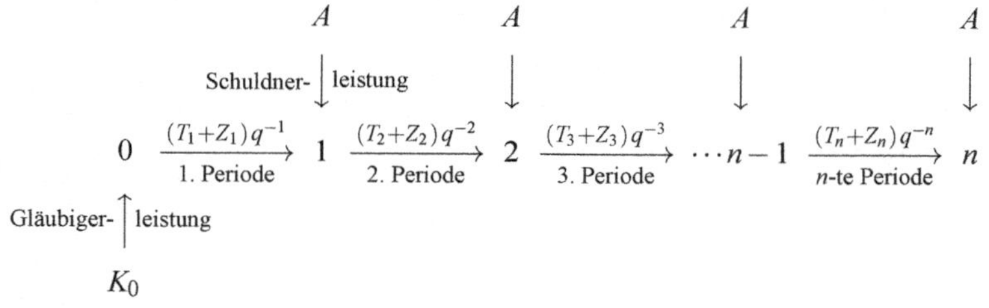

9.8 Annuitätenrechnung

```
                    A              A              A                       A
   Schuldner-↓leistung         ↓              ↓                       ↓
   0  (T₁+Z₁)q⁻¹  1  (T₂+Z₂)q⁻²  2  (T₃+Z₃)q⁻³  ··· n−1  (Tₙ+Zₙ)q⁻ⁿ  n
      ─────────→     ─────────→     ─────────→             ─────────→
      1. Periode     2. Periode     3. Periode             n-te Periode
Gläubiger-↑leistung
K₀
```

Abb. 9.11: Struktur eines Annuitätendarlehens

$$A = T_t + Z_t = konstant \quad t = 1, \ldots n$$

T_t bezeichnet die **Tilgungsrate** und Z_t die **Zinsrate** der Periode t. Die Annuität ist dem Wortsinn nach eine jährliche Rate (lat. annus = Jahr). Heute wird der Begriff Annuität jedoch auch auf unterjährige regelmäßige Zahlungen angewendet. Ein allgemeinerer Begriff für die Rückzahlungen eines Kredits ist **Kapitaldienst**.

Zur Berechnung der Annuität wird das **Äquivalenzprinzip** angewendet. Hierbei werden – bei gegebenem Zinssatz – die Leistungen des Gläubigers den Leistungen des Schuldners gegenübergestellt. Alle Zahlungen sind dabei auf den Gegenwartswert zu diskontieren (**Barwertprinzip**). In der nun folgenden Äquivalenz beträgt die Leistung des Gläubigers K_0. Die Leistung des Schuldners entspricht dem Barwert der gezahlten Annuitäten ($A = r^{nach}$).

$$K_0 \stackrel{!}{=} A \frac{1}{q^n} \frac{q^n - 1}{q - 1} \tag{9.34}$$

Der Barwert einer nachschüssigen Rente ist gleichzusetzen der Schuld K_0. Kreditrückzahlungen sind nachschüssige Rentenzahlungen, da die Annuitätenzahlung auf die vorherige Periode $t - 1$ bezogen ist. Dies wird aus dem Tilgungsplan (siehe Tabelle 9.5) deutlich. Durch Auflösen der Gleichung (9.34) nach A erhält man die gesuchte Formel.

$$A = K_0 q^n \frac{q - 1}{q^n - 1} \tag{9.35}$$

Beispiel 9.45. Ein Kredit in Höhe von $K_0 = 1000$ € soll in gleichen Raten über $n = 10$ Jahre zurückgezahlt werden. Der Kreditzinssatz beträgt $i = 6$ Prozent.

$$A = 1000 \times 1.06^{10} \frac{1.06 - 1}{1.06^{10} - 1} = 135.87 \, \text{€} \, / \, \text{Jahr}$$

Die Annuität beträgt 135.87 € pro Jahr. ☼

In der Praxis wird häufig eine **monatliche Annuität** zur Rückführung der Kreditschuld vereinbart. Diese lässt sich zum einen mit dem konformen Monatszinssatz berechnen (exakte Rechnung) oder mit einer einfachen Verzinsung binnen Jahresfrist.

Beispiel 9.46. Für den Kredit in Beispiel 9.45 wird nun nach den verschiedenen Berechnungsverfahren eine monatliche Annuität ermittelt.

1. Die Berechnung der Annuität mit dem konformen Monatszinssatz entspricht der **ISMA-Methode** und sieht wie folgt aus:

$$i_{12}^{kon} = \sqrt[12]{1.06} - 1 = 0.0048676$$

$$A_{12} = 1000 \times \left(\sqrt[12]{1.06}\right)^{120} \frac{\sqrt[12]{1.06} - 1}{\left(\sqrt[12]{1.06}\right)^{120} - 1}$$

$$= 1000 \times 1.06^{10} \frac{\sqrt[12]{1.06} - 1}{1.06^{10} - 1}$$

$$= 11.022 \, \text{€} \, / \, \text{Monat}$$

Die monatliche Annuität beträgt etwa 11.02 €.

2. Die Berechnung der Annuität mit dem relativen Zinssatz entspricht der **US-Methode** und führt zu folgendem Ergebnis:

$$i_{12}^{rel} = \frac{0.06}{12} = 0.005$$

$$A_{12} = 1000 \times 1.005^{120} \frac{1.005 - 1}{1.005^{120} - 1} = 11.10 \, \text{€} \, / \, \text{Monat}$$

Der effektive Jahreszinssatz beträgt:

$$i^{eff} = 1.005^{12} - 1 = 0.061678 \Rightarrow 6.1678 \, \text{Prozent}$$

Beachten Sie, dass i. d. R. ein Äquivalenzansatz zur Berechnung des effektiven Zinssatzes notwendig ist (siehe Kapitel 9.8.7). Im vorliegenden Fall ist er:

$$1000 \stackrel{!}{=} 11.10 \frac{1}{q^n} \frac{q^n - 1}{q - 1}$$

n besitzt den Wert 120 (Monate). q wird über ein Nullstellenproblem berechnet und beinhaltet den effektiven Monatszinssatz ($q = 1.005$).

3. Die Praktikerformel mit der einfachen Verzinsung binnen Jahresfrist leitet sich aus der Gleichung (9.8) ab, die nach r umgestellt wird. Der monatlichen Rate r in der Gleichung (9.8) entspricht hier die monatliche Annuität A_{12} und der Rentenendwert R der jährlichen Annuität A.

$$A_{12} = \frac{A}{12 + 5.5i} = \frac{135.87}{12 + 5.5 \times 0.06} = 11.019 \, \text{€} \, / \, \text{Monat}$$

Die monatliche Annuität beträgt etwa 11.02 €. Man erkennt aber, dass sich die Zahlen nicht exakt gleichen. Aufgrund des fehlenden Zinseszinseffekts fällt die gleichmäßige Aufteilung in Monatsraten etwas niedriger aus. ✧

9.8.2 Restschuld

Aus der Gleichung (9.34) lässt sich die **Restschuld** (*outstanding balance*) berechnen. Die Schuld K_0 wird über t Perioden zum Zinssatz i angelegt. Hiervon ist der Endwert der Zahlungen in Höhe von A, welche bis zum Zeitpunkt t aufgelaufen sind, abzuziehen. Die Differenz ist die Restschuld K_t zum Periodenende $0 \leq t \leq n$.

$$K_t = K_0 q^t - A \frac{q^t - 1}{q - 1} \quad \text{für } 0 \leq t \leq n \tag{9.36}$$

Für $K_n = 0$ ergibt sich die Gleichung (9.34). Wird die Annuität durch die Formel (9.35) ersetzt, so erhält man folgende Restschuldformel

$$K_t = K_0 \frac{q^n - q^t}{q^n - 1} \tag{9.37}$$

Beispiel 9.47. Die Restschuld des Kredits in Beispiel 9.45 beträgt am Ende des 2. Jahres (siehe Tabelle 9.5)

$$K_2 = 1000 \times 1.06^2 - 135.87 \frac{1.06^2 - 1}{1.06 - 1}$$
$$= 1000 \frac{1.06^{10} - 1.06^2}{1.06^{10} - 1} = 843.71 \, €$$

☆

Beispiel 9.48. Es wird ein Kredit über 1000 € zu 4 Prozent aufgenommen. Die Kreditlaufzeit wird auf 15 Jahre vereinbart. Die Zinsbindung beträgt jedoch nur 5 Jahre. Welche Restschuld liegt nach der Zinsbindung vor?

Die Annuität wird über die Kreditlaufzeit von 15 Jahren berechnet.

$$A = 1000 \times 1.04^{15} \frac{1.04 - 1}{1.04^{15} - 1} = 89.94 \, € \text{ pro Jahr}$$

Die Restschuld nach dem 5. Jahr beträgt somit

$$K_5 = 1000 \times 1.04^5 - 89.94 \frac{1.04^5 - 1}{1.04 - 1} = 729.50 \, €$$

Beispiel 9.49. Für den Kredit aus dem Beispiel 9.48 wird zusätzlich ein Sondertilgungsrecht in Höhe von 200 € nach dem 2. Jahr gewährt. Welche Restschuld liegt dann nach der Zinsbindung vor, wenn das Sondertilgungsrecht ausgeübt wird?

Die Restschuld nach dem 2. Jahr beträgt

$$K_2 = 1000 \times 1.04^2 - 89.94 \frac{1.04^2 - 1}{1.04 - 1} = 898.12 \, €$$

Nach Abzug der Sondertilgung hat sich die Restschuld auf 698.12 € reduziert. Unter Berücksichtigung der Sondertilgung im 2. Jahr beträgt nach der Zinsbindung die Restschuld

$$K_5 = 698.12 \times 1.04^3 - 89.94 \frac{1.04^3 - 1}{1.04 - 1} = 504.53 \, €$$

Der Zeitraum zwischen der Sondertilgung und der Zinsbindung beträgt 3 Jahre.

9.8.3 Tilgungsrate

Die **Tilgungsrate** (*rate of redemption, principal repayment*) T_t zum Ende der Periode kann aus $A = T_t + Z_t$ errechnet werden.

$$T_t = A - Z_t$$

Für $t = 1$ erhält man:

$$T_1 = A - Z_1 \qquad Z_1 = K_0 i$$
$$T_1 = A - K_0 i$$

Für $t = 2$ erhält man:

$$T_2 = A - Z_2 \qquad Z_2 = K_1 i \qquad K_1 = K_0 - T_1$$

T_2 ist folglich:

$$T_2 = A - K_1 i = A - (K_0 - T_1) i = A - K_0 i + T_1 i = T_1 q$$

Die folgenden Tilgungsraten erhält man auf gleichem Weg. Die allgemeine Gleichung ist

$$T_t = T_{t-1} q = T_1 q^{t-1} \qquad \text{für } 1 < t \leq n \tag{9.38}$$

Beispiel 9.50. Die Tilgungsrate in der 2. Periode beträgt:

$$T_2 = T_1 \times 1.06^1 = (135.87 - 1000 \times 0.06) \times 1.06 = 80.42$$

✧

9.8.4 Anfänglicher Tilgungssatz

Der **anfängliche Tilgungssatz** $p_1^{Tilgung}$ ist das Verhältnis von der Tilgung der ersten Periode zum Kreditbetrag. Mit Hilfe des anfänglichen Tilgungssatzes kann die Annuität bestimmt werden.

$$p_1^{Tilgung} = \frac{T_1}{K_0}$$
$$A = K_0 \left(i + p_1^{Tilgung} \right)$$

Man kann die weiteren Tilgungssätze $p_t^{Tilgung}$ natürlich ebenso berechnen.

$$p_t^{Tilgung} = \frac{T_t}{K_{t-1}} \qquad \text{für } 1 \leq t \leq n$$

Es gilt stets

$$A = K_{t-1} \left(i + p_t^{Tilgung} \right)$$

9.8 Annuitätenrechnung

Beispiel 9.51. Die Tilgungssätze im Kreditbeispiel 9.54 lassen sich durch Division der Tilgung zur Restschuld aus dem Tilgungsplan (siehe Tabelle 9.5) berechnen. Das Ergebnis der Division steht in Tabelle 9.4. Der anfängliche Tilgungssatz beträgt hier 7.59 Prozent. Aus dem Zinssatz und dem anfänglichen Tilgungssatz, wie sie häufig in (Hypoteken-) Kreditverträgen angegeben sind, kann man leicht die Annuität berechnen.

$$A = 1000\,(0.06 + 0.0759) = 135.87\,\text{€}\,/\,\text{Jahr}$$

✩

Tabelle 9.4: Tilgungssätze zum Kreditbeispiel 9.54

1	2	3	4	5	6	7	8	9	10
7.59%	8.70%	10.10%	11.91%	14.34%	17.74%	22.86%	31.41%	48.54%	100.00%

Alternativ kann man den Tilgungssatz auch aus dem folgenden Ansatz gewinnen:

$$K_{t-1}\,(i + p_t^{Tilgung}) \stackrel{!}{=} \underbrace{K_{t-1}\,q^{n-t+1}\,\frac{q-1}{q^{n-t+1}-1}}_{A}$$

Auflösen der Gleichung nach $p_t^{Tilgung}$ liefert:

$$p_t^{Tilgung} = q^{n-t+1}\,\frac{q-1}{q^{n-t+1}-1} - i \qquad (9.39)$$

Beispiel 9.52. Für $t = 1$ ergibt sich nach Gleichung (9.39) mit den Angaben aus dem Kreditbeispiel 9.54 der anfängliche Tilgungssatz

$$p_1^{Tilgung} = 1.06^{10}\,\frac{1.06 - 1}{1.06^{10} - 1} - 0.06 = 0.07586$$

✩

Ist der Zeitraum der Zinsbindung kürzer als der Zeitraum der Kredittilgung, dann wird die Annuität mit einem anfänglichen Tilgungssatz und dem effektiven Kreditzinssatz berechnet. Durch Umstellen der Gleichung (9.39) nach der Laufzeit n wird dann die Kreditlaufzeit bestimmt. Für $t = 1$ ergibt sich:

$$n = \frac{\ln\left(1 + \frac{i}{p_1^{Tilgung}}\right)}{\ln q} \qquad (9.40)$$

Beispiel 9.53. Wird der anfängliche Tilgungssatz auf 2 Prozent reduziert, so erhöht sich die Kreditlaufzeit im Beispiel 9.45 auf

$$n = \frac{\ln\left(1 + \frac{0.06}{0.02}\right)}{\ln 1.06} = 23.7913 \text{ Jahre}$$

Bei dieser Laufzeit reduziert sich die Annuität auf

$$A = 1000 \times (0.06 + 0.02)$$
$$= 1000 \times 1.06^{23.7913} \times \frac{1.06 - 1}{1.06^{23.7913} - 1}$$
$$= 80 \, \text{€} / \text{Jahr}.$$

Zum Ende der Zinsbindung (der Zinssatz ist weiterhin nur für 10 Jahre festgeschrieben) liegt dann noch eine Restschuld von

$$K_{10} = 1000 \times 1.06^{10} - 80 \frac{1.06^{10} - 1}{1.06 - 1}$$
$$= 1000 \frac{1.06^{23.7913} - 1.06^{10}}{1.06^{23.7913} - 1} = 736.38 \, \text{€} / \text{Jahr}$$

vor. Diese Restschuld wird in der Regel durch einen neuen Kredit getilgt. ✿

9.8.5 Tilgungsplan

Ein **Tilgungsplan** (*redemption plan*) ist eine tabellarische Aufstellung der geplanten Rückzahlungen eines Kreditbetrags.

Beispiel 9.54. Der Tilgungsplan für den Kredit aus Beispiel 9.45 ist in Tabelle 9.5 wiedergegeben. Die Zinsen Z_t im Tilgungsplan lassen sich leicht aus der Restschuld zum Periodenende berechnen:

$$Z_t = K_{t-1} i \quad \text{für } 1 \leq t \leq n$$

Die Restschuld K_t ist aus der Differenz von Restschuld und Periodenende und Tilgung zu berechnen.

$$K_t = K_{t-1} - T_t \quad \text{für } 1 \leq t \leq n$$

✿

Tabelle 9.5: Tilgungsplan für Annuitätenkredit aus Beispiel 9.45

Jahr	Restschuld zum Periodenende	Zinsen	Tilgung	Annuität
t	K_t	Z_t	T_t	A
0	1000.00	–	–	–
1	924.13	60.00	75.87	135.87
2	843.71	55.45	80.42	135.87
3	758.47	50.62	85.25	135.87
4	668.11	45.51	90.36	135.87
5	572.33	40.09	95.78	135.87
6	470.80	34.34	101.53	135.87
7	363.18	28.25	107.62	135.87
8	249.10	21.79	114.08	135.87
9	128.18	14.95	120.92	135.87
10	0.00	7.69	128.18	135.87
$\sum$	–	358.68	1000.00	1358.68

Häufig wird die Annuität auf einen ganzen Eurobetrag aufgerundet, der dann über $n-1$ Perioden zu zahlen ist.

$$\lceil A \rceil = \left\lceil K_0 q^n \frac{q-1}{q^n-1} \right\rceil$$

Für die letzte Rate ergibt sich dann ein geringerer Betrag, der als **Schlussrate** bezeichnet wird. Diese kann aus der verzinsten Restschuld (siehe Gleichung (9.36)) berechnet werden.

$$\begin{aligned} Schlussrate &= \left(K_0 q^{n-1} - \lceil A \rceil \frac{q^{n-1}-1}{q-1} \right) q \\ &= K_0 q^n - \lceil A \rceil \frac{q^n-q}{q-1} \end{aligned}$$

Beispiel 9.55. In Beispiel 9.45 würde sich dann eine aufgerundete Annuität von

$$\lceil 135.87 \rceil = 136 \,€$$

ergeben. Die Schlussrate beträgt dann

$$Schlussrate = 1000 \times 1.06^{10} - 136 \times \frac{1.06^{10}-1.06}{1.06-1} = 134.26 \,€$$

☆

9.8.6 Berechnung eines Tilgungsplans mit **Scilab**

In Scilab kann der Tilgungsplan 9.5 wie folgt berechnet und ausgegeben werden.

9 Grundlagen der Finanzmathematik

```
i=0.06     // Zinssatz
K0=1000    // Kreditbetrag
n=10       // Jahre

q=1+i              // Zinsfaktor
A=K0*q^n*(q-1)/(q^n-1)      // Annuität

t=0:n
Kt=K0*q^t-A*(q^t-1)/(q-1)  // Restkapital
Tt=A-Kt(1:n)*i             // Tilgungszahlungen
Zt=Kt(1:n)*i               // Zinszahlungen

// Tilgungsplan
TP=[t;Kt;[0,Zt];[0,Tt];[0,ones(1,n)*A]]'
// Ausgabe
[[['t';'Restschuld';'Zins';'Tilgung';'Annuität']';...
    string(TP)]

// Tilgungsplan mit Schlussrate
Astar=ceil(A)                  // aufgrundete Annuität
Aschluss=K0*q^n-Astar*(q^n-q)/(q-1)  // Schlussrate

tstar=0:(n-1)
Ktstar=K0*q^tstar-Astar*(q^tstar-1)/(q-1)
Ttstar=Astar-Ktstar(1:(n-1))*i
Ztstar=Ktstar(1:(n-1))*i

Tschluss=Aschluss-Ktstar(n)*i // Schlusstilgung
Zschluss=Ktstar(n)*i          // Schlusszins
Kschluss=Ktstar(n)-Tschluss   // Schlussschuld

Ktneu=[Ktstar,clean(Kschluss)]
Ttneu=[Ttstar,Tschluss]
Ztneu=[Ztstar,Zschluss]
Aneu=[ones(1,(n-1))*Astar,Aschluss]

// Tilgungsplan
TPneu=[t;Ktneu;[0,Ztneu];[0,Ttneu];[0,Aneu]]'
// Ausgabe
[[['t';'Restschuld';'Zins';'Tilgung';'Annuität']';...
    string(TPneu)]
```

9.8.7 Effektiver Kreditzinssatz

Die Berechnung des effektiven Jahreszinses wird durch das BGB §492 Abs. 2 festgelegt.

Effektiver Jahreszins ist die in einem Prozentsatz des Nettodarlehensbetrags anzugebende Gesamtbelastung pro Jahr. Die Berechnung des effektiven und des anfänglichen effektiven Jahreszinses richtet sich nach §6 der Verordnung zur Regelung der Preisangaben.

In der praktischen Situation der Kreditvergabe kommen Gebühren, Zuschläge und andere Kreditzinssatz verändernde Vereinbarungen vor. In diesen Fällen weicht die angegebene Nominalverzinsung von dem tatsächlichen **effektiven Zinssatz** ab. Häufig wird dann vom anfänglichen effektiven Kreditzinssatz gesprochen. Dies ist dann der Fall, wenn die Kreditlaufzeit länger als die Zinsbindung ist. Die Berechnung der Effektivverzinsung erfolgt stets mittels des Äquivalenzprinzips. Im einfachsten Fall wird der unterjährige Zinssatz als relativer Zinssatz berechnet. Dann fallen der Nominalzinssatz und der effektive Zinssatz auseinander. In komplizierteren Fällen müssen Gebühren usw. eingerechnet werden. Dann ist der effektive Zinssatz für einen Kredit wie bei der Rentenrechnung mittels eines Nullstellenproblems zu berechnen. Hierzu ein Beispiel.

Beispiel 9.56. Angenommen der Kredit dem Beispiel 9.45 wird nun zusätzlich mit einer einmaligen Gebühr (auch als Disagio, Damnum, Abgeld bezeichnet) von 2 Prozent auf den Kreditbetrag belegt. Dieser Betrag wird annuitätisch bezahlt. Dies bedeutet, dass er über den Zeitraum von 10 Jahren in gleichen Raten bezahlt wird. Wie hoch ist der Effektivzinssatz? Er muss jetzt mehr als 6 Prozent betragen.

Um einen Kredit mit einer Auszahlungssumme in Höhe von 1000 € zu erhalten, muss eine Summe von

$$1000 \stackrel{!}{=} K_0^* - 0.02 K_0^* = 0.98 K_0^* \quad \Rightarrow K_0^* = \frac{1000}{0.98} = 1020.41 \, \text{€}$$

aufgenommen werden. Die Annuität des Kredits beträgt damit

$$A^* = \frac{1000}{0.98} 1.06^{10} \frac{1.06 - 1}{1.06^{10} - 1} = 138.64 \, \text{€} / \text{Jahr} \tag{9.41}$$

Aus der Differenz der Annuitäten kann nun einfach die entsprechende jährliche Kreditgebühr berechnet werden, die mit dem Disagio verbunden ist.

$$\begin{aligned} r^{nach} &= A^* - A \\ &= 138.64 - 135.87 \\ &= 1000 \left(\frac{1}{0.98} - 1 \right) 1.06^{10} \frac{1.06 - 1}{1.06^{10} - 1} \\ &= 20.41 \times 1.06^{10} \frac{1.06 - 1}{1.06^{10} - 1} = 2.77 \, \text{€} / \text{Jahr} \end{aligned} \tag{9.42}$$

9 Grundlagen der Finanzmathematik

Der Barwert der periodischen Gebühr wird als «up-front fee» bezeichnet.

$$R_0^{nach} = 1000 \left(\frac{1}{0.98} - 1 \right)$$
$$= 2.77 \frac{1}{1.06^{10}} \frac{1.06^{10} - 1}{1.06 - 1} = 20.41 \,€$$

Nachdem das Disagio in eine absolute periodische und einmalige Gebühr umgerechnet wurde, wird nun mit Hilfe des Äquivalenzprinzips der effektive Kreditzinssatz bestimmt, aus dem sich dann der Zinsaufschlag ergibt.

Die Annuität in der Gleichung (9.41) muss einen Kredit mit einem Zinsfaktor von q ohne Bearbeitungsgebühr tilgen. Die Leistung des Gläubigers muss der des Schuldners entsprechen (Äquivalenzprinzip).

$$1000 \stackrel{!}{=} \underbrace{138.64 \frac{1}{q^{10}} \frac{q^{10} - 1}{q - 1}}_{\text{Barwert nachschüssige Rente}} \tag{9.43}$$

Natürlich kann auch die periodische Gebühr in Höhe von 2.77 € im Ansatz berücksichtigt werden.

$$1000 \stackrel{!}{=} 135.87 \frac{1}{q^{10}} \frac{q^{10} - 1}{q - 1} + 2.77 \frac{1}{q^{10}} \frac{q^{10} - 1}{q - 1}$$

Als weitere Möglichkeit, die Äquivalenz zwischen den Leistungen des Gläubigers und denen des Schuldners herzustellen, ist die direkte Berücksichtigung der Gebühr:

$$1000 \stackrel{!}{=} 135.87 \frac{1}{q^{10}} \frac{q^{10} - 1}{q - 1} + 20$$

Die Umformung der obigen Äquivalenzansätze zu Nullstellenproblemen führen alle zur gleichen Lösung. Das Programm Scilab liefert einen Effektivzinssatz von 6.428 Prozent p. a. Damit ist der Kredit zu 6 Prozent p. a. Nominalzinssatz plus Gebühr von 2 Prozent genauso teuer wie ein Kredit zu einem Zinssatz von 6.428 Prozent p. a. jedoch ohne Gebühr. Die Gebühr in Höhe von 2 Prozent des Kreditbetrags entspricht einem Zinsaufschlag in Höhe von 0.428 Prozent p. a. ☼

Dass alle 3 Ansätze tatsächlich identisch sind, kann man leicht zeigen. Gehen wir von dem letzten Ansatz aus, so kann dieser allgemein wie folgt geschrieben werden:

$$K_0 \stackrel{!}{=} \frac{A}{q_e^n} \frac{q_e^n - 1}{q_e - 1} + G_0$$

A wird ersetzt, q ist der gegebene nominale Zinssatz und q_e ist der gesuchte effektive Zinssatz

$$K_0 \stackrel{!}{=} K_0 \, q^n \underbrace{\frac{q-1}{q^n-1} \frac{1}{q_e^n} \frac{q_e^n-1}{q_e-1}}_{h(q_e)} + G_0$$

$$K_0 \stackrel{!}{=} K_0 \, h(q_e) + G_0$$

$$1 \stackrel{!}{=} h(q_e) + g \quad \text{mit } g = \frac{G_0}{K_0}$$

Wird nun die Gebühr im Kreditbetrag berücksichtigt, so gilt $\tilde{K}_0 = \frac{K_0}{1-g}$ (siehe (9.41)). Der Äquivalenzansatz lässt sich nun wie folgt schreiben:

$$K_0 \stackrel{!}{=} \frac{K_0}{1-g} h(q_e)$$

$$1 \stackrel{!}{=} \frac{h(q_e)}{1-g}$$

Man sieht nun leicht, dass dieser Ansatz identisch ist mit dem zuvor beschriebenen. Für den Äquivalenzansatz, in dem eine periodische Gebühr berücksichtigt wird, gilt:

$$G_m = K_0 \frac{g}{1-g} q^n \frac{q-1}{q^n-1} \quad \text{siehe (9.42)}$$

$$K_0 \stackrel{!}{=} \frac{A}{q_e^n} \frac{q_e^n-1}{q_e-1} + \frac{G_m}{q_e^n} \frac{q_e^n-1}{q_e-1}$$

$$K_0 \stackrel{!}{=} K_0 \, h(q_e) + K_0 \frac{g}{1-g} h(q_e)$$

$$1 \stackrel{!}{=} h(q_e) + \frac{g}{1-g} h(q_e)$$

Auflösen der obigen Beziehung zeigt die Identität des Ansatzes mit den beiden vorherigen. Alle 3 Darstellungen zeigen, dass die Gebühr eine lineare Änderung der Leistung auf einer Seite bedeutet. Eine lineare Änderung ist nicht konform mit der exponentiellen Zinsrechnung. Eine Änderung der Periodizität m wirkt sich daher auf den effektiven Zinssatz aus.

Beispiel 9.57. Der Kredit aus Beispiel 9.56 wird nun mit einer monatlichen Kreditrate zurückgezahlt. Es wird mit dem konformen Monatszinssatz gerechnet. Dennoch wird der effektive Jahreszinssatz über dem des Kredits mit einer jährlichen Kreditrate liegen, da die Gebühr in Höhe von 2 Prozent des Kreditbetrags linear (additiv) zu berücksichtigen ist. Die Kreditrate entspricht der aus Beispiel 9.46 (Punkt 1) $A_{12} = 11.022 \, \text{\euro}$. Der Äquivalenzansatz kann einem der 3 Ansätze oben entsprechen,

$$1000 \stackrel{!}{=} \frac{11.022}{q^{120}} \frac{q^{120}-1}{q-1} + 20$$

oder mit einer periodischen Gebühr die $G_{12} = K_0 \frac{0.02}{1-0.02} \, 1.06^{\frac{120}{12}} \frac{1.06^{\frac{1}{12}}-1}{1.06^{\frac{120}{12}}-1} = 0.2249 \, \text{\euro}$

220 9 Grundlagen der Finanzmathematik

$$1000 \stackrel{!}{=} \frac{11.022}{q^{120}} \frac{q^{120}-1}{q-1} + \frac{0.2249}{q^{120}} \frac{q^{120}-1}{q-1}$$

oder mit $\tilde{A}_{12} = \frac{K_0}{1-0.02} 1.06^{\frac{120}{12}} \frac{1.06^{\frac{1}{12}}-1}{1.06^{\frac{120}{12}}-1} = 11.247\,\text{€}$

$$1000 \stackrel{!}{=} \frac{11.247}{q^{120}} \frac{q^{120}-1}{q-1}$$

Alle 3 Ansätze führen zu einem effektiven Jahreszinssatz von $i = 1.00524^{12} - 1 = 0.0647$, der höher ist als der entsprechende effektive Jahreszinssatz bei jährlicher Zahlungsweise. Der Barwert der Gebühr $\frac{0.2249}{1.00524^{120}} \frac{1.00524^{120}-1}{1.00524-1}$ ist natürlich 20 €. ☆

Im folgenden Beispiel wird der Effektivzinssatz für einen Kredit berechnet, der mit einer monatlichen relativen Verzinsung bedient wird und mit einer einmaligen Gebühr belastet ist.

Beispiel 9.58. Die Kreditsumme beträgt 1000 € und wird monatlich bedient. Es wird von einem Nominalkreditzinssatz von 6 Prozent p. a., 5 € Abschlussgebühr, zahlbar bei Auszahlung und einer Tilgungszeit von 5 Jahren ausgegangen. Als Erstes ist die monatliche Annuität mit dem relativen Monatszinssatz zu berechnen.

$$q^{rel} = 1 + \frac{0.06}{12} = 1.005$$

$$A = 1000 \times 1.005^{60} \times \frac{1.005-1}{1.005^{60}-1} = 19.3328\,\text{€}/\text{Monat}$$

Mit dieser Annuität kann nun der Äquivalenzansatz aufgestellt werden.

$$1000 \stackrel{!}{=} 19.3328 \frac{1}{q^{60}} \frac{q^{60}-1}{q-1} + 5$$

Das i bzw. q, das die Gleichung erfüllt, ist der effektive Kreditzinssatz. Die Berechnung von q erfolgt wieder über ein Nullstellenproblem.

$$995\,q^{61} - 1014.3328\,q^{60} + 19.3328 \stackrel{!}{=} 0$$

Die Lösung mit *Scilab* liefert den effektiven monatlichen Kreditzinssatz von 0.51738 Prozent, der einem effektiven Jahreszinssatz von 6.38836 Prozent entspricht. ☆

Beispiel 9.59. Der Kredit aus Beispiel 9.45 wird nun mit 2 tilgungsfreien Jahren angeboten. Wie hoch ist dann der effektive Kreditzinssatz? Die Annuität tilgt den Kredit wieder in 10 Jahren. Jedoch wird in den ersten beiden Jahren lediglich der Zins in Höhe von 60 € gezahlt. Die Tilgung verschiebt sich um 2 Jahre, so dass insgesamt der Kredit über 12 Jahre läuft. Die Leistung des Gläubigers ist weiterhin 1000 €. Die Leistung des Schulders ist der Barwert der Annuität, jedoch um zwei weitere

Jahre diskontiert, da sie erst nach dem 2. Jahr einsetzt, zuzüglich dem Barwert der Zinszahlungen über die 2 Jahre. Der Äquivalenzansatz ist also folgender:

$$1000 \stackrel{!}{=} 135.87 \frac{1}{q^{12}} \frac{q^{10}-1}{q-1} + 60 \frac{1}{q^2} \frac{q^2-1}{q-1} \qquad (9.44)$$

$$1000 q^{13} - (1000 + 60) q^{12} - (135.87 - 60) q^{10} + 135.87 \stackrel{!}{=} 0 \qquad (9.45)$$

Die Verzinsung, die das obige Polynom erfüllt, beträgt 6 Prozent pro Jahr. Die Verzinsung ändert sich durch die tilgungsfreien Jahre nicht. ✧

Im Anhang zu §6 der **Preisabgabenverordnung** (PAngV) wird der Äquivalenzansatz zur Berechnung des effektiven Jahreszinssatzes genannt.

$$\underbrace{\sum_{t=0}^{n_1} \frac{K_t}{q^t}}_{\text{Barwert der Gläubigerleistungen}} \stackrel{!}{=} \underbrace{\sum_{t=0}^{n_2} \frac{Z_t}{q^t}}_{\text{Barwert der Schuldnerleistungen}} \qquad (9.46)$$

In der allgemeinen Form der Äquivalenzgleichung wird berücksichtigt, dass ein Kredit in mehreren Teilbeträgen K_t ausgezahlt werden kann. Mit Z_t werden die Zahlungen des Schuldners bezeichnet. Sie bestehen aus Tilgungs- und Zinsleistungen sowie aus weiteren Kosten. Bei einem Annuitätenkredit sind diese Zahlungen konstant und werden im Text mit A bezeichnet. n_1 und n_2 geben die Anzahl der (Teil-) Perioden an. Um den effektiven Jahreszinssatz zu erhalten, ist bei unterjährigen Zinsperioden der berechnete Zinsfaktor q mit der Zahl der Teilperioden m zu potenzieren und in einen Zinssatz umzurechnen[7].

Beispiel 9.60. Die Berechnung des effektiven Kreditzinssatzes im Beispiel 9.59 ist nach der offiziellen Formel (9.46) wie folgt mit $n_1 = 0, n_2 = 12$:

$$1000 \stackrel{!}{=} \frac{60}{q} + \frac{60}{q^2} + \frac{135.87}{q^3} + \ldots + \frac{135.87}{q^{12}} \qquad (9.47)$$

Gleichung (9.44) und Gleichung (9.47) sind identisch. Mit der Anwendung der geometrischen Reihenformel erhält man die gleiche Form. Die Umformulierung als Nullstellenproblem führt zur Gleichung

$$1000 q^{12} - 60 q^{11} - 60 q^{10} - 135.87 q^9 - \ldots - 135.87 \stackrel{!}{=} 0 \qquad (9.48)$$

Die Gleichung (9.48) besitzt dieselben Nullstellen wie (9.45). Der effektive Jahreszinssatz beträgt 6 Prozent. ✧

---

[7] In der PAngV wird der Zeitindex t direkt als Bruch $\frac{t}{m}$ eingesetzt. Dies führt jedoch in der Berechnung zu Polynomen mit reellen Potenzen, was in der numerischen Berechnung Schwierigkeiten macht. Die nachträgliche konforme Umrechnung ist praktischer und führt zum gleichen Ergebnis.

Beispiel 9.61. Es wird nun angenommen, dass der Kreditbetrag von 1000 € zu zwei gleichen Teilbeträgen zu den Zeitpunkten $t = 0$ und $t = 1$ ausbezahlt wird. Weiterhin werden 2 tilgungsfreie Jahre sowie eine Rückzahlung mit der Annuität 135.87 € unterstellt, jedoch sind im 1. Jahr auch nur Zinsen auf den ausgezahlten Betrag in Höhe von 30 € zu zahlen. Die Gleichung (9.46) ist dann wie folgt aufzustellen:

$$500 + \frac{500}{q} \stackrel{!}{=} \frac{30}{q} + \frac{60}{q^2} + \frac{135.87}{q^3} + \ldots + \frac{135.87}{q^{12}}$$

Die Erweiterung der Gleichung mit q^{12} führt zum Nullstellenproblem.

$$500 q^{12} + 470 q^{11} - 60 q^{10} - 135.87 q^9 - \ldots 135.87 \stackrel{!}{=} 0$$

Eine Berechnung von q setzt wieder ein Rechenprogramm voraus (siehe Kapitel 9.8.8). Der effektive Kreditzinssatz beträgt wieder 6 Prozent pro Jahr. ☼

Beispiel 9.62. Der Kredit in Höhe von 1000 € wird über 120 Monate mit Raten in Höhe von 10 € zurückgeführt. Wie hoch ist der effektive Jahreszinssatz? Der Äquivalenzansatz ist

$$1000 \stackrel{!}{=} \sum_{t=1}^{120} \frac{10}{q^t}$$

$$1000 q^{120} - 10 q^{119} - \ldots - 10 \stackrel{!}{=} 0$$

Unter Verwendung des Endwerts der geometrischen Reihe erhält man

$$1000 q^{121} - 990 q^{120} + 10 \stackrel{!}{=} 0$$

Die Nullstellen der Gleichungen liefern den Monatszinssatz. Beide Gleichungen besitzen an der Stelle 1.0031142 eine Nullstelle. Dies ist der monatliche Zinsfaktor, der mit 12 zu potenzieren ist. Dann erhält man den effektiven Jahreszinssatz mit $i = 3.8016951$ Prozent (siehe Kapitel 9.8.8). ☼

Zum Abschluss dieses Abschnitts wird im folgenden Beispiel ein Bausparvertrag analysiert.

Beispiel 9.63. Ein Bausparvertrag besteht aus einer Ansparphase und einer Kreditphase. Für die Ansparphase werden folgende Konditionen unterstellt: Der Bausparer zahlt über $n_R = 8$ Jahre 4 Promille der Bausparsumme B ein. Die Raten werden vorschüssig mit 1.5 Prozent verzinst. Die Bausparsumme wird nach 8 Jahren ausgezahlt. Die Differenz zwischen der Bausparsumme und dem Sparbetrag ist der Bausparkredit. Dieser wird mit Raten in Höhe von 6 Promille der Bausparsumme über $n_K = 10$ Jahre getilgt. Der Bausparkreditzinssatz beträgt 3.75 Prozent.

Ist die Finanzierung mit dem Bausparvertrag günstiger oder schlechter als eine freie Finanzierung? Es wird unterstellt, dass bei der freien Finanzierung die Sparraten zu besseren Konditionen angelegt werden. Für den Sparvertrag wird ein Zinssatz von $i_R = 0.0325$ angenommen. Durch die bessere Verzinsung der Raten ist der Rentenendwert höher und der Kredit K_0, der in acht Jahren aufzunehmen ist, fällt geringer aus.

In der folgenden Betrachtung wird eine Äquivalenz zwischen dem Kredit K_0 und den Leistungen des Bausparers aufgestellt. Die Leistungen des Bausparers sind zum einen die Sparraten $r = \frac{4}{1000} B$ und zum anderen die Annuitäten $A = \frac{6}{1000} B$. Die Sparleistungen führen mit der Verzinsung i_R zum Rentenendwert R_n^{vor}. Bei einer Bausparsumme von 50000 € beträgt das angesparte Kapital

$$R_n^{vor} = r q_R \frac{q_R^{n_R} - 1}{q_R - 1} = 0.004 \times 50000 \times \sqrt[12]{1.0325} \, \frac{1.0325^8 - 1}{\sqrt[12]{1.0325} - 1} = 21909.08 \, €$$

Der unterjährige Zinssatz ist konform berechnet. Der Kredit ist die Differenz aus der Bausparsumme und dem Angesparten.

$$K_0 = B - 21909.08 = 28090.92 \, €$$

Der Kredit wird mit der Annuität $A = 0.006 \times 50000 = 300$ € getilgt. Die Äquivalenz

$$K_0 \stackrel{!}{=} \frac{A}{q^{n_K}} \frac{q^{n_K} - 1}{q - 1}$$

liefert den effektiven Kreditzinssatz der Bausparkasse. Die Auflösung der Äquivalenz führt zu der bekannten Gleichung

$$C(q) = K_0 q^{n_K} (q - 1) - A (q^{n_K} - 1) \stackrel{!}{=} 0$$
$$= B \left(1 - 0.004 q_R \frac{q_R^{n_R} - 1}{q_R - 1}\right) q^{n_K} (q - 1) - 0.006 B (q^{n_K} - 1) \stackrel{!}{=} 0$$
$$= \left(1 - 0.004 q_R \frac{q_R^{n_R} - 1}{q_R - 1}\right) q^{n_K} (q - 1) - 0.006 (q^{n_K} - 1) \stackrel{!}{=} 0$$

Die Äquivalenz ist unabhängig von B. Werden die obigen Angaben in die Gleichung eingesetzt erhält man:

$$C(q) = 0.561818 q^{n_K+1} - (0.561818 + 0.006) q^{n_K} + 0.006 \stackrel{!}{=} 0$$

Die Lösung (mit Scilab berechnet) für q ist 1.0042909. Der kritische Jahreszinssatz beträgt damit 5.27 Prozent. So viel darf der Kredit in 8 Jahren höchstens kosten, um nicht teurer als die Bausparkasse zu werden. Wenn der Zinssatz in 8 Jahren für ein Darlehen mit zehnjähriger Zinsbindung darunter liegt, ist die freie Finanzierung günstiger. Liegen die Zinsen für den Kredit in acht Jahren über 5.27 Prozent, ist das Angebot der Bausparkasse günstiger.

Fällt (unter sonst gleichen Bedingungen) der Zinssatz für den freien Sparplan, so fällt auch der kritische Kreditzinssatz. Der Bausparplan wird günstiger. Steigen hingegen die Sparzinssätze, so wird der Bausparplan unattraktiver.

Zu beachten ist aber, dass die Zinssätze der Bausparkasse zum Zeitpunkt des Vertragsabschlusses vereinbart werden und damit keinen Änderungen mehr während der

Zeit unterliegen. Der vereinbarte Bausparkreditzinssatz ist also ein Terminzinssatz. Bei der freien Finanzierung ist der Kreditzinssatz erst kurz vor der Kreditaufnahme im achten Jahr fest und Zinssätze können sich binnen kurzer Zeit stark ändern. ✧

9.8.8 Berechnung des effektiven Kreditzinssatzes mit Scilab

Die Berechnung des effektiven Kreditszinssatzes in Beispiel 9.61 ist mit den folgenden Anweisungen erfolgt.

```
// Berechnung der Annuität
qn=1.06;
n=10;
K=1000;
A=K*q^n*(q-1)/(q^n-1);

// Aufstellen des Polynoms
C=poly([(-A*ones(1,10)) -60 (K/2)-30 K/2],"q",...
   "coeff");

// Nullstelle und Umrechnung auf einen Prozentsatz
qq=roots(C);
i=(real(qq(find(imag(qq)==0)))-1)*100
```

Der effektive Kreditzinssatz in Beispiel 9.62 wird wie folgt berechnet.

```
Z=10;
m=12;
n=10;
nm=n*m;
K=1000;

// 1. Gleichung
p1=poly([-Z*ones(1,nm) K],"q","coeff");
q1=roots(p1);
q1=real(q1(find(imag(q1)==0)));
i1=(max(q1)^m-1)*100

// 2. Gleichung
p2=poly([Z zeros(1,nm-1) -(K+Z) K],"q","coeff");
q2=roots(p2);
q2=real(q2(find(imag(q2)==0)));
i2=(max(q2)^m-1)*100
```

9.8.9 Mittlere Kreditlaufzeit

Die mittlere[8] Kreditlaufzeit ist die Kreditlaufzeit, bei der die Hälfte des Kredits getilgt ist. Sie fällt aufgrund der annuitätischen Rückzahlungsstruktur in die zweite Hälfte der Kreditlaufzeit (siehe Abb. 9.12). Je höher der Zinssatz ist, desto höher fällt die mittlere Kreditlaufzeit aus. Man erkennt in Abb. 9.12 auch deutlich, dass nach der Hälfte der Kreditlaufzeit noch nicht die Hälfte des Kreditbetrags getilgt ist.

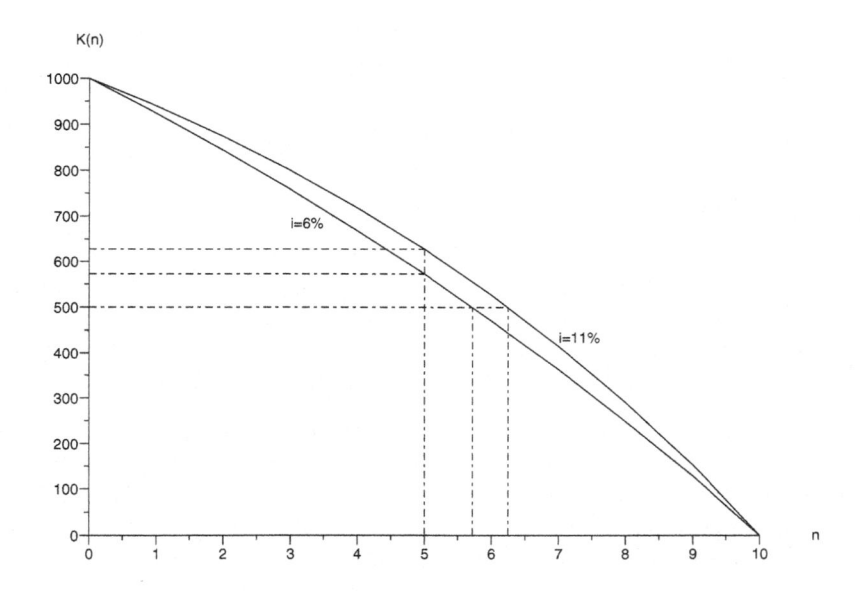

Abb. 9.12: Mittlere Restlaufzeiten

Aus dem Ansatz

$$K_t \stackrel{!}{=} \frac{K_0}{2}$$

mit

$$K_t = K_0 q^t - A \frac{q^t - 1}{q - 1}$$

erhält man

$$\frac{K_0}{2} \stackrel{!}{=} K_0 q^{(0.5)} - A \frac{q^{(0.5)} - 1}{q - 1}$$

---

[8] Mit dem Adjektiv «mittlere» wird hier die Zeit bezeichnet, in der 50 Prozent des Kredits getilgt sind. Man bezeichnet dies auch als Median der Restschuld.

Auflösen der Gleichung nach t ergibt die gesuchte Beziehung

$$t_{(0.5)} = \frac{\ln\left(\frac{\frac{i}{2} - \frac{A}{K_0}}{i - \frac{A}{K_0}}\right)}{\ln q}$$

Beispiel 9.64. Die mittlere Kreditlaufzeit im Beispiel 9.45 beträgt

$$t_{(0.5)} = \frac{\ln\left(\frac{\frac{0.06}{2} - \frac{135.87}{1000}}{0.06 - \frac{135.87}{1000}}\right)}{\ln 1.06} = 5.7181 \text{ Jahre}$$

☼

9.8.10 Margenbarwert eines Kredits

Ein Kreditgeber wird die aus dem Kredit kommenden Rückzahlungen wieder anlegen bzw. muss den Differenzbetrag (Barwert der erhaltenen Zahlung minus Kreditbetrag) finanzieren. In der Regel wird er für die Anlage einen niedrigeren Zinssatz erhalten als für die Kreditvergabe. Der Barwert der wieder angelegten Zahlungen minus dem Barwert des Kredits (Kreditbetrag) wird als **Margenbarwert** bezeichnet.

Beispiel 9.65. Es werden 2 Kredite betrachtet, die beide einen effektiven Kreditzinssatz von 5 Prozent und eine Zinsbindung von 5 Jahren (Zeitraum für den der Zinssatz vereinbart ist) besitzen. Der erste Kredit wird innerhalb der Zinsbindung (= Kreditlaufzeit) zurückgezahlt. Der zweite Kredit wird mit einer geringeren Tilgung bedient, so dass nach dem 5. Jahr noch eine Restschuld von 778.97 € besteht.

Tabelle 9.6: Kreditvergleich

Kredit 1	Kredit 2
$K_0 = 1000$ €	$K_0 = 1000$ €
$i = 0.05$ p. a.	$i = 0.05$ p. a.
$T_1 = 0.18097$	$T_1 = 0.04$
$A = 1000 \times 1.05^5 \frac{1.05-1}{1.05^5-1}$	$A = 1000 \times (0.05 + 0.04)$
$= 230.97$ €/Jahr	$= 90$ €/Jahr
$K_5 = 0$ €	$K_5 = 778.97$ €
$n = 5$ Jahre	$n = 16.62$ Jahre

Aufgrund der unterschiedlichen Zahlungsstruktur, einmal 5 Raten in Höhe von 230.97 €/Jahr und einmal 4 Zahlungen in Höhe von 90 €/Jahr und im 5. Jahr in Höhe von 868.97 €, besitzen die beiden Kredite für den Kreditgeber verschiedene Barwerte. Es wird eine flache Zinssatzstruktur mit einem Wiederanlagezinssatz von 2 Prozent angenommen (siehe Tab. 9.7).

9.8 Annuitätenrechnung

Tabelle 9.7: Margenbarwerte

	Kredit 1		Kredit 2	
	Zahlungen	Barwerte	Zahlungen	Barwerte
0	-1000.00 €	-1000.00 €	-1000.00 €	-1000.00 €
1	230.97 €	226.45 €	90.00 €	88.24 €
2	230.97 €	222.01 €	90.00 €	86.51 €
3	230.97 €	217.65 €	90.00 €	84.81 €
4	230.97 €	213.39 €	90.00 €	83.15 €
5	230.97 €	209.20 €	868.97 €	787.06 €
$\sum$		88.69 €		129.75 €

Der zweite Kredit ist für den Kreditgeber lukrativer als der erste, da die Tilgung später erfolgt und er damit sein Geld in Form der Kreditvergabe besser angelegt hat.
☆

Beispiel 9.66. Nun wird eine nicht-flache Zinssatzstruktur für die Wiederanlage unterstellt. Es kommen dann die Überlegungen aus Kapitel 9.7.5 zur Anwendung. Es wird ein steigender Wiederanlagezinssatz für die kommenden 5 Perioden angenommen (siehe Tab. 9.8).

Tabelle 9.8: Wiederanlagezinssätze

$i_1 = 0.02 \quad i_2 = 0.025 \quad i_3 = 0.03 \quad i_4 = 0.03 \quad i_5 = 0.04$

Die Barwertfaktoren c_i werden aus synthetischen Nullkuponanleihen berechnet.

$$\mathbf{c} = \begin{bmatrix} 1.02 & 0 & 0 & 0 & 0 \\ 0.025 & 1.025 & 0 & 0 & 0 \\ 0.030 & 0.030 & 1.030 & 0 & 0 \\ 0.030 & 0.030 & 0.030 & 1.030 & 0 \\ 0.040 & 0.040 & 0.040 & 0.040 & 1.040 \end{bmatrix}^{-1} \begin{bmatrix} 1 \\ 1 \\ 1 \\ 1 \\ 1 \end{bmatrix} = \begin{bmatrix} 0.9804 \\ 0.9517 \\ 0.9146 \\ 0.8879 \\ 0.8179 \end{bmatrix} \quad (9.49)$$

Wird die Zahlungsreihe nun mit diesen Barwertfaktoren diskontiert, so erhält man die Margenbarwerte. Wird wie hier ein ansteigender Zinssatz angenommen, so ist nun der Kredit 1 für den Kreditgeber attraktiver. Aufgrund der höheren zukünftigen Zinssätze ist für ihn nun eine schnelle Tilgung des Kredits interessanter. Sollte der Margenbarwert negativ werden, ist die Kreditvergabe für den Geber nicht profitabel.

Tabelle 9.9: Margenbarwerte bei nicht-flacher Zinssatzstruktur

	Kredit 1		Kredit 2	
	Zahlungen	Barwerte	Zahlungen	Barwerte
0	-1000.00 €	-1000.00 €	-1000.00 €	-1000.00 €
1	230.97 €	226.45 €	90.00 €	88.24 €
2	230.97 €	219.82 €	90.00 €	85.65 €
3	230.97 €	211.25 €	90.00 €	82.31 €
4	230.97 €	205.10 €	90.00 €	79.92 €
5	230.97 €	188.91 €	868.97 €	710.73 €
$\sum$		51.52 €		46.85 €

☼

Kennt der Kreditnehmer die Margenbarwerte, so kann er dies evtl. für Verhandlungen nutzen, um den vom Kreditgeber bevorzugten Kredit im Zinssatz zu drücken. Im Fall 1 (siehe Beispiel 9.65) könnte der Kreditnehmer den Kreditzinssatz für Kredit 2 von 5 Prozent auf ca. 4.05 Prozent drücken. Bei diesem Zinssatz sind die Margenbarwerte nahezu identisch. Im Fall 2 (siehe Beispiel 9.66) würde ein Zinssatz von rund 4.84 Prozent bei Kredit 1 die Margenbarwerte angleichen.

9.8.11 Berechnung des Margenbartwerts mit Scilab

Die Bartwertfaktoren werden dem linearen Gleichungssystem (9.49) berechnet.

```
// Wiederanlagezinssätze
rates=[0.02,0.025,0.03,0.03,0.04]
n=length(rates)

// Matrix mit Zinsszahlungen
Z=tril((kron(rates,ones(n,1)))')+eye(n,n)

// Barwertfaktoren
c=inv(Z)*ones(n,1)
```

Die Berechnung der Margenbarwerte erfolgt mit den bekannten Formeln der Annuitätenrechnung.

```
i_kredit = 0.05;
kredit = 1000;
q = (1+i_kredit);

// Restschuld = 0
anf_tilgung = kredit*q^n*(q-1)/(q^n-1)/kredit ...
-i_kredit;
a = kredit*(i_kredit+anf_tilgung);
```

9.8 Annuitätenrechnung

```
restschuld = kredit*q^n-a*(q^n-1)/(q-1);
cf1 = [linspace(1,1,n-1)*a a+restschuld];
mpv1 = cf1*c-kredit

// Restschuld > 0 => Kreditlaufzeit > Zinsbindung
anf_tilgung = 0.04;
a = kredit*(i_kredit+anf_tilgung);

restschuld = kredit*q^n-a*(q^n-1)/(q-1);
cf2 = [linspace(1,1,n-1)*a a+restschuld];
mpv2 = cf2*c-kredit
```

Übung 9.8. Ein Versandhaus gewährt einem Kunden nach Anzahlung von 10 Prozent des Kaufpreises eines Heimkinos für 5000 € einen Verbraucherkredit über den Restbetrag mit einer Laufzeit von 24 Monaten zu folgenden Konditionen:

- Zinssatz: 0.6 Prozent pro Monat bezogen auf den Anfangskredit
- Bearbeitungsgebühr: 2 Prozent des Kreditbetrags
- Rückzahlung: 24 annuitätische Raten

Beantworten Sie folgende Fragen:
1. Wie hoch ist die monatliche Rate?
2. Wie hoch ist der effektive Kreditzinssatz pro Jahr?

Übung 9.9. Ein Kaufhaus bietet einen Konsumentenkredit zu folgenden Konditionen an:

- 4 Prozent p. a.
- Laufzeit 36 Monate

Das Besondere an dem Konsumentenkredit ist, dass die Tilgungsraten erst am Ende der Laufzeit verrechnet werden. Berechnen Sie den effektiven jährlichen Kreditzinssatz.

Übung 9.10. Beim Kauf eines Pkws im Wert von 15000 € müssen 20 Prozent angezahlt werden. Der Rest soll in 48 Monatsraten getilgt werden. Auf die Restkaufsumme wird ein Zinssatz von 0.3 Prozent pro Monat vereinbart.

1. Wie hoch ist die monatliche Annuität?
2. Wie hoch ist der effektive Jahreszinssatz?

Übung 9.11. Berechnen Sie die vierteljährliche Annuität auf Basis des konformen vierteljährlichen Zinses für folgenden Kredit:

- Kreditbetrag: 2 Mio €
- Laufzeit: 1 Jahr
- Zinssatz: 7 Prozent p. a.

Beantworten Sie außerdem folgende Fragen:

1. Stellen Sie für den oben beschriebenen Kredit einen Tilgungsplan auf.
2. Berechnen Sie den effektiven Jahreszins des obigen Kredits, wenn eine einmalige Kreditabschlussgebühr in Höhe von 0.1 Prozent des Kreditbetrags fällig wird.

Übung 9.12. Berechnen Sie für folgenden Bausparvertrag den effektiven Kreditzinssatz. Die Bausparsumme beträgt 50000 €. Es werden monatlich 250 € über 8 Jahre gespart. Die Raten werden am Monatsanfang gezahlt. Die Raten können in einem Banksparplan zu 3.25 Prozent angelegt werden. Der Kredit ist mit 300 € monatlich über 8 Jahre zu tilgen.

Übung 9.13. Ein Kredit in Höhe von 1000000 € wird mit einer Laufzeit von 10 Jahren und einem nominalen Zinssatz von 7 Prozent p. a. mit einer Zinsbindung von 5 Jahren aufgenommen. Das Kreditinstitut verlangt einen halbjährlichen Kapitaldienst und eine jährliche Kontoführungsgebühr von 1000 €. Verwenden Sie einen konformen Halbjahreszinssatz.

Formulieren Sie den Äquivalenzansatz zur Berechnung des effektiven jährlichen Kreditzinssatzes für den Zeitraum der Zinsbindung.

Übung 9.14. Ein Betrieb hat bei der KfW (Kreditanstalt für Wiederaufbau) ein Darlehen in Höhe von 500000 Euro mit einer Laufzeit von 10 Jahren für eine Sanierungsmaßnahme erhalten. Die Kreditkonditionen der Bank sehen vor, dass der Betrieb eine erste Rückzahlung in Höhe von 100000 Euro nach 3 Jahren und eine weitere Zahlung von 200000 Euro nach 5 Jahren seit der Kreditaufnahme leistet. Das Restdarlehen soll durch 5 Annuitäten getilgt werden. Alle Zahlungen sind nachschüssig am Jahresende bei einem über die gesamte Laufzeit einheitlichen Zinssatz von 3.25 Prozent p. a. zu leisten.

1. Veranschaulichen Sie zunächst den Sachverhalt an einer Zeitgeraden.
2. Stellen Sie die Bestimmungsgleichung für die Höhe der Annuität auf und berechnen Sie diese.
3. Wieso wird bei der unterjährigen relativen Zinssatzberechnung zwischen nominalen und effektiven Zinssatz unterschieden?
4. Es sei unterstellt, dass der Betrieb nach 5 Jahren noch 280000 Euro bei einem Zinssatz von 3.25 Prozent p. a. zu tilgen hat. Er beabsichtigt monatliche Annuitätentilgung. Wie hoch ist die monatliche Annuität, wenn mit dem konformen Zinssatz gerechnet wird?

9.9 Investitionsrechnung

Bei der Investitionsrechnung geht es grundsätzlich um die Frage, ob ein Kapital K_0 investiert werden soll. Die Alternative ist, den Betrag zum Zinssatz i anzulegen. Um die Investition beurteilen zu können, müssen die Erträge und Kosten berücksichtigt werden. Diese Erträge und Kosten sind periodische Zahlungen, die aber anders als in der Rentenrechnung in der Regel nicht konstant sind. Daher können die Rentenend- bzw. Rentenbarwertformeln hier nicht angewendet werden. Die Ansätze der Investitionsrechnung werden auch in der Unternehmensbewertung eingesetzt.

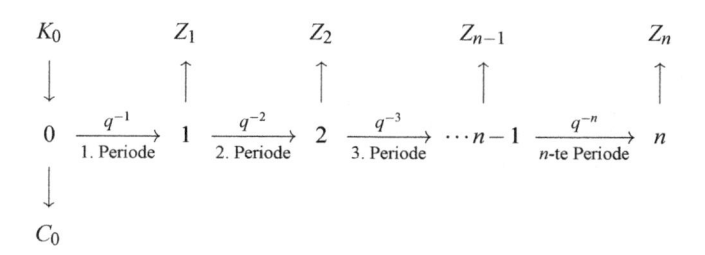

$$
\begin{array}{cccccc}
K_0 & Z_1 & Z_2 & Z_{n-1} & Z_n \\
\downarrow & \uparrow & \uparrow & \uparrow & \uparrow \\
0 \xrightarrow[\text{1. Periode}]{q^{-1}} & 1 \xrightarrow[\text{2. Periode}]{q^{-2}} & 2 \xrightarrow[\text{3. Periode}]{q^{-3}} & \cdots n-1 \xrightarrow[\text{n-te Periode}]{q^{-n}} & n \\
\downarrow \\
C_0
\end{array}
$$

Abb. 9.13: Struktur einer Investition

Man unterscheidet in der Investitionsrechnung statische und dynamische Verfahren. Bei der statischen Investitionsrechnung wird ein Vergleich von Kosten, Gewinnen oder Rentabilitäten vorgenommen, ohne dass dem Zeitfaktor Rechnung getragen wird. In der Rechnung wird nur das erste Jahr oder ein repräsentatives Jahr angesetzt. Die statischen Verfahren berücksichtigen daher nicht die finanzmathematischen Verfahren. Die statische Investitionsrechnung wird hier nicht behandelt.

Die **dynamische Investitionsrechnung** setzt die beschriebenen finanzmathematischen Verfahren ein. Im Folgenden werden die Kapitalwert-, die Annuitätenmethode und die Methode des internen Zinsfußes beschrieben. Sie alle sind dem Ansatz nach identisch und unterscheiden sich – wie schon bei der Rentenrechnung dargelegt – nach der Fragestellung.

9.9.1 Kapitalwertmethode

Aus der Investition in Höhe von K_0 entstehen über n Perioden Erträge und Kosten, die saldiert durch die Zahlungen Z_t beschrieben werden. Bei der Kapitalwertmethode wird der Barwert der Investition, also die diskontierten Erträge und Kosten aus allen zukünftigen Perioden berechnet. Dabei wird unterstellt, dass die zukünftigen Erträge und Kosten mit Sicherheit eintreten. Der Kapitalwert misst also den Vermögensüberschuss bzw. -minderung zum Zeitpunkt $t = 0$. Als Alternative kommt die Anlage von K_0 zum Zinssatz i infrage. Für die Periode n ergibt sich der Wert der Investition

$$I_n = Z_0 q^n + Z_1 q^{n-1} + \ldots + Z_{n-1} q + Z_n \quad \text{für } q > 1,$$

9 Grundlagen der Finanzmathematik

der dem Betrag

$$K_n = K_0 q^n \quad \text{für } q > 1$$

gegenüberzustellen ist. Da man in der Finanzmathematik stets das **Barwertprinzip** anwendet, sind die Beträge zu diskontieren.

$$C_0(q) = I_0 - K_0 \quad \text{für } q > 1$$

$$= \frac{I_n}{q^n} - \frac{K_n}{q^n} = Z_0 + \frac{Z_1}{q} + \ldots + \frac{Z_n}{q^n} - K_0 = \sum_{t=0}^{n} Z_t q^{-t} - K_0$$

$C_0(q)$ wird hier als **Kapitalwert** (*net present value*) bezeichnet und $i = q - 1$ ist der **Kalkulationszinssatz**[9]. Eine Investition ist vorteilhaft, wenn der Kapitalwert bei einem Zinssatz i positiv ist. Sind mehrere Investitionsalternativen zu vergleichen, so ist die Investition mit dem höchsten Kapitalwert bei gleichem Kalkulationszinssatz am günstigsten. Daher der Name Kapitalwertmethode.

Beispiel 9.67. Ein Kapital von 1000 € hat über den Planungszeitraum von $n = 2$ Perioden folgende Nettoerträge:

$$Z_1 = 600 \text{€ im 1. Jahr} \qquad Z_2 = 500 \text{€ im 2. Jahr}$$

Lohnt sich die Investition bei einem Kalkulationszinssatz von $i = 0.05$? Der Kapitalwert beträgt:

$$C_0(1.05) = \frac{600}{1.05} + \frac{500}{1.05^2} - 1000 = 24.94 \text{ €}$$

Da der Kapitalwert positiv ist, lohnt sich die Investition. ✡

Beispiel 9.68. Die Nettoerträge in der Zukunft sind unbekannt. Daher wird angenommen, dass sie mit einem konstanten Faktor wachsen (siehe Kapitel 9.6.1 wachsende Rente). Der Ertrag für die ersten beiden Jahre ist mit 600 € und 500 € zu bestimmen. Für die folgenden 8 Jahre unterstellt man eine Schätzung des Ertrags von 500 € mit einem Wachstum von 3 Prozent. Die Investition betrage 4000 € und der Kalkulationszinssatz 5 Prozent. Es liegt dann folgender Zahlungsstrom vor:

t	0	1	2	3	$\cdots$	10
Z_t	-4000	600	500	500×1.03	$\cdots$	500×1.03^8

Der Kapitalwert der Investition kann für die Jahre 2 bis 10 durch eine wachsende Rente berechnet werden.

---

[9] Der Kalkulationszinssatz kann zum Beispiel durch die gewichteten durchschnittlichen Kapitalkosten (*weighted average cost of capital*) des Unternehmens gegeben sein.

$$C_0(1.05) = \frac{600}{1.05} + \frac{500}{1.05^2} + \frac{500 \times 1.03}{1.05^3} + \ldots + \frac{500 \times 1.03^8}{1.05^{10}} - 4000$$
$$= \frac{600}{1.05} + \frac{1}{1.05} \underbrace{\frac{500}{1.05^9} \frac{1.05^9 - 1.03^9}{1.05 - 1.03}}_{\text{Barwert einer wachsenden Rente zum Zeitpunkt 2}} - 4000 = 355.51 \text{€}$$

☼

Wird eine nicht-flache Zinssatzstruktur unterstellt, so muss man wie in Kapitel 9.7.5 den Kapitalwert über Nullkuponzinssätze berechnen.

9.9.2 Methode des internen Zinssatzes

Bei der Methode des **internen Zinssatzes** (*internal rate of return*) wird die Fragestellung umgekehrt: Welcher Zinssatz ergibt einen Kapitalwert von Null? Liegt die gewünschte Kapitalverzinsung (Kalkulationszinssatz, Vergleichszinssatz) über dem internen Zinssatz, so ist die Investition unvorteilhaft, da ein negativer Kapitalwert eintritt. Die Fragestellung ist ähnlich der nach der Rendite bei einem festverzinslichen Wertpapier. Auch hier wird bei dem Ansatz eine flache Zinssatzstruktur unterstellt. Das Äquivalenzprinzip liefert folgende Gleichung, deren Nullstellen den internen Zinssatz liefert:

$$C_0(q) = \frac{Z_1}{q^1} + \ldots + \frac{Z_n}{q^n} - K_0 \stackrel{!}{=} 0 \qquad (9.50)$$

Die Nullstellen des Polynoms liefern den gesuchten internen Zinssatz. Sie können in der Regel nur mit einem Näherungsverfahren wie der regula falsi bestimmt werden.

Beispiel 9.69. Es wird das Beispiel 9.67 fortgesetzt. Bei welchem internen Zinssatz ist der Kapitalwert Null?

$$\begin{aligned} C_0(q) &= \frac{600}{q} + \frac{500}{q^2} - 1000 \stackrel{!}{=} 0 \quad \text{für } q > 1 \\ &= q^2 - \frac{600}{1000} q - \frac{500}{1000} \stackrel{!}{=} 0 \\ q_{1,2} &= 0.3 \pm \sqrt{0.3^2 + 0.5} \\ q_1 &= 1.068112; \quad q_2 = -0.4681 \end{aligned} \qquad (9.51)$$

Im vorliegenden Fall konnte der interne Zinssatz leicht mit der quadratischen Ergänzung gelöst werden, da nur ein Zeitraum von 2 Perioden vorgegeben war. Der interne Zinssatz beträgt 6.8115 Prozent. Die zweite Lösung ergibt keinen Sinn, zeigt aber die Mehrdeutigkeit der Lösung auf (siehe Abb. 9.14). ☼

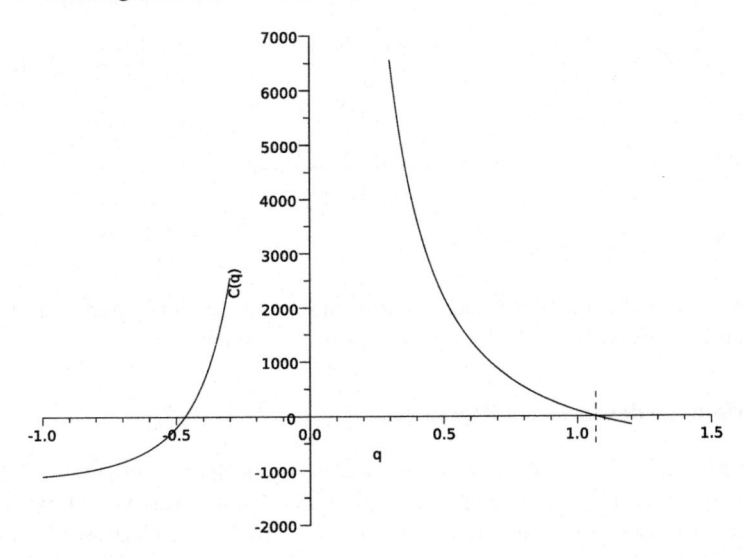

Abb. 9.14: Kapitalwerte der Gleichung (9.51)

Beispiel 9.70. Der interne Zinssatz in Beispiel 9.68 ist die Nullstelle für $q > 1$ des Polynoms

$$C_0(q) = \frac{600}{q} + \frac{500}{q^2} + \frac{500 \times 1.03}{q^3} + \ldots + \frac{500 \times 1.03^8}{q^{10}} - 4000 \stackrel{!}{=} 0$$
$$= 600 q^9 + 500 q^8 + 500 \times 1.03 q^7 + \ldots + 500 \times 1.03^8 - 4000 q^{10} \stackrel{!}{=} 0$$
(9.52)

Der interne Zinssatz mit Scilab berechnet (siehe Kapitel 9.9.3) beträgt 6.746 Prozent p. a. ✧

Zur Interpretation des internen Zinssatzes: Der interne Zinssatz ist der Zinssatz, den die geplante Investition eben noch erzielen kann. Wird ein höherer Zinssatz gefordert, weil zum Beispiel der Kapitalmarkt höhere Kapitalverzinsungen liefert, ist die Investition unvorteilhaft. Ebenso lässt sich beim Einsatz von Fremdkapital argumentieren. Liegt der Fremdkapitalzinssatz über dem internen Zinssatz, so ist die Investition nicht zu finanzieren.

9.9.3 Berechnungen des Kapitalwerts und des internen Zinssatzes mit Scilab

Die Berechnung des Kapitalwerts in Beispiel 9.68 kann mit Scilab wie folgt berechnet werden.

9.9 Investitionsrechnung

```
cashflow = [-4000,600,500*ones(1,9)]

qdiskont = 1.05;        // Diskontierungsfaktor
qgrowth  = 1.03;        // Wachstumsfaktor

tdiskont = [0:10];
qd=qdiskont.^tdiskont   // Diskontierungsfaktoren

tgrowth = [0,0,0:8];    // extra Null für t=0,1
qg = qgrowth.^tgrowth   // Wachstumsfaktoren

netcash = cashflow.*qg./qd
pv = sum(netcash)

// Berechnung mit Barwert einer wachsenden Rente
Cq = 600/qdiskont+500/qdiskont^10*...
     (qdiskont^9-qgrowth^9)/(qdiskont-qgrowth)-4000
```

Die Fortführung des Beispiels 9.68 führt zur Berechnung des internen Zinssatzes (siehe Beispiel 9.70). Damit die Erweiterung des Polynoms (9.70) mit q^{10} mit dem Zahlungsstrom `cashflow` im Programm übereinstimmt, muss die Reihenfolge umgekehrt werden. Dies erfolgt in Scilab mit der umgekehrten Indexierung: `cashflow(11:-1:1)`.

```
cfg = cashflow.*qg    // cashflow mit Wachstum

p = poly([cfg(11:-1:1)],'q','coeff')
qi = roots(p);
qi = real(qi(find(imag(qi)==0)))
(max(qi)-1)*100
```

9.9.4 Probleme der Investitionsrechnung

Ein erstes Problem tritt bei Investitionen auf, deren periodische Erträge nicht nur positiv sind. Solche Investitionen werden auch als **nicht-normale Investitionen** bezeichnet.

Beispiel 9.71. Bei einer Investition mit der Zahlungsreihe

K_0	Z_1	Z_2	Z_3
100	200	600	−650

treten im Bereich von $1 < q < 2$ ($0 < i < 1$) ausschließlich positive Kapitalwerte auf (siehe Grafik links oben in Abb. 9.15). Es ist kein interner Zinssatz bestimmbar. In Abb. 9.15 sind weitere Fälle aufgezeigt. Es können auch mehrere positive interne Zinssätze auftreten. Dann ist die Investition in den Bereichen positiver Kapitalwerte vorteilhaft. ☼

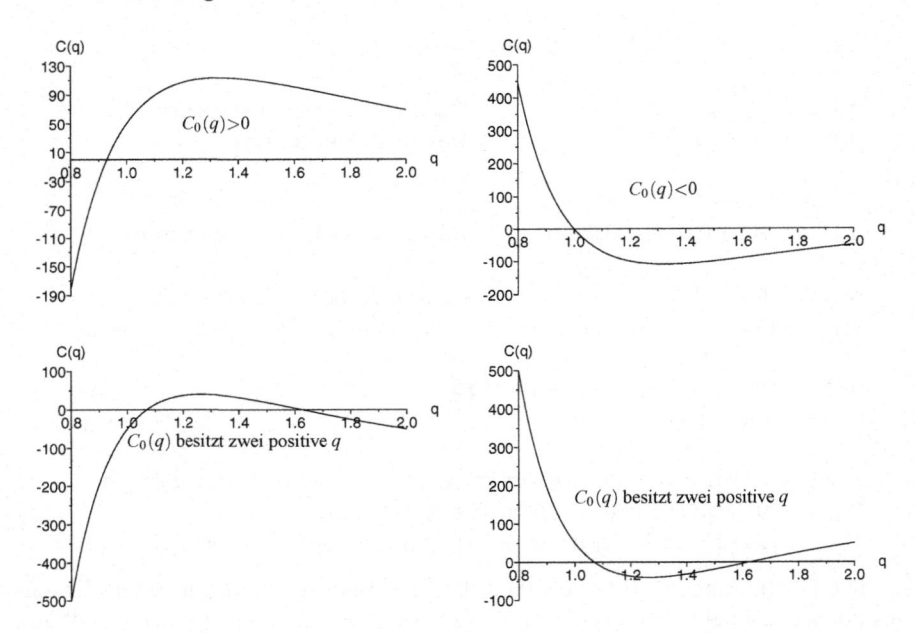

Abb. 9.15: Nicht-normale Investitionen

Ein anderes Problem kann beim Vergleich zweier Investitionen auftreten. Die Kapitalwertmethode und die Methode des internen Zinssatzes können ein scheinbar widersprüchliches Ergebnis liefern. Dieser Widerspruch besteht darin, dass sich die Kapitalwertfunktionen schneiden. Ein Beispiel erläutert dies am besten.

Beispiel 9.72. Es liegen zwei Investitionsvorhaben vor, die einen Planungshorizont von $n = 3$ Jahren haben und einen Investitionsbetrag von $K_0 = 100$ aufweisen. Die Kapitalwertfunktion der ersten Investition ist

$$C_0(q) = -100 + \frac{80}{q} + \frac{60}{q^2} + \frac{10}{q^3} \quad \text{für } q > 1$$

und die der zweiten

$$C_0(q) = -100 + \frac{10}{q} + \frac{70}{q^2} + \frac{90}{q^3} \quad \text{für } q > 1$$

Für die erste Investition wird ein interner Zinssatz von 31.44 Prozent berechnet und für die zweite ein interner Zinssatz von 24.41 Prozent. Hiernach scheint die erste Investition vorteilhafter zu sein. Es werden nun die Kapitalwerte zu einem Kalkulationszinssatz von 10 Prozent berechnet.

Investition 1: $C_0(1.1) = 29.83$ €   Investition 2: $C_0(1.1) = 34.56$ €

Nun ist die zweite Investition vorteilhafter. Woran liegt das? Die beiden Kapitalwertfunktionen besitzen einen Schnittpunkt, wie Abb. 9.16 zeigt. ☼

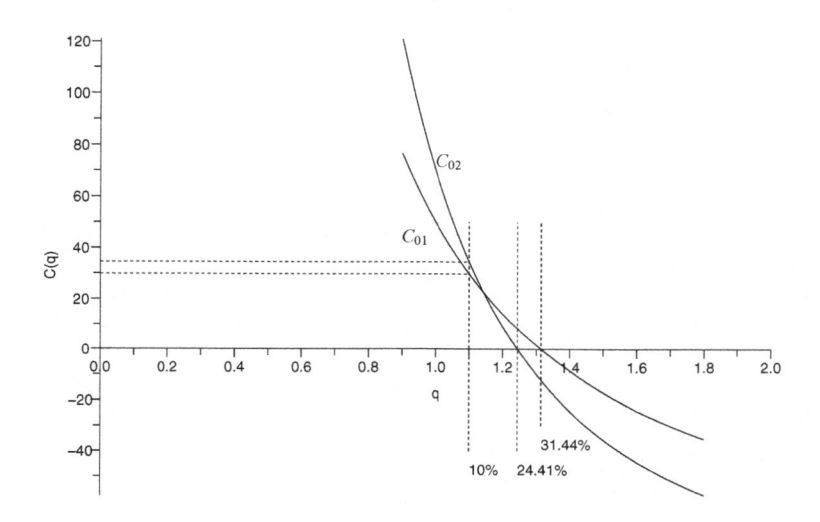

Abb. 9.16: Vergleich von zwei Investitionen

Bei der Investitionsrechnung ist der Kapitalwert für einen gegebenen Kalkulationszinssatz die entscheidende Größe. Er bestimmt, welche Investition vorteilhaft ist. Daher ist der Kalkulationszinssatz stets sehr sorgfältig zu bestimmen. Wird ein zu hoher Kalkulationszinssatz gefordert, wird der Kapitalwert kleiner oder negativ und die Investition wird unvorteilhaft. Wird ein zu niedriger Kalkulationszinssatz eingesetzt, so könnten Fremdkapitalgeber das Projekt als unrentabel einstufen. Dass sich bei unterschiedlichen Kalkulationszinssätzen die Vorteilhaftigkeit verschiedener Investitionen umkehren kann, ist dabei zu berücksichtigen.

9.9.5 Investitionsrechnung bei nicht-flacher Zinssatzstruktur

Die Berechnung des Kapitalwerts bei einer nicht-flachen Zinssatzstruktur wird mit den Barwertfaktoren aus Kapitel 9.7.5 vorgenommen.

Beispiel 9.73. Betrachten wir die Zahlungsfolge aus Beispiel 9.67, aber mit den Zinssätzen $i_1 = 0.05$ und $i_2 = 0.03$. Der Kalkulationszinssatz zum Zeitpunkt $t = 2$ ist um die zwischenzeitliche Zinseszinszahlung zu bereinigen.

9 Grundlagen der Finanzmathematik

$$\mathbf{c} = \begin{bmatrix} 1.05 & 0 \\ 0.03 & 1.03 \end{bmatrix}^{-1} \begin{bmatrix} 1 \\ 1 \end{bmatrix} = \begin{bmatrix} 0.9524 \\ 0.9431 \end{bmatrix}$$

Der Zinssatz zur Barwertberechnung in Periode $t = 2$ ist also $\frac{1}{\sqrt{0.94313}} = 2.9706$ Prozent und nicht 3 Prozent. Der Kapitalwert steigt aufgrund des bereinigten Zinssatzes und die Investition wird vorteilhafter.

$$C_0 = -1000 + 600 \times 0.9524 + 500 \times 0.9431 =$$
$$= -1000 + \frac{600}{1.05} + \frac{500}{1.0297^2} = 43.00$$

☼

Es werden die fallenden (steigenden) Finanzierungskosten der Investition mit den Barwertfaktoren berücksichtigt und daher liegen die Kapitalwerte über (unter) denen der herkömmlichen Berechnung. Dies führt dazu, dass entsprechende geldpolitische Zinssignale konjunkturell eine stärkere Wirkung entfalten können (vgl. [6]).

Ein interner Kapitalzinssatz ist bei einer nicht-flachen Zinssatzstruktur nicht definiert. Man kann aber eine **Barwertmarge** m definieren, die einen Kapitalwert von Null bei gegebener Zinssatzstruktur erzeugt. Es werden die Nullstellen der Kapitalwertfunktion für gegebene c_t in Abhängigkeit von m berechnet: $C_0(m) \stackrel{!}{=} 0$. Wir unterstellen für die Barwertmarge m ein polynomiales Verhalten.

$$C_0(m) = Z_0 + c_1 Z_1 m + c_2 Z_2 m^2 + \ldots + c_n Z_n m^n \stackrel{!}{=} 0 \qquad (9.53)$$

Eine positive reelle Lösung für m ist die Barwertmarge, die den Kapitalwert für gegebene c_t bzw. i_t Null werden lässt. Die Lösung ist nicht unbedingt eindeutig. Für $n > 2$ kann m numerisch berechnet werden.

Beispiel 9.74. Für das Beispiel 9.73 ist folgendes Nullstellenproblem zu lösen, um einen Kapitalwert von Null zu erhalten.

$$C_0(m) = -1000 + 0.9524 \times 600 m + 0.9431 \times 500 m^2 \stackrel{!}{=} 0$$

Die Lösungen für m sind 0.9714 und -2.1831. Ökonomisch sinnvoll ist nur die Barwertmarge 0.9714. Eine Zinssatzstruktur von $\hat{r}_1 = \frac{1}{c_1 m} - 1 = 0.0809$ und $\hat{r}_2 = \sqrt{\frac{1}{c_2 m^2}} - 1 = 0.0600$ erzeugt einen Kapitalwert von Null. Dies ist die Rentabilitätsgrenze für die gegebene Investition und die gegebene Zinssatzstruktur. Liegen die Zinssätze der Finanzierung i_t darunter, ist die Investition rentabel. ☼

Zwischen den Barwertfaktoren c_t (bzw. Nullkuponrenditen i_t^*) und der Zinssatzstruktur für einen Kapitalwert von Null $\hat{r}_t$ besteht folgende Beziehung, weil $c_t m^t = \frac{1}{(1+\hat{r}_t)^t}$ mit der berechneten Lösung für m zu einem Kapitalwert von Null führt.

$$(1 + \hat{r}_t) m = \frac{1}{c_t} = (1 + i_t^*)$$

Die Barwertmarge m kann auch als Rentabilitätsmarge formuliert werden. Das Verhältnis der Zinssatzstruktur $1 + \hat{r}_t$, die einen Kapitalwert von Null erzeugt und der Nullkuponrenditen $1 + i_t^*$ ist aufgrund des Ansatzes (9.53) konstant und kann als Rentabilitätsmarge k festgelegt werden: $\frac{1}{m} = 1 + k$.

$$1 + k = \frac{1 + \hat{r}_t}{1 + i_t^*} \Rightarrow k = \frac{1 + \hat{r}_t}{1 + i_t^*} - 1 = \frac{1}{m} - 1$$

Beispiel 9.75. Im obigen Beispiel beträgt die Rentabilitätsmarge rd. 2.94%.

$$k = \frac{1}{0.9714} - 1 = 0.0294$$

Dies ist die Nettorendite der Investition, wenn eine zeitunabhängige Marge m unterstellt wird. Die Investition ist um 2.94% rentabler als eine Geldanlage zur gegebenen Zinssatzstruktur. ☆

Ist die Zinssatzstruktur flach ($i = i_t$), so ist $\hat{r}$ für einen gegebenen Zinssatz i identisch mit dem internen Kapitalzinsfuß aus dem Ansatz (9.50). Es gilt dann (9.28) und man erhält aus (9.53) die Beziehung für den internen Kapitalzinssatz

$$\frac{1}{(1+\hat{r})^t} \stackrel{!}{=} \left(\frac{m}{1+i}\right)^t \Rightarrow \hat{r} = \frac{1+i}{m} - 1$$

Beispiel 9.76. Für das Beispiel 9.69 ergibt sich folgende Kapitalwertfunktion mit den Barwertfaktoren:

$$C_0 = -1000 + c_1 \times 600 \times m + c_2 \times 500 \times m^2 \stackrel{!}{=} 0$$

Die Bartwertfaktoren sind bei einem konstanten Zinssatz von 5 Prozent:

$$\mathbf{c} = \begin{bmatrix} 1.05 & 0 \\ 0.05 & 1.05 \end{bmatrix} \begin{bmatrix} 1 \\ 1 \end{bmatrix} = \begin{bmatrix} \frac{1}{1.05} \\ \frac{1}{1.05^2} \end{bmatrix}$$

Die Barwertmarge m ist aus dem folgenden Polynom zu berechnen.

$$C_0 = -1000 + \frac{600}{1.05} m + \frac{500}{1.05^2} m^2 \stackrel{!}{=} 0$$

Die einzig ökonomisch sinnvolle Lösung für m beträgt 0.98304. Aus

$$\frac{1+i}{m} - 1 = \frac{1.05}{0.98304} - 1 = 0.06811$$

erhält man den internen Zinssatz der Investion (siehe Beispiel 9.69). Die Investition ist um

$$k = \frac{1}{m} - 1 = \frac{1}{0.98304} - 1 = 0.01725$$

(1.725 Prozent) rentabler als eine Geldanlage: $(1 + k)(1 + i) = 1.01725 \times 1.05 = 1.06811$. ☆

Übung 9.15. Ein Investor kauft 500 Aktien zu einem Gesamtpreis von 100000 €. Im ersten Jahr nach dem Kauf der Aktien wird keine Dividende gezahlt. Im zweiten Jahr wird infolge günstiger wirtschaftlicher Entwicklungen eine Dividende von 5 € pro Aktie ausgeschüttet. Der Investor kann das Aktienpaket nach 2 Jahren zu einem Preis von 110000 € verkaufen.
Beantworten Sie folgende Fragen:

1. Wie hoch ist die Rendite?
2. Ist die Anlage vorteilhaft, wenn andere Anlagen im gleichen Zeitraum eine Rendite von 6.5 Prozent p. a. erzielen?

Übung 9.16. Es liegt folgende Investition zur Entscheidung an:

- Zinssatz: 5 Prozent p. a.
- Investitionsbetrag: 1000 €
- Nettoerträge: im ersten Jahr 700 €, im zweiten Jahr 800 €

Berechnen Sie für die obige Investition den

1. Kapitalwert und
2. internen Zinssatz

Übung 9.17. Jemand kann für 3 Jahre ein Strandcafé für 50000 € übernehmen. Für diesen Zeitraum werden die folgenden Einnahmen und Ausgaben jeweils am Jahresende erwartet:

	1. Jahr	2. Jahr	3. Jahr
Ausgaben	155000 €	165000 €	175000 €
Einnahmen	195000 €	210000 €	230000 €

Für einen Kredit von 50000 € werden von der Bank 9.5 Prozent Zinsen verlangt. Ist nach der Kapitalwertmethode die Investition in das Strandcafé sinnvoll?

Übung 9.18. Ein Investor plant den Erwerb einer Wohnung für 100000 €. Er geht bei seinem Kauf von folgenden Annahmen aus:

- Jährliche Ausgaben für Instandhaltung und Verwaltung 1000 €.
- Jährliche Mieteinnahmen abzüglich Nebenkosten 8000 €.
- Erwarteter Verkaufspreis der Wohnung nach 5 Jahren 110000 €.

Beantworten Sie folgende Fragen:

1. Wie hoch ist der Kapitalwert der Investition bei einem Kalkulationszinsfuß von 10 Prozent?
2. Bestimmen Sie näherungsweise den internen Zinssatz der Investition.
3. Ermitteln Sie den durchschnittlichen jährlichen Überschuss bei einem Kalkulationssatz von 10 Prozent.
4. Auf welchen Kaufpreis müsste der Investor die Eigentumswohnung herunterhandeln, wenn er eine Verzinsung von 10 Prozent wünscht?
5. Wie hoch ist die jährliche Annuität, wenn der Kauf mit einem Kredit finanziert wird, der folgende Bedingungen besitzt:
   - Auszahlungskurs: 98 Prozent
   - Bearbeitungsgebühr: 2 Prozent
   - Zinssatz: 6 Prozent p. a.
   - Laufzeit: 5 Jahre

Übung 9.19. Ein Unternehmer möchte 150000 € investieren. Er erwartet für die vierjährige Nutzungsdauer folgende Überschüsse:

1. Jahr	2. Jahr	3. Jahr	4. Jahr
35000 €	48000 €	52000 €	58000 €

Beantworten Sie folgende Fragen:

1. Ist die Investition bei einem Kalkulationszinssatz von 9 Prozent rentabel? Beurteilen Sie Ihre Entscheidung mit der Kapitalwertmethode und mit der Methode des internen Zinssatzes.
2. Was würde sich ändern, wenn im 3. Jahr statt des Überschusses von 52000 € mit einem Verlust von 2000 € gerechnet werden müsste? Zur Finanzierung dieses Verlustes würde ein Kredit zum Zinssatz von 10 Prozent aufgenommen. Berechnen Sie Ihr Ergebnis mit der Kapitalwertmethode.

9.10 Fazit

Die exponentielle Zinsrechnung, die die Zinseszinsen berücksichtigt, wird überwiegend in der Finanzmathematik verwendet. Für Zinszahlungen, die nur über eine sehr kurze Zeitperiode geleistet werden, wird manchmal der Einfachheit halber die lineare Zinsrechnung verwendet. Der Zinseszinseffekt ist hier meistens so klein, dass er vernachlässigt werden kann.

Bei einer Reihe von regelmäßigen Zahlungen spricht man von einer Rente. Je nach Fragestellung ist der Rentenendwert, der Rentenbarwert, die Rate, die Zahl der Perioden oder der (effektive) Zinssatz zu berechnen. In der Rentenrechnung unterscheidet man Zahlungen, die am Anfang einer Periode (vorschüssig) oder am Ende (nachschüssig) geleistet werden. Bei Zahlungen die unterjährig verzinst werden, ist nach den Rechengesetzen der konforme unterjährige Zinssatz zu verwenden. In der Praxis wird aber häufig (wegen der Neigung zum linearen Denken) der relative Zinssatz verwendet. Dies führt dazu, dass zwischen dem Nominalzinssatz und dem effektiven Jahreszinssatz unterschieden werden muss. Mit dem Äquivalenzprinzip wird die Rendite (der effektive Zinssatz) berechnet.

In der Annuitätenrechnung wird die Rückzahlung eines Kredits betrachtet. Eine Annuität ist eine Rate, die aus einer Tilgungs- und einer Zinszahlung besteht.

In der Investitionsrechnung wird das Barwertprinzip auf unregelmäßige Zahlungen übertragen. Mit ihr wird die Entscheidung für oder gegen eine Investition im Rahmen der Annahmen beantwortet.

10

Differentialrechnung für Funktionen mit einer Variable

Inhalt

10.1	Vorbemerkung	244
10.2	Grenzwert und Stetigkeit einer Funktion	244
10.3	Differentialquotient	246
	10.3.1 Ableitung einer Potenzfunktion	248
	10.3.2 Ableitung der Exponentialfunktion	249
	10.3.3 Ableitung der natürlichen Logarithmusfunktion	250
	10.3.4 Ableitung der Sinus- und Kosinusfunktion	250
10.4	Differentiation von verknüpften Funktionen	250
	10.4.1 Konstant-Faktor-Regel	251
	10.4.2 Summenregel	251
	10.4.3 Produktregel	252
	10.4.4 Quotientenregel	253
	10.4.5 Kettenregel	254
10.5	Ergänzende Differentiationstechniken	256
	10.5.1 Ableitung der Umkehrfunktion	256
	10.5.2 Ableitung einer logarithmierten Funktion	257
	10.5.3 Ableitung der Exponentialfunktion zur Basis a	257
	10.5.4 Ableitung der Logarithmusfunktion zur Basis a	258
10.6	Höhere Ableitungen und Extremwerte	259
10.7	Newton-Verfahren	262
10.8	Ökonomische Anwendung	264
	10.8.1 Ertragsfunktion	265
	10.8.2 Beziehung zwischen Grenzerlös und Preis	267
	10.8.3 Kostenfunktion	269
	10.8.4 Individuelle Angebotsplanung unter vollkommener Konkurrenz	273
	10.8.5 Angebotsverhalten eines Monopolisten	275
	10.8.6 Elastizitäten	279
10.9	Fazit	284

10.1 Vorbemerkung

Werden Funktionen für einen festen Funktionswert untersucht, zum Beispiel hinsichtlich eines Extremums, so kann man dies als eine statische Analyse bezeichnen. Eine andere Betrachtungsweise ist die dynamische Analyse. Man untersucht dann die Eigenschaft einer Funktion an verschiedenen Stellen und vergleicht sie miteinander. Es werden also Eigenschaften untersucht, die relativ zur Funktionsänderung definiert sind, also Änderungsraten. Dazu gehören zum Beispiel die Steigung oder die Krümmung einer Funktion. Für die Untersuchung von Änderungsraten hat sich die Differentialrechnung als wichtiges Instrument erwiesen. In den Wirtschaftswissenschaften wird die Grenzbetrachtung häufig auch als **Marginalanalyse** bezeichnet.

Beispiel 10.1. Die Einkommensteuer nach der Grundtabelle für 2004 liegt bei einem zu versteuernden Einkommen von 19 800 € bei 2 846 €. Der durchschnittliche Steuersatz beträgt somit 14.4 Prozent des Einkommens (siehe Abb. 10.1). Würde der zu versteuernde Jahresverdienst auf 20 700 € ansteigen, so stiege die Einkommenssteuer auf 3 099 € an. Bezogen auf das Gesamteinkommen läge der durchschnittliche Steuersatz dann bei 15.0 Prozent. In der Regel interessiert jedoch weniger der durchschnittliche Steuersatz, sondern die durch das Mehreinkommen verursachte absolute und relative Steuererhöhung. Das Einkommen erhöht sich um 900 €; die Steuer erhöht sich dadurch um 253 €, so dass für das Mehreinkommen durchschnittlich 28.1 Prozent Steuer einbehalten werden. Die relative Steuererhöhung bezogen auf das Mehreinkommen bezeichnet man, wenn man sich auf unendlich kleine Einkommensänderungen bezieht, als **Grenzsteuersatz**. Es ist die Steigung am Punkt des betrachteten Einkommens. Der Grenzsteuersatz ist nun wieder eine Funktion des Einkommens. ✧

In der Ökonomie wird die Differentialrechnung intensiv genutzt, um zum Beispiel Minima und Maxima ökonomischer Funktionen (zum Beispiel von Kosten- oder Gewinnfunktionen oder Elastizitäten) zu berechnen.

Voraussetzung zur Anwendung der Differentialrechnung ist, dass zumindest eine abschnittsweise stetige Funktion vorliegt.

In der Differentialrechnung werden häufig folgende Symbole eingesetzt:

lim Grenzwertoperator
Δ Operator für die erste Differenz
d   Differentialoperator
$f'(x)$ erste Ableitung der Funktion $f(x)$
ε Elastizität

10.2 Grenzwert und Stetigkeit einer Funktion

Anknüpfend an das Kapitel 8.4 wird nun eine Folge $[x_n]$ betrachtet, die gegen einen Wert x strebt. Der Wert x wird dann als **Grenzwert der Folge $[x_n]$** bezeichnet.

10.2 Grenzwert und Stetigkeit einer Funktion

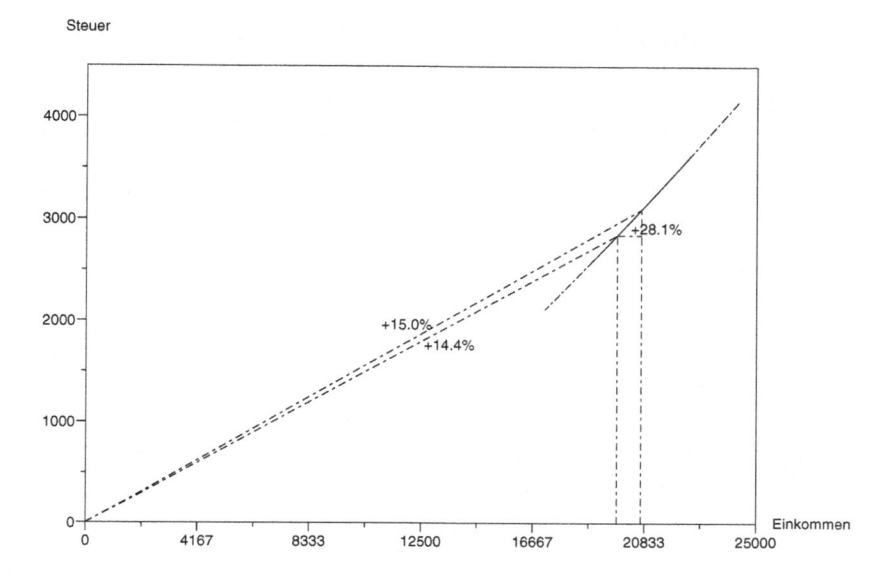

Abb. 10.1: Einkommensteuer

$$\lim_{n \to \infty} x_n = x$$

Es wird nun angenommen, dass dann die Folge der Funktionswerte $[f(x_n)]$ gegen $f(x)$ strebt. Es werden also zwei Zahlenfolgen betrachtet. Die erste Folge ist die Folge der Argumente $[x_n]$, die dem Grenzwert x zustreben soll. Die zweite Folge ist die Folge der Funktionswerte $[f(x_n)]$, die dem Grenzwert $y = f(x)$ zustreben soll.

Dies bedeutet, dass der Grenzübergang von links (von unten) zu dem gleichen Grenzwert führt, wie der Grenzübergang von rechts (von oben). Wenn dies gilt, so bezeichnet man den Wert

$$\lim_{x_n \to x} f(x_n) = f(x) \quad \text{für } x_n \in D(f), [x_n] \neq x, \lim_{n \to \infty} x_n = x$$

als **Grenzwert der Funktion** $y = f(x)$ an der Stelle x. Existiert der Grenzwert einer Funktion, so wird die Funktion als **stetig** im Punkt x bezeichnet. Anschaulich heißt eine Funktion stetig, wenn sie in einem Zug gezeichnet werden kann. Funktionen, die in einem Punkt nicht stetig sind, werden dort unstetig genannt. Gründe für Unstetigkeiten können Polstellen, Sprungstellen, Lücken oder extremes oszillierendes Verhalten einer Funktion sein.

10.3 Differentialquotient

Die im Beispiel 10.1 erwähnte Abhängigkeit des Grenzsteuersatzes vom Einkommen stellt den so genannten **Differentialquotienten** dar. Der Differentialquotient wird auch als erste Ableitung einer Funktion bezeichnet.

Es wird eine Funktion im Intervall $[x_1, x_2]$ betrachtet. Die Differenz der Intervallgrenzen wird mit

$$\Delta x = x_2 - x_1 \quad \text{für } x_1 < x_2$$

und die Differenz der Funktionswerte wird mit

$$\Delta y = y_2 - y_1 = f(x_2) - f(x_1)$$

bezeichnet. Es soll die durchschnittliche Änderung der Funktion $f(x)$ im Intervall $[x_1, x_2]$ berechnet werden. Sie ergibt sich als

$$\frac{\Delta y}{\Delta x} = \frac{y_2 - y_1}{x_2 - x_1} = \tan \alpha$$

und ist gleich der Steigung der Sekanten, d. h. gleich dem Tangens des Zwischenwinkels (siehe Abb. 10.2).

Der Punkt x_2 wird nun Richtung x_1 bewegt. Die Differenz zwischen x_2 und x_1 wird kleiner. Um dies formal zu beschreiben, wird

$$x_1 = x$$

und

$$x_2 = x + \Delta x$$

gesetzt. Der Quotient

$$\frac{\Delta y}{\Delta x} = \frac{f(x + \Delta x) - f(x)}{\Delta x} \tag{10.1}$$

wird als **Differenzenquotient** bezeichnet. Er bedeutet die Änderung des Funktionswertes relativ zur Änderung der unabhängigen Veränderlichen über dem Intervall Δx.

Lässt man den Punkt x_2 nun immer näher an den Punkt x_1 rücken, so verkürzt sich die Sekante zwischen $f(x_2)$ und $f(x_1)$ und schmiegt sich immer enger an die Kurve an. Mathematisch bedeutet diese Annäherung, dass der Grenzübergang $\Delta x \to 0$ vollzogen wird. Die Sekante zwischen den Punkten wird dabei zur Tangente im Punkt $y = f(x)$, und die Steigung der Sekanten $\frac{\Delta y}{\Delta x}$ wird zur Steigung der Tangente (siehe Abb. 10.2). Aufgrund der Bedeutung des Grenzwertes des Differenzenquotienten hat man für ihn ein eigenes Symbol und die Bezeichnung **Differentialquotient** eingeführt.

$$\frac{dy}{dx} = \lim_{\Delta x \to 0} \frac{\Delta y}{\Delta x} = \lim_{\Delta x \to 0} \frac{f(x + \Delta x) - f(x)}{\Delta x} \tag{10.2}$$

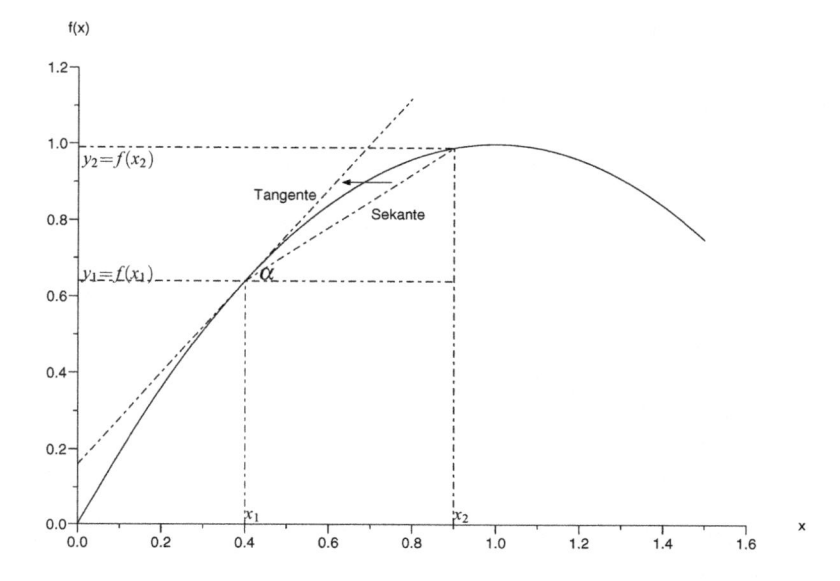

Abb. 10.2: Differentialquotient

Man spricht „dy nach dx". Als alternative Bezeichnungsweisen haben sich

$$\frac{dy}{dx} = y' = f'(x) = \frac{df(x)}{dx} = \frac{d}{dx}f(x)$$

etabliert. Existiert der Grenzwert (10.2), so heißt die Funktion im Punkt x **differenzierbar**. Ist die Ableitung eine stetige Funktion, so wird $f(x)$ stetig differenzierbar genannt.

Beispiel 10.2. Der Differentialquotient der Funktion

$$y = x^3 \quad \text{für } x \in \mathbb{R}$$

lautet

$$\frac{dy}{dx} = \lim_{\Delta x \to 0} \frac{(x + \Delta x)^3 - x^3}{\Delta x}$$

☼

Mit der Definition des Differentialquotienten ist nicht viel gewonnen. Tatsächlich kommt es darauf an, den Grenzwert zu berechnen. Man bezeichnet dies als Differenzieren.

Beispiel 10.3. Die Berechnung des Differentialquotienten aus Beispiel 10.2 ist wie folgt:

$$\begin{aligned} y' &= \lim_{\Delta x \to 0} \frac{(x+\Delta x)^3 - x^3}{\Delta x} \\ &= \lim_{\Delta x \to 0} \frac{x^3 + 3x^2 \Delta x + 3x(\Delta x)^2 + (\Delta x)^3 - x^3}{\Delta x} \\ &= \lim_{\Delta x \to 0} \left(3x^2 + 3x\Delta x + (\Delta x)^2\right) \\ &= 3x^2 \end{aligned} \qquad (10.3)$$

Der Differentialquotient $\frac{dy}{dx}$, die erste Ableitung y' der Funktion $y = x^3$, lautet somit:

$$\frac{dy}{dx} = f'(x) = y' = 3x^2$$

☆

Der Differentialquotient der Funktion $f(x)$ ist im Allgemeinen selbst wieder eine Funktion der unabhängigen Veränderlichen x. Er wird als Steigung der Funktion $f(x)$ im Punkt x interpretiert. Will man diese Steigung in einem speziellen Punkt x ermitteln, so muss man den Wert in die Funktion der ersten Ableitung einsetzen.

$$\left.\frac{dy}{dx}\right|_{x=\xi} = f'(\xi)$$

Beispiel 10.4. Die Steigung der Funktion $y = x^3$ an der Stelle $x = 2$ ist

$$\left.\frac{dy}{dx}\right|_{x=2} = f'(2) = 3x^2\big|_{x=2} = 12$$

☆

Zum Differenzieren einer Funktion muss aber nicht jedesmal der Differentialquotient der Funktion berechnet werden. Man braucht lediglich die Differentialquotienten einiger wichtiger Funktionen und ein paar Grundregeln über das Differenzieren zu kennen, um damit die gängigen Funktionen differenzieren zu können.

10.3.1 Ableitung einer Potenzfunktion

Die Ableitung einer Potenzfunktion ist schon in der Gleichung (10.3) vorgenommen worden. Die Verallgemeinerung dieses Ergebnisses führt zu:

$$y = x^n \quad \text{für } x, n \in \mathbb{R} \quad \Rightarrow \quad y' = nx^{n-1}$$

Die Herleitung der Regel erfolgt mit der Auflösung von binomischen Ausdrücken mittels des Binomialkoeffizienten (siehe Kap. 3.2.2). Es gilt: $(x + \Delta x)^n = \sum_{i=0}^{n} \binom{n}{i} x^{n-i} \Delta x^i$. Somit kann der Differentialquotient für

$$\frac{dy}{dx} = \lim_{\Delta x \to 0} \frac{(x+\Delta x)^n - x^n}{\Delta x}$$

aufgelöst werden zu:

$$\begin{aligned}
\frac{dy}{dx} &= \lim_{\Delta x \to 0} \frac{\sum_{i=0}^{n} \binom{n}{i} x^{n-i} \Delta x^i - x^n}{\Delta x} \\
&= \lim_{\Delta x \to 0} \frac{x^n + \sum_{i=1}^{n} \binom{n}{i} x^{n-i} \Delta x^i - x^n}{\Delta x} \\
&= \lim_{\Delta x \to 0} \frac{\Delta x \sum_{i=1}^{n} \binom{n}{i} x^{n-i} \Delta x^{i-1}}{\Delta x} \\
&= \binom{n}{1} x^{n-1} + \lim_{\Delta x \to 0} \sum_{i=2}^{n} \binom{n}{i} x^{n-1} \Delta x^{i-1} \\
&= n x^{n-1}
\end{aligned}$$

10.3.2 Ableitung der Exponentialfunktion

Die Ableitung der Exponentialfunktion zur Basis e ist:

$$y = e^x \quad \text{für } x \in \mathbb{R} \quad \Rightarrow \quad y' = e^x$$

Die Herleitung des Ergebnisses: Es wird der Differentialquotient für die Funktion gebildet.

$$\frac{dy}{dx} = \lim_{\Delta x \to 0} \frac{e^{x+\Delta x} - e^x}{\Delta x} = e^x \lim_{\Delta x \to 0} \frac{e^{\Delta x} - 1}{\Delta x} \tag{10.4}$$

Es wird

$$k = e^{\Delta x} - 1$$

gesetzt, umgestellt

$$1 + k = e^{\Delta x}$$

logarithmiert

$$\ln(1+k) = \Delta x$$

und in die Gleichung (10.4) eingesetzt.

$$\begin{aligned}
\lim_{\Delta x \to 0} \frac{e^{\Delta x} - 1}{\Delta x} &= \lim_{k \to 0} \frac{k}{\ln(1+k)} = \lim_{k \to 0} \frac{1}{\ln(1+k)^{\frac{1}{k}}} \\
&= \frac{1}{\ln \lim_{k \to 0} (1+k)^{\frac{1}{k}}} = \frac{1}{\ln e} = 1
\end{aligned}$$

Das Ergebnis kommt zustande, weil bei stetigen Funktionen der Grenzwertoperator auf die innere Funktion vorgezogen werden darf und weil

$$\lim_{k \to 0}(1+k)^{\frac{1}{k}} = e$$

gilt. Aus der Logarithmierung der obigen Gleichung folgt dann unmittelbar:

$$\lim_{k \to 0}\frac{\ln(1+k)}{k} = \ln e = 1$$

Damit gilt:

$$\frac{dy}{dx} = e^x \lim_{\Delta x \to 0}\frac{e^{\Delta x} - 1}{\Delta x} = e^x$$

10.3.3 Ableitung der natürlichen Logarithmusfunktion

Die Ableitung des natürlichen Logarithmus ist

$$y = \ln x \quad \text{für } x > 0 \quad \Rightarrow \quad y' = \frac{1}{x}$$

Die Herleitung dieses Ergebnisses erfolgt im Beispiel 10.14.

10.3.4 Ableitung der Sinus- und Kosinusfunktion

Die Ableitung der Sinus- und Kosinusfunktion ist:

$$y = \sin x \quad \text{für } x \in \mathbb{R} \quad \Rightarrow \quad y' = \cos x$$
$$y = \cos x \quad \text{für } x \in \mathbb{R} \quad \Rightarrow \quad y' = -\sin x$$

Eine Herleitung der Ableitungen ist zum Beispiel bei [4, Seite 274 f] angegeben.

10.4 Differentiation von verknüpften Funktionen

Verknüpfte Funktionen sind Funktionen, die sich durch elementare mathematische Verknüpfungen bilden. Diese können z. B. Addition, Multiplikation, Division, Potenz oder durch zwei ineinander verkettete Funktionen entstehen.

$$y = f(x) \pm g(x)$$
$$y = f(x) g(x)$$
$$y = \frac{f(x)}{g(x)}$$
$$y = f(x)^{g(x)}$$
$$y = f(g(x))$$

Beispiel 10.5.

$$y = 2x + x^2 \quad \text{für } x \in \mathbb{R}$$
$$y = x \ln x \quad \text{für } x \in \mathbb{R}^+$$
$$y = \frac{x}{\ln x} \quad \text{für } x \in \mathbb{R}^+$$
$$y = x^{\ln x} \quad \text{für } x \in \mathbb{R}^+$$
$$y = (x+2)^2 \quad \text{für } x \in \mathbb{R}$$

☆

Diese Funktionen werden nach den folgenden Regeln differenziert.

10.4.1 Konstant-Faktor-Regel

Die Ableitung einer Konstanten ist gleich Null.

$$y = c \quad \Rightarrow \quad y' = 0$$

Ein konstanter Faktor kann beim Differenzieren stets vor die Ableitung gezogen werden:

$$y = c f(x) \quad \Rightarrow \quad y' = c f'(x)$$

Herleitung der Konstant-Faktor-Regel:

$$\begin{aligned}
\frac{dy}{dx} &= \lim_{\Delta x \to 0} \frac{c f(x + \Delta x) - c f(x)}{\Delta x} \\
&= c \lim_{\Delta x \to 0} \frac{f(x + \Delta x) - f(x)}{\Delta x} \\
&= c f'(x)
\end{aligned}$$

10.4.2 Summenregel

Sind $f(x)$ und $g(x)$ zwei differenzierbare Funktionen, dann gilt:

$$y = f(x) \pm g(x) \quad \Rightarrow \quad y' = f'(x) \pm g'(x)$$

Herleitung der Summenregel:

$$\begin{aligned}
\frac{dy}{dx} &= \lim_{\Delta x \to 0} \frac{[f(x + \Delta x) \pm g(x + \Delta x)] - [f(x) \pm g(x)]}{\Delta x} \\
&= \lim_{\Delta x \to 0} \frac{f(x + \Delta x) - f(x)}{\Delta x} \pm \lim_{\Delta x \to 0} \frac{g(x + \Delta x) - g(x)}{\Delta x} \\
&= f'(x) \pm g'(x)
\end{aligned}$$

Beispiel 10.6. Die Ableitung der Funktion
$$y = f(x) + c$$
ist
$$y' = \frac{dy}{dx} = \frac{dc}{dx} + \frac{df(x)}{dx} = f'(x)$$
Die Ableitung einer Konstanten ist Null. ☆

Beispiel 10.7. Die Ableitung der Funktion
$$y = 2x^{-2} + \cos x$$
ist
$$y' = -4x^{-3} - \sin x$$
☆

10.4.3 Produktregel

Die Ableitung des Produkts zweier differenzierbarer Funktionen ist
$$y = f(x)g(x) \quad \Rightarrow \quad y' = f'(x)g(x) + f(x)g'(x)$$

Wegen der Symmetrie der Ableitungsregel ist es gleichgültig, welchen Faktor man als $f(x)$ und welchen man als $g(x)$ bezeichnet.

Herleitung der Produktregel:
$$\frac{dy}{dx} = \lim_{\Delta x \to 0} \frac{f(x+\Delta x)g(x+\Delta x) - f(x)g(x)}{\Delta x}$$

Erweiterung des Zählers mit $f(x+\Delta x)g(x) - f(x+\Delta x)g(x)$:

$$= \lim_{\Delta x \to 0} \left(\frac{(f(x+\Delta x) - f(x))g(x)}{\Delta x} + \frac{(g(x+\Delta x) - g(x))f(x+\Delta x)}{\Delta x} \right)$$

$$= \left(\lim_{\Delta x \to 0} \frac{f(x+\Delta x) - f(x)}{\Delta x} \right) g(x) + \left(\lim_{\Delta x \to 0} \frac{g(x+\Delta x) - g(x)}{\Delta x} \right) \lim_{\Delta x \to 0} f(x+\Delta x)$$

$$= f'(x)g(x) + g'(x)f(x)$$

Beispiel 10.8. Die Funktion
$$y = cf(x)$$
mit $g(x) = c$ nach der Produktregel abgeleitet, ist
$$y' = f'(x)c + f(x)0 = cf'(x)$$
☆

Beispiel 10.9. Die erste Ableitung der Funktion
$$y = e^x \ln x \quad \text{für } x \in \mathbb{R}^+$$

ist
$$y' = e^x \left(\ln x + \frac{1}{x} \right)$$

☆

Beispiel 10.10. Die erste Ableitung der Funktion
$$y = \sin x \cos x \quad \text{für } x \in \mathbb{R}$$
ist
$$\begin{aligned} y' &= \cos x \cos x + \sin x (-\sin x) \\ &= \cos^2 x - \sin^2 x \end{aligned}$$

☆

Das Produkt aus mehr als zwei differenzierbaren Funktionen lässt sich durch wiederholte Anwendung der Produktregel differenzieren.

10.4.4 Quotientenregel

Ist eine Funktion als Quotient zweier differenzierbarer Funktionen darstellbar, dann ist ihr Differentialquotient
$$y = \frac{f(x)}{g(x)} \quad \Rightarrow \quad y' = \frac{f'(x)g(x) - f(x)g'(x)}{g(x)^2}$$

Man beachte, dass die Formel nicht symmetrisch ist. Mit einigen zusätzlichen Umformungen lässt sich die Quotientenregel wie die Produktregel herleiten.

$$\begin{aligned} \frac{dy}{dx} &= \lim_{\Delta x \to 0} \frac{\frac{f(x+\Delta x)}{g(x+\Delta x)} - \frac{f(x)}{g(x)}}{\Delta x} \\ &= \lim_{\Delta x \to 0} \frac{1}{g(x+\Delta x) g(x)} \left(g(x) \frac{f(x+\Delta x)}{\Delta x} - f(x) \frac{g(x+\Delta x)}{\Delta x} \right) \end{aligned}$$

Erweiterung des Terms in der Klammer mit $\frac{f(x)g(x) - f(x)g(x)}{\Delta x}$:

$$\begin{aligned} \frac{dy}{dx} &= \lim_{\Delta x \to 0} \frac{1}{g(x+\Delta x) g(x)} \left(g(x) \frac{f(x+\Delta x) - f(x)}{\Delta x} - f(x) \frac{g(x+\Delta x) - g(x)}{\Delta x} \right) \\ &= \frac{g(x)f'(x) - f(x)g'(x)}{g(x)^2} \end{aligned}$$

Beispiel 10.11. Die erste Ableitung der Funktion
$$y = \frac{\ln x}{x} \quad \text{für } x \in \mathbb{R}^+$$

ist

$$y' = \frac{\frac{1}{x}x - \ln x}{x^2} = \frac{1 - \ln x}{x^2}$$

☼

10.4.5 Kettenregel

Eine zusammengesetzte Funktion $y = f(g(x))$ kann mit der Substitution $z = g(x)$ auf ihre Grundform $y = f(z)$ zurückgeführt werden. Die Funktion $y = f(z)$ wird als äußere Funktion und die Substitution $z = g(x)$ als innere Funktion bezeichnet.

Für zusammengesetzte differenzierbare Funktionen ist der Differentialquotient wie folgt zu berechnen:

$$y = f(g(x)) \quad \Rightarrow \quad y' = f'(z)g'(x) = \frac{df(z)}{dz}\frac{dg(x)}{dx}$$

Die Differentiale $f'(z)$ und $g'(x)$ werden entsprechend als äußere Ableitung und innere Ableitung bezeichnet. Die Kettenregel besagt dann, dass zunächst die äußere und die innere Ableitung einzeln zu berechnen und danach miteinander zu multiplizieren sind. Anschließend ist die Substitution $z = g(x)$ rückgängig zu machen. Ist eine Funktion mehrfach zusammengesetzt (geschachtelt), ist die Kettenregel mehrfach anzuwenden.

Herleitung der Kettenregel:

$$\frac{dy}{dx} = \lim_{\Delta x \to 0} \frac{f(g(x+\Delta x)) - f(g(x))}{\Delta x}$$

Es wird $z = g(x)$ gesetzt. Dann gilt:

$$f'(z) = \lim_{\Delta z \to 0} \frac{f(z+\Delta z) - f(z)}{\Delta z}$$
$$z + \Delta z = g(x + \Delta x) \Rightarrow \Delta z = g(x + \Delta x) - g(x)$$

Mit der obigen Erweiterung kann der Differentialquotient $\frac{dy}{dx}$ unter der Voraussetzung, dass $\Delta z \neq 0$ für alle kleinen Werte von Δx ist, umgeschrieben werden in:

$$\begin{aligned}\frac{dy}{dx} &= \lim_{\Delta z \to 0} \left(\frac{f(z+\Delta z) - f(z)}{\Delta z} \lim_{\Delta x \to 0} \frac{\Delta z}{\Delta x} \right) \\ &= f'(z) \lim_{\Delta x \to 0} \frac{g(x+\Delta x) - g(x)}{\Delta x} \\ &= f'(z)g'(x) \\ &= f'(g(x))g'(x)\end{aligned}$$

10.4 Differentiation von verknüpften Funktionen

Beispiel 10.12. Die Funktion
$$y = (x-2)^2 \quad \text{für } x \in \mathbb{R}$$
ist aus den beiden Funktionen
$$y = f(z) = z^2 \quad \text{und} \quad z = g(x) = x-2$$
$$y' = 2z \qquad\qquad\qquad z' = 1$$
zusammengesetzt. Die erste Ableitung ist:
$$y' = 2(x-2)$$

☆

Beispiel 10.13. Die Funktion
$$y = e^{-\frac{x^2}{2}} \quad \text{für } x \in \mathbb{R}$$
ist aus den beiden Funktionen
$$y = f(z) = e^z \quad \text{und} \quad z = g(x) = -\frac{x^2}{2}$$
zusammengesetzt. Die Ableitungen hiervon sind
$$y' = e^z \qquad\qquad z' = -x$$

Die erste Ableitung der Funktion ist somit
$$y' = -x \, e^{-\frac{x^2}{2}}$$

☆

Übung 10.1. Bestimmen Sie die ersten Ableitungen von

$$y = \sqrt[3]{x^2} \qquad\qquad y = \sqrt{x}\left(\frac{x^3}{3} + \frac{1}{x}\right)$$

$$y = 2x^2 \ln x^2 + e^{x^2} \sin x \qquad\qquad y = \sum_{i=1}^{3} \ln x^i$$

$$y = \sqrt{\frac{\ln x}{x^2}} \qquad\qquad y = e^{\ln x}$$

Übung 10.2. Berechnen Sie die erste Ableitung der Tangens- und Kotangensfunktion. Es gilt:

$$y = \tan x = \frac{\sin x}{\cos x} \qquad\qquad y = \cot x = \frac{\cos x}{\sin x}$$

10.5 Ergänzende Differentiationstechniken

Manchmal können die behandelten Regeln nur indirekt, d. h. erst nach Umformung der zu differenzierenden Funktion, angewendet werden.

10.5.1 Ableitung der Umkehrfunktion

Zu einer eineindeutigen Funktion $y = f(x)$ existiert die Umkehrfunktion $x = f^{-1}(y)$. Ihre Ableitung lässt sich leicht nach der Kettenregel bestimmen: $x = g(f(x))$. Differenziert man beide Seiten nach x, so erhält man auf der linken Seite $\frac{dx}{dx} = 1$ und rechts nach der Kettenregel

$$\frac{dx}{dx} = \frac{dg(y)}{df(x)} \frac{df(x)}{dx}$$

$$1 = \frac{dg(y)}{dy} \frac{dy}{dx}$$

Die erste Ableitung der Umkehrfunktion $x = f^{-1}(y)$ der Funktion $y = f(x)$ ist dann

$$\frac{dg(y)}{dy} = \frac{1}{\frac{df(x)}{dx}} = \frac{1}{f'(x)}$$

Beispiel 10.14. Zur Funktion

$$y = f(x) = e^x \quad \text{für } x \in \mathbb{R}$$

lautet die Umkehrfunktion

$$x = g(y) = f^{-1}(y) = \ln y \quad \text{für } y \in \mathbb{R}^+$$

Die Ableitung der Umkehrfunktion ist somit:

$$\frac{dg(y)}{dy} = \frac{1}{\frac{df(x)}{dx}} = \frac{1}{e^x} = \frac{1}{y}$$

☼

Beispiel 10.15. Zur Funktion

$$y = f(x) = x^2 \quad \text{für } x \in \mathbb{R}$$

lautet die Umkehrfunktion

$$x = g(y) = \sqrt{y} \quad \text{für } y \in \mathbb{R}^+$$

Die Ableitung der Umkehrfunktion ist:

$$\frac{dg(y)}{dy} = \frac{1}{\frac{df(x)}{dx}} = \frac{1}{2x} = \frac{1}{2\sqrt{y}}$$

☼

10.5.2 Ableitung einer logarithmierten Funktion

Es soll die erste Ableitung des Logarithmus einer allgemeinen Funktion

$$y = \ln f(x) \quad \text{für } f(x) > 0$$

berechnet werden. Nach der Substitution $z = f(x)$ und der Anwendung der Kettenregel mit $y = \ln z$ und $\frac{dy}{dz} = \frac{1}{z}$ erhält man

$$y' = \frac{dy}{dx} = \frac{d}{dx} \ln f(x) = \frac{1}{z} f'(x) = \frac{f'(x)}{f(x)}$$

Beispiel 10.16. Der Differentialquotient der Funktion

$$y = \ln(\sin x) \quad \text{für } 0 < x < \pi$$

ist mit $f(x) = \sin x$ und $f'(x) = \cos x$

$$y' = \frac{\cos x}{\sin x} = \cot x$$

☆

10.5.3 Ableitung der Exponentialfunktion zur Basis a

Die Funktion

$$y = a^x \quad \text{für } a > 0, x \in \mathbb{R}$$

ist zu differenzieren. Sie lässt sich durch Logarithmieren umformen.

$$\ln y = x \ln a$$

Die Ableitung beider Seiten nach der Veränderlichen x ergibt

$$\frac{1}{y} \frac{dy}{dx} = \frac{dx}{dx} \ln a = \ln a,$$

so dass man durch einfache Umformung

$$y' = y \ln a = a^x \ln a \tag{10.5}$$

erhält. Für $a = e$ erhält man das bekannte Ergebnis

$$y' = e^x \ln e = e^x.$$

Beispiel 10.17. Es soll die Funktion

$$y = 2^{x^2} \quad \text{für } x \in \mathbb{R}$$

abgeleitet werden. Hierzu wird die logarithmierte Funktion nach x differenziert, wobei zu beachten ist, dass auf der linken Seite die Kettenregel anzuwenden ist.

$$\ln y = x^2 \ln 2$$

$$\frac{d\ln y}{dy}\frac{dy}{dx} = \frac{dx^2}{dx}\ln 2$$

$$\frac{1}{y}\frac{dy}{dx} = 2x\ln 2$$

$$\frac{dy}{dx} = 2xy\ln 2$$

$$= 2x\,2^{x^2}\ln 2$$

☼

10.5.4 Ableitung der Logarithmusfunktion zur Basis a

Gesucht ist die Ableitung der Funktion

$$y = \log_a x \quad \text{für } a, x > 0$$

Durch Umkehrung der Funktion erhält man

$$x = a^y,$$

und nach Differentiation beider Seiten nach x unter Anwendung der Kettenregel für die rechte Seite

$$\frac{dx}{dx} = \frac{dx}{dy}\frac{dy}{dx}$$

$$1 = \underbrace{a^y \ln a}_{\text{Ergebnis aus (10.5)}} \frac{dy}{dx} \tag{10.6}$$

Durch Auflösen der Gleichung (10.6) nach $y' = \frac{dy}{dx}$ erhält man das gesuchte Ergebnis

$$y' = \frac{1}{a^y \ln a} = \frac{1}{x \ln a}$$

Für $a = e$ erhält man das bekannte Ergebnis

$$y' = \frac{1}{x}.$$

Übung 10.3. Bestimmen Sie die ersten Ableitungen von:

$$y = 2^x \qquad y = g(x)^{\ln g(x)}$$

10.6 Höhere Ableitungen und Extremwerte

Die Differentiation einer Funktion $y = f(x)$ liefert den Differentialquotienten $\frac{dy}{dx}$ bzw. die erste Ableitung nach x, die im Allgemeinen selbst eine Funktion der unabhängigen Variable ist. Ist diese Funktion wieder differenzierbar, dann kann man formal

$$\frac{d}{dx}\left(\frac{dy}{dx}\right) = \frac{d^2y}{dx^2} = \frac{d}{dx}\left(f'(x)\right) = y'' \qquad (10.7)$$

berechnen. Die entstehende Funktion wird als zweite Ableitung nach x bezeichnet. Ist die Funktion $y = f(x)$ zweimal differenzierbar, so heißt die Gleichung (10.7) zweite Ableitung nach x. Man spricht „d zwei y nach dx Quadrat".

Die **Bedeutung der zweiten Ableitung** lässt sich wie die erste Ableitung geometrisch deuten. Sie gibt die Änderungsrate der Steigung bei Änderung des Arguments an und ist damit ein Maß für die Krümmung der Funktion. Eine Funktion mit zunehmender Steigung, d. h. mit einer positiven Steigungsänderung,

$$y'' > 0$$

heißt **konvex** gekrümmte Funktion. Die Sekante (Verbindungslinie zweier Punkte auf einer Funktion) liegt stets oberhalb der Funktion. Eine Funktion mit abnehmender Steigung, d. h. mit einer negativen Steigungsänderung,

$$y'' < 0$$

ist eine **konkav** gekrümmte Funktion. Die Sekante liegt stets unterhalb der Funktion (siehe Abb. 10.3).

Setzt man die Differentiation fort, so kann man – immer unter der Voraussetzung der Differenzierbarkeit der entsprechenden Funktion – die nächste Ableitung berechnen:

$$\frac{d}{dx}\left(\frac{d^2}{dx^2}\right) = \frac{d^3y}{dx^3} = y'''$$

$$\frac{d}{dx}\left(\frac{d^3}{dx^3}\right) = \frac{d^4y}{dx^4} = y^{(4)}$$

$$\vdots$$

Beispiel 10.18. Die Ableitungen n-ter Ordnung der Funktion $y = \sin x$ sind

$$y' = \cos x \qquad y'' = -\sin x$$
$$y''' = -\cos x \qquad y^{(4)} = y = \sin x$$
$$y^{(5)} = y' \qquad y^{(n)} = y^{(n-4)}$$

☆

Beispiel 10.19. Die Ableitungen n-ter Ordnung der Funktion $y = a^x$ sind

$$y' = a^x \ln a \qquad y'' = a^x (\ln a)^2$$

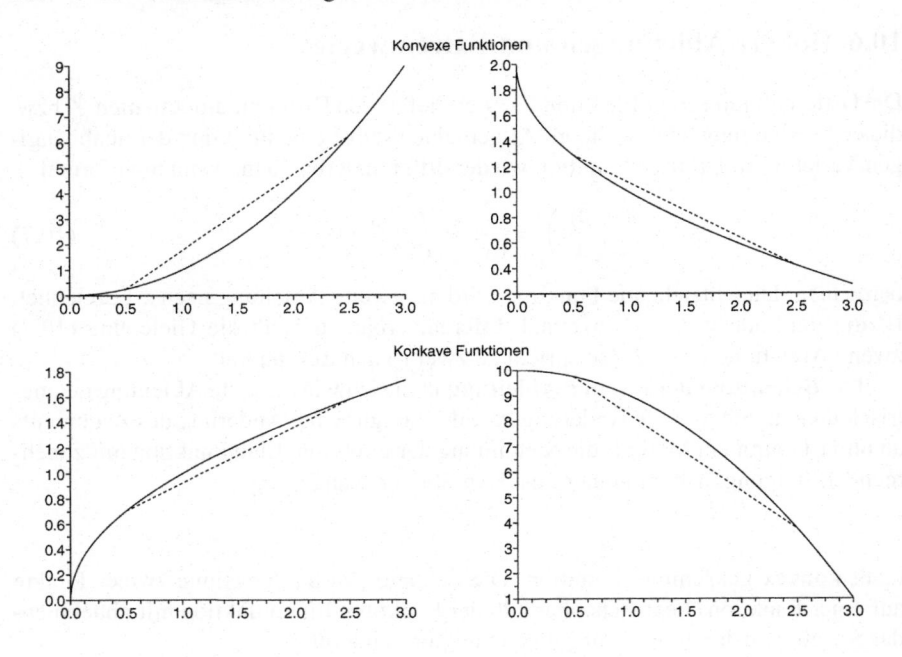

Abb. 10.3: Konvexe und konkave Krümmung von Funktionen

$$y''' = a^x (\ln a)^3 \qquad y^{(n)} = a^x (\ln a)^n$$

☼

Beispiel 10.20. Die Ableitungen *n*-ter Ordnung eines Polynoms *n*-ten Grades sind

$$y = \sum_{i=0}^{n} a_i x^i$$

$$y' = \sum_{i=1}^{n} i a_i x^{i-1}$$

$$y'' = \sum_{i=2}^{n} i(i-1) a_i x^{i-2}$$

$$\vdots$$

$$y^{(m)} = \sum_{i=m}^{n} i(i-1) \cdots (i-m+1) a_i x^{i-m}$$

$$\vdots$$

$$y^{(n)} = n! \, a_n$$

Beispiel 10.21. Die Ableitung des Polynoms

$$y = \frac{1}{5}x^5 - \frac{2}{3}x^3 - 8x + 1 \tag{10.8}$$

sind

$$y' = x^4 - 2x^2 - 8 \qquad y'' = 4x^3 - 4x$$
$$y''' = 12x^2 - 4 \qquad y^{(4)} = 24x$$
$$y^{(5)} = \frac{5!}{5} = 24 \qquad y^{(6)} = 0$$

Die Abb. 10.4 zeigt die Funktion (10.8) und ihre Ableitungen. Man erkennt, dass an den Stellen $x = \pm 2$ die erste Ableitung Nullstellen besitzt. An diesen Stellen weist die Funktion $y = f(\pm 2)$ **Extremwerte** auf. Diese Punkte werden auch als stationäre Punkte bezeichnet. Die **notwendige Bedingung für ein Extremum** (*necessary condition*) ist, dass die erste Ableitung an der Stelle x eine Nullstelle besitzt.

$$f'(x) \stackrel{!}{=} 0$$

Für $x = +2$ besitzt die Funktion ein Minimum. Die zweite Ableitung ist hier positiv. Die **hinreichende Bedingung** für ein **Minimum** der Funktion an der Stelle x ist, dass die Funktion im Bereich um x eine konvexe Krümmung aufweist.

$$f''(x) > 0$$

An der Stelle $x = -2$ besitzt die Funktion ein Maximum. Die zweite Ableitung ist an dieser Stelle negativ. Die **hinreichende Bedingung** für ein **Maximum** an der Stelle x ist, dass die Funktion im Bereich um x eine konkave Krümmung besitzt.

$$f''(x) < 0$$

An den Stellen $x = \pm 1$ besitzt die zweite Ableitung Nullstellen. Die Funktion $y = f(\pm 1)$ besitzt hier Wendepunkte. Gilt also an der Stelle x

$$f''(x) = 0 \quad \text{und} \quad f'''(x) \neq 0,$$

dann liegt dort ein **Wendepunkt** der Funktion vor. Hier ändert sich die Art der Kurvenkrümmung der Funktion, d. h., die Kurve geht dort von einer konkaven in eine konvexe Krümmung über bzw. umgekehrt.

Ergänzend sei noch der **Sattelpunkt** einer Funktion erwähnt. Er ist ein Wendepunkt mit waagerechter Tangente. Die hinreichende Bedingung lautet

$$f'(x) = 0 \quad \text{und} \quad f''(x) = 0 \quad \text{und} \quad f'''(x) \neq 0$$

Die Funktion (10.8) besitzt keinen Sattelpunkt.

Die Berechnung von Extrempunkten, Wendepunkten und Sattelpunkten sind mit Nullstellenproblemen verbunden. Das im Kapitel 8.2.2 beschriebene Verfahren der regula falsi ist eine alternative Methode, um diese Probleme zu lösen.

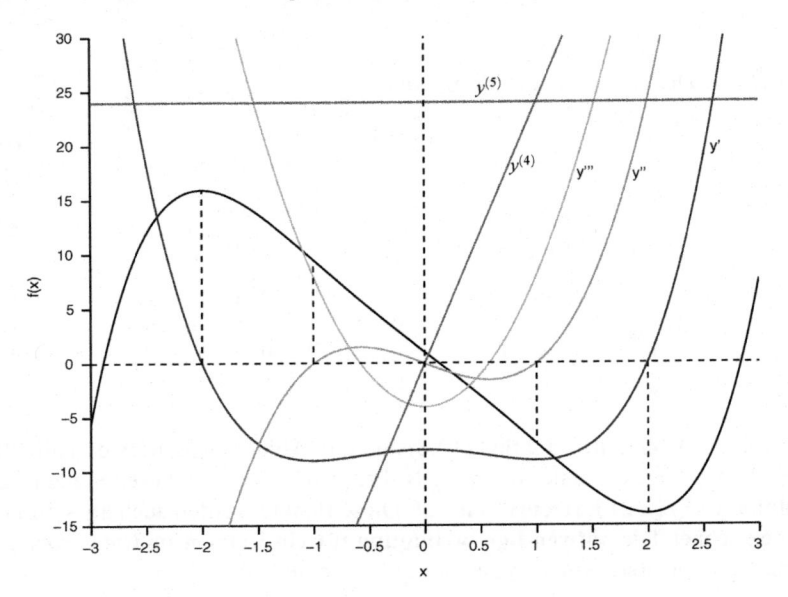

Abb. 10.4: Ableitungen des Polynoms (10.8)

10.7 Newton-Verfahren

Ein anderes Verfahren zur iterativen Nullstellenbestimmung ist das **Newton-Verfahren**. Voraussetzung hierfür ist, dass eine differenzierbare Funktion vorliegt und die Lage der Nullstelle ungefähr bekannt ist.

Man wählt einen Punkt $x_{(1)}$ in der Nähe der vermuteten Nullstelle x. Zeichnet man nun eine Tangente im Punkt $(x_{(1)}, f(x_{(1)}))$, und bestimmt deren Schnittpunkt $x_{(2)}$ mit der Abzisse (siehe Abb. 10.5), so kann man sich dank des monotonen Verhaltens der Funktion in der Nähe der Nullstelle leicht überlegen, dass der Schnittpunkt $x_{(2)}$ näher an die Nullstelle x gerückt ist. Es gilt

$$\tan \alpha = \frac{f(x_{(1)})}{x_{(1)} - x_{(2)}} \tag{10.9}$$

Die Steigung der Tangente, d. h., $\tan \alpha$ ist gleich der ersten Ableitung der Funktion $f(x)$ an der Stelle $x_{(1)}$.

$$\tan \alpha = f'(x_{(1)}) \tag{10.10}$$

Fasst man die Aussagen der Gleichungen (10.9) und (10.10) zusammen, so lässt sich der gesuchte Schnittpunkt $x_{(2)}$ wie folgt ermitteln:

10.7 Newton-Verfahren

$$x_{(2)} = x_{(1)} - \frac{f(x_{(1)})}{f'(x_{(1)})} = x^{(1)}$$

Die 1. Näherung der gesuchten Nullstelle, die mit $x^{(1)}$ bezeichnet wird, ist die Nullstelle der Tangente $x_{(2)}$. Mit Hilfe der angenäherten Nullstelle wiederholt man die obige Rechnung, d. h., man bestimmt den Funktionswert $f(x_{(2)})$. Man berechnet eine weitere Näherung der Nullstelle der Funktion mit:

$$x_{(3)} = x_{(2)} - \frac{f(x_{(2)})}{f'(x_{(2)})} = x^{(2)}$$

$$\vdots$$

$$x_{(i+1)} = x_{(i)} - \frac{f(x_{(i)})}{f'(x_{(i)})} = x^{(i)}$$

Die Iteration wird gestoppt, wenn die Veränderung zur vorher berechneten Nullstellennäherung nahezu Null wird. Sie wird durch $\frac{f(x)}{f'(x)}$ gemessen.

Beispiel 10.22. Für die Funktion

$$y = x^2 - \ln x - 2 \tag{10.11}$$

wird eine Nullstelle gesucht. Es sei bekannt, dass die Funktion in der Nähe von $x = 0.2$ eine Nullstelle besitzt.

$$y' = 2x - \frac{1}{x}$$

Mit diesem Startwert wird nun folgende Iteration begonnen:

x	$f(x)$	$f'(x)$	$\frac{f(x)}{f'(x)}$
0.2	−0.3506	−4.6	0.0762
0.1238	0.1045	−7.8306	−0.0133
0.1371	0.0056	−7.0179	−0.0008
0.1379	0.0000175	−6.9741	−0.0000025

Für $x^{(3)} = 0.1379$ liegt der Funktionswert bei $f(0.1379) = 0.0000175$. Die Änderung zur nächsten Näherung beträgt -0.0000025. Sie verändert den Wert an der millionstel Stelle. Für das Beispiel ist diese Änderung ausreichend klein, so dass 0.1379 als 1. Nullstelle angenommen werden kann. ☼

Beispiel 10.23. Der effektive Kreditzinssatz im Beispiel 9.56 lässt sich schnell mittels des Newton-Verfahrens berechnen. Aus der Kapitalwertgleichung

$$C(q) = q^{11} - \left(1 + \frac{138.64}{1000}\right) q^{10} + \frac{138.64}{1000}$$

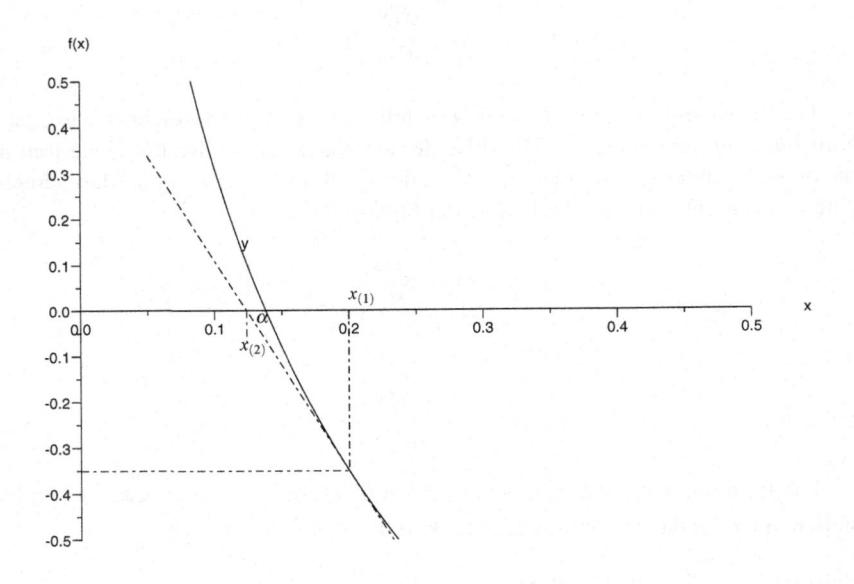

Abb. 10.5: Newton-Verfahren, Ausschnitt der Funktion (10.11)

und deren 1. Ableitung

$$C'(q) = 11\,q^{10} - 10\left(1 + \frac{138.64}{1000}\right)q^9$$

werden die Iterationen berechnet.

q	$C(q)$	$C'(q)$	$\frac{C(q)}{C'(q)}$
1.06	−0.002192	0.4622	−0.004742
1.06474	0.0002594	0.5729	0.0004527
1.06429	0.0000025	0.5620	0.0000044
1.06428	≈ 0	0.5619	≈ 0

Der effektive Kreditzinssatz beträgt nach 4 Iterationen 6.428 Prozent. ✧

> **Übung 10.4.** Berechnen Sie für die Funktion in der Übung 8.3 (Seite 158) die Nullstelle, die in der Nähe von $x_{(1)} = -1$ liegt mittels des Newton-Verfahrens.

10.8 Ökonomische Anwendung

Die Analyse ökonomischer Funktionen beginnt meistens mit der **Durchschnittsfunktion** (*average function*). Analog zur Definition des arithmetischen Mittels ergibt sich der durchschnittliche Funktionswert der Funktion $y = f(x)$ durch

$$\bar{y} = \frac{f(x)}{x}$$

Eine weitere wichtige Funktion zur Analyse ökonomischer Prozesse ist die **Grenzfunktion** (*marginal function*). Sie ist die erste Ableitung von $y = f(x)$. Mathematisch ist die Grenzfunktion $f'(x)$ der Grenzwert des Quotienten (10.1). Eine anschauliche (aber mathematisch ungenaue) Interpretation der Grenzfunktion ist, den marginalen Funktionszuwachs auf $\Delta x = 1$ zu setzen. Die Grenzfunktion gibt dann die Änderung pro zusätzlicher Einheit der unabhängigen Variable an. Einige wichtige ökonomische Grenzfunktionen sind zum Beispiel Grenzkosten, Grenzgewinn und Grenzerlös.

10.8.1 Ertragsfunktion

Die Bedeutung der Durchschnittsfunktion wird am Beispiel einer s-förmigen **Ertragsfunktion** (*yield function, return function*) (Produktionsfunktion) diskutiert werden. Eine Ertragsfunktion beschreibt den Ertrag y eines Guts in Abhängigkeit (hier nur) eines Produktionsfaktors x. Bei zunehmendem Einsatz des Faktors x steigt der Ertrag zunächst (bis zum Wendepunkt) überproportional und dann unterproportional an. Meistens wird bei einem bestimmten Faktoreinsatz ein Maximum angenommen. In der Regel lässt sich beobachten, dass beim Überschreiten dieses optimalen Einsatzes der Ertrag wieder abnimmt (siehe Abb. 10.6).

Beispiel 10.24. Die in Abb. 10.6 verwendete Ertragsfunktion ist

$$y = 3x^2 - \frac{1}{8}x^3 \quad \text{für } x \geq 0 \tag{10.12}$$

☆

In Abb. 10.6 sind der Ertrag, Durchschnittsertrag und der Grenzertrag grafisch dargestellt. Im Punkt W liegt der Wendepunkt der Ertragsfunktion, d. h., von diesem Punkt an nehmen die Grenzerträge nicht mehr zu. Er kennzeichnet das Maximum der Grenzertragsfunktion. Der Bereich steigender Grenzerträge, also der Bereich vor dem Wendepunkt, wird als der Bereich zunehmender **Skalenerträge** (*return to scale*) bezeichnet. Ab dem Wendepunkt steigen die Grenzerträge unterproportional. Die Ertragsfunktion weist nun abnehmende Skalenerträge auf.

Im Punkt U ist das Maximum der Durchschnittsfunktion erreicht. Danach fallen die Durchschnittserträge. Der Wert der Durchschnittsfunktion ist gleich dem Winkel eines Strahls vom Ursprung an die Kurve. Wandert der Strahl entlang der Kurve, so steigt er monoton bis zum Punkt U, erreicht dort sein Maximum und fällt dann wieder streng monton. Im Punkt U berührt der Strahl die Kurve tangential. Das Grenzverhalten der Durchschnittsfunktion ergibt sich aus der Differentiation der Funktion nach der Quotientenregel.

$$\frac{d\bar{y}}{dx} = \frac{f'(x)x - f(x)}{x^2}$$

Im Punkt U ist der Grenzdurchschnittsertrag gleich Null, d. h., es gilt

$$f'(x)x - f(x) \stackrel{!}{=} 0 \quad \Rightarrow \quad f'(x) = \frac{f(x)}{x}$$

An dem Punkt des Maximums der Durchschnittsfunktion schneiden sich also die Grenzertragsfunktion und die Durchschnittsfunktion[1]. Dieser Punkt U ist ökonomisch interessant, da von hier an die Durchschnittserträge fallen; die Grenzerträge fallen bereits seit dem Punkt W. Im Punkt M liegt das Maximum der Ertragsfunktion. Der Grenzertrag ist dort Null (notwendige Bedingung für ein Extremum). Die Ertragsänderung ab dem Punkt U wird als Gesetz vom abnehmenden Grenzertrag bezeichnet. Der gesamte Ertragsverlauf (siehe Abb. 10.6) beschreibt das klassische Ertragsgesetz.

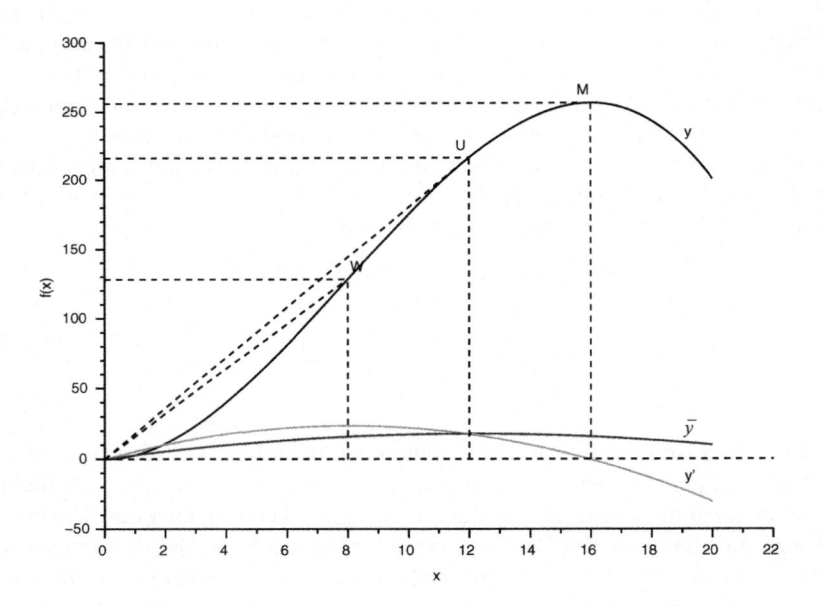

Abb. 10.6: Ertragsfunktion (10.12)

---

[1] Dass es sich hier tatsächlich um ein Maximum handelt, muss mit der zweiten Ableitung überprüft werden. Es muss $\bar{y}'' = \frac{x^3 f''(x) - 2x(xf'(x) - f(x))}{x^4} < 0$ im Punkt $f'(x) = \frac{f(x)}{x}$ gelten. In diesem Punkt ist $xf'(x) - f(x) = 0$. Also muss $f''(x) < 0$ sein, damit $\bar{y}'' < 0$ gilt. Das Maximum der Durchschnittsfunktion muss also im Bereich abnehmender Grenzerträge liegen.

Historische Anmerkung: Das Gesetz vom abnehmenden Ertragszuwachs ist von dem preußischen Nationalökonom Johann Heinrich von Thünen in der ersten Hälfte des 19. Jahrhunderts zunächst für die Landwirtschaft entwickelt und empirisch überprüft worden. Inzwischen haben empirische Untersuchungen im Bereich der industriellen Produktion gezeigt, dass es im Rahmen der von den Industrieunternehmen als normal angesehenen Kapazität in der Regel keine Rolle spielt; denn der Punkt U, von dem ab das Gesetz vom abnehmenden Ertragszuwachs wirksam ist, wird hier meist erst bei Ausweitung der Produktion über die normale Kapazität hinaus erreicht. Wenn – wie in der Praxis üblich – die Einsatzmengen mehrerer Produktionsfaktoren innerhalb normaler Betriebskapazitäten verändert werden, zeigen sich bei industrieller Produktion eher lineare Produktionsfunktionen.

Viele Ökonomen glauben, dass aufgrund des abnehmenden Ertragszuwachses sich der Produktionszuwachs verlangsamen würde. Robert Thomas Malthus prognostizierte eine Hungerkatastrophe, weil einerseits die Bevölkerung geometrisch und andererseits aufgrund des abnehmenden Arbeitsertragszuwachses die Nahrungsmittelproduktion nur arithmetisch wachse. In der industriellen Revolution nahm man an, dass wegen des vermehrt eingesetzten Kapitals und des damit verbundenen abnehmenden Grenzertrags des Kapitals der Produktionszuwachs bald stagnieren würde. Dass dies nicht eintrat, lag daran, dass die Ökonomen den technischen Fortschritt unterschätzten. Durch diesen verschiebt sich die Kurve der Produktion in Abhängigkeit des Produktionsfaktors nach oben, so dass der Produktionsfaktor Arbeit bzw. Kapital immer produktiver wurde.

10.8.2 Beziehung zwischen Grenzerlös und Preis

Die Funktion $f(x)$ bezeichnet nun eine **Preis-Absatz-Funktion** (*price sales function*). Sie wird in diesem Abschnitt überwiegend mit $p(x)$ benannt. Der Funktionswert ist der Preis pro Stück p, da er den Preis für die verkaufte Menge x liefert. Die Veränderliche x gibt hier also die abgesetzte Menge an. Die Preis-Absatz-Funktion ist die Beziehung zwischen Preis und Menge aus Sicht des Anbieters (siehe Abb. 10.7).

$$p = f(x) = p(x) \quad \text{für } x > 0 \qquad (10.13)$$

Es wird unterstellt, dass mit abnehmender Menge (Verknappung des Angebots) der Preis zunimmt. Mathematisch formuliert bedeutet dies, dass die erste Ableitung der Funktion negativ ist.

$$p'(x) < 0 \qquad (10.14)$$

Betrachtet man die Umkehrfunktion von (10.13)

$$x = f^{-1}(p) = x(p) \quad \text{für } p > 0,$$

erhält man die **Nachfragefunktion** (*demand function*). Sie wird so bezeichnet, weil hier der Absatz aus Sicht des Nachfragers in Abhängigkeit des Preises dargestellt ist. Der Preis ist für den Nachfrager gesetzt. Der Funktion unterstellt man ebenfalls einen monoton fallenden Verlauf.

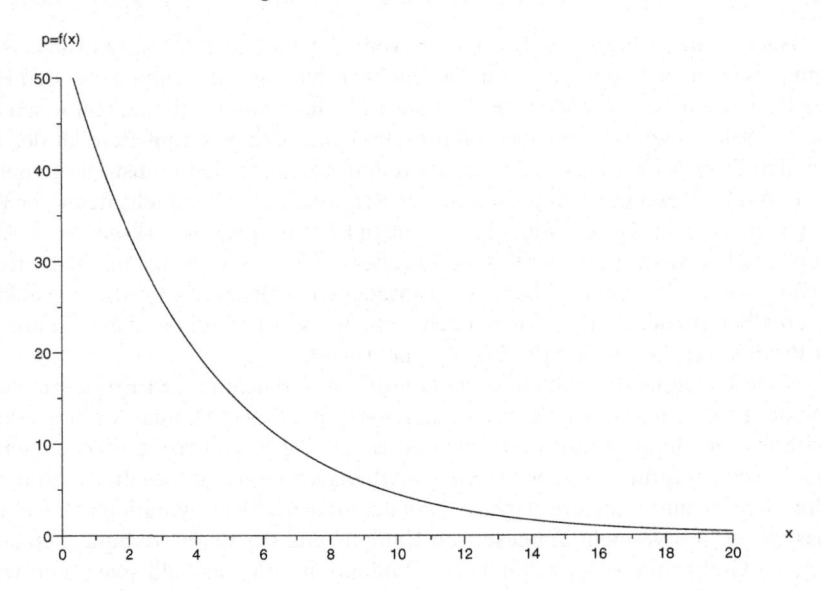

Abb. 10.7: Preis-Absatz-Funktion

$$x'(p) < 0$$

Die **Erlösfunktion** (*revenue function*) ist die verkaufte Menge mal dem Preis, also

$$E(x) = p(x)x$$

Die Preis-Absatz-Funktion kann man somit auch als **Durchschnittserlösfunktion** (*average revenue function*) bezeichnen, da

$$\overline{E}(x) = \frac{E(x)}{x} = p(x)$$

gilt. Der Durchschnittserlös ist nun aber nichts anderes als der Preis des entsprechenden Guts.

Differenziert man die Erlösfunktion

$$E'(x) = p'(x)x + p(x) \tag{10.15}$$

erhält man die so genannte **Grenzerlösfunktion** (*marginal revenue function*). Betrachtet man nun die Differenz von Grenzerlös und Durchschnittserlös (dem Preis)

$$E'(x) - p(x) = p'(x)x, \tag{10.16}$$

so ergibt sich als Ergebnis der Anstieg der Durchschnittserlösfunktion $p'(x)$ multipliziert mit der Menge $x > 0$. Die Steigung der Preis-Absatz-Funktion wird als negativ angenommen ($p'(x) < 0$), so dass wegen $x > 0$ dann

$$p'(x)x < 0 \tag{10.17}$$

gelten muss. Die Differenz zwischen Grenzerlös und Preis ist also negativ, so dass der Preis durchweg größer als der Grenzerlös ist.

$$E'(x) - p(x) < 0 \quad \Leftrightarrow \quad E'(x) < p(x) \tag{10.18}$$

Dies ist die Marktsituation, wenn **keine vollkommene Konkurrenz** (*monopolistic competition*) vorherrscht. Nur dann kann der Anbieter über die Menge den Preis beeinflussen (siehe Abb. 10.7). Die Preis-Absatz-Funktion ist negativ geneigt. Dies bedeutet, dass eine höhere Menge nur zu einem niedrigeren Preis abstzbar ist. Somit geht der Verkauf einer weiteren Einheit mit der gleichzeitigen Senkung des Preises einher und zwar nicht nur für die Grenzeinheit, sondern für die gesamte verkaufte Menge, da der Preis für jede Einheit gleich ist. Der zusätzlich erzielte Erlös beim Verkauf einer weiteren Einheit (Grenzerlös) ist daher niedriger als der ursprüngliche Preis (Durchschnittserlös).

Als weiteres ergibt sich, dass die Grenzerlösfunktion (10.15) wegen (10.17) stets unterhalb der Preis-Absatz-Funktion verläuft (siehe Abb. 10.9). Im Extremfall liegt die Situation eines Angebotsmonopolisten vor, der den Markt konkurrenzlos beherrscht.

Bei **vollkommener Konkurrenz** (Wettbewerbssituation) (*perfect competition*) wird davon ausgegangen, dass der Anbieter keine Marktmacht und damit keine Einwirkung auf den Preis ausüben kann. Der individuelle Anbieter kann durch die Menge den Marktpreis im Modell der vollkommenen Konkurrenz nicht beeinflussen. Eine Preissenkung oder Preiserhöhung gegenüber dem Marktpreis ist nicht möglich. Eine Preiserhöhung führt in der Theorie nach zu einer Absatzmenge von Null. Kein Käufer ist bereit bei homogenen Gütern einen Preis oberhalb des Marktpreises zu zahlen. Eine Preissenkung ist nicht möglich, weil der Marktpreis der niedrigste profitable Preis ist. Daher ist eine Preissenkung mit Verlusten verbunden, die nicht kompensiert werden können. Die Preis-Absatz-Funktion verläuft dann horizontal und der Preis ist unabhängig von der Menge x. Es gilt $p(x) = p^{Markt} =$ konstant und somit $p'(x) = 0$, so dass der Grenzerlös gleich dem Preis ist.

$$E(x) = p^{Markt} x \quad \Rightarrow \quad E'(x) = p^{Markt} \quad \Leftrightarrow \quad E'(x) - p^{Markt} = 0$$

10.8.3 Kostenfunktion

Die mikroökonomische Kostentheorie konzentriert sich im Allgemeinen darauf, analytische Konzepte einer betrieblichen **Kostenfunktion** (*cost function*) zu entwickeln, bei der die gesamten Kosten der betrieblichen Produktion in Abhängigkeit von der Produktionsmenge betrachtet werden. Die kurzfristige Kostentheorie hebt im Besonderen die Unterscheidung zwischen variablen und fixen Kosten hervor.

$$K(x) = K_{variabel}(x) + K_{fix}$$

Fixe Kosten sind Kosten, die im Zusammenhang mit kurzfristig gegebenen Produktionsfaktoren entstehen. Sie fallen in bestimmter Höhe an, unabhängig von der Höhe der kurzfristig geplanten Produktionsmenge. Typische Fixkosten bilden Mieten und Zinsen sowie zeitabhängige Abschreibungen.

Die Höhe der variablen Kosten hingegen verändert sich mit der Produktionsmenge bzw. mit dem Einsatz des variablen Produktionsfaktors. Typische variable Kosten sind Rohstoff- und Materialkosten sowie Arbeitskosten.

Der Verlauf der variablen Kosten wird aus der Ertragsfunktion (Produktionsfunktion) bestimmt. Die Kostenfunktion und die Ertragsfunktion stehen in einer Dualität zueinander. Aus der Ertragsfunktion ergibt sich die Kostenfunktion und umgekehrt. Wird das in Kapitel 10.8.1 ausgeführte Ertragsgesetz angenommen, so steigt der Ertrag im Bereich bis zum Punkt W überproportional. Bewertet man den Faktoreinsatz, so ergibt sich, dass die Kosten hier langsamer zunehmen als der Ertrag. Ab dem Punkt W steigt der Ertrag unterproportional an, was bedeutet, dass die Kosten überproportional ansteigen. Die Kostenfunktion weist daher einen s-förmigen Verlauf auf (siehe Abb. 10.8).

Eine Kostenfunktion beschreibt die Ursache-Wirkungsbeziehung zwischen der Ausbringungsmenge x (als Ursache) und den aufzuwendenden Kosten K, die sich aus dem mit den Preisen bewerteten Produktionsfaktorverbrauch (als Wirkung) ergeben.

Der Begriff der **Grenzkosten** (*marginal costs*) ist der Schlüssel zum Verständnis der Frage, wie viel ein Unternehmen zu produzieren und zu verkaufen bereit ist. Als Grenzkosten werden die Kostenänderungen bezeichnet, die bei einer Erhöhung der Produktionsmenge um eine (unendlich kleine = infinitesimale) Einheit entstehen. Die Fixkosten beeinflussen die Grenzkosten nicht.

$$K'(x) = \frac{dK(x)}{dx}$$

Beispiel 10.25. Es wird die Kostenfunktion

$$K(x) = 0.04x^3 - 0.96x^2 + 10x + 2 \quad \text{für } x > 0 \tag{10.19}$$

angenommen, die die Grenzkostenfunktion

$$K'(x) = 0.12x^2 - 1.92x + 10$$

besitzt. ☆

Die in Abb. 10.8 dargestellte Kostenfunktion aus Beispiel 10.25 zeigt den typischen Verlauf der Grenzkosten einer ertragsgesetzlichen Kostenfunktion eines Ein-Produkt-Unternehmens. Die Grenzkosten sinken zunächst mit steigender Produktmenge solange die Gesamtkosten (variable Kosten) degressiv steigen. Nach dem Wendepunkt der Kostenfunktion steigen die Grenzkosten, die Gesamtkosten nehmen progressiv zu. Der Wendepunkt der Kostenfunktion liegt im Minimum der Grenzkosten (in Abb. 10.8 bei $x = 8$). Diese Stelle wird auch als **Schwelle des Ertragsgesetzes** bezeichnet.

10.8 Ökonomische Anwendung

Die **Durchschnittskosten** (*average costs*) werden auch als Stückkosten der Produktionsmenge bezeichnet. Sie lassen sich unmittelbar aus dem Verlauf der gesamten Kosten mit Bezug auf die jeweiligen Produktionsmengen bestimmen.

$$\overline{K}(x) = \frac{K(x)}{x}$$

Beispiel 10.26. Die obige Kostenfunktion (10.19) besitzt die Durchschnittskostenfunktion

$$\overline{K}(x) = 0.04x^2 - 0.96x + 10 + \frac{2}{x}$$

☼

Die Kurve der Durchschnittskosten zeigt bei Annahme des Ertragsgesetzes ebenfalls einen typischen u-förmigen Verlauf, der sich aus den Beziehungen zwischen Grenz- und Durchschnittsgrößen herleiten lässt. Sind die Grenzkosten kleiner als die Durchschnittskosten, so folgt eine Abnahme der Durchschnittskosten mit steigender Produktionsmenge, da jede zusätzlich produzierte Einheit günstiger erstellt werden kann. Sind die Grenzkosten größer als die Durchschnittskosten, so folgt eine Zunahme der Durchschnittskosten. Sind die Grenzkosten gleich den Durchschnittskosten, so ist das Minimum der Durchschnittskosten erreicht (siehe Punkt U in Abb. 10.8).

Die Ertragsfunktion und die Kostenfunktion stehen in einem Umkehrverhältnis zueinander. Mit der Produktionsfunktion ist auch die Kostenfunktion festgelegt und umgekehrt. Daher ist der Punkt U in Abb. 10.8 gleich dem in Abb. 10.6 und manifestiert die Bedeutung dieses Punktes.

Es ist jedoch aufgrund der Funktion mathematisch nicht immer möglich, eine Umkehrfunktion zu bestimmen. Die vorliegende Kostenfunktion (10.19) ist daher nur eine näherungsweise Umkehrfunktion der Ertragsfunktion (10.12). Daher liegt der Punkt U hier nicht genau bei dem Wert 12, sondern etwas darüber.

Das Minimum der Durchschnittskosten entspricht in der Ertragsfunktion dem Maximum des Durchschnittsertrags. Die ökonomische Bedeutung dieses Punkts wird nun deutlich. Das Unternehmen wird also bestrebt sein, den Bereich fallender Durchschnittskosten zu verlassen.

Das Minimum der Durchschnittskosten wird auch als **Betriebsoptimum** bezeichnet (in Abb. 10.8 bei $x = 12.17$), weil hier ein Betrieb unter den gegebenen Bedingungen mit den geringsten Kosten je Produkteinheit produziert. Die Durchschnittskosten können pro produzierter Einheit nicht weiter zurückgehen, da jede weitere Einheit höhere zusätzliche Kosten (steigende Grenzkosten) verursacht. Mathematisch ist das Minimum der Durchschnittskosten durch die Nullsetzung der ersten Ableitung der Durchschnittsfunktion bestimmt (notwendige Bedingung).

$$\frac{d\overline{K}(x)}{dx} = \frac{K'(x)x - K(x)}{x^2} \stackrel{!}{=} 0$$

Die obige Bedingung ist gleichbedeutend mit

$$K'(x)x - K(x) \stackrel{!}{=} 0 \quad \Rightarrow \quad K'(x) = \frac{K(x)}{x} = \overline{K}(x)$$

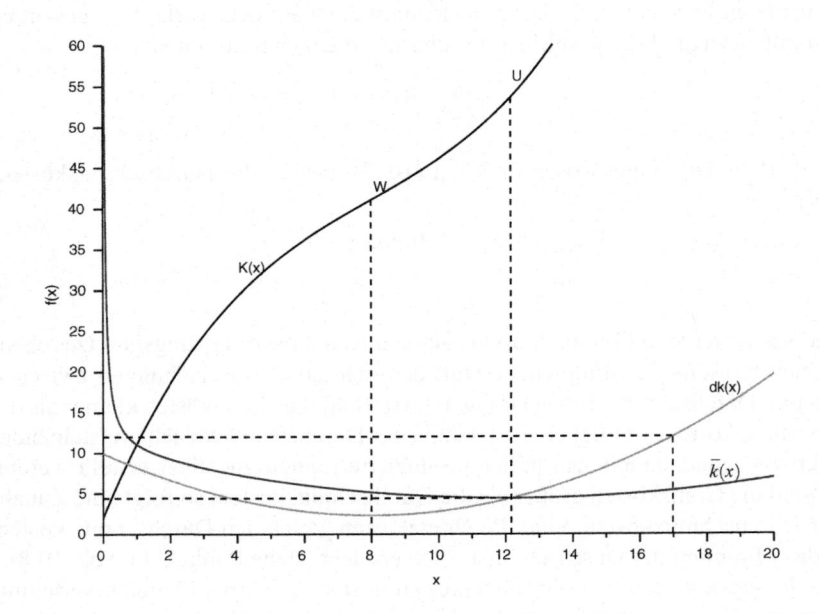

Abb. 10.8: Kostenfunktionen (10.19)

Die hinreichende Bedingung für ein Minimum ist, dass die zweite Ableitung positiv ist. Es gilt

$$\bar{K}''(x) = \frac{K''(x)x^3 - 2x\left(K'(x)x - K(x)\right)}{x^4} \stackrel{!}{>} 0$$

$$= \frac{K''(x)}{x} - \frac{2K'(x)}{x^2} + \frac{2K(x)}{x^3}$$

$$= \frac{K''(x)}{x} - \frac{2}{x^2}\left(K'(x) - \bar{K}(x)\right)$$

$$\Leftrightarrow K''(x)x - 2\left(K'(x) - \bar{K}(x)\right) \stackrel{!}{>} 0$$

Es gilt stets $x > 0$. Für ein Minimum muss $\bar{K}''(x) > 0$ sein. Die notwendige Bedingung lautet $K'(x) = \bar{K}(x)$. Damit entfällt der hintere Teil der Ableitung. Es muss $K''(x) > 0$ sein, damit die hinreichende Bedingung erfüllt wird. Wenn $K'(x)$ ansteigend verläuft, dann ist $K''(x) > 0$ und somit $K''(x)x > 0$. Dies bedeutet, dass das Minimum der Durchschnittskostenfunktion im Bereich steigender Grenzkosten liegen muss.

10.8.4 Individuelle Angebotsplanung unter vollkommener Konkurrenz

Das Güterangebot eines Unternehmens wird durch dessen Kostenfunktion und den Markt bestimmt. Die Absatz- und Beschaffungsmärkte des Unternehmens sollen Märkte mit vollkommener Konkurrenz sein. Diese Marktform wird auch als **Polypol** bezeichnet. Das sind Märkte, auf denen der Unternehmer als einer von vielen anbietet oder nachfragt, so dass er durch seine Marktaktion nicht das Marktgeschehen bestimmen kann. Damit sind der Verkaufspreis des Guts und die Faktorpreise für den Unternehmer gegebene Größen. Der Unternehmer kann auf dem Absatzmarkt bei gegebenem Produktpreis jede beliebige Menge absetzen. Er wird die abzusetzende Menge dann so festlegen, dass sein Gewinn maximiert wird. Man spricht vom Mengenanpasser auf dem Absatzmarkt.

Der Gewinn des Unternehmens ist die Differenz aus Erlös (Umsatz) und Kosten. Die Erlösfunktion ist dabei das Produkt aus Preis und Menge. Der Marktpreis ist ein Datum, das durch den Markt bestimmt wird und nicht durch den Anbieter beeinflussbar ist. Der Preis ist daher keine Funktion der Menge!

$$E(x) = x\, p^{Markt} \qquad E'(x) = p^{Markt} \qquad (10.20)$$

Angenommen, der Unternehmer bietet eine bestimmte Produktmenge x auf dem Markt an und er produziert zu der oben beschriebenen s-förmigen Kostenfunktion. Bei dieser Menge erzielt er einen Erlös in Höhe von $x\, p^{Markt}$ und hat Kosten in Höhe von $K(x)$. Wie kann der Unternehmer feststellen, ob x seine gewinnmaximale Menge ist? Da das Unternehmensziel die Gewinnmaximierung ist, überlegt er, wie sich der Gewinn ändert, wenn die Menge x um eine (genauer um eine infinitesimal kleine) Einheit variiert. Wird die Menge x um $\Delta x = 1$ erhöht, so erhöht sich der Absatz wegen der Erlösfunktion (10.20) proportional, bei $\Delta x = 1$ also genau um p^{Markt}. Die Mengenerhöhung ist für den Unternehmer auch mit einer Kostenerhöhung verbunden, und zwar in Höhe der Grenzkosten. Er wird eine Gewinnerhöhung genau dann erhalten, wenn der zusätzliche Erlös (Grenzerlös) größer ausfällt als die Zusatzkosten (Grenzkosten) der Produktion. Der zusätzliche Erlös entspricht gerade dem Preis: Grenzerlös = Preis. Er wird also solange eine Produktionsausweitung vornehmen, bis die Grenzkosten den Grenzerlös erreicht haben. Daraus folgt für den Unternehmer, dass sein gewinnmaximales Angebot bei der Menge liegt, bei der Grenzkosten = Grenzerlös bzw. hier Grenzkosten = Preis gilt. Und jetzt die formale Herleitung: Die notwendige Bedingung für das Gewinnmaximum liegt vor, wenn der Grenzgewinn (1. Ableitung der Gewinnfunktion) gleich Null ist.

$$G(x) = x\, p^{Markt} - K(x)$$
$$\frac{dG(x)}{dx} = \frac{dE(x)}{dx} - \frac{dK(x)}{dx} \overset{!}{=} 0$$

Daraus folgt:

$$\frac{dE(x)}{dx} = \frac{dK(x)}{dx}$$

10 Differentialrechnung für Funktionen mit einer Variable

Da

$$\frac{dE(x)}{dx} = p^{Markt}$$

gilt, folgt daraus

$$\frac{dK(x)}{dx} \stackrel{!}{=} p^{Markt}$$

Beispiel 10.27. Für die Kostenfunktion

$$K(x) = 0.04x^3 - 0.96x^2 + 10x + 2$$

gilt die Grenzkostenfunktion

$$K'(x) = 0.12x^2 - 1.92x + 10$$

Aus der Bedingung Grenzkosten = Grenzerlös, wobei der Grenzerlös aufgrund der Annahme der vollkommenen Konkurrenz dem Marktpreis p^{Markt} entspricht, der mit $p^{Markt} = 12$ € angenommen wird, ergibt sich folgende Beziehung:

$$0.12x^2 - 1.92x + 10 \stackrel{!}{=} 12$$

$$x^2 - 16x - \frac{2}{0.12} \stackrel{!}{=} 0$$

$$x_{1,2} = 8 \pm \sqrt{8^2 + \frac{2}{0.12}}$$

$$x_1 \approx 16.98; \quad (x_2 \approx -0.98)$$

Die gewinnmaximale Menge beträgt $x_1 = 16.98$. Der maximale Gewinn beträgt damit: $G_{max}(16.98) = 112.92$ € (siehe Abb. 10.8). Für ein Maximum muss die 2. Ableitung der Gewinnfunktion an der Stelle x_1 negativ sein.

$$G''(x_1) = -K''(x_1) = -(0.24 \times 16.98 - 1.92) < 0$$

☆

Bei einem Preis oberhalb des Minimums der Durchschnittskosten erzielt das Unternehmen einen Gewinn, weil ab hier

$$p = \bar{E}(x) > \bar{K}(x)$$

gilt. Der Stückgewinn beträgt

$$p - \bar{K}(x) = K'(x) - \bar{K}(x) > 0$$

Man kann den Stückgewinn als Gewinnaufschlag auf die Durchschnittskosten verstehen.

Das Minimum der Durchschnittskosten $(K'(x) = \bar{K}(x))$ wird daher auch als **Gewinnschwelle** (*break even point*) bezeichnet. Fällt der Preis unter das Minimum der Durchschnittskosten, ist kein Gewinn mehr möglich. Daher wird diese Grenze auch als langfristige Preisuntergrenze bezeichnet. Das Minimum der variablen Durchschnittskosten wird als kurzfristige Preisuntergrenze bezeichnet, weil unterhalb eines solchen Preises nicht einmal mehr die variablen Kosten gedeckt sind.

Sind die Grenzkosten gleich dem Marktpreis, so erzielt das Unternehmen den maximalen Gewinn. Einen niedrigeren Preis wird das Unternehmen wegen der Gewinneinbußen nicht erzielen wollen und einen höheren Preis kann das Unternehmen am Markt nicht durchsetzen. Die Grenzkostenkurve ab dem Minimum der Durchschnittskosten ist daher die individuelle Angebotskurve (Angebotsplanung) des Unternehmens bei unterschiedlichen Marktpreisen.

Die Preis = Grenzkosten-Regel liefert eine eindeutige Anweisung für die Angebots- und Produktionsplanung eines Ein-Produkt-Unternehmens bei alternativ gegebenen Marktpreisen. Die Möglichkeit der Lagerhaltung wird hier vernachlässigt. Die Angebotsplanung hat sich einerseits an den Marktbedingungen (Marktpreisen) zu orientieren, andererseits an der Höhe der Grenzkosten der Produktion des Unternehmens.

Unter ceteris-paribus-Bedingungen wird ein Unternehmen bei höheren Marktpreisen die Produktion kurzfristig erhöhen. Das Unternehmen wird sich folglich nach den gegebenen Annahmen als Mengenanpasser verhalten und seine Angebotsmenge entlang des Bereichs zunehmender Grenzkosten steigern. In der Praxis ist eine solche Grenzkalkulation jedoch häufig zu kompliziert, insbesondere da die Grenzkosten oft gar nicht bekannt sind. Anbieter setzen ihre Preise deshalb häufig so, dass sie auf die Durchschnittskosten (Stückkosten) der Produktion, die bei normaler Kapazitätsauslastung anfallen, einen Gewinnaufschlag erheben.

Die (horizontale) Aggregation der einzelnen Mengenangebote der Unternehmen (Grenzkostenkurven) wird als Marktangebot bezeichnet. Da jeder Unternehmer mit zunehmendem Marktpreis mehr herstellen wird und es auch insgesamt mehr Unternehmen gibt, die in den Markt eintreten, ist die Marktangebotsfunktion eine Funktion mit positiver Steigung zwischen Preis und Menge. Ferner wird es bei höherem Preis auch mehr Marktanbieter geben, so dass sich dadurch die angebotene Menge erhöht. Es wird unterstellt, dass die Unternehmen unabhängig voneinander handeln. Kostenänderungen durch veränderte Faktorpreise verschieben die Grenzkostenkurven der einzelnen Unternehmen. Dadurch ergeben sich bei gegebenen Produktpreisen Verschiebungen der individuellen Angebotskurven und folglich auch der aggregierten Angebotskurve des Markts. Auf die Probleme der Aggregation wird hier nicht weiter eingegangen.

10.8.5 Angebotsverhalten eines Monopolisten

Nach der Preisbildung im Polypol folgt in diesem Abschnitt das Anbieterverhalten im Monopol. Das Monopol bildet eine gegensätzliche Marktform zum Polypol: Es existiert nur ein Anbieter, welcher Marktmacht besitzt und durch sein Verhalten die Angebotsmenge und darüber den Marktpreis nachhaltig beeinflussen kann. Formal zeigt sich dies darin, dass die Preis-Absatz-Funktion nicht mehr horizontal, sondern fallend verläuft (siehe Gleichung (10.14)). Der Marktpreis ist daher für den Monopolisten nicht mehr vorgegeben. Die Marktmacht wird aber durch die Nachfrageseite begrenzt. Daher ist es dem Monopolisten nicht möglich, Menge und Preis gleichzeitig festzulegen! Der Monopolist sucht den gewinnmaximalen Preis, indem er seine Menge entlang der Preis-Absatz-Funktion variiert.

Auch für den Monopolisten gilt die Bedingung, dass das Gewinnmaximum dort liegt, wo Grenzerlös und Grenzkosten identisch sind. Doch ist der Grenzerlös für den Monopolisten kein Datum mehr, sondern durch das Produkt aus Preis-Absatz-Funktion und Menge eine Funktion in Abhängigkeit der Menge.

$$E(x) = x\,p(x)$$

Die erste Ableitung der Erlösfunktion ergibt sich dann aus der Produktregel.

$$E'(x) = x\,p'(x) + p(x)$$

Da $p'(x) < 0$ gilt, ist der Grenzerlös des Monopolisten geringer als der erzielte Preis $p(x)$. Der Monopolist muss für jede zusätzlich verkaufte Einheit den Preis um $p'(x)$ senken. Er passt seine Produktion entsprechend der Preisabsatzfunktion an. Unter vollkommener Konkurrenz hingegen ändert sich der Erlös proportional mit der Menge x und die Produktion wird ausschließlich durch die Grenzkostenfunktion bestimmt.

Den größten Gewinn erzielt der Monopolist an der Stelle, an der der Abstand zwischen Erlös und Kosten maximal ist. An dieser Stelle ist die Steigung der Erlöskurve gleich der Steigung der Kostenfunktion, d.h. der Grenzerlös ist gleich den Grenzkosten.

$$G'(x) = E'(x) - K'(x) \stackrel{!}{=} 0 \quad \Rightarrow \quad E'(x) \stackrel{!}{=} K'(x) \tag{10.21}$$

Beispiel 10.28. Es wird für einen **Angebotsmonopolisten** (*supply monopolist*) eine einfache lineare Preis-Absatz-Funktion

$$p(x) = 10 - 0.5\,x \quad \text{für } 0 < x < 20 \tag{10.22}$$

unterstellt, um die Beziehung zwischen Preis und Grenzerlös weiter zu untersuchen. Der Gesamterlös ist dann gleich

$$E(x) = 10x - 0.5x^2$$

und als Grenzerlös ergibt sich

$$E'(x) = 10 - x$$

Die Preis-Absatz-Funktion und der Grenzerlös sind Geraden, die die Ordinate im selben Punkt schneiden. Die Gesamterlösfunktion ist eine Parabel (siehe Abb. 10.9). Als Kostenfunktion wird

$$K(x) = 0.04x^3 - 0.96x^2 + 10x + 2$$

10.8 Ökonomische Anwendung

angenommen. Die Grenzkostenfunktion ist somit

$$K'(x) = 0.12x^2 - 1.92x + 10$$

Den maximalen Gewinn erzielt das Monopol, wenn die Bedingung (10.21) erfüllt ist. Die gewinnmaximale Menge bestimmt sich somit aus

$$10 - x \stackrel{!}{=} 0.12x^2 - 1.92x + 10 \quad \Rightarrow \quad x_c = 7.67$$

Der Punkt x_c auf der Preis-Absatz-Funktion wird als **Cournotscher Punkt** (in Abb. 10.9 mit C) bezeichnet. Aus ihm wird der gewinnmaximale Preis über die Preis-Absatz-Funktion bestimmt (Monopolpreis).

$$p^{Monopol} = p(x_c) = 10 - 0.5 \times 7.67 = 6.17 \, €$$

Der maximale Gewinn beträgt – sofern die hinreichende Bedingung erfüllt ist – also

$$\begin{aligned} G_{\max}(x_c) &= 10 \times 7.67 - 0.5 \times 7.67^2 \\ &\quad - \left(0.04 \times 7.67^3 - 0.96 \times 7.67^2 + 10 \times 7.67 + 2\right) \\ &= 7.01 \, € \end{aligned}$$

Die zweite Ableitung der Gewinnfunktion ergibt folgendes

$$\begin{aligned} G''(x_c) &= E''(x_c) - K''(x_c) \\ &= -1 - 0.24 \times 7.67 + 1.92 \\ &= -0.9208 < 0 \end{aligned}$$

Es handelt sich also tatsächlich um ein Gewinnmaximum. ☆

Der Monopolist kann seinen Absatz nur steigern, wenn er mit dem Preis herunter geht. Der Grenzerlös ist daher kleiner als der Preis. Für die höhere Absatzmenge erhält er einen niedrigeren Preis. Die Grenzerlösfunktion verläuft deshalb in ihrem ganzen Bereich unterhalb der Preis-Absatz-Funktion (siehe Gleichung (10.18)). Bei einer linearen Preis-Absatz-Funktion wie in der unteren Grafik der Abb. 10.9 dargestellt, besitzt die Grenzerlösfunktion die doppelte Steigung der Preis-Absatz-Funktion. Durch den Punkt, in dem sich Grenzerlösfunktion und Grenzkostenfunktion schneiden, ist die gewinnmaximale Menge bestimmt. Über die Preis-Absatz-Funktion wird für diese Menge der Monopolpreis bestimmt. Der Punkt auf der Preis-Absatz-Funktion wird als Cournotscher Punkt bezeichnet. Dieser Punkt liegt stets im unelastischen Bereich der Preis-Absatz-Funktion, also im elastischen Bereich der Nachfragefunktion (siehe nächstes Kapitel 10.8.6). Nur in diesem Bereich besitzt der Monopolist die Möglichkeit, mit einer Preiserhöhung auch eine Erlössteigerung zu erzielen (siehe Beispiel 10.31). Die Gewinnfunktion (siehe obere Grafik in Abb. 10.9) besitzt an der Stelle $x_c = 7.67$ ihr Maximum; der Abstand zwischen Erlös- und Kostenfunktion ist maximal.

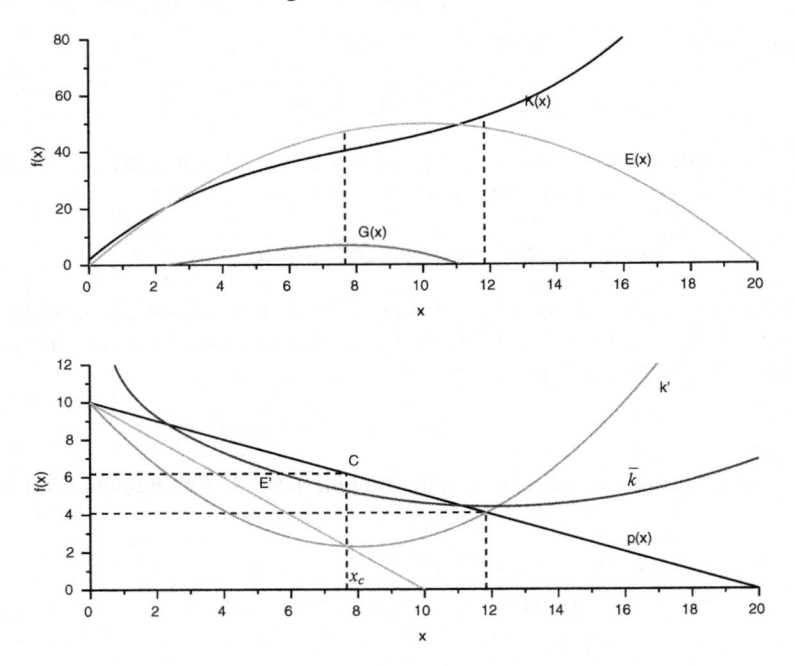

278 10 Differentialrechnung für Funktionen mit einer Variable

Abb. 10.9: Angebotsverhalten eines Angebotsmonopolisten

Aus der Bedingung Grenzkosten = Grenzerlös ergibt sich

$$x p'(x) + p(x) \stackrel{!}{=} K'(x)$$

Da $x p'(x) < 0$ angenommen wird (fallende Preis-Absatz-Funktion), liegt der Monopolreis oberhalb der Grenzkosten. Wegen der notwendigen Bedingung für ein Maximum gilt im Gewinnmaximum des Monopols dann $p(x) > K'(x)$.

Gilt $\overline{K}(x) > K'(x)$, dann kann in einer Wettbewerbssituation nur mit Verlust produziert werden, weil $p^{Markt} = E'(x) \stackrel{!}{=} K'(x) < \overline{K}(x)$ gilt (siehe Kapitel 10.8.4). Es ist der Bereich zunehmender Grenzerträge (abnehmender Grenzkosten). Die Differenz $p - \overline{K}(x)$ ist immer der Stückgewinn. Im Fall der vollkommenen Konkurrenz entspricht dies der Differenz $K'(x) - \overline{K}(x)$. Das Monopol kann in dem Bereich abnehmender Grenzkosten produzieren, weil es den Betrag $K'(x) - \overline{K}(x) < 0$ (Stückverlust unter Konkurrenz) aufgrund der Marktstellung mit einem höheren Preis kompensieren kann.

Würde sich ein Monopolist wie ein Anbieter bei vollkommener Konkurrenz verhalten, so würde er der Preis = Grenzkosten-Regel folgen und die Menge $x = 11.83$ zum Preis $p = 4.08$ € anbieten (siehe Abb. 10.9). Die Nachfragesituation würde dann besser sein. Aus diesem Grund wird der Monopolist kritisch beurteilt: Er produziert weniger und verlangt einen höheren Preis als Anbieter unter Konkurrenzbedingungen, sofern eine Gleichheit der aggregierten Grenzkostenfunktionen unter Konkurrenz und der Grenzkostenkurve des Monopolisten angenommen wird. Diese Annahme ist jedoch realitätsfern. Ferner ist die Situation hier dadurch gekennzeichnet, dass die Menge $x = 11.83$ vom Monopolisten nur mit Verlust hergestellt werden kann. Der Durchschnittserlös (Preis) liegt unter den Durchschnittskosten. Dies muss nicht so sein, ist aber in monopolistischen Märkten häufig der Fall. Der Monopolist steht ja nicht unter dem Wettbewerbsdruck, stets die Produktivität zu erhöhen. Die obigen Überlegungen gehören zu den Grundlagen der mikroökonomischen Theorie (vgl. [3]).

10.8.6 Elastizitäten

Zur Beschreibung der Konkurrenzsituationen auf Märkten verwendet man häufig die Elastizitäten. Im Fall vollkommener Konkurrenz ist der Preis vollkommen unelastisch gegenüber Absatzänderungen.

Beispiel 10.29. Ein Fußballverein will seine Einnahmen erhöhen. Dazu muss er überlegen, wie stark die Nachfrage auf die Preiserhöhung reagiert. Man kann vermuten, dass sich die Preiserhöhung dann lohnt, wenn eine sehr interessante Begegnung ansteht. Die Nachfrage wird dann „kaum" auf die Preiserhöhung reagieren. ☼

Allgemein kann man die **Elastizität** (*elasticity*) als die Anpassungsfähigkeit eines ökonomischen Systems an veränderte Bedingungen interpretieren. Im mathematischen Sinn wird darunter ein Maß für die (infinitesimale kleine absolute) relative Änderung einer ökonomischen Größe y im Verhältnis zur (infinitesimalen kleinen absoluten) relativen Veränderung des sie bestimmenden Einflussfaktors x verstanden. Für die Funktion $y = f(x)$ ist die Elastizität durch

$$\varepsilon_y(x) = \frac{\frac{dy}{y}}{\frac{dx}{x}} = \frac{\frac{dy}{dx}}{\frac{y}{x}} = \frac{y'}{y} \quad (10.23)$$

definiert. Die Berechnung der Elastizität setzt voraus, dass die Funktion $y = f(x)$ im betrachteten Intervall bekannt und differenzierbar ist. Die Elastizität ist eine Funktion der unabhängigen Veränderlichen. Sie bezieht sich daher immer auf einen Punkt der betrachteten Kurve; daher kommt auch die Bezeichnung Punktelastizität. Da bei der Elastizität relative Änderungen betrachtet werden, ist sie dimensionslos.

Mit der Logarithmusfunktion kann die Elastizität wie folgt berechnet werden:

$$\varepsilon_y(x) = \frac{d\ln y}{d\ln x} \quad (10.24)$$

Dies gilt aufgrund der Tatsache, dass die Ableitung des natürlichen Logarithmus

$$\frac{d\ln x}{dx} = \frac{1}{x}$$

ist. Folglich ist $d\ln x = \frac{dx}{x}$. Ersetzt man ebenfalls die relative Änderung von y durch $d\ln y = \frac{dy}{y}$ in der Elastizität (10.23), so erhält man die Beziehung (10.24). Dies ist der Grund, warum in vielen Ökonomielehrbüchern die Variablen in logarithmierten Größen angegeben werden.

Für $y' = \bar{y}$ (siehe Kapitel 10.8.3) besitzt die Elastizität den Betrag Eins. Aus der Analyse der Kostenfunktion (bzw. der Produktionsfunktion) (siehe Kapitel 10.8.4 bzw. Kapitel 10.8.1) ist bekannt, dass ein Unternehmen nur im Bereich steigender Grenzkosten (abnehmender Grenzerträge) gewinnbringend produzieren kann. Unter vollkommener Konkurrenz muss ferner für eine gewinnbringende Produktion gelten, dass $K' > \bar{K}$ ist. Die Kostenelastizität hat also einen Wert größer Eins. Es bedeutet, dass eine relative Änderung der Variablen (hier der Produktionsmenge) zu einer überproportionalen Änderung der Funktion (hier der Kosten) führt, also die Grenzkosten bei einer marginalen Produktionserhöhung stärker steigen als die Durchschnittskosten. Es ist also ökonomisch wichtig zwischen dem Bereich der Elastizitäten kleiner Eins und größer Eins zu unterscheiden.

Ist die Elastizität betragsmäßig größer als Eins

$$|\varepsilon_y(x)| \geq 1$$

wird die Reaktion als **elastisch** bezeichnet. Eine einprozentige Änderung der Variablen führt zu einer Funktionswertänderung von über einem Prozent. Ist die Elastizität betragsmäßig kleiner Eins

$$|\varepsilon_y(x)| < 1$$

spricht man von einer **unelastischen Reaktion**, weil eine einprozentige Änderung eine Funktionswertänderung von weniger als einem Prozent verursacht.

Der im Beispiel 10.29 angesprochene Zusammenhang zwischen einer Preisänderung und der damit resultierenden Mengenänderung wird als Elastizität bezeichnet. Es handelt sich um die **Preiselastizität der Nachfrage** (*elasticity of demand*), da eine Preisänderung als Ursache einer Mengenänderung betrachtet wird.

$$\varepsilon_x(p) = \frac{x'(p)}{\overline{x(p)}}$$

Die Funktion $x(p)$ bezeichnet die Nachfragefunktion. Die Preiselastizität der Nachfrage gibt (näherungsweise) an, um wie viel Prozent sich die Nachfragemenge eines Gutes ändert, wenn die dafür ursächliche Preisänderung ein Prozent beträgt. Die Preiselastizität der Nachfrage ist im Regelfall negativ, weil eine Preiserhöhung mit einem Rückgang der nachgefragten Menge verbunden ist. Daher betrachtet man häufig nur den Betrag der Preiselastizität der Nachfrage: $|\varepsilon_x(p)|$.

Die Elastizität des Preises bezüglich der Nachfrage wird auch als **Nachfrageelastizität des Preises** bezeichnet. Sie bezieht sich auf die Preis-Absatz-Funktion.

$$\varepsilon_p(x) = \frac{p'(x)}{\overline{p(x)}}$$

10.8 Ökonomische Anwendung

Da die Nachfragefunktion $x = f^{-1}(p)$ formal die Umkehrfunktion der Preis-Absatz-Funktion $p = f(x) = p(x)$ ist und die Ableitung einer Umkehrfunktion der Kehrwert der Ableitung der Stammfunktion (siehe Abschnitt 10.5.1), besteht folgender Zusammenhang zwischen den beiden Elastizitäten:

$$\varepsilon_p(x) = \frac{1}{\varepsilon_x(p)}$$

Als Grenzfälle der Preiselastizität der Nachfrage ergeben sich

- die vollkommen elastische Nachfrage ($|\varepsilon_x(p)| = \infty$), d. h., eine einprozentige Preisänderung bewirkt eine unendliche große Mengenänderung;
- und die vollkommen unelastische Nachfrage ($|\varepsilon_x(p)| = 0$), d. h., eine Preisänderung bewirkt keine Mengenänderung.

Bei $|\varepsilon_x(p)| = 1$ liegt der Übergang zwischen elastischer und unelastischer Nachfrage. Eine einprozentige Preisänderung bewirkt eine einprozentige Mengenänderung.

Lineare Funktionen weisen immer einen elastischen und einen unelastischen Bereich auf. Für nicht lineare Funktionen gilt dies nicht immer. Es existieren zum Beispiel Funktionen, die im gesamten Verlauf stets die gleiche Elastizität aufweisen.

Beispiel 10.30. Die Funktion

$$y = x^{-\lambda} \quad \text{für } \lambda \in \mathbb{R}^+$$

besitzt die Elastizität

$$\varepsilon_y(x) = -\lambda$$

☆

Wenden wir uns nun wieder der bereits bekannten Nachfragefunktion zu, um die Preiselastizität der Nachfrage mit einem Zahlenbeispiel zu interpretieren.

Beispiel 10.31. Ausgehend von folgender Nachfragefunktion (sie ist die Umkehrfunktion von der Preis-Absatz-Funktion (10.22) des Monopolisten im Beispiel 10.28)

$$x = 20 - 2p \quad \text{für } 0 < p < 10 \tag{10.25}$$

wird bei einer Preiserhöhung von 1 € auf 2 € ein Rückgang der Nachfrage von 18 Mengeneinheiten (ME) auf 16 ME festgestellt. Die Preiselastizität der Nachfrage beträgt dann:

$$\varepsilon_x(p=1) = \frac{-2}{\frac{20-2p}{p}} = -\frac{1}{9}$$

Die Reaktion der Nachfrage wird hier als unelastisch bezeichnet, weil sich der Preis relativ stärker verändert hat als die Nachfrage. Bei einer einprozentigen Preisänderung führt dann eine Preiselastizität von $-\frac{1}{9}$ zu einer Mengenabnahme von rd. 0.11 Prozent.

Steigt der Preis aber von 8 € auf 9 €, so sinkt die nachgefragte Menge von 4 ME auf 2 ME. Die Preiselastizität der Nachfrage fällt auf

$$\varepsilon_x(8) = -4$$

An der Stelle $p = 8$ ist die Preiselastizität elastisch, weil sich der Preis relativ weniger ändert als die Menge. Bei einer einprozentigen Preisänderung ergibt sich bei einer Preiselastizität von -4 eine Mengenabnahme von 4 Prozent. Welche Auswirkung dies auf die Ausgaben hat, wird im Folgenden erläutert.

In der Tabelle 10.1 steht die Reaktion der Nachfrage für den unelastischen und den elastischen Fall und deren Wirkung auf die Ausgabe (Menge × Preis). Im unelastischen Fall nimmt die Menge bei einer Preissteigerung von 1 Prozent (100 Prozent) um rund 0.11 Prozent (11 Prozent) ab. Die Menge fällt unterproportional, so dass sich die Ausgabe erhöht. Die Vernachlässigung einer infinitesimalen Änderung kann hier erfolgen, da es sich bei (10.25) um eine lineare Funktion handelt, die ja in jedem Punkt die gleiche Steigung besitzt.

Tabelle 10.1: Preiselastizität der Nachfragefunktion (10.25)

unelastisch $\|\varepsilon_x(1)\| = \frac{1}{9}$			elastisch $\|\varepsilon_x(8)\| = 4$		
Preis	Menge	Ausgabe	Preis	Menge	Ausgabe
1	18	18	8	4	32
1.01	17.98	18.16	8.08	3.84	31.03
2	16	32	9	2	18

Im elastischen Fall verursacht eine Preissteigerung von 1 Prozent (12.5 Prozent) eine Mengenabnahme von 4 Prozent ($4 \times 12.5 = 50$ Prozent). Die Ausgabe sinkt nun, weil die Menge überproportional fällt. ☆

Es zeigt sich, dass bei einer unelastischen Nachfrage eine Preiserhöhung eine Ausgabenerhöhung verursacht. Bei einer elastischen Nachfrage reagiert die Menge relativ stärker auf die relative Preisänderung. Daher führt dies dann zu einem Ausgabenrückgang. Je höher also die Preiselastizität der Nachfrage ist, desto begrenzter ist der Spielraum, mit einer Preiserhöhung einen Erlöszuwachs zu erzielen.

Der Monopolist aus Beispiel 10.28 produziert im elastischen Bereich der Nachfragefunktion (bzw. im unelastischen Bereich der Preis-Absatz-Funktion), weil dann der Grenzerlös positiv ist. Nur dann erzielt der Monopolist mit einer zusätzlich produzierten Mengeneinheit und dem damit verbundenen Preisrückgang einen Erlöszuwachs. Dieser Zusammenhang wird als **Amoroso-Robinson-Beziehung** bezeichnet.

$$E'(x) = p(x) + p'(x)x = p(x)\left(1 + \varepsilon_p(x)\right)$$
$$= p(x)\left(1 + \frac{1}{\varepsilon_x(p)}\right) \quad \text{Amoroso-Robinson-Beziehung}$$

Es gilt $E'(x) > 0$, also muss $\left(1 + \frac{1}{\varepsilon_x(p)}\right) > 0$ sein. Dies trifft nur zu, wenn $\varepsilon_x(p) < -1$, also die Nachfrage elastisch ist, dann gilt $\left(1 + \frac{1}{\varepsilon_x(p)}\right) > 0$.

Beispiel 10.32. Mit den Zahlen aus dem Beispiel 10.28 ergeben sich folgende Elastizitäten:

$$\varepsilon_x(p_c = 6.17) = -1.61 \quad \Leftrightarrow \quad \varepsilon_p(x_c = 7.67) = -0.62$$

$$E'(7.67) = 6.17 \left(1 + \frac{1}{-1.61}\right) = 2.33$$

☆

Neben der Preiselastizität der Nachfrage und der Nachfrageelastizität des Preises werden in der Ökonomie häufig auch Kreuzpreiselastizitäten (siehe Abschnitt 11.3.5), Einkommenelastizitäten und Kostenelastizitäten verwendet.

Übung 10.5. Die Kostenfunktion

$$K(x) = \sqrt{50x^2 + 3750} \quad \text{für } x > 0$$

beschreibt den Zusammenhang zwischen der Fertigungsmenge x und den Gesamtkosten $K(x)$.
1. Bestimmen Sie die Kostenelastizität als Funktion der Menge x.
2. Wie groß ist die Punktelastizität an der Stelle $x = 5$?

Übung 10.6. Eine Preis-Absatz-Funktion ist durch die folgende Gerade gegeben:

$$p(x) = 6 - \frac{x}{2} \quad \text{für } 0 < x < 12$$

Die Kosten $K(x)$ zu der Menge x sind durch das folgende Polynom beschrieben:

$$K(x) = \frac{1}{12}x^3 - \frac{3}{4}x^2 + \frac{13}{4}x \quad \text{für } x > 0$$

1. Bestimmen Sie das Erlösmaximum.
2. Bestimmen Sie das Gewinnmaximum und den dazugehörigen gewinnmaximalen Preis (Cournotscher Punkt).
3. Berechnen Sie die minimalen Stückkosten.
4. Berechnen Sie den maximalen Stückgewinn.
5. Berechnen und interpretieren Sie die Preiselastizität der Nachfrage an der Stelle $x = 3$.

Übung 10.7. Berechnen Sie für die Funktion

$$p(x) = \mu x^{-\lambda} \quad \text{für } \mu, \lambda \in \mathbb{R}^+$$

die Preiselastizität der Nachfrage.

10.9 Fazit

Die Differentialrechnung analysiert marginale Funktionsänderungen. Mit dem Differentialquotienten, der Ableitung einer Funktion, werden Extremstellen einer Funktion bestimmt. Extremstellen sind Minimum, Maximum, Sattelpunkt und Wendepunkt einer Funktion, die aus den Nullstellen der Ableitungen bestimmbar sind.

In der Ökonomie wird die Differentialrechnung eingesetzt, um bestimmte Marktsituationen zu analysieren und gewinnmaximale Bedingungen herzuleiten. Die Erkenntnisse der Marginalanalyse haben die Grundsätze der marktwirtschaftlichen Wirtschaftspolitik erheblich mitbestimmt. Mit Elastizitäten wird die Konkurrenzsituation auf Märkten untersucht.

11

Funktionen und Differentialrechnung mit zwei Variablen

Inhalt

11.1	Vorbemerkung		286
11.2	Funktionen mit zwei Variablen		286
	11.2.1	Isoquanten	287
	11.2.2	Nullstellen	287
11.3	Differenzieren von Funktionen mit zwei Variablen		287
	11.3.1	Partielles Differential	288
	11.3.2	Partielles Differential höherer Ordnung	290
	11.3.3	Totales Differential	290
	11.3.4	Differentiation impliziter Funktionen	291
	11.3.5	Ökonomische Anwendungen	292
11.4	Extremwertbestimmung		295
11.5	Extremwertbestimmung unter Nebenbedingung: Lagrange-Funktion		298
	11.5.1	Notwendige Bedingung für einen Extremwert	299
	11.5.2	Lagrange-Multiplikator	301
	11.5.3	Hinreichende Bedingung für ein Maximum bzw. Minimum	302
	11.5.4	Ökonomische Anwendung: Minimalkostenkombination	306
	11.5.5	Ökonomische Anwendung: Portfolio-Theorie nach Markowitz	308
		11.5.5.1 Risikominimales Portfolio	308
		11.5.5.2 Berechnung eines risikominimalen Portfolios mit Scilab	312
		11.5.5.3 Markowitz-Kurve	314
		11.5.5.4 Berechnung der Markowitz-Kurve mit scilab	316
		11.5.5.5 Das Captial Asset Pricing Model	316
		11.5.5.6 Berechnung des CAPM mit Scilab	319
		11.5.5.7 Wertpapiergerade	321
		11.5.5.8 Berechnung der Wertpapiergeraden mit Scilab	323
11.6	Fazit		328

11.1 Vorbemerkung

In vielen Fällen hängen die ökonomischen Größen nicht nur von einer Variablen, sondern von mehreren Variablen ab. Die in Kapitel 10.8.1 betrachtete Ertragsfunktion wird in der Realität von mehr als nur einem Produktionsfaktor bestimmt sein. Von daher ist es auch in den Wirtschaftswissenschaften notwendig, Funktionen mit mehreren Variablen zu betrachten. Im folgenden Abschnitt werden allerdings nur Funktionen mit zwei Variablen behandelt. Folgende neue Symbole kommen in diesem Abschnitt vor:

x, y	Variablen
$x_1, x_2, \ldots$	Variablen
z	Funktionswert
∂	partieller Differentialoperator
f'_x	erste partielle Ableitung der Funktion $f(x, \ldots)$ nach x
$\mathbf{H}$	Hessematrix
$G() = 0$	implizite Funktion der Nebenbedingung
$L()$	Lagrangefunktion
λ	Lagrangemultiplikator

11.2 Funktionen mit zwei Variablen

Eine Funktion mit zwei Variablen wird durch

$$z = f(x, y) \quad \text{für } (x, y) \in D(f)$$

beschrieben. Sie ist eine eindeutige Abbildung von (aus) dem Produktraum $X \times Y$ in (nach) Z, also bei der Einschränkung auf reelle Zahlen eine Abbildung von $\mathbb{R}^2$ nach $\mathbb{R}$.

Statt x, y wird bei Funktionen mit zwei Variablen häufig die erste Variable mit x_1, die zweite Variable mit x_2 und der Funktionswert wieder mit y bezeichnet, insbesondere dann, wenn mehr als zwei Variablen vorliegen.

$$y = f(x_1, x_2) \quad \text{für } (x_1, x_2) \in D(f)$$

Die Funktion $z = f(x, y)$ wird als **explizite** bezeichnet. Sie kann auch als **implizite** Funktion geschrieben werden.

$$G(x, y) = z - f(x, y) = 0 \quad \text{für } (x, y) \in D(G)$$

In einer impliziten Funktion ist die Unterscheidung von abhängiger und unabhängiger Variablen zunächst nicht möglich oder sinnvoll. Erst durch die Darstellung in der nach einer Variablen aufgelösten Form oder durch willkürliche Angabe ist diese Unterscheidung möglich. Nicht alle implizit gegebenen Funktionen lassen eine explizite Darstellung zu (siehe zum Beispiel Renditeberechnung).

Beispiel 11.1. Die implizite Funktion $G(x,y)$

$$x^3 + y^3 + x^2y + y^2x + x^2 + y = 0 \quad x,y \in \mathbb{R} \tag{11.1}$$

ist weder nach x noch nach y auflösbar. ☼

Unter den Funktionen mit mehreren Variablen stellen die linearen Funktionen die wichtigste Klasse dar, weil sehr viele ökonomische Zusammenhänge entweder tatsächlich linear sind oder in erster Näherung als solche angesehen werden können.

11.2.1 Isoquanten

Funktionen mit zwei Variablen sind Flächen im $\mathbb{R}^3$ und somit in der Zeichenebene nur schwer darstellbar. Am plastischsten wirkt die Darstellung, wenn die Fläche aus mehreren parallelen Schnittkurven aufgebaut wird. Die Schnittkurven entstehen durch gedachte Schnitte, die jeweils für $x = konst$, $y = konst$ oder $z = f(x,y) = konst$ ausgeführt werden können. Die Schnittkurven mit gleichen Funktionswerten bezeichnet man als **Isoquanten** (siehe Abb. 11.1, rechts unten). Die Funktion in Abb. 11.1 (oben) kann man als Ertragsgebirge interpretieren. Die Variablen x und y sind dann die Produktionsfaktoren, und der Funktionswert z gibt den Ertrag an. Unterstellt man, dass alle Faktorkombinationen des Definitionsbereichs möglich sind, so liegen die Kombinationen gleichen Ertrags auf der gleichen Höhe. Es handelt sich um Ertragsisoquanten. Die abgebildete Funktion ist

$$z = f(x,y) = \frac{3(x^2+y^2)}{2} - \frac{x^3+y^3}{16} \quad \text{mit } x,y \in \mathbb{R}$$

11.2.2 Nullstellen

Bei einer Fläche kann man von einer Nullstelle im eigentlichen Sinn, d. h. von einem Punkt, nicht mehr sprechen. Jedoch lässt sich das Prinzip der Berechnung übertragen. Man erhält durch Nullsetzen des Funktionswerts eine Bestimmungsgleichung

$$f(x,y) \stackrel{!}{=} 0,$$

wobei jedoch diese als geometrischer Ort keinen Punkt, sondern eine Kurve beschreibt. Es handelt sich um die Schnittkurve der Fläche mit der x,y Koordinatenebene, also um eine spezielle Isoquante.

11.3 Differenzieren von Funktionen mit zwei Variablen

Die Steigung einer Fläche in einer definierten Richtung ist gleich der Steigung der Schnittkurve, die bei einem Schnitt in der betreffenden Richtung entsteht. Man kann bei einer Funktion mit zwei Variablen somit in zwei Richtungen die Steigung ermitteln. Ermittelt man die Steigung in x-Richtung, so wird die in y-Richtung als quasi konstant erachtet. Es wird daher von einem partiellen Differential gesprochen.

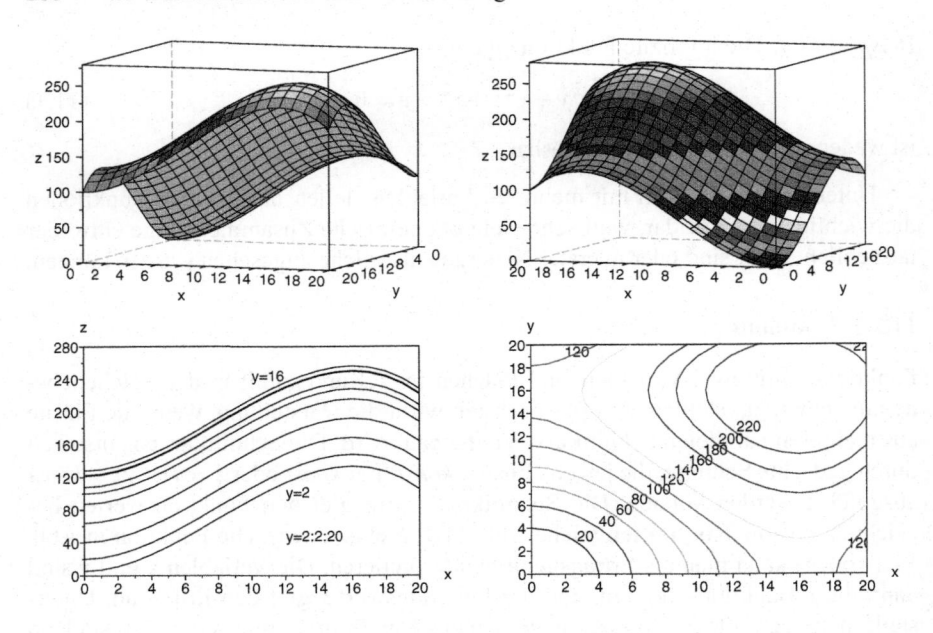

Abb. 11.1: Schnittkurven

11.3.1 Partielles Differential

Die Steigung einer Kurve in der Schnittebene $y = konst$, d.h. in Richtung der x-Achse, ist durch den Differentialquotienten

$$\frac{\partial z}{\partial x} = \lim_{\Delta x \to 0} \frac{f(x+\Delta x, y) - f(x,y)}{\Delta x}$$

beschrieben. Dies ist das erste **partielle Differential** nach x. Es erfolgt unter der Bedingung $y = konst$.

Um zu kennzeichnen, dass nur nach der einen Variablen differenziert wird, während alle übrigen Variablen wie Konstanten zu behandeln sind, schreibt man die Differentiale mit einem runden deutschen d: ∂. Analog kann man die erste partielle Ableitung auch nach der Variablen y bilden.

$$\frac{\partial z}{\partial y} = \lim_{\Delta y \to 0} \frac{f(x, y+\Delta y) - f(x,y)}{\Delta y}$$

Hat eine Funktion n unabhängige Variablen, so kann nach jeder Variablen partiell differenziert werden. Man kürzt die Schreibweise $\frac{\partial z}{\partial x}$ oft durch f'_x oder z'_x bzw. $\frac{\partial z}{\partial y}$ durch f'_y oder z'_y ab.

11.3 Differenzieren von Funktionen mit zwei Variablen

Beispiel 11.2. Die Funktion

$$z = x^2 y \quad \text{für } (x,y) \in \mathbb{R}$$

ist abzuleiten. Zur partiellen Differentiation braucht die Produktregel hier nicht angewendet zu werden.

$$z'_x = 2xy \qquad z'_y = x^2$$

☆

Bei der partiellen Ableitung wird y bzw. x wie eine Konstante behandelt; sie ist jedoch keine Konstante, sondern nach wie vor eine Variable.

Beispiel 11.3. Weitere Beispiele:

$$z = x^n y^m \qquad z'_x = nx^{n-1} y^m \qquad z'_y = mx^n y^{m-1}$$
$$z = e^{xy} \qquad z'_x = y e^{xy} \qquad z'_y = x e^{xy}$$
$$z = x \ln y \qquad z'_x = \ln y \qquad z'_y = \frac{x}{y}$$

☆

Beispiel 11.4. Welche Steigung besitzt die Funktion

$$z = 2xy - 3x^2 + \frac{1}{y} \quad \text{für } (x,y) \in \mathbb{R}$$

in Richtung der x-Achse bzw. der y-Achse?

$$z'_x = 2y - 6x \qquad z'_y = 2x - \frac{1}{y^2}$$

Um die Steigung im Punkt $(2,1)$ zu berechnen, setzt man die Koordinatenwerte ein

$$z'_x = -10 \qquad z'_y = 3$$

☆

Die bisher vorgestellten Regeln der Differentialrechnung gelten auch für partielle Differentiation ohne Einschränkung. Sie sind dann anzuwenden, wenn die Variable, nach welcher differenziert wird, in beiden Faktoren eines Produkts, d. h. im Zähler und Nenner eines Quotienten oder in der inneren Funktion, einer zusammengesetzten Funktion auftritt.

Beispiel 11.5. Für die partielle Differentiation der Funktion

$$z = y e^{x^2 + y^2} \quad \text{für } (x,y) \in \mathbb{R}$$

nach x muss die Kettenregel angewendet werden. Um die Ableitung nach y zu berechnen, muss man sowohl die Kettenregel als auch die Produktregel anwenden. Die Exponentialfunktion wird mit der Kettenregel abgeleitet. Mit der Produktregel wird das Produkt $y e^{x^2 + y^2}$ differenziert.

$$z'_x = 2xy e^{x^2 + y^2} \qquad z'_y = e^{x^2 + y^2} + 2y^2 e^{x^2 + y^2}$$

☆

11.3.2 Partielles Differential höherer Ordnung

Wie bei Funktionen mit einer Variablen kann man die partielle Ableitung als Funktion noch einmal partiell differenzieren.

$$\frac{\partial}{\partial x}\left(\frac{\partial z}{\partial x}\right) = z''_{xx} \qquad \frac{\partial}{\partial y}\left(\frac{\partial z}{\partial y}\right) = z''_{yy}$$

$$\frac{\partial}{\partial x}\left(\frac{\partial z}{\partial y}\right) = z''_{xy} \qquad \frac{\partial}{\partial y}\left(\frac{\partial z}{\partial x}\right) = z''_{yx}$$

Die zweiten Ableitungen $z''_{xy} = z''_{yx}$ sind bei stetig partiell differenzierbaren Funktionen immer identisch! Die Reihenfolge der Differentiation ist daher beliebig.

Beispiel 11.6. Die Funktion

$$z = x^3 - 4x^2y + 2xy^2 + \ln(xy) \quad \text{für } (x,y) \in \mathbb{R}^+$$

besitzt folgende partielle Ableitungen

$$\begin{aligned}
z'_x &= 3x^2 - 8xy + 2y^2 + \frac{1}{x} & z'_y &= -4x^2 + 4xy + \frac{1}{y} \\
z''_{xx} &= 6x - 8y - \frac{1}{x^2} & z''_{yy} &= 4x - \frac{1}{y^2} \\
z''_{xy} &= -8x + 4y & z''_{yx} &= -8x + 4y
\end{aligned}$$

✧

11.3.3 Totales Differential

Die Schnittkurve in x-Richtung besitzt die Steigung $\frac{\partial z}{\partial x} = z'_x$. Eine Auslenkung der Variablen x um den Betrag dx hat auf die Schnittkurve in x-Richtung die Funktionsänderung

$$dz_x = z'_x \, dx$$

zur Folge. Es gibt auch ein entsprechendes partielles Differential nach der Variablen y.

$$dz_y = z'_y \, dy$$

Werden die Variablen x und y gleichzeitig um die Beträge dx und dy verändert, so erhält man die Gesamtänderung, die sich aus der Summe der partiellen Differentialen ergibt. Man bezeichnet diese infinitesimale Größe als das **totale Differential**.

$$dz = dz_x + dz_y = z'_x \, dx + z'_y \, dy$$

Beispiel 11.7. Das totale Differential der Funktion

$$z = x \ln y \quad \text{mit } x \in \mathbb{R}, y \in \mathbb{R}^+$$

ist
$$dz = \ln y\, dx + \frac{x}{y}\, dy$$

☆

11.3.4 Differentiation impliziter Funktionen

Der Funktionswert einer impliziten Funktion ist stets $z = G(x,y) = 0$. Die Steigung kann mittels des totalen Differentials bestimmt werden. Für das totale Differential gilt wegen $z = 0$ auch $dz = dG = 0$:

$$dz = z'_x\, dx + z'_y\, dy = 0$$

Die Umformung der obigen Gleichung liefert den Differentialquotienten und damit die Steigung der impliziten Funktion.

$$\frac{dy}{dx} = -\frac{z'_x}{z'_y} \tag{11.2}$$

Beispiel 11.8. Es ist die Steigung der Funktion (11.1) an der Stelle $x = 1$ gesucht. Die partiellen Ableitungen sind

$$z'_x = 3x^2 + 2xy + y^2 + 2x \qquad z'_y = 3y^2 + x^2 + 2xy + 1$$

$$\frac{dy}{dx} = -\frac{3x^2 + 2xy + y^2 + 2x}{3y^2 + x^2 + 2xy + 1}$$

Um an der Stelle $x = 1$ die Steigung berechnen zu können, benötigt man noch einen Wert für y. Die Funktion (11.1) an der Stelle $x = 1$ ist

$$y^3 + y^2 + 2y + 2 = 0 \quad \text{für } x \in \mathbb{R}$$

Die Nullstellen dieser Funktion liefern die Werte für y. Hier sind aufgrund der folgenden Umformung die Nullstellen direkt bestimmbar.

$$y^2(y+1) + 2(y+1) = 0 \quad \Rightarrow \quad (y^2 + 2)(y+1) = 0$$

Der einzige reelle Wert an der Stelle $x = 1$ ist $y = -1$. Die anderen beiden Wurzeln sind imaginär. Die Steigung an der Stelle $x = 1, y = -1$ ist somit

$$\left.\frac{dy}{dx}\right|_{x=1} = -\frac{4}{3}$$

☆

11.3.5 Ökonomische Anwendungen

In dem vorgestellten Ertragsgebirge war der Ertrag eine Funktion von zwei Produktionsfaktoren. Um die Frage zu beantworten, welcher Ertragsanteil jedem der beiden Faktoren in einem bestimmten Punkt zuzurechnen ist, bietet es sich an, den einen Faktor konstant zu halten und den Einfluss des anderen durch Variation zu messen.

Die Veränderung des Ertrags bei Variation des Faktors x und Konstanz des Faktors y ist gleich der partiellen Ableitung der Ertragsfunktion.

$$\frac{\partial z}{\partial x} = \frac{\mathrm{d}z}{\mathrm{d}x}\bigg|_{y=konst}$$

Die Größen werden als **partielle Grenzerträge** (*partial marginal return*) bezeichnet. Bei gleichzeitiger Variation beider Faktoren um infinitesimale Beträge $\mathrm{d}x$ und $\mathrm{d}y$ wird sich der Ertrag gemäß dem totalen Differential ändern, und man erhält die totale Ertragsänderung.

Hält man den Ertrag konstant, also wenn $\mathrm{d}z = 0$ gilt, so erhält man die Schnittkurve $z = f(x,y) = konst$, die als **Ertragsisoquante** (*indifference return curve*) bezeichnet wird. Entlang dieser Kurve ändert sich trotz Faktorvariation der Ertrag nicht. Die Änderung der Produktionsfaktoren bei konstantem Ertrag liefert die **Grenzrate der Substitution** (*marginal rate of substitution*). Man erhält sie durch das implizite Differential (11.2). Die Grenzrate der Substitution ist durch das umgekehrte Verhältnis der Grenzerträge gegeben.

Die Projektion der Isoquante in die x, y Ebene zeigt die Abhängigkeit des Faktors x vom Faktor y bei festem Ertrag grafisch (siehe Abb. 11.1, unten rechts).

Beispiel 11.9. Die Funktion

$$x(r_1, r_2) = a_0 r_1^{a_1} r_2^{a_2} \quad \text{mit } 0 < a_1, a_2 < 1, r_1, r_2 > 0$$

ist in der Literatur als **Cobb-Douglas-Ertragsfunktion** (Produktionsfunktion) bekannt.

Sie besitzt einige besondere Eigenschaften, von denen hier eine Auswahl gezeigt werden sollen. Die partielle **Ertragselastizität** (*elasticity of return*) beschreibt die relative Ertragsänderung bezüglich einer relativen partiellen Faktoränderung.

$$\varepsilon_x(r_1) = \frac{\partial x}{\partial r_1} \frac{r_1}{x} = \frac{a_0 a_1 r_1^{a_1-1} r_2^{a_2}}{a_0 r_1^{a_1-1} r_2^{a_2}} = a_1$$

$$\varepsilon_x(r_2) = \frac{\partial x}{\partial r_2} \frac{r_2}{x} = a_2$$

Die **Grenzrate der Substitution** berechnet sich aus dem totalen Differential mit $\mathrm{d}x = 0$.

$$\frac{\mathrm{d}r_2}{\mathrm{d}r_1} = -\frac{x'_{r_1}}{x'_{r_2}} = -\frac{a_1}{a_2} \frac{r_2}{r_1}$$

Ferner wird bei substitutionalen Ertragsfunktionen häufig die **Substitutionselastizität** (*substitution elasticity*) berechnet, die das Verhältnis der relativen Änderung

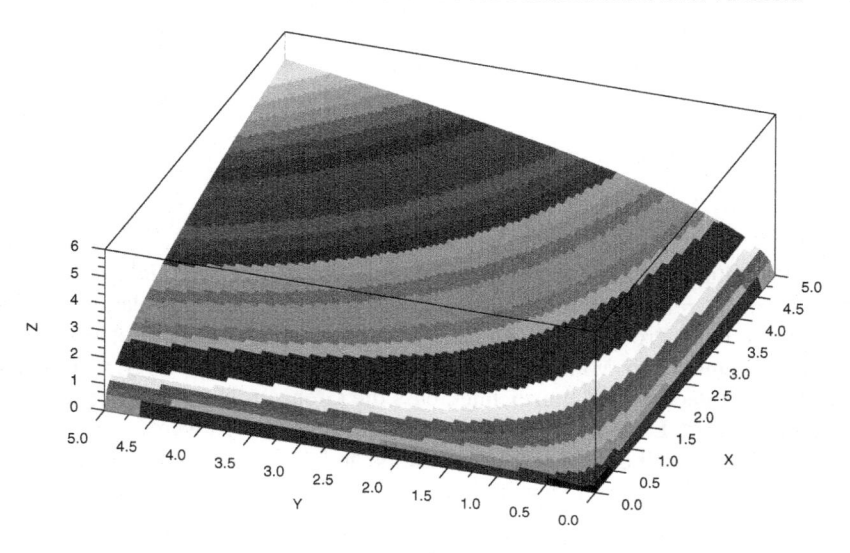

11.3 Differenzieren von Funktionen mit zwei Variablen

Abb. 11.2: Cobb-Douglas-Ertragsfunktion mit $a_0 = 1, a_1 = a_2 = 0.5$

der Faktorproportionen $\frac{r_1}{r_2}$ zur relativen Änderung der Grenzertragsproportion $\frac{x'_{r_1}}{x'_{r_2}}$ angibt.

$$\varepsilon_{r_1,r_2} = -\frac{d\left(\frac{r_1}{r_2}\right)}{d\left(\frac{x'_{r_1}}{x'_{r_2}}\right)} \frac{\frac{x'_{r_1}}{x'_{r_2}}}{\frac{r_1}{r_2}}$$

Aus

$$\frac{r_1}{r_2} = \frac{a_1}{a_2}\left(\frac{x'_{r_1}}{x'_{r_2}}\right)^{-1}$$

erhält man mittels Differenzieren

$$\frac{d\left(\frac{r_1}{r_2}\right)}{d\left(\frac{x'_{r_1}}{x'_{r_2}}\right)} = -\frac{a_1}{a_2}\left(\frac{x'_{r_1}}{x'_{r_2}}\right)^{-2}$$

und somit

$$\varepsilon_{r_1,r_2} = \frac{a_1}{a_2}\left(\frac{x'_{r_2}}{x'_{r_1}}\right)^2 \frac{x'_{r_1}}{x'_{r_2}}\frac{r_2}{r_1}$$

$$= \underbrace{\frac{a_1}{a_2}\frac{x'_{r_2}}{x'_{r_1}}}_{=\frac{r_1}{r_2}} \frac{r_2}{r_1} = 1$$

Die Substitutionselastizität beträgt Eins. Sie gibt an, um wie viel Prozent sich die Faktoreinsatzrelation ändern muss, wenn sich die Grenzertragsrelation der beiden Faktoren um 1 Prozent geändert hat. Einsichtiger wird die Interpretation, wenn man die Erkenntnis der Minimalkostenkombination (siehe Kapitel 11.5.4) mitverwendet. Sie ist dadurch gekennzeichnet, dass die Grenzerträge proportional zu den Faktorpreisen sind. Dann kann die obige Aussage abgewandelt werden in: Um wieviel Prozent muss sich die Faktoreinsatzrelation ändern, wenn sich die Preisrelation der beiden Faktoren um 1 Prozent ändert? ☆

Im Abschnitt 10.8.6 wurde die Elastizität für die (Nachfrage-) Funktion mit einer Variablen eingeführt. Die Nachfrage nach einem Gut hängt meistens auch von den Preisen anderer ähnlicher Güter ab.

$$x = f(p_1, p_2, \dots)$$

Wird nun die (partielle) Elastizität zu den Preisen der anderen Güter gebildet, so spricht man von der **Kreuzpreiselastizität** (*cross price elasticity*).

$$\varepsilon_x(p_2) = \frac{\frac{\partial x}{\partial p_2}}{\frac{x}{p_2}}$$

Übung 11.1. Berechnen Sie die partiellen Ableitungen der folgenden Funktion:
$$z = f(x,y) = x^y \quad \text{für } x \in \mathbb{R}^+, y \in \mathbb{R}$$

Übung 11.2. Bestimmen Sie die Ableitung bzw. das implizite Differential erster Ordnung zu der Funktion
$$x^3 + xy + y^3 - 10 = 0$$

Übung 11.3. Berechnen Sie die zweiten partiellen Ableitungen aus dem Beispiel 11.5.

Übung 11.4. Berechnen Sie das implizite Differential der folgenden Gleichung an der Stelle $x = 0, y = 1$
$$x^2 y^3 + (y+1)\mathrm{e}^{-x} = x + 2$$

11.4 Extremwertbestimmung

Ein Extremum liegt – wie bei einer Funktion mit einer Variablen – vor, wenn bei einer stetig differenzierbaren Funktion die erste partielle Ableitung Null wird. In einem Extrempunkt der Funktion $f(x,y)$ sind also **notwendigerweise** die ersten partiellen Ableitungen Null. Um die Extremwerte bestimmen zu können, muss man die Lösung des Gleichungssystems

$$f'_x \stackrel{!}{=} 0 \qquad f'_y \stackrel{!}{=} 0$$

berechnen. Hat man die Extrempunkte bestimmt, so stellt sich die Frage, ob an diesen Stellen auch tatsächlich Extrema vorliegen, d. h. ob die obigen Bedingungen auch hinreichend sind. Es kann ja sein, dass eine Funktion in x-Richtung ein Maximum besitzt, in y-Richtung aber ein Minimum. Ein solcher Punkt wird **Sattelpunkt** genannt.

Die **hinreichende Bedingung**, die über das Vorliegen eines Minimums bzw. Maximums entscheidet, ist auch hier das Vorzeichen der zweiten Ableitung. Nur existiert jetzt nicht «eine» zweite Ableitung, sondern vier partielle Ableitungen, nämlich f''_{xx}, f''_{xy}, f''_{yx}, f''_{yy}, so dass das Vorzeichen dieser anders ermittelt werden muss.

Hierzu wird das Vorzeichen der zweiten Ableitung übersetzt in das «Vorzeichen» einer Matrix. Es gilt weiterhin, dass für ein Maximum (Minimum) die zweite Ableitung von z negativ (positiv) sein muss. Das «Vorzeichen» einer Matrix entspricht der Definitheit einer Matrix. Um die Definitheit einer Matrix bestimmen zu können, benötigt man die Determinante und Hauptminoren (Unterdeterminanten) der Matrix.

Die erste Ableitung der Funktion $z = f(x,y)$ ist

$$dz = f'_x\,dx + f'_y\,dy \qquad (11.3)$$

Die zweite Ableitung von z ist das Differential von (11.3).

$$\begin{aligned}
d^2z = d(dz) &= \frac{\partial dz}{\partial x}dx + \frac{\partial dz}{\partial y}dy \\
&= \frac{\partial}{\partial x}\underbrace{(f'_x\,dx + f'_y\,dy)}_{dz}dx + \frac{\partial}{\partial y}(f'_x\,dx + f'_y\,dy)\,dy \\
&= (f''_{xx}\,dx + f''_{xy}\,dy)\,dx + (f''_{xy}\,dx + f''_{yy}\,dy)\,dy \\
&= f''_{xx}\,dx^2 + f''_{xy}\,dy\,dx + f''_{xy}\,dx\,dy + f''_{yy}\,dy^2
\end{aligned} \qquad (11.4)$$

Das Vorzeichen der zweiten Ableitung d^2z wird über die Definitheit quadratischer Formen bestimmt. Die Gleichung (11.4) wird wegen der Übersichtlichkeit in einfachere Symbole umgeschrieben und gleichzeitig erweitert, um einen binomischen Ausdruck ausklammern zu können:

11 Funktionen und Differentialrechnung mit zwei Variablen

$$q = au^2 + 2huv + bv^2 + \underbrace{\frac{h^2}{a}v^2 - \frac{h^2}{a}v^2}_{\text{Erweiterung}}$$

$$= a\left(u^2 + \frac{2h}{a}uv + \frac{h^2}{a^2}v^2\right) + \left(b - \frac{h^2}{a}\right)v^2$$

$$= a\underbrace{\left(u + \frac{h}{a}v\right)^2}_{\text{stets} > 0} + \frac{ab - h^2}{a}\underbrace{v^2}_{\text{stets} > 0}$$

Das Vorzeichen von q hängt daher von a und $ab - h^2$ ab:

wenn $a > 0$ und $ab - h^2 > 0$ sind, dann ist $q > 0$, also positiv definit

wenn $a < 0$ und $ab - h^2 > 0$ sind, dann ist $q < 0$, also negativ definit

Somit bestimmen die Vorzeichen der zweiten partiellen Ableitungen das Vorzeichen der zweiten Ableitung. Ein Minimum der Funktion $f(x,y)$ liegt an der Extremwertstelle (x,y) vor, wenn $d^2z > 0$ gilt. Ein Maximum der Funktion liegt an der Extremwertstelle vor, wenn $d^2z < 0$ gilt. Nun ist q auch als Matrixgleichung (quadratische Form) darstellbar.

$$q = \begin{bmatrix} u & v \end{bmatrix} \underbrace{\begin{bmatrix} a & h \\ h & b \end{bmatrix}}_{\mathbf{H}} \begin{bmatrix} u \\ v \end{bmatrix}$$

Die Matrix **H** wird als **Hesse-Matrix** bezeichnet und beinhaltet die zweiten Ableitungen der Funktion $f(x,y)$.

$$\mathbf{H} = \begin{bmatrix} f''_{xx} & f''_{xy} \\ f''_{yx} & f''_{yy} \end{bmatrix}$$

Das Vorzeichen der zweiten Ableitung kann mittels der Determinanten der Hesse-Matrix ermittelt werden. Die erste Unterdeterminante der Hesse-Matrix ist

$$|\mathbf{H}_1(x,y)| = f''_{xx}$$

Die Determinante der Hesse-Matrix ist

$$|\mathbf{H}_2(x,y)| = f''_{xx} f''_{yy} - \left(f''_{xy}\right)^2$$

Die zweite Ableitung ist an der Stelle (x,y) **positiv**, wenn

$$|\mathbf{H}_1(x,y)| > 0 \quad \text{und} \quad |\mathbf{H}_2(x,y)| > 0$$

gilt. Dann liegt an dieser Stelle ein **Minimum** der Funktion vor.

Die zweite Ableitung ist an der Stelle (x,y) **negativ**, wenn

11.4 Extremwertbestimmung

$$|\mathbf{H}_1(x,y)| < 0 \quad \text{und} \quad |\mathbf{H}_2(x,y)| > 0$$

gilt. Dann liegt an dieser Stelle ein **Maximum** der Funktion vor.
Ist

$$|\mathbf{H}_1(x,y)| = 0 \quad \text{und} \quad |\mathbf{H}_2(x,y)| < 0,$$

so liegt ein **Sattelpunkt** an der Stelle (x,y) vor.
Ist

$$|\mathbf{H}_2(x,y)| = 0,$$

ist keine Entscheidung ohne weitere Rechnung möglich.

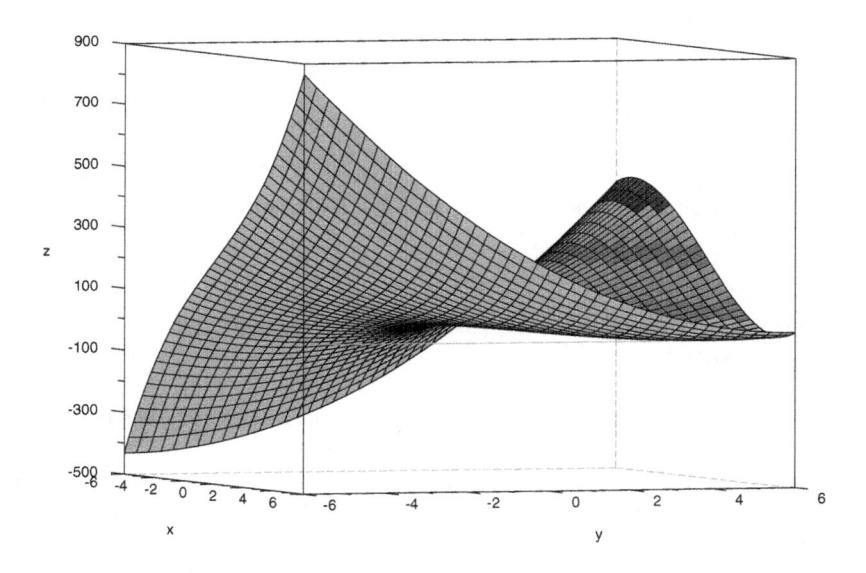

Abb. 11.3: Grafik der Funktion (11.5)

Beispiel 11.10. Es werden für die Funktion

$$z = x^3 - 12xy + 6y^2 \quad \text{für } x \in \mathbb{R} \tag{11.5}$$

die Extrempunkte gesucht. Die ersten partiellen Ableitungen sind

$$z'_x = 3x^2 - 12y \stackrel{!}{=} 0 \quad \Rightarrow \quad 3x^2 - 12x = 0$$

$$z'_y = -12x + 12y \stackrel{!}{=} 0 \quad \Rightarrow \quad \overbrace{x = y}$$

Die Auflösung der beiden Gleichungen liefert

$$x_1 = 0, y_1 = 0 \qquad x_2 = 4, y_2 = 4$$

Die zweiten Ableitungen sind

$$z''_{xx} = 6x \qquad z''_{yy} = 12$$
$$z''_{xy} = -12 \qquad z''_{yx} = -12$$

An der Stelle $(4,4)$ ist die erste Unterdeterminante

$$|\mathbf{H}_1(4,4)| = 6x = 24$$

positiv und die zweite Unterdeterminante

$$|\mathbf{H}_2(4,4)| = \begin{vmatrix} 6x & -12 \\ -12 & 12 \end{vmatrix} = 72x - 144 = 144$$

ebenfalls positiv. Somit liegt an der Stelle $(4,4)$ ein Minimum vor. An der Stelle $(0,0)$ liegt ein Sattelpunkt.

$$|\mathbf{H}_1(0,0)| = 0 \qquad |\mathbf{H}_2(0,0)| = -144$$

In Abb. 11.3 kann man das Minimum und den Sattelpunkt der Funktion (11.5) erahnen. ✧

11.5 Extremwertbestimmung unter Nebenbedingung: Lagrange-Funktion

Die meisten Optimierungsprobleme in der Praxis sind durch Restriktionen bestimmt. Ein Unternehmer, der seine Kosten uneingeschränkt minimiert, wird sein Unternehmen schließen, weil dann seine Kosten Null sind. Eine Kostenminimierung kann also nur unter der Beschränkung sinnvoll sein, dass ein bestimmtes Programm unter Ausnutzung vorgegebener Kapazitäten gefertigt wird. Ebenso führt die Gewinnmaximierung zur trivialen Lösung unendlich, wenn man von Produkten mit positivem Deckungsbeitrag unendlich viel verkauft. In diesem Fall führen erst Nebenbedingungen, die technischer, finanzieller und absatzbeschränkender Art sein können, zu einem sinnvollen Optimierungsproblem. Allgemein stellt sich die Aufgabe, für die Funktion $z = f(x,y)$ ein Extremum zu finden, wobei die **Nebenbedingung** (Restriktion) $G(x,y) = 0$ (implizite Funktion) einzuhalten ist. Die zu optimierende Funktion wird in diesem Zusammenhang als **Zielfunktion** bezeichnet.

Beispiel 11.11. Optimale Konservendose: Ein sehr häufiges Beispiel für die Extremwertbestimmung unter Nebenbedingung ist die Berechnung einer zylindrischen Konservendose gegebenen Inhalts (zum Beispiel $1000 \, \text{cm}^3$) mit minimaler Oberfläche, zu deren Herstellung also möglichst wenig Weißblech verwendet werden soll. Das Problem lautet somit: Minimiere

$$f(r,h) = 2\pi r^2 + 2\pi r h \quad \text{für } r, h > 0$$

11.5 Extremwertbestimmung unter Nebenbedingung: Lagrange-Funktion

unter der Nebenbedingung

$$G(r,h) = 1000 - \pi r^2 h = 0.$$

Es handelt sich um die Bestimmung des Minimums der Zielfunktion $f(r,h)$ mit den beiden Variablen r (Radius) und h (Höhe) unter Einhaltung der Nebenbedingung $G(r,h) = 0$. ☼

Die Nebenbedingung schränkt die Funktionswerte ein. Man spricht in diesem Zusammenhang auch von einem Entscheidungsraum. Jede Nebenbedingung verringert den Freiheitsgrad des Entscheidungsraums.

Wie können nun für eine Zielfunktion unter einer Nebenbedingung die Extremwerte bestimmt werden? Eine Möglichkeit ist, die Nebenbedingung in die Zielfunktion einzusetzen. Eine andere Möglichkeit die Nebenbedingung zu berücksichtigen ist, die Funktion zu erweitern.

Der Lösungsansatz, die Nebenbedingung durch Erweitern der Funktion zu berücksichtigen, geht auf Joseph Louis de Lagrange zurück. Er entwickelte die so genannte Lagrange-Methode. Sie besagt: Die Extrema der Funktion $z = f(x,y)$ unter der Nebenbedingung $G(x,y) = 0$ liegen an den Stellen, an denen die Funktion

$$L(x,y,\lambda) = f(x,y) + \lambda\, G(x,y) \tag{11.6}$$

ihre Extremwerte besitzt. Die Funktion $L(x,y,\lambda)$ wird als **Lagrange-Funktion** bezeichnet. Sie ist eine Funktion mit den Variablen x, y und λ, der als **Lagrange-Multiplikator** bezeichnet wird.

11.5.1 Notwendige Bedingung für einen Extremwert

Voraussetzung für die Lagrange-Methode ist, dass die Nebenbedingung in impliziter Form vorliegt. Der Ansatz von Lagrange gestattet es, die Optimierung unter der Einschränkung durch die Nebenbedingung auf die uneingeschränkte Optimierung einer Funktion, die allerdings die zusätzliche Variable λ besitzt, zurückzuführen. Somit stellt sich nun die Aufgabe, die Extremwerte der Funktion $L(x,y,\lambda)$ mit jetzt drei unabhängigen Variablen zu finden. Die **notwendige Bedingung** (*necessary condition*) für ein Extremum ist – wie zuvor –, dass die ersten partiellen Ableitungen Null gesetzt werden. Für die Lagrange-Funktion (11.6) gilt somit

$$dL = df(x,y) + \lambda\, dG(x,y) \stackrel{!}{=} 0$$

Aufgrund der impliziten Funktion $G(x,y) = 0$ gilt stets $dG(x,y) = 0$. Daher genügt die notwendige Bedingung

$$df = f'_x\, dx + f'_y\, dy \stackrel{!}{=} 0$$

Nun muss jedoch eine Änderung von x (oder y) durch eine entsprechende Änderung von y (oder x) so kompensiert werden, dass weiterhin $G(x,y) = 0$ gilt.

11 Funktionen und Differentialrechnung mit zwei Variablen

$$dG = G'_x\,dx + G'_y\,dy = 0 \quad \Rightarrow \quad dy = -\frac{G'_x}{G'_y}\,dx$$

Diese Rückwirkung muss im totalen Differential von df berücksichtigt werden und liefert dann die notwendige Bedingung für einen Extremwert.

$$df = f'_x\,dx - f'_y\frac{G'_x}{G'_y}\,dx \stackrel{!}{=} 0 \quad \Rightarrow \quad f'_x = f'_y\frac{G'_x}{G'_y} \quad \text{notwendige Bedingung}$$

Der Lagrange-Multiplikator errechnet sich aus der Bedingung

$$dL = df(x,y) + \lambda\,dG(x,y) \stackrel{!}{=} 0$$

wobei auch hier die obige notwendige Bedingung zu berücksichtigen ist.

$$\lambda = -\frac{df(x,y)}{dG(x,y)} = -\frac{f'_x\,dx + f'_y\,dy}{G'_x\,dx + G'_y\,dy} \quad \text{mit } f'_x = f'_y\frac{G'_x}{G'_y}$$

$$= -\frac{f'_y\frac{G'_x}{G'_y}\,dx + f'_y\,dy}{G'_x\,dx + G'_y\,dy} = -\frac{f'_y}{G'_y} \quad \text{bzw. } \lambda = -\frac{f'_x}{G'_x}$$

Damit ist die notwendige Bedingung für einen Extremwert und die Berechnung des Lagrange-Multiplikators hergeleitet.

Alternativ kann die Lagrange-Funktion (11.6) partiell nach den Variablen x, y und λ abgeleitet werden. Dies führt auf das Gleichungssystem

$$\frac{\partial L}{\partial x} = f'_x(x,y) + \lambda\,G'_x(x,y) \stackrel{!}{=} 0 \qquad (11.7)$$

$$\frac{\partial L}{\partial y} = f'_y(x,y) + \lambda\,G'_y(x,y) \stackrel{!}{=} 0 \qquad (11.8)$$

$$\frac{\partial L}{\partial \lambda} = G(x,y) \stackrel{!}{=} 0 \qquad (11.9)$$

Jede Variable und jede Nebenbedingung führen zu einer Bedingung. Man beachte, dass die dritte Bedingung die ursprüngliche Nebenbedingung ist. Die Nebenbedingung legt für gegebene Werte von x den Wert von y fest (und andersherum). Damit bindet die Nebenbedingung einen Freiheitsgrad. Eine weitere Nebenbedingung würde bei einer Funktion einen weiteren Freiheitsgrad binden. Die Werte x und y würden dann durch die beiden Nebenbedingungen bestimmt. Eine Extremwertsuche für die Zielfunktion wäre nicht mehr möglich. Daher ist bei einer Funktion mit lediglich zwei Variablen nur eine Nebenbedingung sinnvoll. Eine Funktion mit drei Variablen kann durch zwei Nebenbedingungen eingeschränkt werden, usw.

Beispiel 11.12. Fortführung von Beispiel 11.11: Die Lagrange-Funktion ist

$$L(r,h,\lambda) = 2\pi r^2 + 2\pi r h + \lambda\left(1000 - \pi r^2 h\right)$$

11.5 Extremwertbestimmung unter Nebenbedingung: Lagrange-Funktion

Die partiellen Ableitungen der Funktion $f(r,h)$ und $G(r,h)$ sind:

$$f'_r = 4\pi r + 2\pi h \quad f'_h = 2\pi r$$
$$G'_r = -2\pi r h \quad G'_h = -\pi r^2$$

Die notwendige Bedingung $f'_x = f'_y \frac{G'_x}{G'_y}$ ist somit

$$4\pi r + 2\pi h \stackrel{!}{=} 2\pi r \frac{-2\pi r h}{-\pi r^2} \quad \Rightarrow 2r \stackrel{!}{=} h$$

Die notwendige Bedingung in die Nebenbedingung eingesetzt liefert für das vorgegebene Volumen $c = 1000$ einen Wert für r.

$$1000 \stackrel{!}{=} 2\pi r^3 \quad \Rightarrow r = \sqrt[3]{\frac{1000}{2\pi}}$$

Der Lagrange-Multiplikator ist

$$\lambda = -\frac{2\pi r}{-\pi r^2} = \frac{2}{r}$$

Der alternative Weg ist die Lösung des Gleichungssystems der gleich Null gesetzten partiellen Ableitungen.

$$\frac{\partial L}{\partial r} = 4\pi r + 2\pi h - 2\lambda \pi r h \stackrel{!}{=} 0$$
$$\frac{\partial L}{\partial h} = 2\pi r - \lambda \pi r^2 \stackrel{!}{=} 0$$
$$\frac{\partial L}{\partial \lambda} = 1000 - \pi r^2 h \stackrel{!}{=} 0$$

Die optimalen Werte (vorausgesetzt, es handelt sich um ein Minimum) sind:

$$r = \sqrt[3]{\frac{1000}{2\pi}} = 5.4193\,\text{cm} \quad h = 2r = 10.8385\,\text{cm} \quad \lambda = \frac{2}{r} = 0.3691$$

Die minimale Oberfläche der Dose beträgt dann

$$f(5.4193, 10.8385) = 553.5810\,\text{cm}^2$$

☆

11.5.2 Lagrange-Multiplikator

Nun tritt in der Lagrange-Funktion noch der so genannte **Lagrange-Multiplikator** auf, der durch die Einbindung der Nebenbedingung in der Zielfunktion entsteht. Wie ist der Lagrange-Multiplikator zu interpretieren? In der Lagrange-Funktion

$$L(x,y,\lambda,c) = f(x,y) + \lambda \underbrace{(c - g(x,y))}_{G(x,y)=0}$$

wird die Größe c nun als Variable aufgefasst und nach ihr abgeleitet.

$$\frac{dL}{dc} = \lambda \qquad (11.10)$$

Weil für die implizite Funktion $G(x,y) = 0$ gilt, gilt auch $dG = 0$. Es gilt daher $dL = df$. Somit kann die Gleichung (11.10) umgeschrieben werden in

$$df = \lambda \, dc$$

Der Lagrange-Multiplikator λ gibt die relative Änderung der Zielfunktion $f(x,y)$ an, wenn die Restriktion c um dc variiert wird. Die Interpretation des Lagrange-Multiplikators erklärt sich am besten an einem Beispiel.

Beispiel 11.13. Aus dem Beispiel 11.12 ist bekannt, dass $\lambda = 0.3691$ ist. Wie groß sind die minimalen Oberflächen der Konservendose, wenn der Inhalt auf 999 ccm, 990 ccm und auf 1050 ccm verändert wird? Dies kann näherungsweise ohne Neuberechnung erfolgen. Es gilt:

$$\Delta f \approx 0.3691 \, \Delta c$$

Daraus ergeben sich die folgenden Werte:

$c = 999$	$\Delta c = -1$	$\Delta f \approx -0.3691$	$f \approx 553.2119$	$f = 553.2119$
$c = 990$	$\Delta c = -10$	$\Delta f \approx -3.6910$	$f \approx 549.8900$	$f = 549.8843$
$c = 1050$	$\Delta c = 50$	$\Delta f \approx 18.4550$	$f \approx 572.0360$	$f = 571.8833$

Es zeigt sich, dass bei einer kleinen Veränderung Δc der approximierte Wert und der genau berechnete Wert (letzte Spalte) bis auf die 4. Nachkommastelle übereinstimmen. Abweichungen ergeben sich hier erst bei größeren Restriktionsänderungen. ✡

11.5.3 Hinreichende Bedingung für ein Maximum bzw. Minimum

Die hinreichende Bedingung (*sufficient condition*) zur Überprüfung, ob ein Minimum oder Maximum vorliegt, erfolgt ähnlich wie in Kapitel 11.4, wobei hier natürlich die Beziehung der Nebenbedingung berücksichtigt werden muss. Es wird von einer allgemeinen Lagrange-Funktion

$$L(x,y,\lambda) = f(x,y) + \lambda \, G(x,y)$$

ausgegangen. Wegen

$$dG = G'_x \, dx + G'_y \, dy = 0$$

11.5 Extremwertbestimmung unter Nebenbedingung: Lagrange-Funktion

gilt

$$dy = -\frac{G'_x}{G'_y} dx$$

Weil aber G'_x und G'_y wiederum von x und y abhängig sind, ist auch dy von x und y abhängig:

$$dy(x) = -\frac{G'_x}{G'_y} dx \qquad (11.11)$$

Dies muss in der zweiten Ableitung von $L(x,y,\lambda)$ beachtet werden, wenn dx als unabhängig gesetzt wird. Es gilt allgemein:

$$d^2L = d^2f + d^2G$$

Wegen $dG = 0$ ist auch $d^2G = 0$. Daher gilt hier

$$d^2L = d^2f$$

Ausgehend von $z = f(x,y)$ wird das totale Differential von dz nochmals differenziert. Die Nebenbedingung wird über die Gleichung (11.11) berücksichtigt.

$$\begin{aligned}
d^2z = d(dz) &= \frac{\partial dz}{\partial x} dx + \frac{\partial dz}{\partial y} dy(x) \\
&= \frac{\partial}{\partial x}\big(\underbrace{f'_x dx}_{u} + \underbrace{f'_y}_{u}\underbrace{dy(x)}_{v}\big) dx + \frac{\partial}{\partial y}\big(\underbrace{f'_x dx}_{u} + \underbrace{f'_y}_{u}\underbrace{dy(x)}_{v}\big) dy(x) \\
&= \Big(f''_{xx} dx + \underbrace{f''_{xy}}_{u'}\underbrace{dy(x)}_{v} + \underbrace{f'_y}_{u}\underbrace{\frac{\partial dy(x)}{\partial x}}_{v'}\Big) dx \\
&\quad + \Big(f''_{xy} dx + \underbrace{f''_{yy}}_{u'}\underbrace{dy(x)}_{v} + \underbrace{f'_y}_{u}\underbrace{\frac{\partial dy(x)}{\partial y}}_{v'}\Big) dy(x) \\
&= f''_{xx} dx^2 + f''_{xy} dx\, dy(x) + f'_y \frac{\partial dy(x)}{\partial x} dx + f''_{xy} dx\, dy(x) \\
&\quad + f''_{yy} dy(x)\, dy(x) + f'_y \frac{\partial dy(x)}{\partial y} dy(x)
\end{aligned} \qquad (11.12)$$

Ein Teil aus der Gleichung (11.12) kann umgeschrieben werden in

$$f'_y\left(\frac{\partial dy(x)}{\partial x} dx + \frac{\partial dy(x)}{\partial y} dy(x)\right) = f'_y d^2y(x) \qquad (11.13)$$

Statt $dy(x)$ wird nun nur noch dy geschrieben, da die Abhängigkeit durch die Anwendung der Produktregel berücksichtigt wurde.

Erklärung für die Gleichung (11.13): Da das totale Differential von y

$$dy = \frac{\partial y}{\partial x} dx + \frac{\partial y}{\partial y} dy$$

11 Funktionen und Differentialrechnung mit zwei Variablen

ist, kann man dann das totale Differential von $\mathrm{d}y$ als

$$\mathrm{d}\mathrm{d}y = \frac{\partial \mathrm{d}y}{\partial x}\,\mathrm{d}x + \frac{\partial \mathrm{d}y}{\partial y}\,\mathrm{d}y = \mathrm{d}^2 y$$

abkürzen. Es ergibt sich somit

$$\mathrm{d}^2 z = f''_{xx}\,\mathrm{d}x^2 + 2 f''_{xy}\,\mathrm{d}x\,\mathrm{d}y + f''_{yy}\,\mathrm{d}y^2 + f'_y\,\mathrm{d}^2 y \tag{11.14}$$

Nun muss aus der Nebenbedingung $G(x,y)$ die zweite Ableitung $\mathrm{d}^2 y$ bestimmt werden, um das totale Differential $\mathrm{d}^2 L$ zu berechnen. Aus den obigen Überlegungen kann $\mathrm{d}^2 G$ schnell ermittelt werden:

$$\mathrm{d}^2 G = G''_{xx}\,\mathrm{d}x^2 + 2 G''_{xy}\,\mathrm{d}x\,\mathrm{d}y + G''_{yy}\,\mathrm{d}y^2 + G'_y\,\mathrm{d}^2 y = 0 \tag{11.15}$$

Auflösen der Gleichung (11.15) nach $\mathrm{d}^2 y$ und Einsetzen in die Gleichung (11.14) führt zu

$$\begin{aligned}
\mathrm{d}^2 z &= \left(f''_{xx} + \underbrace{\frac{f'_y}{G'_y}}_{\lambda,\ \text{weil}\ -f'_y = \lambda G'_y\ \text{gilt}} G''_{xx}\right)\mathrm{d}x^2 \\
&\quad + 2\left(f''_{xy} + \underbrace{\frac{f'_y}{G'_y}}_{\lambda} G''_{xy}\right)\mathrm{d}x\,\mathrm{d}y \\
&\quad + \left(f''_{yy} + \underbrace{\frac{f'_y}{G'_y}}_{\lambda} G''_{yy}\right)\mathrm{d}y^2 \\
&= \underbrace{\left(f''_{xx} + \lambda G''_{xx}\right)}_{L''_{xx}}\mathrm{d}x^2 + 2\underbrace{\left(f''_{xy} + \lambda G''_{xy}\right)}_{L''_{xy}}\mathrm{d}x\,\mathrm{d}y \\
&\quad + \underbrace{\left(f''_{yy} + \lambda G''_{yy}\right)}_{L''_{yy}}\mathrm{d}y^2 \\
&= L''_{xx}\,\mathrm{d}x^2 + 2 L''_{xy}\,\mathrm{d}x\,\mathrm{d}y + L''_{yy}\,\mathrm{d}y^2 = \mathrm{d}^2 L
\end{aligned} \tag{11.16}$$

Dies ist eine quadratische Form. Ist $\mathrm{d}^2 L$ negativ definit, unter Berücksichtigung von $\mathrm{d}G = 0$, liegt ein Maximum vor. Ist $\mathrm{d}^2 L$ positiv definit, liegt ein Minimum vor. Die Überprüfung des Vorzeichens von $\mathrm{d}^2 L$ wird unter Verwendung der quadratischen Form vorgenommen. Die letzte Zeile der Gleichung (11.16) wird umgeschrieben in (siehe auch Seite 295)

$$q = au^2 + 2huv + bv^2$$

Nun unterliegt $\mathrm{d}^2 L$ bzw. q hier der Nebenbedingung

$$\begin{aligned}
\mathrm{d}G &= G'_x\,\mathrm{d}x + G'_y\,\mathrm{d}y = 0 \\
&= \alpha u + \beta v
\end{aligned}$$

11.5 Extremwertbestimmung unter Nebenbedingung: Lagrange-Funktion

Auflösen der Nebenbedingung

$$v = -\frac{\alpha}{\beta} u$$

und Einsetzen ergibt

$$q = au^2 - 2h\frac{\alpha}{\beta}u^2 + b\frac{\alpha^2}{\beta^2}u^2 \qquad (11.17)$$
$$= (a\beta^2 - 2h\alpha\beta + b\alpha^2)\frac{u^2}{\beta^2}$$

q ist positiv definit, wenn der Ausdruck in der Klammer positiv ist, und negativ definit, wenn der Ausdruck in der Klammer negativ ist, weil $\frac{u^2}{\beta^2}$ nicht negativ sein kann. Es lässt sich zeigen, dass die Determinante einer erweiterten Hesse-Matrix

$$|\tilde{\mathbf{H}}(x,y,\lambda)| = \begin{vmatrix} 0 & \alpha & \beta \\ \alpha & a & h \\ \beta & h & b \end{vmatrix} = 2h\alpha\beta - a\beta^2 - b\alpha^2$$

genau das umgekehrte Vorzeichen von dem Klammerausdruck der Gleichung (11.17) besitzt. Die Matrix

$$\tilde{\mathbf{H}}(x,y,\lambda) = \begin{bmatrix} 0 & G'_x & G'_y \\ G'_x & L''_{xx} & L''_{xy} \\ G'_y & L''_{xy} & L''_{yy} \end{bmatrix}$$

wird als **geränderte Hesse-Matrix** bezeichnet. Die Determinante der geränderten Hesse-Matrix ist an der Stelle (x,y,λ) zu bewerten. Die zweite Ableitung von d^2L ist an der Stelle (x,y) **negativ**, wenn die Determinante von $\tilde{\mathbf{H}}(x,y,\lambda)$ **positiv** ist.

$$|\tilde{\mathbf{H}}(x,y,\lambda)| > 0 \quad \Leftrightarrow \quad d^2L < 0 \quad \Leftrightarrow \quad L(x,y,\lambda) = \max$$

Dies ist die hinreichende Bedingung für ein **Maximum** der Lagrange-Funktion an der Stelle (x,y). Die zweite Ableitung von d^2L ist an der Stelle (x,y) **positiv**, wenn die Determinante von $\tilde{\mathbf{H}}(x,y,\lambda)$ **negativ** ist.

$$|\tilde{\mathbf{H}}(x,y,\lambda)| < 0 \quad \Leftrightarrow \quad d^2L > 0 \quad \Leftrightarrow \quad L(x,y,\lambda) = \min$$

Dies ist die hinreichende Bedingung für ein **Minimum**.

Beispiel 11.14. Ob es sich bei der gefundenen Lösung im Beispiel 11.12 der Konservendose auch tatsächlich um ein Minimum handelt, kann nun mit der hinreichenden Bedingung überprüft werden. Dazu muss die Lösung $r = 5.4193$, $h = 10.8385$ und $\lambda = 0.3691$ in die geränderte Hesse-Determinante eingesetzt werden. Die ersten Ableitungen der Nebenbedingung und die zweiten Ableitungen der Lagrange-Funktion sind:

$$G'_r = -2\pi r h = -369.0540 \qquad G'_h = -\pi r^2 = -92.2635$$

$$L''_{rr} = 4\pi - 2\lambda\pi h = -12.5664 \qquad L''_{hh} = 0$$
$$L''_{rh} = 2\pi - 2\lambda\pi r = -6.2832$$

Die bewertete Determinante der geränderten Hesse-Matrix ist damit

$$|\tilde{\mathbf{H}}(5.4193, 10.8385, 0.3691)| = \begin{vmatrix} 0 & -369.054 & -92.2635 \\ -369.054 & -12.5664 & -6.2832 \\ -92.2635 & -6.2832 & 0 \end{vmatrix}$$
$$= -320915.76$$

Die Determinante der geränderten Hesse-Matrix ist negativ. Damit ist das Vorzeichen der zweiten Ableitung des totalen Differentials positiv und an der Stelle $r = 5.4193, h = 10.8385$ liegt ein Minimum vor. ✫

11.5.4 Ökonomische Anwendung: Minimalkostenkombination

Ein Beispiel zur ökonomischen Anwendung der Lagrange-Funktion ist die **Minimalkostenkombination** (*least cost combination*). Es wird für die lineare Kostenfunktion

$$K(r_1, r_2) = p_1 r_1 + p_2 r_2 \quad \text{für } p_1, p_2, r_1, r_2 > 0$$

unter einer Produktionsfunktion (Nebenbedingung)

$$x = f(r_1, r_2) = r_1 r_2$$

ein Minimum gesucht. Die Ertragsfunktion ist eine spezielle Form einer Cobb-Douglas-Ertragsfunktion (siehe Beispiel 11.9) mit $a_0 = 1$, $a_1 = 1$ und $a_2 = 1$. p_1 und p_2 sind gegebene Faktorpreise, r_1 und r_2 sind die gesuchten Faktormengen. Es ist also für die Lagrange-Funktion

$$L(r_1, r_2, \lambda) = p_1 r_1 + p_2 r_2 + \lambda(x - r_1 r_2) \to \min$$

ein Minimum gesucht mit der gegebenen Produktion x. Die notwendige Bedingung hierfür sind die Nullstellen der ersten Ableitungen.

$$L'_{r_1} = p_1 - \lambda f'_{r_1} = p_1 - \lambda r_2 \stackrel{!}{=} 0$$
$$L'_{r_2} = p_2 - \lambda f'_{r_2} = p_2 - \lambda r_1 \stackrel{!}{=} 0$$
$$L'_\lambda = (x - f(r_1, r_2)) = (x - r_1 r_2) \stackrel{!}{=} 0$$

Aus den notwendigen Bedingungen gewinnt man die Beziehung

$$\lambda = \frac{p_1}{f'_{r_1}} = \frac{p_2}{f'_{r_2}} \quad \Rightarrow \quad \frac{p_1}{p_2} = \frac{f'_{r_1}}{f'_{r_2}}$$

11.5 Extremwertbestimmung unter Nebenbedingung: Lagrange-Funktion

Die Faktorpreise müssen proportional zu den Grenzerträgen sein. Im vorliegenden Fall von $x = r_1 r_2$ gilt ferner:

$$\lambda = \frac{p_1}{r_2} = \frac{p_2}{r_1} \quad \Rightarrow \quad \frac{r_1}{r_2} = \frac{p_2}{p_1} \tag{11.18}$$

Die Beziehung in Gleichung (11.18) nennt man die **Minimalkostenkombination**. Die Faktorpreise verhalten sich umgekehrt proportional zu den Faktoreinsatzmengen. Ferner ergeben sich durch das Einsetzen der Nebenbedingung in die notwendige Bedingung folgende Beziehungen:

$$\lambda^2 = \frac{p_1 p_2}{r_1 r_2} \quad \Rightarrow \quad \lambda = \sqrt{\frac{p_1 p_2}{x}}$$

$$r_1^2 = \frac{p_2 x}{p_1} \quad \Rightarrow \quad r_1 = \sqrt{\frac{p_2 x}{p_1}}$$

$$r_2^2 = \frac{p_1 x}{p_2} \quad \Rightarrow \quad r_2 = \sqrt{\frac{p_1 x}{p_2}}$$

Die Grenzkosten sind das totale Differential der Kostenfunktion.

$$\frac{dK}{dx} = p_1 \frac{dr_1}{dx} + p_2 \frac{dr_2}{dx}$$

Werden die Differentiale durch

$$\frac{dr_1}{dx} = \frac{1}{2} \left(\frac{p_2}{p_1} x \right)^{-\frac{1}{2}} \frac{p_2}{p_1} = \frac{1}{2} \sqrt{\frac{p_2}{p_1 x}}$$

$$\frac{dr_2}{dx} = \frac{1}{2} \left(\frac{p_1}{p_2} x \right)^{-\frac{1}{2}} \frac{p_1}{p_2} = \frac{1}{2} \sqrt{\frac{p_1}{p_2 x}}$$

ersetzt, so erhält man

$$\frac{dK}{dx} = \frac{1}{2} p_1 \sqrt{\frac{p_2}{p_1 x}} + \frac{1}{2} p_2 \sqrt{\frac{p_1}{p_2 x}}$$

$$= \sqrt{\frac{p_1 p_2}{x}} = \lambda$$

Der Lagrange-Multiplikator ist hier also als Grenzkostenfunktion interpretierbar. Dieses Ergebnis gilt unabhängig von der gewählten Produktionsfunktion, da für die Lagrange-Funktion immer gilt (siehe Kapitel 11.5.2):

$$L(r_1, r_2, \lambda) = K(r_1, r_2) + \lambda G(r_1, r_2, x) \quad \Rightarrow \quad dL = dK + \lambda \, dG,$$

wobei dG aufgrund der impliziten Funktion stets Null ist. Daher ist $dL = dK$ und somit $\frac{dK}{dx} = \lambda$.

11 Funktionen und Differentialrechnung mit zwei Variablen

Handelt es sich auch tatsächlich um eine Minimalkostenkombination? Hierzu muss die Determinante der geränderten Hesse-Matrix negativ sein.

$$|\tilde{\mathbf{H}}(r_1, r_2, \lambda)| = \begin{vmatrix} 0 & -f'_{r_1} & -f'_{r_2} \\ -f'_{r_1} & -\lambda f''_{r_1, r_1} & -\lambda f''_{r_1, r_2} \\ -f'_{r_2} & -\lambda f''_{r_1, r_2} & -\lambda f''_{r_2, r_2} \end{vmatrix}$$
$$= \lambda \left((f'_{r_2})^2 f''_{r_1, r_1} + (f'_{r_1})^2 f''_{r_2, r_2} - 2 f'_{r_1} f'_{r_2} f''_{r_1, r_2} \right)$$

Unterstellt man positive Grenzkosten ($\lambda > 0$), positive Grenzerträge ($f'_{r_1} > 0$, $f'_{r_2} > 0$), abnehmende Grenzerträge ($f''_{r_1, r_1} < 0$, $f''_{r_2, r_2} < 0$) und einen zunehmenden Grenzertrag bei gleichzeitiger Erhöhung beider Faktormengen ($f''_{r_1, r_2} > 0$), dann ist der Wert der Determinanten negativ.

Im Fall mit der Cobb-Douglas-Ertragsfunktion ergibt sich folgende geränderte Hesse-Determinante:

$$|\tilde{\mathbf{H}}(r_1, r_2, \lambda)| = \begin{vmatrix} 0 & -r_2 & -r_1 \\ -r_2 & 0 & -\lambda \\ -r_1 & -\lambda & 0 \end{vmatrix} = -2 r_1 r_2 \lambda$$

Die Faktoreinsatzmengen r_1, r_2 und die Grenzkosten λ sind stets positiv ($r_1, r_2, \lambda > 0$). Daher ist die Determinante $|\tilde{\mathbf{H}}(r_1, r_2, \lambda)|$ negativ und somit liegt tatsächlich eine Minimalkostenkombination vor.

In Abb. 11.4 sind die Faktorpreise mit $p_1 = 3$ und $p_2 = 5$ und ein Produktionsniveau von $x = 5$ vorgegeben. Hieraus ergeben sich die kostenminimalen Faktoreinsatzmengen:

$$r_1 = \sqrt{\frac{5 \times 5}{3}} = 2.8867 \qquad r_2 = \sqrt{\frac{5 \times 3}{5}} = 1.7320$$

Die minimalen Kosten betragen damit $K(r_1, r_2)_{\min} = 17.32$ € und die Grenzkosten $\frac{dK}{dx} = \lambda = 0.5477$ €.

11.5.5 Ökonomische Anwendung: Portfolio-Theorie nach Markowitz

Im Folgenden wird der Lagrange-Ansatz verwendet, um die Portfolio-Theorie zu beschreiben (siehe [11]). Die Portfolio-Theorie befasst sich mit der Auswahl von Finanztiteln. Jeder Finanztitel besitzt ein Risiko und eine Rendite. Ein Portfolio setzt sich aus verschiedenen Finanztiteln zusammen. Ziel der Portfolio-Theorie ist es, bei einem vorgegebenen Risiko eine maximale Rendite zu erzielen. Hierfür werden auch Elemente der linearen Algebra und der schließenden Statistik eingesetzt. Zur Veranschaulichung der Theorie werden die Ergebnisse mit einem empirischen Beispiel nachvollzogen. Die Berechnungen werden mit Scilab durchgeführt.

11.5.5.1 Risikominimales Portfolio

Ein Portfolio setzt sich aus n Finanztiteln mit den Anteilen x_i zusammen. Es gilt:

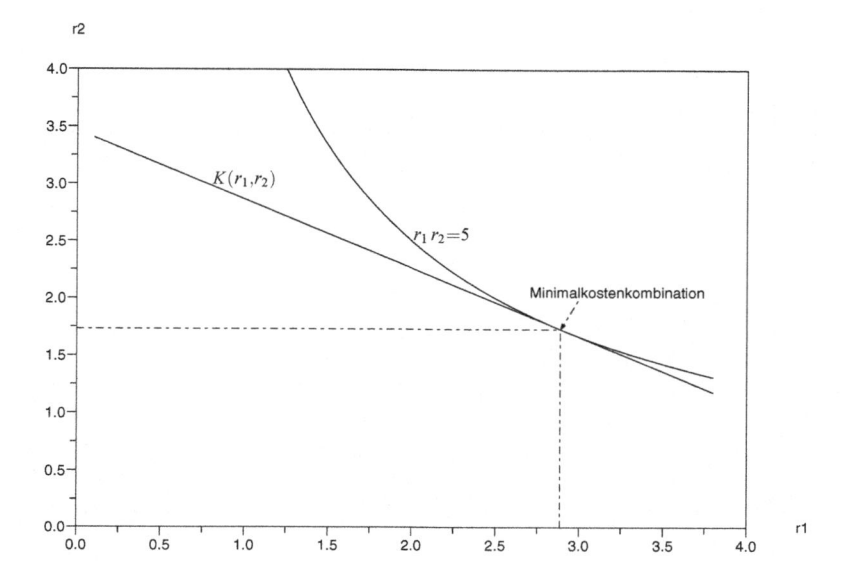

11.5 Extremwertbestimmung unter Nebenbedingung: Lagrange-Funktion 309

Abb. 11.4: Minimalkostenkombination

$$\sum_{i=1}^{n} x_i = 1 \qquad (11.19)$$

Es wird angenommen, dass der i-te Finanztitel (Wertpapier, Aktie, Option, usw.) eine Rendite von r_i besitzt. Die Rendite eines Finanztitels wird hier als eine Zufallsvariable angesehen, deren erwarteter Wert durch

$$\mu_i = \mathrm{E}(r_i) \quad \text{(Erwartungswert)}$$

und deren Varianz durch

$$\sigma_i^2 = \mathrm{Var}(r_i) \quad \text{(Varianz)}$$

gegeben ist. Das Risiko eines varianzminimalen Portfolios wird durch die Streuung der erwarteten Rendite beschrieben. Die Rendite eines Portfolios setzt sich aus der gewichteten Summe der Einzelerträge zusammen.

$$r_p = \sum_{i=1}^{n} x_i r_i$$

Da der Erwartungswert ein linearer Operator ist, ist die Portfoliorendite der gewichtete Durchschnitt der erwarteten Einzelerträge.

11 Funktionen und Differentialrechnung mit zwei Variablen

$$\mu_p = \sum_{i=1}^{n} x_i \mu_i$$

Die Varianz der Portfoliorendite wird durch die Abhängigkeit der Einzelrenditen untereinander (gemessen durch Kovarianzen) mitbestimmt, so dass gilt

$$\sigma_p^2 = \text{Var}\left(\sum_{i=1}^{n} x_i r_i\right) = \sum_{i=1}^{n}\sum_{j=1}^{n} x_i x_j \sigma_{ij} \tag{11.20}$$

Sie setzt sich aus der gewichteten Summe der Einzelvarianzen und der Kovarianzen zusammen. σ_{ij} gibt die Kovarianz zwischen dem i-ten und dem j-ten Finanztitel (für $i \neq j$) an. Für $i = j$ ist σ_{ij} es die Varianz des i-ten Finanztitels ($\sigma_{ii} = \sigma_i^2$).

Es wird das Portfolio gesucht, das eine minimale Portfoliovarianz (unsystematisches Risiko) σ_p^2 besitzt. Die Minimierung muss unter der Budgetrestriktion (11.19) erfolgen. Es handelt sich also um einen Lagrange-Ansatz der Funktion (11.20) unter der Nebendingung (11.19). Für den Anteil des i-ten Finanztitels ergibt sich somit die Lagrange-Funktion.

$$L(x_i, \lambda_1) = \sum_{i=1}^{n}\sum_{j=1}^{n} x_i x_j \sigma_{ij} + \lambda_1 \left(1 - \sum_{i=1}^{n} x_i\right) \to \min \tag{11.21}$$

Die ersten Ableitungen der Lagrange-Funktion (11.21) sind die notwendigen Bedingungen für ein Minimum der Varianz und damit des Portfoliorisikos:

$$L'_{x_i} = 2\sum_{j=1}^{n} x_j \sigma_{ij} - \lambda_1 \stackrel{!}{=} 0 \quad \text{für } i = 1, \ldots, n \tag{11.22}$$

$$L'_{\lambda_1} = 1 - \sum_{i=1}^{n} x_i \stackrel{!}{=} 0 \tag{11.23}$$

Die Lösung dieses Gleichungssystem liefert die varianzminimale Portfoliozusammensetzung. Das Portfolio besteht aus n Finanztiteln, so dass es sich um $n+1$ Gleichungen handelt. Mit der Matrizenrechnung ist die Lösung des Gleichungssystems wesentlich übersichtlicher und einfacher. In Matrixform geschrieben sieht die Lagrange-Funktion (11.21) wie folgt aus:

$$L(\mathbf{x}, \lambda_1) = \underbrace{\mathbf{x}'\mathbf{C}\mathbf{x}}_{\sigma_p^2} + \lambda_1(1 - \mathbf{1}'\mathbf{x})$$

mit

$$\mathbf{C} = \begin{bmatrix} \sigma_{11} & \cdots & \sigma_{1n} \\ \vdots & \ddots & \vdots \\ \sigma_{n1} & \cdots & \sigma_{nn} \end{bmatrix} \quad \text{Varianz-Kovarianz-Matrix}$$

11.5 Extremwertbestimmung unter Nebenbedingung: Lagrange-Funktion

$$\mathbf{x} = \begin{bmatrix} x_1 \\ \vdots \\ x_n \end{bmatrix} \quad \text{und} \quad \mathbf{1} = \begin{bmatrix} 1 \\ \vdots \\ 1 \end{bmatrix}$$

Die erste Ableitung (11.22) kann dann auch in Matrixform dargestellt werden.

$$L'_{\mathbf{x}} = 2\mathbf{C}\mathbf{x} - \lambda_1 \mathbf{1} \stackrel{!}{=} 0 \qquad (11.24)$$

Die Schreibweise stellt ein Gleichungssystem mit n-Gleichungen dar. Für gegebenes λ_1 ist das Gleichungssystem (11.24) nach $\mathbf{x}$ lösbar, wenn $\mathbf{C}$ nicht singulär ist.

$$\mathbf{x} = \frac{\lambda_1}{2} \mathbf{C}^{-1} \mathbf{1} \qquad (11.25)$$

Die andere notwendige Bedingung kann ebenfalls in Matrixform geschrieben werden.

$$L'_{\lambda_1} = 1 - \mathbf{1}'\mathbf{x} \stackrel{!}{=} 0$$

Aus dieser Gleichung entsteht durch Einsetzen der Gleichung (11.25) folgende Matrixgleichung, die zur Bestimmung von λ_1 dient.

$$2 = \lambda_1 \mathbf{1}' \mathbf{C}^{-1} \mathbf{1}$$

Eine Lösung für λ_1 existiert nur, wenn die Varianz-Kovarianz-Matrix invertierbar ist.

$$\lambda_1 = 2 \left(\mathbf{1}' \mathbf{C}^{-1} \mathbf{1} \right)^{-1}$$

Einsetzen dieser Lösung in die Gleichung (11.25) bestimmt die varianzminimale Portfoliozusammensetzung.

$$\mathbf{x}_{\min} = \left(\mathbf{1}' \mathbf{C}^{-1} \mathbf{1} \right)^{-1} \mathbf{C}^{-1} \mathbf{1}$$

Es existiert also ein Portfolio in der Zusammensetzung $\mathbf{x}_{\min}$, das ein minimales Risiko in der Höhe

$$\sigma_{p_{\min}} = \sqrt{\mathbf{x}'_{\min} \mathbf{C} \mathbf{x}_{\min}} = \sqrt{\left(\mathbf{1}' \mathbf{C}^{-1} \mathbf{1} \right)^{-1}}$$

mit einer Portfoliorendite von

$$\mu_{p_{\min}} = \mathbf{m}' \mathbf{x}_{\min} \quad \text{mit:} \quad \mathbf{m} = \begin{bmatrix} \mu_1 \\ \vdots \\ \mu_n \end{bmatrix}$$

besitzt (siehe Punkt $(\sigma_{p_{\min}}, \mu_{p_{\min}})$ in Abb. 11.5).

Die Überprüfung der hinreichenden Bedingung für ein Minimum ergibt eine geränderte Hesse-Matrix der Form

$$|\tilde{\mathbf{H}}| = \begin{vmatrix} 0 & \mathbf{1}' \\ \mathbf{1} & 2\mathbf{C} \end{vmatrix},$$

deren Wert negativ sein muss. $|\tilde{\mathbf{H}}|$ ist im vorliegenden Fall eine partionierte Matrix, deren Determinante sich aus den Teilmatrizen wie folgt berechnen lässt:

$$|\tilde{\mathbf{H}}| = |2\mathbf{C}| \, |0 - \mathbf{1}'(2\mathbf{C})^{-1}\mathbf{1}| = -2 |\mathbf{C}| \, |\mathbf{1}'\mathbf{C}^{-1}\mathbf{1}|$$

Aufgrund der Eigenschaften der Varianz und Kovarianz ist die Varianz-Kovarianz-Matrix positiv semidefinit:$|\mathbf{C}| \geq 0$. Damit ein Portfolio die varianzreduzierende Eigenschaft besitzt, darf keine Korrelation von Eins zwischen den Finanztiteln auftreten. Aus der Bedingung der positiven Determinanten ergibt sich auch, dass die Determinante der quadratischen Form $|\mathbf{1}'\mathbf{C}^{-1}\mathbf{1}|$ positiv ist. Somit wird der Wert der Determinanten der geränderten Hesse-Matrix durch das negative Vorzeichen bestimmt. Die zweite Ableitung der Lagrange-Funktion ist mithin positiv und es liegt an der Stelle $\mathbf{x}_{\min}$ ein Minimum vor.

11.5.5.2 Berechnung eines risikominimalen Portfolios mit Scilab

Beispiel 11.15. Es werden Tagesrenditen von BMW und BASF (relative Änderung Tageskurse) der Aktien verwendet. Aus den Daten wird ein Erwartungswertvektor von

$$\mathbf{m} = \begin{bmatrix} -0.0005014 \\ 0.0018978 \end{bmatrix} \begin{matrix} BMW \\ BASF \end{matrix}$$

und eine Varianz-Kovarianz-Matrix mit den Werten

$$\mathbf{C} = \begin{bmatrix} 0.0001477 & 0.0000797 \\ 0.0000797 & 0.0001041 \end{bmatrix}$$

berechnet. Mit den oben hergeleiteten Beziehungen können die varianzminimalen Portfolioanteile, das minimale Risiko und die erwartete Portfoliorendite bestimmt werden. Am besten verwendet man für die Berechnungen ein geeignetes Computerprogramm wie Scilab.

$$\mathbf{x}_{\min} = \begin{bmatrix} 0.26396 \\ 0.73604 \end{bmatrix} \qquad \sigma_{p_{\min}} = 0.009882 \qquad \mu_{p_{\min}} = 0.001265$$

Die varianzminimale Portfoliozusammensetzung besteht also aus rund 26 Prozent BMW-Aktien und 74 Prozent BASF-Aktien. Die hinreichende Bedingung für ein Minimum ist leicht zu überprüfen.

$$|\tilde{\mathbf{H}}| = \begin{vmatrix} 0 & 1 & 1 \\ 1 & 2 \times 0.0001477 & 2 \times 0.0000797 \\ 1 & 2 \times 0.0000797 & 2 \times 0.0001041 \end{vmatrix} = -0.0001846$$

Der Punkt $(\sigma_{p_{\min}}, \mu_{p_{\min}})$ ist in Abb. 11.5 zu sehen. Es handelt sich tatsächlich um das Portfolio, das das kleinste Risiko besitzt. ✧

Die obigen Werte sind mit den folgenden Anweisung berechnet.

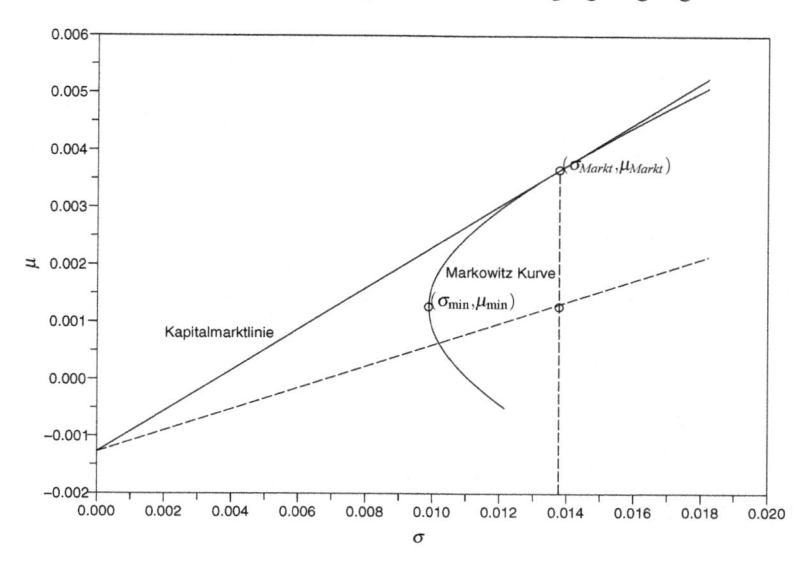

11.5 Extremwertbestimmung unter Nebenbedingung: Lagrange-Funktion   313

Abb. 11.5: Markowitz-Kurve

```
// BMW Schlusskurse vom 09.08. bis 16.11.2004
sbmw=[33.60 33.98 33.48 33.17 33.75 33.61 33.61 ...
      33.45 33.25 33.87 34.14 34.19 34.47 34.55 ...
      34.31 33.89 34.25 34.46 34.58 34.76 34.82 ...
      34.96 34.48 34.56 35.30 35.38 34.72 35.21 ...
      35.23 35.11 34.78 34.25 33.60 33.79 33.59 ...
      33.36 33.71 33.10 34.02 34.65 34.81 34.67 ...
      34.82 34.30 34.23 33.53 33.75 33.69 33.85 ...
      33.66 34.00 33.56 33.54 33.35 32.38 32.72 ...
      33.69 33.15 33.73 33.80 33.01 32.40 32.35 ...
      32.57 32.55 32.89 32.76 32.49];

// BASF Schlusskurse vom 09.08. bis 16.11.2004
sbasf=[43.66 43.65 43.31 42.65 43.00 43.14 43.47 ...
       43.44 43.55 44.02 43.80 44.35 44.67 45.04 ...
       44.88 44.41 44.74 44.89 45.55 45.63 45.65 ...
       45.57 45.23 45.36 46.00 46.06 46.12 46.15 ...
       46.72 46.63 46.66 46.19 45.73 45.82 45.68 ...
       46.03 47.65 47.45 48.76 48.56 48.63 48.76 ...
       48.90 48.15 48.05 47.30 47.17 46.87 47.28 ...
       47.62 48.60 47.93 48.48 49.16 47.77 47.97 ...
```

```
                 48.75 48.90 49.75 49.80 49.45 49.70 50.10 ...
                 49.94 50.28 50.01 49.80 49.58];

rbmw=diff(log(sbmw));
rbasf=diff(log(sbasf));
m=[mean(rbmw)
   mean(rbasf)];
C=mvvacov([rbmw' rbasf']);
[row,col]=size(m);
I=ones(row,1);

// Berechnung ohne Renditevorgabe
xmin=inv(I'*inv(C)*I)*inv(C)*I;
riskmin=sqrt(xmin'*C*xmin);
      //=sqrt(inv(I'*inv(C)*I))
mumin=m'*xmin;

// Überprüfen der hinreichenden Bedingung
H=[0 I'
   I 2*C];
det(H)
```

11.5.5.3 Markowitz-Kurve

Der Ansatz zur Minimierung der Portfoliovarianz wird nun um eine weitere Nebenbedingung erweitert. Das Portfolio muss eine erwartete Portfoliorendite von μ_p erfüllen.

$$\mu_p = \sum_{i=1}^{n} x_i \mu_i \tag{11.26}$$

Die Minimierung der Funktion (11.20) muss nun unter den Nebendingungen (11.19) und (11.26) erfolgen. Für den Anteil des i-ten Finanztitels im Portfolio ist somit folgende Lagrange-Funktion zu minimieren.

$$\begin{aligned} L(x_i, \lambda_1, \lambda_2) = &\sum_{i=1}^{n} \sum_{j=1}^{n} x_i x_j \sigma_{ij} + \lambda_1 \left(1 - \sum_{i=1}^{n} x_i\right) \\ &+ \lambda_2 \left(\mu_p - \sum_{i=1}^{n} x_i \mu_i\right) \to \min \end{aligned} \tag{11.27}$$

Die ersten Ableitungen der Lagrange-Funktion (11.27) liefern die notwendigen Bedingungen für ein Minimum der Varianz:

$$L'_{x_i} = 2\sum_{j=1}^{n} x_j \sigma_{ij} - \lambda_1 - \lambda_2 \mu_i \stackrel{!}{=} 0 \quad \text{für } i = 1,\ldots,n \tag{11.28}$$

11.5 Extremwertbestimmung unter Nebenbedingung: Lagrange-Funktion

$$L'_{\lambda_1} = 1 - \sum_{i=1}^{n} x_i \stackrel{!}{=} 0 \tag{11.29}$$

$$L'_{\lambda_2} = \mu_p - \sum_{i=1}^{n} x_i \mu_i \stackrel{!}{=} 0 \tag{11.30}$$

Die Lagrange-Funktion (11.27) in Matrixform geschrieben, sieht wie folgt aus:

$$L(\mathbf{x}, \lambda_1, \lambda_2) = \mathbf{x}'\mathbf{C}\mathbf{x} + \lambda_1 (1 - \mathbf{1}'\mathbf{x}) + \lambda_2 (\mu_p - \mathbf{m}'\mathbf{x})$$

Die ersten Ableitungen stellen ein Gleichungssystem dar, dessen Lösung mittels der Matrizenrechnung die erste Bedingung für ein Extremum liefert (identisch mit der Bedingung (11.28)):

$$L'_{\mathbf{x}} = 2\mathbf{C}\mathbf{x} - \lambda_1 \mathbf{1} - \lambda_2 \mathbf{m} \stackrel{!}{=} 0 \tag{11.31}$$

Für gegebene λ ist die Gleichung (11.31) nach $\mathbf{x}$ lösbar, wenn $\mathbf{C}$ nicht singulär ist.

$$\begin{aligned}\mathbf{x} &= \frac{1}{2}\mathbf{C}^{-1}(\lambda_1 \mathbf{1} + \lambda_2 \mathbf{m}) \\ &= \frac{1}{2}\begin{bmatrix} \mathbf{C}^{-1}\mathbf{1} & \mathbf{C}^{-1}\mathbf{m} \end{bmatrix} \begin{bmatrix} \lambda_1 \\ \lambda_2 \end{bmatrix} \end{aligned} \tag{11.32}$$

Die beiden weiteren notwendigen Bedingungen (11.29) und (11.30) können ebenfalls in Vektorform geschrieben werden.

$$L'_{\lambda_1} = 1 - \mathbf{1}'\mathbf{x} \stackrel{!}{=} 0$$

$$L'_{\lambda_2} = \mu_p - \mathbf{m}'\mathbf{x} \stackrel{!}{=} 0$$

Aus diesen beiden Gleichungen entsteht unter Verwendung der Lösung (11.32) für $\mathbf{x}$ folgende Matrixgleichung, die zur Bestimmung von λ_1 und λ_2 dient.

$$\begin{bmatrix} 2 \\ 2\mu_p \end{bmatrix} = \begin{bmatrix} \mathbf{1}'\mathbf{C}^{-1}\mathbf{1} & \mathbf{m}'\mathbf{C}^{-1}\mathbf{1} \\ \mathbf{1}'\mathbf{C}^{-1}\mathbf{m} & \mathbf{m}'\mathbf{C}^{-1}\mathbf{m} \end{bmatrix} \begin{bmatrix} \lambda_1 \\ \lambda_2 \end{bmatrix}$$

Unter der bekannten Voraussetzung, dass die Varianz-Kovarianz-Matrix invertierbar ist, können λ_1 und λ_2 einfach durch Lösen des Gleichungssystems bestimmt werden.

$$\begin{bmatrix} \lambda_1 \\ \lambda_2 \end{bmatrix} = \begin{bmatrix} \mathbf{1}'\mathbf{C}^{-1}\mathbf{1} & \mathbf{m}'\mathbf{C}^{-1}\mathbf{1} \\ \mathbf{1}'\mathbf{C}^{-1}\mathbf{m} & \mathbf{m}'\mathbf{C}^{-1}\mathbf{m} \end{bmatrix}^{-1} \begin{bmatrix} 2 \\ 2\mu_p \end{bmatrix}$$

Das Einsetzen dieser Lösung in die Gleichung (11.32) bestimmt die varianzminimale Portfoliozusammensetzung bei vorgegebener Portfoliorendite.

$$\mathbf{x}_{\min}(\mu_p) = \begin{bmatrix} \mathbf{C}^{-1}\mathbf{1} & \mathbf{C}^{-1}\mathbf{m} \end{bmatrix} \begin{bmatrix} \mathbf{1}'\mathbf{C}^{-1}\mathbf{1} & \mathbf{m}'\mathbf{C}^{-1}\mathbf{1} \\ \mathbf{1}'\mathbf{C}^{-1}\mathbf{m} & \mathbf{m}'\mathbf{C}^{-1}\mathbf{m} \end{bmatrix}^{-1} \begin{bmatrix} 1 \\ \mu_p \end{bmatrix} \tag{11.33}$$

11 Funktionen und Differentialrechnung mit zwei Variablen

Die grafische Darstellung der Anteile in einem (σ_p, μ_p) Koordinatensystem liefert dann die **Markowitz-Kurve** (siehe Abb. 11.5), die auch als *Markowitz efficient frontier* bezeichnet wird. Sie gibt die risikominimalen Portfoliozusammensetzungen für eine vorgegebene Portfoliorendite an. Durch die Diversifizierung wird das unsystematische Risiko reduziert. Das unsystematische Risiko ist das Risiko, das zum Beispiel in der Bonität des Emittenten liegt. Im Gegensatz dazu wird das systematische Risiko nicht reduziert. Es ist das Risiko, das zum Beispiel durch makroökonomische Änderungen verursacht wird. Ferner wird durch die Gleichung (11.33) deutlich, dass die Portfoliozusammensetzung eine lineare Funktion der Rendite μ_p ist.

11.5.5.4 Berechnung der Markowitz-Kurve mit scilab

Beispiel 11.16. Für das Beispiel 11.15 wird durch Vorgabe von Portfoliorenditen zwischen $\mu_{BMW} = -0.0005014$ und $\mu_{BASF} = 0.001898$ die Markowitz-Kurve gezeichnet (siehe Abb. 11.5). Die Portfolios, deren (σ, μ) Kombinationen auf der Kurve liegen (siehe Abb. 11.5), werden als effizient bezeichnet.

```
xmin=inv(I'*inv(C)*I)*inv(C)*I;
riskmin=sqrt(xmin'*C*xmin);
mumin=m'*xmin;

// Berechnung mit Renditevorgabe
muvorgabe=m(1):.00001:m(2)+.0032;
i=1;
minrisk=0;

for mu=muvorgabe
    l=inv([I'*inv(C)*I m'*inv(C)*I
           I'*inv(C)*m m'*inv(C)*m])*[2
           2*mu];
    minx=0.5*[inv(C)*I inv(C)*m]*l;
    minrisk(i)=sqrt(minx'*C*minx);
    i=1+i;
end

plot(minrisk,muvorgabe,'black');
plot(riskmin,mumin,'blacko');
xstring(riskmin,mumin,'(sigmamin,mumin)');
```

☆

11.5.5.5 Das Captial Asset Pricing Model

Das Portfolio wird nun um eine risikofreie Anlagemöglichkeit mit der erwarteten Rendite μ_{rf} ergänzt. Es kann sich nun aus dem risikofreien Anteil x_{rf} und risikobehafteten Anteilen **x** zusammensetzen.

11.5 Extremwertbestimmung unter Nebenbedingung: Lagrange-Funktion

$$x_{rf} + \underbrace{\sum_{i=1}^{n} x_i}_{x_p} = 1$$

$$x_{rf} + x_p = 1$$

Dies ist die Erweiterung, um aus der Markowitz-Portfolio-Theorie das **Capital Asset Pricing Model** (CAPM) abzuleiten.

Die erwartete Rendite des neuen Portfolios beträgt

$$\begin{aligned}\mu &= x_{rf}\,\mu_{rf} + x_p \underbrace{\sum_{i=1}^{n} x_i \mu_i}_{\mu_p} \\ &= x_{rf}\,\mu_{rf} + x_p\,\mu_p \\ &= (1 - x_p)\,\mu_{rf} + x_p\,\mu_p\end{aligned} \quad (11.34)$$

Die Varianz des neuen Portfolios beträgt

$$\begin{aligned}\sigma^2 &= \operatorname{Var}\left(x_p \sum_{i=1}^{n} x_i r_i\right) \\ &= x_p^2 \underbrace{\operatorname{Var}\left(\sum_{i=1}^{n} x_i r_i\right)}_{\sigma_p^2} \\ &= x_p^2\,\sigma_p^2,\end{aligned}$$

da eine risikofreie Anlage per se eine Varianz von Null besitzt ($\sigma_{rf}^2 = 0$). Das Risiko des so zusammengesetzten Portfolios beträgt somit

$$\sigma = x_p\,\sigma_p \quad (11.35)$$

Wird die Gleichung (11.35) in die Gleichung (11.34) eingesetzt, so erhält man

$$\begin{aligned}\mu &= \mu_{rf} + x_p\,(\mu_p - \mu_{rf}) \\ &= \mu_{rf} + \frac{\mu_p - \mu_{rf}}{\sigma_p}\,\sigma\end{aligned} \quad (11.36)$$

Die durch die Gleichung (11.36) beschriebene Gerade ist die so genannte **Kapitalmarktgerade** (*capital market line*) mit Achsenabschnitt μ_{rf} und Steigung $\frac{\mu_p - \mu_{rf}}{\sigma_p}$ (siehe Abb. 11.5). Der Tagentialpunkt dieser Linie an der Markowitz-Kurve liefert das Marktportfolio. Die Portfolios, die auf der Kapitalmarktgeraden liegen, sind die Portfolios, die für ein gegebenes Risiko σ die höchste Rendite liefern. Im Tangentialpunkt liegt das Marktportfolio, das keine risikofreie Anlage enthält. Die Portfolios, die rechts oberhalb des Tangentialpunktes (Marktportfolio) auf der Kapitalmarktlinie liegen, können nur durch eine Kreditaufnahme (Verkaufsposition) der risikofreien Anlage (*short position*) erreicht werden.

Die gestrichelte Kapitalmarktlinie in Abb. 11.5 ist eine ineffiziente Kapitalmarktlinie. Zu jedem vorgegebenen Risiko findet sich eine Portfoliozusammensetzung, die mit einer höheren erwarteten Rendite verbunden ist. In diesen Portfolios wird das unsystematische Risiko durch eine bessere Diversifikation stärker reduziert.

Im Folgenden wird die Steigung der Kapitalmarktlinie, die mit dem Tangentialpunkt verbunden ist, analytisch abgeleitet. Dazu muss die Steigung in der Funktion (11.36) unter der Budgetrestriktion maximiert werden (vgl. [11]). Die Steigung der Funktion (11.36) ist

$$\frac{\mu_p - \mu_{rf}}{\sigma_p} = \frac{\mathbf{m}'\mathbf{x} - \mu_{rf}}{\sqrt{\mathbf{x}'\mathbf{C}\mathbf{x}}}$$

Die zu maximierende Lagrange-Funktion, die die markteffiziente Zusammensetzung des Portfolios liefert, ist somit

$$L(\mathbf{x}_{Markt}, \lambda_1) = \frac{\mathbf{m}'\mathbf{x}_{Markt} - \mu_{rf}}{\sqrt{\mathbf{x}'_{Markt}\mathbf{C}\mathbf{x}_{Markt}}} + \lambda_1 (1 - \mathbf{1}'\mathbf{x}_{Markt}) \to \max \qquad (11.37)$$

Die erste Ableitung der Lagrange-Funktion (11.37) liefert folgendes Ergebnis:

$$L'_{\mathbf{x}} = \frac{\mathbf{m}'\mathbf{x}_{Markt}\mathbf{C}\mathbf{x}_{Markt} - (\mathbf{m}'\mathbf{x}_{Markt} - \mu_{rf})\mathbf{C}\mathbf{x}_{Markt}}{(\mathbf{x}'_{Markt}\mathbf{C}\mathbf{x}_{Markt})^{\frac{3}{2}}} - \lambda_1 \mathbf{1} \stackrel{!}{=} 0$$

Die obige Gleichung ist unter Berücksichtigung der Nebenbedingung nach $\mathbf{x}_{Markt}$ aufzulösen.

$$\lambda_1 \mathbf{1} \underbrace{(\mathbf{x}'_{Markt}\mathbf{C}\mathbf{x}_{Markt})^{\frac{3}{2}}}_{=\sigma^3_{Markt}} = \mathbf{m} \underbrace{\mathbf{x}'_{Markt}\mathbf{C}\mathbf{x}_{Markt}}_{=\sigma^2_{Markt}} - (\underbrace{\mathbf{m}'\mathbf{x}_{Markt}}_{=\mu_{Markt}} - \mu_{rf})\mathbf{C}\mathbf{x}_{Markt} \qquad (11.38)$$

$$\lambda_1 \mathbf{1} \sigma^3_{Markt} = \sigma^2_{Markt} \mathbf{m} - (\mu_{Markt} - \mu_{rf})\mathbf{C}\mathbf{x}_{Markt}$$

Diese Gleichung wird mit $\mathbf{x}'_{Markt}$ erweitert, um die Nebenbedingung $\mathbf{1}'\mathbf{x}_{Markt}$ zu berücksichtigen.

$$\lambda_1 \mathbf{x}'_{Markt} \mathbf{1} \sigma^3_{Markt} = \mathbf{x}'_{Markt} \mathbf{m} \sigma^2_{Markt} - (\mu_{Markt} - \mu_{rf}) \mathbf{x}'_{Markt} \mathbf{C}\mathbf{x}_{Markt}$$

$$\lambda_1 \sigma^3_{Markt} = \mu_{Markt} \sigma^2_{Markt} - (\mu_{Markt} - \mu_{rf}) \sigma^2_{Markt}$$

$$\lambda_1 = \frac{\mu_{rf}}{\sigma_{Markt}}$$

Das Ergebnis für λ_1 wird in die Gleichung (11.38) eingesetzt.

$$\mu_{rf} \sigma^2_{Markt} \mathbf{1} = \sigma^2_{Markt} \mathbf{m} - (\mu_{Markt} - \mu_{rf}) \mathbf{C}\mathbf{x}_{Markt}$$

Die Gleichung wird mit $\mathbf{C}^{-1}$ erweitert.

$$\mu_{rf} \sigma^2_{Markt} \mathbf{C}^{-1} \mathbf{1} = \sigma^2_{Markt} \mathbf{C}^{-1} \mathbf{m} - (\mu_{Markt} - \mu_{rf}) \mathbf{x}_{Markt}$$

11.5 Extremwertbestimmung unter Nebenbedingung: Lagrange-Funktion

$$\frac{\mu_{Markt} - \mu_{rf}}{\sigma^2_{Markt}} \mathbf{x}_{Markt} = \mathbf{C}^{-1}(\mathbf{m} - \mu_{rf}\mathbf{1}) \tag{11.39}$$

Diese Gleichung wird nun mit $\mathbf{1}'$ erweitert, um den Bruch auf der linken Seite von (11.39) ersetzen zu können.

$$\frac{\mu_{Markt} - \mu_{rf}}{\sigma^2_{Markt}} \underbrace{\mathbf{1}' \mathbf{x}_{Markt}}_{=1} = \mathbf{1}' \mathbf{C}^{-1}(\mathbf{m} - \mu_{rf}\mathbf{1})$$

Dieses Ergebnis ersetzt den Bruch in Gleichung (11.39) und liefert endlich die Lösung für $\mathbf{x}_{Markt}$.

$$\mathbf{1}' \mathbf{C}^{-1}(\mathbf{m} - \mu_{rf}\mathbf{1}) \mathbf{x}_{Markt} = \mathbf{C}^{-1}(\mathbf{m} - \mu_{rf}\mathbf{1})$$

$$\mathbf{x}_{Markt} = \frac{\mathbf{C}^{-1}(\mathbf{m} - \mu_{rf}\mathbf{1})}{\mathbf{1}' \mathbf{C}^{-1}(\mathbf{m} - \mu_{rf}\mathbf{1})} \tag{11.40}$$

Im Tangentialpunkt werden die risikobehafteten Finanztitel in den Anteilen $\mathbf{x}_{Markt}$ gehalten (siehe Abb. 11.5). Es sind im Portfolio keine risikofreien Finanztitel enthalten. Das Ergebnis der Markowitzschen Theorie ist, dass ein Investor jeden Punkt auf der Kapitalmarktgeraden, also maximale Rendite zu einem vorgegebenen Risiko, durch einen Anteil am Marktportfolio und einen Anteil risikofreier Finanztitel erreichen kann. Die höchste Rendite (ohne Verkaufsposition) besitzt das Marktportfolio im Tangentialpunkt. Zu dieser Rendite muss er das Marktrisiko tragen.

11.5.5.6 Berechnung des CAPM mit Scilab

Beispiel 11.17. Für die Rendite einer risikofreien Anlage wird die Umlaufrendite festverzinslicher Wertpapiere mit einer Restlaufzeit von 10 Jahren verwendet. Das Beispiel 11.16 und die Berechnungen werden erweitert, um die obigen Ergebnisse mit empirischen Daten nachzuvollziehen. Das Ergebnis der Berechnung ist in Abb. 11.5 zu sehen.

Entlang der Kapitalmarktlinie können zu einem gegebenen Risiko die entsprechenden Renditen mit einer Portfoliostruktur aus risikofreien und risikobehafteten Finanztiteln zusammengestellt werden. Das Marktportfolio besitzt die Rendite

$$\mu_{Markt} = 0.0036603$$

mit dem Risiko

$$\sigma_{Markt} = 0.0137735.$$

Seine Zusammensetzung besteht aus

$$\mathbf{x}'_{Markt} = \begin{bmatrix} -0.7346106 & 1.7346106 \end{bmatrix}$$

320   11 Funktionen und Differentialrechnung mit zwei Variablen

Es müssen also −73.46 Prozent BMW-Aktien und +173.46 Prozent BASF-Aktien gehalten werden. Wie ist der negative Anteil zu interpretieren? Der negative Anteil an BMW-Aktien bedeutet, dass Leerverkäufe getätigt werden. Als **Leerverkäufe** bezeichnet man Verkäufe, die aus geliehenen Aktien getätigt werden. Die erwartete Rendite der BMW-Aktie lag im betrachteten Zeitraum bei −0.0005014. Aufgrund der negativen Rendite werden die BMW-Aktien verkauft und zusätzlich in Form von Leerverkäufen weitere 73.46 Prozent BASF-Aktien erworben. Das Portfolio ist dann mit 73.46 Prozent fremdfinanziert.

```
sumlauf=[3.78  3.78  3.81  3.76  3.76  3.79  3.76 ...
         3.79  3.76  3.80  3.82  3.81  3.79  3.76 ...
         3.78  3.77  3.74  3.76  3.81  3.88  3.86 ...
         3.88  3.82  3.81  3.82  3.79  3.78  3.82 ...
         3.75  3.76  3.77  3.74  3.70  3.70  3.70 ...
         3.69  3.71  3.73  3.73  3.75  3.75  3.72 ...
         3.74  3.71  3.67  3.64  3.65  3.62  3.60 ...
         3.61  3.61  3.59  3.57  3.59  3.55  3.54 ...
         3.60  3.60  3.59  3.61  3.63  3.58  3.57 ...
         3.62  3.61  3.51  3.49  3.47];

murf=mean(diff(log(sumlauf)));
riskvorgabe=linspace(0,max(minrisk),...
        length(muvorgabe));
portnr=115;  // Punkt in der Markowitz-Kurve
mucapm=murf+(muvorgabe(portnr)-murf)/...
     minrisk(portnr)*riskvorgabe';
plot(riskvorgabe,mucapm,'black--');

xmarkt=(inv(C)*(m-murf*I))/(I'*inv(C)*(m-murf*I));
mumarktl=murf+(m'*xmarkt-murf)/...
    (sqrt(xmarkt'*C*xmarkt))*riskvorgabe;
plot(riskvorgabe,mumarktl,'black');

riskmarkt=sqrt(xmarkt'*C*xmarkt);
mumarkt=m'*xmarkt;
plot(riskmarkt,mumarkt,'blacko');
xtitle('','sigma','mu');
xstring(sqrt(xmarkt'*C*xmarkt),m'*xmarkt,'...
    (sigmamarkt,mumarkt)');
plot(riskmarkt,m'*xmin,'blacko');

xind=xmarkt*.4;
muind=m'*xind+(1-sum(xind))*murf;
riskind=sqrt(xind'*C*xind);
xstring(riskind-.0035,muind,'Kapitalmarktlinie');
plot([riskmarkt riskmarkt],[-.002 mumarkt],'black');
```

☼

11.5.5.7 Wertpapiergerade

Die **Wertpapiergerade** (*security market line*) ist der Erklärungsansatz, die Rendite des *i*-ten Wertpapiers durch die Rendite des Marktportfolios und die des risikofreien Wertpapiers zu erklären. Dazu wird die Beziehung (11.36) umgeändert in

$$\mu_i - \mu_{rf} = \left(\mu_{Markt} - \mu_{rf}\right)\beta_i \quad \Rightarrow \beta_i = \frac{\mu_i - \mu_{rf}}{\mu_{Markt} - \mu_{rf}}$$

Der Parameter β_i wird als **empirisches Beta** bezeichnet, der im Portfoliomanagement eine große Bedeutung besitzt. In dieser Modellgleichung ist β_i eine Variable. Die Risikoprämie des Portfolios $\mu_{Markt} - \mu_{rf}$ gibt die Steigung der Geraden an. Das Beta misst hier das relative Risiko des *i*-ten Wertpapiers im Marktportofolio. Da die Varianz des Marktportofolios das systematische Risiko reflektiert (der Theorie nach enthält das Marktportofolio in einem effizienten Markt kein unsystematisches Risiko), ist das relative Risiko des Wertpapiers ein Maß für das systematische Risiko des Wertpapiers. Ist Beta Eins, so entspricht die erwartete Rendite des *i*-ten Wertpapiers der des Marktportfolios. Liegt der Wert von Beta über Eins, so ist die erwartete Rendite höher als diejenige des Marktportfolios. Solche Wertpapiere besitzen aber gemäß der Portfolio-Theorie ein höheres systematisches Risiko als das Marktportfolio. Im Rahmen des Regressionsmodells wird Beta auch als Steigung interpretiert. Aus dieser Doppelinterpretation ergeben sich zwei grafische Darstellungen (siehe Beispiel 11.18).

In den nächsten Schritten sind $\mu_{Markt} - \mu_{rf}$ und $\mu_i - \mu_{rf}$ mit den Ergebnissen des CAPM zu ersetzen, um zu sehen, wie das Beta durch die Risiken der Wertpapiere bestimmt wird. Dazu wird die Gleichung (11.40) nach **m** aufgelöst und die folgende Gleichung eingesetzt:

$$\mu_{Markt} = \mathbf{m}' \mathbf{x}_{Markt} \qquad (11.41)$$

Für die Auflösung der Gleichung (11.40) nach **m** wird der Nenner (ein Skalar) der Gleichung während der Umformung mit δ abgekürzt, da er später entfällt (vgl. [11]).

$$\begin{aligned}
\mathbf{x}_{Markt} &= \delta\, \mathbf{C}^{-1}\left(\mathbf{m} - \mu_{rf}\mathbf{1}\right) \quad \text{mit } \delta = \frac{1}{\mathbf{1}'\mathbf{C}^{-1}\left(\mathbf{m} - \mu_{rf}\mathbf{1}\right)} \\
&= \delta\, \mathbf{C}^{-1}\mathbf{m} - \delta\, \mu_{rf}\mathbf{C}^{-1}\mathbf{1} \\
\delta\, \mathbf{C}^{-1}\mathbf{m} &= \mathbf{x}_{Markt} + \delta\, \mu_{rf}\mathbf{C}^{-1}\mathbf{1} \\
\mathbf{m} &= \frac{1}{\delta}\mathbf{C}\mathbf{x}_{Markt} + \mu_{rf}\mathbf{1} \qquad (11.42)
\end{aligned}$$

11 Funktionen und Differentialrechnung mit zwei Variablen

Die Gleichung für **m** wird nun in die Gleichung (11.41) eingesetzt.

$$\mu_{Markt} = \left(\mathbf{C}\mathbf{x}_{Markt}\frac{1}{\delta} + \mu_{rf}\mathbf{1}\right)' \mathbf{x}_{Markt}$$

$$= \frac{1}{\delta}\mathbf{x}'_{Markt}\mathbf{C}\mathbf{x}_{Markt} + \underbrace{\mathbf{1}'\mathbf{x}_{Markt}}_{=1}\mu_{rf}$$

$$\mu_{Markt} - \mu_{rf} = \frac{1}{\delta}\mathbf{x}'_{Markt}\mathbf{C}\mathbf{x}_{Markt} \qquad (11.43)$$

Für

$$\mu_i = \mathbf{m}'\mathbf{e}_i \quad \text{mit:} \quad \mathbf{e}_i = \begin{bmatrix} 0 \\ \vdots \\ 0 \\ 1 \\ 0 \\ \vdots \\ 0 \end{bmatrix} \leftarrow i\text{-te Position}$$

wird **m** ebenfalls durch die Beziehung (11.42) ersetzt.

$$\mu_i = \left(\frac{1}{\delta}\mathbf{x}'_{Markt}\mathbf{C} + \mu_{rf}\mathbf{1}'\right)\mathbf{e}_i$$

$$= \frac{1}{\delta}\mathbf{x}'_{Markt}\mathbf{C}\mathbf{e}_i + \mu_{rf}\underbrace{\mathbf{1}'\mathbf{e}_i}_{=1}$$

$$\mu_i - \mu_{rf} = \frac{1}{\delta}\mathbf{x}'_{Markt}\mathbf{C}\mathbf{e}_i \qquad (11.44)$$

Das Verhältnis von (11.44) zu (11.43) liefert das gesuchte Ergebnis.

$$\beta_i = \frac{\mu_i - \mu_{rf}}{\mu_{Markt} - \mu_{rf}}$$

$$= \frac{\mathbf{x}'_{Markt}\mathbf{C}\mathbf{e}_i}{\mathbf{x}'_{Markt}\mathbf{C}\mathbf{x}_{Markt}}$$

Der Zähler in der Gleichung entspricht der Kovarianz $\text{Cov}(r_{Markt}, r_i)$, der Nenner der Varianz des Marktportfolios σ^2_{Markt}.

$$\hat{\beta}_i = \frac{\text{Cov}(r_{Markt}, r_i)}{\sigma^2_{Markt}}$$

Beta ist gleichzeitig der Parameter (Kleinst-Quadrate-Schätzer) der linearen Regressionsgleichung

$$r_i - r_{rf} = \alpha_i + \left(r_{Markt} - r_{rf}\right)\beta_i + \varepsilon \qquad (11.45)$$

Das Regressionsmodell (11.45) unterstellt bei Gültigkeit des CAPM $\alpha_i = 0$.

11.5 Extremwertbestimmung unter Nebenbedingung: Lagrange-Funktion 323

11.5.5.8 Berechnung der Wertpapiergeraden mit Scilab

Beispiel 11.18. Im vorliegenden Beispiel wird nun im Rahmen des CAPM weiter gerechnet. Dies bedeutet, dass der mit x_{Markt} gewichtete Durchschnitt der Marktrendite eingesetzt wird. Das Marktportfolio besteht nur aus BMW- und BASF-Aktien in der berechneten Zusammensetzung. Abbildung 11.6 zeigt das Ergebnis. In den beiden oberen Grafiken sind die Regressionen der Aktienrenditen auf die (aus dem CAPM berechnete) Marktrendite μ_{Markt} zu sehen.

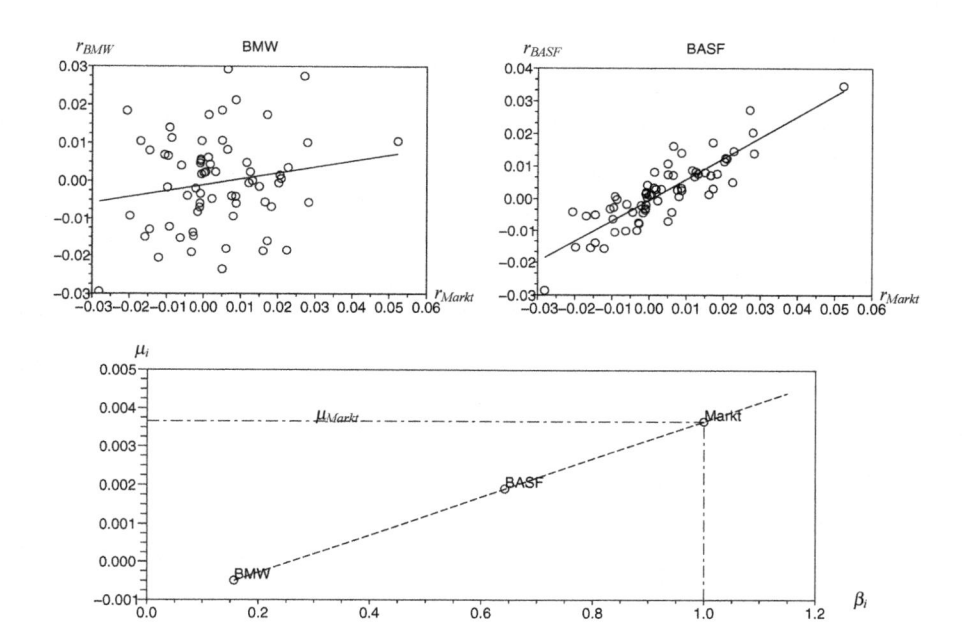

Abb. 11.6: Wertpapiergerade mit -73 Prozent BMW- und $+173$ Prozent BASF-Aktien als Marktportfolio

```
// SML security market line
rmarkt=xmarkt'*[rbmw; rbasf];

betabmw=covar(rmarkt,rbmw,eye(67,67))...
    /(variance(rmarkt)*66/67);
//betabmw=(mean(rbmw)-murf)/(mean(rmarkt)-murf);
betanullbmw=mean(rbmw)-mean(rmarkt)*betabmw;

subplot(2,2,1)
plot(rmarkt,rbmw,'blacko');
```

```
xtitle('BMW','rmarkt','rbmw');
smlbmw = betanullbmw+rmarkt*betabmw;
plot(rmarkt,smlbmw,'black');

betabasf=covar(rmarkt,rbasf,eye(67,67))...
    /(variance(rmarkt)*66/67);
betanullbasf=mean(rbasf)-mean(rmarkt)*betabasf;

subplot(2,2,2)
plot(rmarkt,rbasf,'blacko');
xtitle('BASF','rmarkt','rbasf');
smlbasf=betanullbasf+rmarkt*betabasf;
plot(rmarkt,smlbasf,'black');

subplot(2,1,2)
plot(betabmw,mean(rbmw),'blacko');
xstring(betabmw,mean(rbmw),'BMW');
plot(betabasf,mean(rbasf),'blacko');
xstring(betabasf,mean(rbasf),'BASF');
plot(1,mean(rmarkt),'blacko');
xstring(1,mean(rmarkt),'Markt');
smll1 = (1.15-1)/(1-betabmw)*(mean(rmarkt)...
    -mean(rbmw))+mean(rmarkt);
plot([betabmw 1.15],[mean(rbmw) smll1],'black--');
xtitle('','betas','mus');
plot([1 1],[-.001 mean(rmarkt)],'black-.');
plot([0 1],[mean(rmarkt) mean(rmarkt)],'black-.');
xstring(.3,mean(rmarkt),'mumarkt');
a=gca();
a.data_bounds=[0 -.001;1.2 .005];
```

$$\hat{\beta}_{BMW} = 0.1571 \qquad \hat{\beta}_{BASF} = 0.6430$$

Das Beta wird hier als Steigung der Regressionsgeraden interpretiert. Dies ist die eine Form der Wertpapiergeraden. In der unteren Grafik werden die Betas als Variablen abgetragen. Man sieht, dass die Betas in einem linearen Zusammenhang stehen. Dies ist die andere Form der Wertpapiergeraden. Die lineare Beziehung zwischen den Betas kommt aufgrund der Verwendung der CAPM Ergebnisse von oben zustande. ☼

Beispiel 11.19. Nun wird für die Marktrendite die Rendite des DAX im betrachteten Zeitraum eingesetzt. Das Ergebnis dieser Berechnung sieht man in Abb. 11.7. Die oberen Grafiken zeigen wieder die Regressionen, diesmal jedoch zwischen Aktienrenditen und DAX-Renditen. Auffallend ist, dass nun die Regression für die BMW-

11.5 Extremwertbestimmung unter Nebenbedingung: Lagrange-Funktion 325

Rendite eine deutlich höhere Korrelation aufweist; für die BASF-Rendite fällt sie hingegen etwas niedriger aus als im Beispiel 11.18.

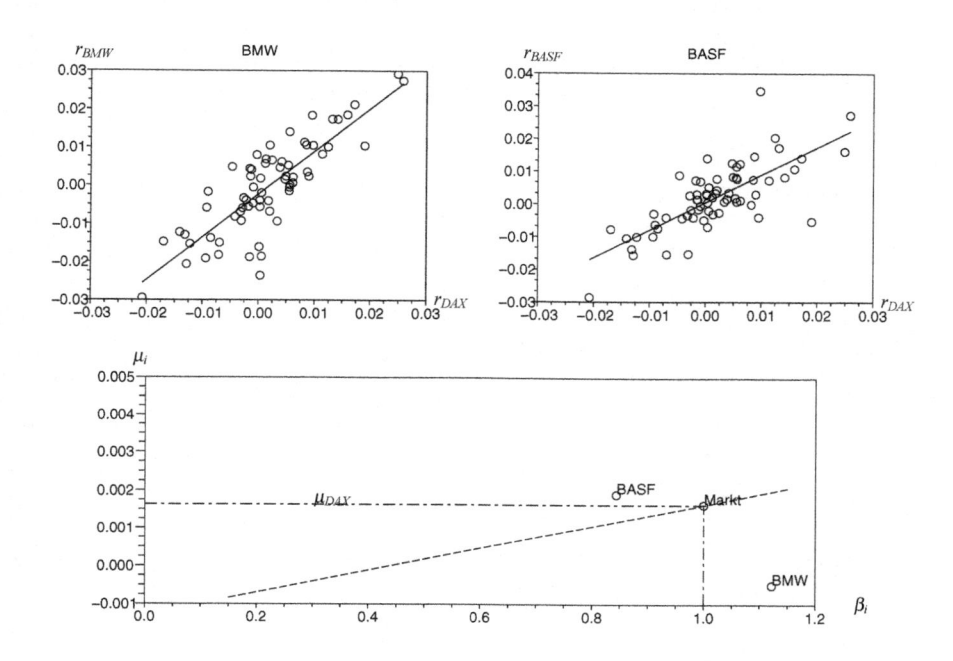

Abb. 11.7: Wertpapiergerade mit DAX als Marktportfolio

```
// SML security market line

sdax=[3690.33 3720.64 3658.11 3646.99 3699.11 ...
      3705.73 3726.50 3722.99 3712.61 3772.14 ...
      3771.00 3788.88 3832.28 3851.18 3838.85 ...
      3785.21 3817.62 3833.45 3866.99 3887.58 ...
      3889.04 3884.16 3851.22 3886.03 3953.31 ...
      3947.75 3941.75 3963.65 3988.07 3977.68 ...
      3991.02 3942.35 3905.66 3910.30 3874.37 ...
      3882.27 3920.36 3892.90 3994.96 4033.28 ...
      4048.71 4049.66 4043.36 4015.54 4017.82 ...
      3966.48 3976.03 3940.46 3922.11 3915.17 ...
      3964.13 3912.40 3934.06 3935.14 3854.41 ...
      3862.26 3959.59 3960.25 4012.64 4037.57 ...
      4039.04 4041.38 4063.58 4068.97 4065.33 ...
      4143.35 4134.34 4117.22];
```

```
rdax=diff(log(sdax));
rmarkt=rdax;
betabmw=covar(rmarkt,rbmw,eye(67,67))...
    /(variance(rmarkt)*66/67);
//betabmw=(mean(rbmw)-murf)/(mean(rmarkt)-murf);
betanullbmw=mean(rbmw)-mean(rmarkt)*betabmw;

subplot(2,2,1)
plot(rmarkt,rbmw,'blacko');
xtitle('BMW','rmarkt','rbmw');
smlbmw = betanullbmw+rmarkt*betabmw;
plot(rmarkt,smlbmw,'black');

betabasf=covar(rmarkt,rbasf,eye(67,67))...
    /(variance(rmarkt)*66/67);
betanullbasf=mean(rbasf)-mean(rmarkt)*betabasf;

subplot(2,2,2)
plot(rmarkt,rbasf,'blacko');
xtitle('BASF','rmarkt','rbasf');
smlbasf=betanullbasf+rmarkt*betabasf;
plot(rmarkt,smlbasf,'black');

subplot(2,1,2)
plot(betabmw,mean(rbmw),'blacko');
xstring(betabmw,mean(rbmw),'BMW');
plot(betabasf,mean(rbasf),'blacko');
xstring(betabasf,mean(rbasf),'BASF');
plot(1,mean(rmarkt),'blacko');
xstring(1,mean(rmarkt),'Markt');
plot(1,mean(rdax),'blacko');
x=linspace(.15,1.15,length(rdax));
y=murf + (mean(rdax)-murf)*x;
plot(x,y,'black--');
xtitle('','betas','mus');
plot([1 1],[-.001 mean(rmarkt)],'black-.');
plot([0 1],[mean(rmarkt) mean(rmarkt)],'black-.');
xstring(.3,mean(rmarkt),'mumarkt');
a=gca();
a.data_bounds=[0 -.001;1.2 .005];
```

Die empirischen Betas sind dann

$$\hat{\beta}_{BMW} = 1.1225 \qquad \hat{\beta}_{BASF} = 0.8442$$

Diese Werte liegen, wie man in der unteren Grafik sieht, nicht auf der Wertpapiergeraden. Das Ergebnis widerspricht der CAPM-Theorie. Interessant ist vor al-

11.5 Extremwertbestimmung unter Nebenbedingung: Lagrange-Funktion

lem, dass hier die Annahme verletzt wird, dass ein höheres Beta (Risiko) auch mit einer höheren Rendite verbunden sein sollte. ☆

Übung 11.5. Für die Funktion

$$f(x,y) = xy \quad \text{für } x,y \in \mathbb{R} \tag{11.46}$$

sollen unter der Nebenbedingung

$$G(x,y) = 6 - x - y^2 = 0 \tag{11.47}$$

die Extrempunkte gefunden werden.

Übung 11.6. Überprüfen Sie für die Übung 11.5, ob es sich bei den Extrempunkten um ein Minimum oder Maximum handelt.

Übung 11.7. Ein Unternehmen hat zwei unabhängige Verkaufsfilialen, deren Gewinne $G_1(x)$ und $G_2(y)$ von den eingesetzten Kapitalmengen x und y in folgender Weise abhängen:

$$G_1(x) = \ln(1+x) \quad \text{für } x > 1$$
$$G_2(y) = \frac{y}{1+y} \quad \text{für } y > 0$$

Bestimmen Sie den maximal möglichen Gewinn $G_1(x) + G_2(y)$ des Unternehmens unter der Nebenbedingung, dass insgesamt eine Kapitalmenge von

$$x + y = 10 \, \text{€}$$

zur Verfügung steht.

Übung 11.8. Ein Unternehmen hat sich auf zwei Produkte spezialisiert, die sie in den Mengen x_1 und x_2 herstellen. Es ist in der Lage, beide Produkte nach folgender Kostenfunktion herzustellen:

$$K(x_1, x_2) = 30x_1 + 90x_2 - 0.1\left(x_1^2 + x_1 x_2 + x_2^2\right) + 12000$$
$$\text{für } x_1, x_2 > 0$$

Die Nachfragefunktionen für die beiden Produkte sind wie folgt:

$$p_1(x_1) = 180 - x_1$$
$$p_2(x_1, x_2) = 360 - x_2 + 0.5x_1$$

1. Berechnen Sie die gewinnmaximalen Mengen und Preise für die beiden Produkte und den Gesamtgewinn des Unternehmens.
2. Die Marketingabteilung geht davon aus, dass der Markt von den beiden Produkten insgesamt exakt 290 [ME] aufnehmen kann. In welchen Mengen sind die beiden Produkte herzustellen, damit das Unternehmen einen maximalen Gesamtgewinn erzielt?

Übung 11.9. Es gibt einen Studenten mit unstillbarem Appetit nach Schokolade. Es wird angenommen, dass der Nutzen, der ihm aus dem Verzehr der Schokolade entsteht, durch eine Cobb-Douglas-Funktion beschrieben werden kann.

$$U(x_1, x_2) = x_1^{0.5} x_2^{0.5} \quad \text{für } x_1, x_2 > 0$$

Die Variablen x_1 und x_2 geben die Zahl der Schokoladenstücke weißer und schwarzer Schokolade an. Es wird unterstellt, dass die weiße Schokolade 0.04 € und die schwarze 0.02 € pro Stück kosten. Der Student hat sich eine Obergrenze von 12 € für seine Schokoladenleidenschaft pro Semester gesetzt. Berechnen Sie den maximalen Nutzen. Interpretieren Sie den berechneten Lagrange-Multiplikator.

11.6 Fazit

Funktionen können zur Beschreibung komplizierter ökonomischer Zusammenhänge verwendet werden. Sie enthalten dann mehr als nur eine Variable. Allerdings ist auch ihre Analyse aufwändiger. Besonders interessant für ökonomische Fragen ist der Lagrange-Ansatz. Mit ihm lässt sich unter bestimmten Annahmen eine Minimalkostenkombination und ein risikominimales Portfolio bestimmen.

12
Grundlagen der Integralrechnung

Inhalt

12.1	Vorbemerkung		329
12.2	Das unbestimmte Integral		330
	12.2.1	Integrale für elementare Funktionen	331
	12.2.2	Integrationsregeln	332
		12.2.2.1 Konstant-Faktor-Regel	332
		12.2.2.2 Summenregel	332
		12.2.2.3 Partielle Integration	333
		12.2.2.4 Integration durch Substitution	336
	12.2.3	Ökonomische Anwendung	339
12.3	Das bestimmte Integral		341
	12.3.1	Hauptsatz der Integralrechnung	342
	12.3.2	Eigenschaften bestimmter Integrale	343
		12.3.2.1 Vertauschen von Integrationsgrenzen	343
		12.3.2.2 Zusammenfassen von Integrationsgrenzen	344
		12.3.2.3 Konstant-Faktor-Regel	344
		12.3.2.4 Summenregel	344
		12.3.2.5 Partielle Integration	344
		12.3.2.6 Integration durch Substitution	344
		12.3.2.7 Flächenvergleich	345
	12.3.3	Beispiele für bestimmte Integrale	345
	12.3.4	Ökonomische Anwendung	346
	12.3.5	Integralberechnung mit Scilab	347
12.4	Uneigentliche Integrale		348
	12.4.1	Ökonomische Anwendung	349
	12.4.2	Statistische Anwendung	349
12.5	Fazit		350

12.1 Vorbemerkung

In den vorausgegangenen Kapiteln wurde die Differentialrechnung und ihre Anwendung in der Ökonomie dargestellt. Der Ausdruck $\frac{\mathrm{d}f(x)}{\mathrm{d}x}$, der die Differentiation vorschreibt, wird als Differentialoperator bezeichnet. Der Differentialoperator liefert die

12 Grundlagen der Integralrechnung

erste Ableitung einer differenzierbaren Funktion. Eine naheliegende Frage ist: Gibt es eine Umkehrfunktion, die die Wirkung des Differentialoperators wieder aufhebt, d. h. aus der Ableitung die ursprüngliche Funktion erzeugt?

Eine derartige Umkehroperation wurde gleichzeitig mit der Differentialrechnung entwickelt. Sie wird als **Integration** bezeichnet. Als Operator hat man das $\int \ldots \mathrm{d}x$ eingeführt, das vom stilisierten S für Summe abgeleitet ist. Es wird nie ohne Variable geschrieben, nach der integriert wird. Um anzudeuten, dass analog zur Differentiation $\frac{\mathrm{d}f(x)}{\mathrm{d}x}$ ein Grenzübergang auf infinitesimale Größen $\mathrm{d}x$ vollzogen wird, schreibt man die Integrationsvorschrift $\int f(x)\,\mathrm{d}x$.

Die Integration wird in der Ökonomie angewendet, wenn man vom Grenzverhalten einer ökonomischen Größe auf die Funktion selbst schließen möchte. Beispielsweise lässt sich vom zeitabhängigen Änderungsverhalten des Umsatzes eines Produkts durch Integration auf den Umsatz eines Zeitraums, zum Beispiel eines Jahres schließen, oder man kann zu einer bekannten Grenzkostenfunktion die Gesamtkostenfunktion mit Hilfe der Integration bestimmen. Diese Anwendungen ergeben sich unmittelbar aus der Definition der Integration als Umkehroperation zur Differentiation. Ein anderes sehr wichtiges Anwendungsgebiet liegt in der Statistik, hier speziell, um den Zusammenhang zwischen der Dichtefunktion und der Verteilungsfunktion einer stetigen Zufallsvariablen herzustellen.

$\int \mathrm{d}x$ unbestimmtes Integral
$\int_a^b \mathrm{d}x$ bestimmtes Integral
$F(x)$ Stammfunktion
c Integrationskonstante

12.2 Das unbestimmte Integral

Die erste Ableitung der Funktion ist $y' = f(x)$. Es wird angenommen, dass eine Funktion $F(x)$ existiert, die differenziert $f(x)$ ergibt. Das heißt, es soll gelten:

$$\frac{\mathrm{d}}{\mathrm{d}x}F(x) = f(x) \tag{12.1}$$

Zunächst fällt auf, dass die gesuchte Funktion nicht eindeutig ist, denn man kann zu $F(x)$ jede beliebige Konstante c addieren, die dann beim Differenzieren entfällt. Gilt also die Gleichung (12.1), so gilt auch:

$$\frac{\mathrm{d}}{\mathrm{d}x}\bigl(F(x)+c\bigr) = f(x) \quad \text{für } c = \text{konst}$$

Die gesuchte Funktion ist daher unbestimmt, weil die Konstante (Integrationskonstante) c frei wählbar ist.

Die Funktion

$$F(x) + c$$

heißt das **unbestimmte Integral** der stetigen Funktion $f(x)$, falls $F'(x) = f(x)$ gilt. Man schreibt:

$$\int f(x)\,dx = F(x) + c$$

Die Funktion $f(x)$ heißt **Integrand**, und die Funktion $F(x)$ wird als Stammfunktion des Integranden bezeichnet.

Die Berechnung der Stammfunktion aus einer gegebenen Funktion ist der Vorgang des Integrierens. Am Beispiel elementarer Funktionen, deren Ableitungen man kennt, kann man das Integral auf der Basis der Definition ohne Schwierigkeit bestimmen, indem man die folgende Frage beantwortet:

Welche Stammfunktion $F(x)$ ergibt differenziert den vorgegebenen Integranden $f(x)$?

Beispiel 12.1.

$$f(x) = x^3 \Rightarrow F(x) = \int x^3\,dx = \frac{1}{4}x^4 + c \Rightarrow \frac{d}{dx}F(x) = x^3$$

Das Ergebnis der Integration ist in diesem Fall immer das unbestimmte Integral.

☼

Der Differentialquotient einer Funktion kann sehr anschaulich als Steigung der betreffenden Funktion interpretiert werden. Leider gibt es für das unbestimmte Integral keine ähnlich anschaulich geometrische Deutung. Der Vorgang des Integrierens kann «nur» als Umkehroperation zum Differenzieren interpretiert werden. Das erschwert das Integrieren insofern, als es nicht schematisch wie zum Beispiel das Differenzieren abläuft. Die Technik des Integrierens erfordert daher Phantasie und gute Kenntnisse der elementaren Funktionen und ihrer Ableitungen.

12.2.1 Integrale für elementare Funktionen

Im Folgenden sind einige Integrale für elementare Funktionen angegeben. Den Beweis für die Richtigkeit der Integrale kann man leicht durch Differenzieren der Stammfunktion führen.

$$\int x^n\,dx = \frac{1}{n+1}x^{n+1} + c$$

$$\int \frac{1}{x}\,dx = \ln|x| + c$$

$$\int e^x\,dx = e^x + c$$

$$\int \sin x\,dx = -\cos x + c$$

$$\int \cos x\,dx = \sin x + c$$

In Nachschlagewerken (zum Beispiel [1]) sind weitere Integrale aufgeführt.

12.2.2 Integrationsregeln

Es werden nun verschiedene Regeln diskutiert, mit deren Hilfe man ein gegebenes Integral auf Integrale elementarer Funktionen zurückführen kann. Dies ist die eigentliche Kunst des Integrierens. Es kommt darauf an, die Funktion möglichst geschickt umzuformen, damit letztlich nur noch bekannte und einfache Integrale zu lösen sind. Freilich ist dies keineswegs immer möglich. Es gibt zahlreiche Funktionen, deren Integrale nicht mehr durch elementare Funktionen darstellbar sind, und es gibt Funktionen, deren unbestimmte Integrale überhaupt nicht in geschlossener Form, d. h. als Formel, existieren. Dies tritt zum Beispiel schon bei so scheinbar einfachen Funktionen wie

$$f(x) = e^{-x^2} \quad \text{für } x \in \mathbb{R}$$
$$f(x) = \frac{1}{\ln x} \quad \text{für } x > 0$$
$$f(x) = \frac{x}{\sin x} \quad \text{für } x \in \mathbb{R}$$

auf, die nur näherungsweise integrierbar sind.

12.2.2.1 Konstant-Faktor-Regel

Ein konstanter Faktor kann vor das Integral gezogen werden:

$$\int a f(x)\, dx = a \int f(x)\, dx$$

Beispiel 12.2.

$$\int 2\, dx = 2 \int dx = 2x + c$$
$$\int 4x^3\, dx = 4 \int x^3\, dx = x^4 + c$$

☼

12.2.2.2 Summenregel

Das Integral einer Summe von Funktionen ist gleich der Summe der Einzelintegrale:

$$\int (f(x) + g(x))\, dx = \int f(x)\, dx + \int g(x)\, dx$$

Bei einer Summe von Integralen werden die Integrationskonstanten meist zu einer Konstanten zusammengefasst. Konstante Faktoren und Summen bzw. Differenzen von Funktionen werden also wie beim Differenzieren ganz schematisch berücksichtigt.

Beispiel 12.3.

$$\int \left(2x^2 - 1 + \frac{4}{x}\right) dx = 2\int x^2 \, dx - \int dx + 4\int \frac{1}{x} dx$$
$$= \frac{2}{3}x^3 - x + 4\ln|x| + c$$

☆

12.2.2.3 Partielle Integration

Auch für die Produktregel der Differentiation bzw. für die Kettenregel existieren äquivalente Regeln der Integration, die jedoch eher Umformungen als Rechenvorschriften darstellen. Man bezeichnet sie als partielle Integration bzw. als Integration durch Substitution. Trotz des gleichlautenden Adjektivs hat die partielle Integration nichts mit der partiellen Differentiation zu tun.

Partielle Integration kann angewendet werden, wenn ein Produkt zweier Funktionen zu integrieren ist. Die anschließenden Überlegungen zeigen, warum man dabei nicht vom Produkt $f(x)g(x)$ ausgeht, sondern die Form $f(x)g'(x)$ wählt. Die Produktregel der Differentiation lautet

$$\frac{d}{dx}(f(x)g(x)) = \frac{df(x)}{dx}g(x) + f(x)\frac{dg(x)}{dx}$$

Durch Umstellen erhält man

$$f(x)g'(x) = \frac{d(f(x)g(x))}{dx} - f'(x)g(x)$$

Integriert man beide Seiten der Gleichung, so erhält man

$$\int f(x)g'(x) \, dx = \int \frac{d(f(x)g(x))}{dx} dx - \int f'(x)g(x) \, dx$$

Bei dem mittleren Integral besteht der Integrand gerade aus einem Differentialquotienten. Hier hebt sich also die Integration und die Differentiation auf.

$$\int \frac{d(f(x)g(x))}{dx} dx = f(x)g(x) + c \tag{12.2}$$

Man erhält

$$\int f(x)g'(x) \, dx = f(x)g(x) - \int f'(x)g(x) \, dx + c$$

Diese Vorgehensweise sieht auf den ersten Blick recht kompliziert aus und scheint sinnlos zu sein, weil das Integral auf der linken Seite ja nur durch ein anderes, ähnlich strukturiertes Integral rechts ersetzt wird. Das erklärt auch die Bezeichnung «partiell». Tatsächlich ist aber das Integral auf der rechten Seite manchmal einfacher zu lösen als das Integral auf der linken Seite.

Die partielle Integration setzt voraus, dass ein Produkt der Form

$$f(x)g'(x)$$

zu integrieren ist. Welcher Faktor aber als $f(x)$ und welcher als $g'(x)$ gewählt wird, ist nicht festgelegt. Als Faustregel könnte man vielleicht sagen: Wähle die Funktion als $g'(x)$, die leichter zu integrieren ist. Aber es gibt Ausnahmen von dieser Regel. Manchmal gibt es keinerlei Hinweis für eine bestimmte Wahl. Dann sollte man es mit einer Variante versuchen und sich für die Alternative entscheiden, wenn man nicht weiterkommt. Eine Quotientenregel der Integration gibt es nicht.

Im Folgenden wird die partielle Integration durch einige Beispiele erläutert.

Beispiel 12.4. Es soll die Funktion

$$z(x) = 4x^3 \ln x \quad \text{für } x > 0$$

integriert werden. Da es sich um zwei multiplikativ verknüpfte elementare Funktionen handelt, wählt man folgenden partiellen Integrationsansatz:

$$\begin{aligned} f(x) &= \ln x & \Rightarrow \quad f'(x) &= \frac{1}{x} \\ g'(x) &= 4x^3 & \Rightarrow \quad g(x) &= x^4 + c_1 \end{aligned} \qquad (12.3)$$

Die partielle Integration ergibt

$$\begin{aligned} Z(x) &= \int 4x^3 \ln x \, dx = x^4 \ln x + c_1 - \int x^4 \frac{1}{x} \, dx \\ &= x^4 \ln x + c_1 - \frac{x^4}{4} + c_2 \\ &= x^4 \ln x - \frac{x^4}{4} + c \end{aligned} \qquad (12.4)$$

Die Integrationskonstante aus (12.3) wird im Allgemeinen mit der in (12.4) zu einer Integrationskonstante zusammengefasst. ✩

Beispiel 12.5. Es soll die Funktion

$$z(x) = x^2 e^x \quad \text{für } x \in \mathbb{R}$$

integriert werden. Man wählt den Ansatz

$$\begin{aligned} f(x) &= x^2 & \Rightarrow \quad f'(x) &= 2x \\ g'(x) &= e^x & \Rightarrow \quad g(x) &= e^x + c \end{aligned}$$

Das partielle Integral lautet damit

$$Z(x) = \int x^2 e^x \, dx = x^2 e^x - 2 \int x e^x \, dx \qquad (12.5)$$

Das Integral auf der rechten Seite in Gleichung (12.5) wird wieder partiell integriert. Man wählt diesmal

$$f(x) = x \quad \Rightarrow \quad f'(x) = 1$$

$$g'(x) = e^x \quad \Rightarrow \quad g(x) = e^x + c$$

Nun erhält man das partielle Integral

$$Z(x) = \int x^2 e^x \, dx = x^2 e^x - 2 \left(x e^x - \int e^x \, dx \right)$$
$$= x^2 e^x - 2x e^x + 2 e^x + c$$
$$= e^x \left(x^2 - 2x + 2 \right) + c$$

☆

Beispiel 12.6. Es soll die Funktion

$$f(x) = \ln x \quad \text{für } x > 0$$

integriert werden. Man wählt den Ansatz $1 \times \ln x$.

$$f(x) = \ln x \quad \Rightarrow \quad f'(x) = \frac{1}{x}$$
$$g'(x) = 1 \quad \Rightarrow \quad g(x) = x + c$$

Es wird also eine multiplikative Verknüpfung mit der Konstanten 1 unterstellt, um das Integral partiell integrieren zu können. Das partielle Integral ist somit

$$Z(x) = \int \ln x \, dx = x \ln x - \int \frac{1}{x} x \, dx$$
$$= x \ln x - x + c$$

☆

Beispiel 12.7. Es soll die Funktion

$$z(x) = \sin x \cos x \quad \text{für } x \in \mathbb{R}$$

integriert werden. Man wählt den Ansatz

$$f(x) = \sin x \quad \Rightarrow \quad f'(x) = \cos x$$
$$g'(x) = \cos x \quad \Rightarrow \quad g(x) = \sin x + c$$

Das partielle Integral ist somit

$$Z(x) = \int \sin x \cos x \, dx$$
$$= (\sin x)^2 + c - \int \sin x \cos x \, dx$$
$$2 \int \sin x \cos x \, dx = (\sin x)^2 + c$$

$$Z(x) = \int \sin x \cos x \, dx = \frac{1}{2} (\sin x)^2 + c$$

☼

12.2.2.4 Integration durch Substitution

Zusammengesetzte Funktionen werden mit Hilfe der Kettenregel differenziert. Im Prinzip wird dabei die innere Funktion substituiert. Man erhält aus

$$y = f\big(g(x)\big) \quad \text{mit } z = g(x)$$

eine von der Struktur her vereinfachte Funktion mit der neuen Variablen z. Genau das gleiche Prinzip kann man auch beim Integrieren anwenden. Durch Variablensubstitution wird versucht, eine zusammengesetzte Funktion soweit zu vereinfachen, dass sie auf bekannte Integrale zurückzuführen ist.

Die Integration durch Substitution ist wohl die am häufigsten verwendete Methode (wie die Kettenregel). Liegt eine zusammengesetzte Funktion vor, so sollte man mit einem Substitutionsversuch beginnen.

Es soll das Integral

$$F(x) = \int f\big(g(x)\big) \, g'(x) \, dx$$

gelöst werden, wobei die innere Funktion durch $z = g(x)$ substituiert wird. Das Differential dieser neuen Variablen lautet dann

$$dz = g'(x) \, dx,$$

so dass sich unter Umständen ein einfacheres Integral

$$F(z) = \int f(z) \, dz$$

ergibt. Häufig verwendete Substitutionen sind:

$$
\begin{aligned}
z &= ax + b & &\Rightarrow & dz &= a \, dx \\
z &= ax^2 + b & &\Rightarrow & dz &= 2ax \, dx \\
z &= \sqrt{ax + b} & &\Rightarrow & dz &= \frac{a}{2\sqrt{ax+b}} \, dx \\
z &= c^x & &\Rightarrow & dz &= c^x \ln c \, dx \\
z &= \ln x & &\Rightarrow & dz &= \frac{1}{x} \, dx \\
z &= \sin x & &\Rightarrow & dz &= \cos x \, dx
\end{aligned}
$$

Beispiel 12.8. Es ist das Integral

$$F(x) = \int 2x \sqrt{x^2 + 2} \, dx$$

zu berechnen. Mit der Substitution

$$z = x^2 + 2 \quad \Rightarrow \quad dz = 2x\,dx$$

ergibt sich das substituierte Integral wie folgt:

$$F(z) = \int \sqrt{z}\,dz = \frac{2}{3} z^{\frac{3}{2}} + c$$

Das Produkt mit $2x$ entfällt hier aufgrund der Substitution, was die Lösung des Integrals jetzt ermöglicht. Der nächste Schritt ist die Resubstituierung der Variablen z.

$$F(x) = \frac{2}{3} \sqrt{(x^2+2)^3} + c$$

☆

Beispiel 12.9. Es ist das Integral

$$F(x) = \int x e^{-x^2}\,dx$$

zu berechnen. Die Substitution

$$z = -x^2 \quad \Rightarrow \quad dz = -2x\,dx$$

führt zu dem Integral

$$F(z) = -\frac{1}{2} \int e^z\,dz$$
$$= -\frac{1}{2} e^z + c$$

Mit der Ersetzung von $z = -x^2$ erhält man die Lösung des Integrals:

$$F(x) = -\frac{1}{2} e^{-x^2} + c$$

☆

Beispiel 12.10. Es ist das Integral

$$F(x) = \int \frac{1}{2x+3}\,dx \quad \text{für } x \neq -\frac{3}{2}$$

zu lösen. Die Substitution

$$z = 2x + 3 \quad \Rightarrow \quad dz = 2\,dx$$

führt zu dem Integral

$$F(z) = \frac{1}{2} \int \frac{1}{z}\,dz = \frac{1}{2} \ln|z| + c$$

und zur Lösung

$$F(x) = \frac{1}{2}\ln|2x+3| + c$$

✧

Beispiel 12.11. Es ist das Integral

$$F(x) = \int \tan x \, dx$$
$$= \int \frac{\sin x}{\cos x} dx \quad \text{für } x \neq \frac{\pi}{2} + k\pi, k \in \mathbb{Z}$$

zu lösen. Erst die Transformation in die alternative Funktion ergibt eine sinnvolle Substitution

$$z = \cos x \quad \Rightarrow \quad dz = -\sin x \, dx$$

und führt zu dem Integral

$$F(z) = -\int \frac{1}{z} dz = -\ln|z| + c$$

und zur Lösung

$$F(x) = -\ln|\cos x| + c$$

✧

Beispiel 12.12. Es ist das Integral

$$F(x) = \int \frac{\ln x}{x} dx \quad \text{für } x > 0$$

zu lösen. Die Substitution

$$z = \ln x \quad \Rightarrow \quad dz = \frac{1}{x} dx$$

führt zu dem Integral

$$F(z) = \int z \, dz = \frac{1}{2} z^2 + c$$

und zur Lösung

$$F(x) = \frac{1}{2}(\ln x)^2 + c$$

✧

Beispiel 12.13. Es ist das Integral

$$F(x) = \int a^x \, dx = \int e^{x \ln a} \, dx \quad \text{für } x > 0$$

zu lösen. Erst die Transformation in die alternative Funktion ergibt eine sinnvolle Substitution.

$$z = x \ln a \quad \Rightarrow \quad dz = \ln a \, dx$$

Das transformierte Integral

$$F(z) = \frac{1}{\ln a} \int e^z \, dz = \frac{1}{\ln a} e^z + c$$

führt zur Lösung

$$F(x) = \frac{1}{\ln a} a^x + c$$

☆

Beispiel 12.14. Es ist das Integral

$$F(x) = \int \frac{\sin x \cos x}{1 + \sin^2 x} \, dx$$

zu lösen. Die Substitution

$$z = 1 + \sin^2 x \quad \Rightarrow \quad dz = 2 \sin x \cos x \, dx$$

führt zu dem Integral

$$F(z) = \frac{1}{2} \int \frac{1}{z} \, dz = \frac{1}{2} \ln |z| + c$$

und zur Lösung

$$F(x) = \frac{1}{2} \ln \left(1 + \sin^2 x\right) + c$$

☆

12.2.3 Ökonomische Anwendung

Für einen ökonomischen Wachstumsprozess wird häufig angenommen, dass die relative Änderung

$$\frac{f'(t)}{f(t)} = \gamma \quad \text{mit } f(t) > 0 \text{ für alle } t \tag{12.6}$$

konstant ist. Mit t wird hier die Zeit bezeichnet. $f(t)$ ist eine zeitabhängige Bestandsfunktion. Die Ableitung $f'(t)$ ist dann eine Wachstumsrate. Die Umstellung der Funktion liefert eine **Differentialgleichung**.

$$f'(t) = \gamma f(t)$$

Die Änderungsrate $f'(t)$ ist proportional abhängig von der Bestandsfunktion $f(t)$. Die Lösung der Gleichung (12.6) erfolgt durch einen Integrationsansatz mit der Substitution

$$z = f(t) \qquad \frac{dz}{dt} = f'(t)$$

Der daraus folgende Ansatz kann leicht integriert werden.

$$\int \frac{f'(t)}{f(t)} dt = \int \gamma \, dt \quad \Rightarrow \quad \int \frac{1}{z} dz = \int \gamma \, dt$$
$$\ln f(t) = \gamma t + c \quad \Rightarrow \quad f(t) = y_0 \, e^{\gamma t} \quad \text{mit } y_0 = f(0) = e^c \qquad (12.7)$$

Beispiel 12.15. Mit der Funktion (12.7) kann zum Beispiel eine stetige Verzinsung des Kapitals berechnet werden. Dann ist $y_0 = K_0$, $\gamma = i$ (siehe stetige Verzinsung, Seite 177).

$$K_t = K_0 \, e^{i \times t}$$

☼

Übung 12.1. Berechnen Sie die folgenden unbestimmten Integrale:

$$F(x) = \int \frac{x}{\sqrt{x-2}} dx \quad \text{für } x \geq 2$$

$$F(x) = \int \frac{(\ln x)^5}{x} dx \quad \text{für } x > 0$$

$$F(x) = \int x \, e^{-x^2} dx \quad \text{für } x \in \mathbb{R}$$

$$F(x) = \int \sqrt{x} \ln x \, dx \quad \text{für } x > 0$$

Übung 12.2. Bestimmen Sie die Stammfunktion zu folgenden Funktionen:

$$f(x) = a^x \quad \text{für } a \in \mathbb{R}, a > 0$$

$$f(x) = x \sin \frac{x}{2} \quad \text{für } x \in \mathbb{R}$$

$$f(x) = x^2 \sqrt{x} \quad \text{für } x \geq 0$$

$$f(x) = \frac{x^2}{\sqrt{x+5}} \quad \text{für } x \geq -5$$

$$f(x) = \frac{1}{x \ln x} \quad \text{für } x > 0$$

12.3 Das bestimmte Integral

Die Integration war bislang als Umkehroperation zur Differentiation verstanden worden. Neben dieser Definition gibt es eine zweite, diesmal anschaulichere Erklärung für das Integral. Für eine im Intervall $a \leq x \leq b$ stetige Funktion $f(x)$ sei der Inhalt der Fläche zwischen der Kurve und der Abszisse über dem Intervall $[a,b]$ zu berechnen. Die Fläche soll mit F_{ab} bezeichnet werden (siehe Abb. 12.1).

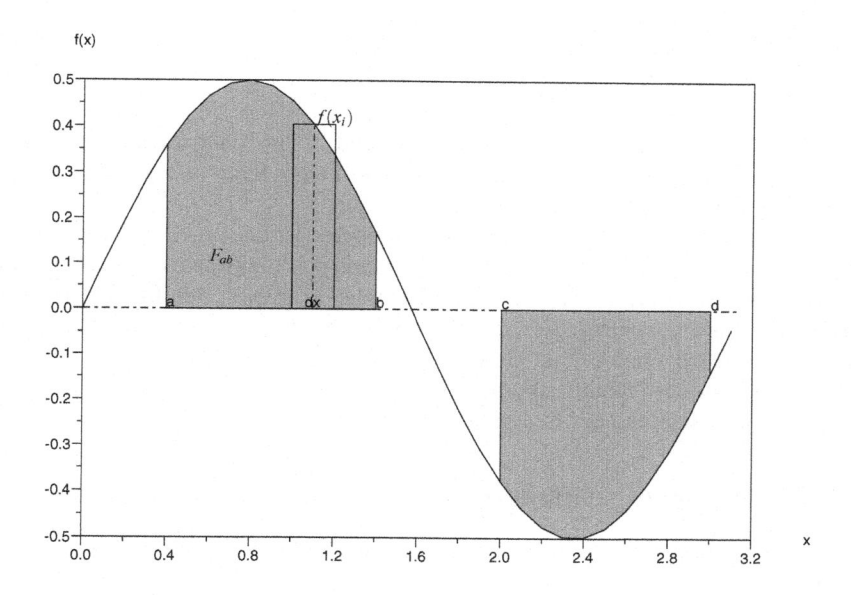

Abb. 12.1: Bestimmtes Integral

Die Fläche F_{ab} lässt sich näherungsweise berechnen, indem man das Intervall $[a,b]$ in Teilintervalle

$$[a,b] = [a = x_1, x_2] \cup [x_2, x_3] \cup \ldots \cup [x_{n-1}, x_n = b]$$

aufteilt und die Fläche über dem i-ten Intervall durch ein Rechteck der Höhe $f(x_i)$ approximiert, wobei x_i ein willkürlicher Wert im i-ten Intervall ist. Die Intervallbreite wird mit $\Delta x_i = x_{i+1} - x_i$ bezeichnet. Es gilt:

$$F_{ab} \approx \sum_{i=1}^{n} f(x_i) \Delta x_i$$

Die Näherung wird umso genauer, je kleiner die Rechtecke, also die Teilintervalle sind. Lässt man die Intervallbreite der Teilintervalle gegen Null und damit die

Zahl n der Rechtecke gegen unendlich streben, so wird der Grenzwert der Summe der Rechtecke gleich der gesuchten Fläche.

$$F_{ab} = \lim_{\substack{n\to\infty \\ \Delta x_i \to 0}} \sum_{i=1}^{n} f(x_i)\,\Delta x_i \qquad (12.8)$$

Der Grenzwert der Summe (12.8) wird **bestimmtes (Riemannsches) Integral** der Funktion $f(x)$ über dem Intervall $[a,b]$ genannt.

$$\lim_{\substack{n\to\infty \\ \Delta x_i \to 0}} \sum_{i=1}^{n} f(x_i)\,\Delta x_i = \int_a^b f(x)\,\mathrm{d}x$$

Die Variable x ist die Integrationsvariable und a bzw. b sind die Integrationsgrenzen. Diese Definition des Integrals als Grenzwert einer Summe erklärt die Wahl des stilisierten Buchstabens S als Integrationszeichen.

Ähnlich wie schon beim Differentialquotienten ist also auch das bestimmte Integral durch einen Grenzwert definiert, den man im konkreten Fall natürlich nicht jedes Mal ausrechnen möchte. Der so genannte **Hauptsatz der Integralrechnung** stellt den Zusammenhang zwischen dem bestimmten und dem unbestimmten Integral mit Hilfe der Stammfunktion her und zeigt damit einen Weg auf, das bestimmte Integral mittels der Stammfunktion zu berechnen. Dazu wird die Umkehreigenschaft der Differentiation und der Integration genutzt.

12.3.1 Hauptsatz der Integralrechnung

Es wird eine auf dem Intervall $[a,b]$ integrierbare Funktion $f(z)$ betrachtet. Das Integral

$$F_{ax}(x) = \int_a^x f(z)\,\mathrm{d}z$$

bedeutet dann den Flächeninhalt unter der Kurve $f(z)$ im Intervall $[a,x]$. Die Wahl der neuen Integrationsvariablen z hat den Grund, dass x bereits in der Integrationsgrenze verwendet wird. An der Berechnung des bestimmten Integrals ändert sich dadurch nichts. Der Flächeninhalt ist nun von der hier als variabel anzusehenden oberen Integrationsgrenze abhängig und daher eine Funktion von x. Differenziert man die Funktion $F_{ax}(x)$ nach x, so bedeutet das formal, ein Integral nach seiner oberen Grenze zu differenzieren. Dazu besagt der Hauptsatz der Integralrechnung folgendes:

Ist $f(x)$ im Intervall $[a,b]$ integrierbar, so gilt:

$$F'_{ax}(x) = \frac{\mathrm{d}}{\mathrm{d}x} \int_a^x f(z)\,\mathrm{d}z = f(x)$$

Folglich ist $F_{ax}(x)$ das bestimmte Integral und bis auf die Integrationskonstante c gleich der Stammfunktion $F(x)$ der Funktion $f(x)$.

$$F_{ax}(x) = \int_a^x f(z)\,dz = F(x) + c$$

Setzt man $x = a$, so muss die Fläche unter der Kurve im Intervall $[a,a]$ offenbar gleich Null sein, so dass gilt:

$$\int_a^a f(z)\,dz = 0 = F(a) + c$$

Daraus bestimmt sich die Integrationskonstante $c = -F(a)$, und man erhält

$$F_{ax}(x) = \int_a^x f(z)\,dz = F(x) - F(a)$$

Der Wert des bestimmten Integrals ist also gleich dem Wert der Stammfunktion des Integranden an der oberen Grenze minus dem Wert der Stammfunktion an der unteren Integrationsgrenze.

$$\int_a^b f(x)\,dx = F(x)\Big|_a^b = F(b) - F(a)$$

Beispiel 12.16.

$$\int_1^2 x^2\,dx = \frac{1}{3}x^3\Big|_1^2 = \frac{7}{3}$$

$$\int_0^1 e^x\,dx = e^x\Big|_0^1 = e - 1$$

$$\int_0^\pi \sin x\,dx = -\cos x\Big|_0^\pi = 2$$

☼

12.3.2 Eigenschaften bestimmter Integrale

Nachstehend sind einige Eigenschaften bestimmter Integrale zusammengestellt. Alle Regeln gelten unter der Voraussetzung, dass die genannten Integrale auf den bezeichneten Intervallen existieren, die Integranden also dort integrierbar sind.

12.3.2.1 Vertauschen von Integrationsgrenzen

Vertauscht man die Integrationsgrenzen, so ändert sich das Vorzeichen des Integrals.

$$\int_a^b f(x)\,dx = -\int_b^a f(x)\,dx$$

12.3.2.2 Zusammenfassen von Integrationsgrenzen

Für jede Lage der Punkte $a < b < c$ auf der Zahlengeraden gilt:

$$\int_a^b f(x)\,dx + \int_b^c f(x)\,dx = \int_a^c f(x)\,dx$$

12.3.2.3 Konstant-Faktor-Regel

Für jede Kosntante c gilt:

$$\int_a^b c f(x)\,dx = c \int_a^b f(x)\,dx$$

12.3.2.4 Summenregel

Die Summenregel gilt ebenfalls:

$$\int_a^b \left(f(x) + g(x)\right) dx = \int_a^b f(x)\,dx + \int_a^b g(x)\,dx$$

12.3.2.5 Partielle Integration

Die partielle Integration bleibt uneingeschränkt gültig.

$$\int_a^b f(x)\,g'(x)\,dx = f(x)g(x)\Big|_a^b - \int_a^b f'(x)\,g(x)\,dx$$

Es ist zu beachten, dass in das Produkt $f(x)g(x)$ ebenfalls die Integrationsgrenzen eingesetzt und die Differenz gebildet wird.

12.3.2.6 Integration durch Substitution

Wird zum Zweck der Integration eine Variablensubstitution vorgenommen, so ist unbedingt darauf zu achten, dass entweder die Integrationsgrenzen mit transformiert werden oder die Substitution in der Stammfunktion rückgängig gemacht wird, bevor die Integrationsgrenzen eingesetzt werden. Die Integrationsgrenzen sind immer spezielle Werte der Integrationsvariablen! Ändert sich die Integrationsvariable durch Substitution, so müssen die Grenzen ebenfalls substituiert werden.

Es ist das Integral

$$F_{ab}(x) = \int_a^b f\bigl(g(x)\bigr)\,g'(x)\,dx$$

zu lösen. Die Substitution

$$z = g(x) \quad \Rightarrow \quad dz = g'(x)\,dx$$

12.3 Das bestimmte Integral   345

transformiert die Grenzen $x = a$ und $x = b$ auf die Grenzen $z = g(a)$ und $z = g(b)$:

$$F_{ab}(x) = \int_a^b f(g(x))\, g'(x)\, \mathrm{d}x = \int_{g(a)}^{g(b)} f(z)\, \mathrm{d}z$$

Es ist meist geschickt, die Grenzen direkt bei der Substitution zu übertragen:

$$z\Big|_{g(a)}^{g(b)} = g(x)\Big|_a^b$$

Beispiele stehen in Kapitel 12.3.3.

12.3.2.7 Flächenvergleich

Verläuft eine Funktion $f(x)$ auf dem Intervall $[a,b]$ stets unterhalb der Funktion $g(x)$, so gilt für $f(x) \leq g(x)$ die Aussage

$$\int_a^b f(x)\, \mathrm{d}x \leq \int_a^b g(x)\, \mathrm{d}x$$

Eine unmittelbare Folgerung dieser Eigenschaft ist, dass das bestimmte Integral einer Funktion, die auf dem gesamten Intervall negativ ist, einen negativen Wert hat. Es ergibt sich die Fläche der Kurve unter der Abzisse mit negativem Vorzeichen. Für $f(x) \leq 0$ auf $[a,b]$ ist

$$\int_a^b f(x)\, \mathrm{d}x \leq 0$$

Man sollte dies besonders dann beachten, wenn der Integrand im Integrationsintervall eine oder mehrere Nullstellen besitzt (siehe Abb. 12.1). Die entsprechend positiven Flächen (über der Abzisse) und negativen Flächen (unterhalb der Abzisse) heben sich gegenseitig auf, wenn man über die Nullstellen hinweg integriert. Will man die Gesamtfläche aus den einzelnen Flächenanteilen bestimmen, so hat man wie folgt vorzugehen:

$$F_{ad}(x) = F_{ab}(x) - F_{cd}(x)$$
$$= \int_a^b f(x)\, \mathrm{d}x - \int_c^d f(x)\, \mathrm{d}x$$

12.3.3 Beispiele für bestimmte Integrale

Beispiel 12.17. Es ist das Integral

$$F_{0,2}(x) = \int_0^2 \frac{1}{2x+3}\, \mathrm{d}x$$

zu lösen. Die Substitution

346   12 Grundlagen der Integralrechnung

$$2x+3\Big|_0^2 = z\Big|_3^7 \quad \Rightarrow \quad dz = 2\,dx$$

führt zu dem Integral

$$F_{3,7}(z) = \frac{1}{2}\int_3^7 \frac{1}{z}\,dz = \frac{1}{2}(\ln 7 - \ln 3) = 0.4236$$

☆

Beispiel 12.18. Es ist das Integral

$$F_{1,e}(x) = \int_1^e \frac{\ln x}{x}\,dx$$

zu lösen. Die Substitution

$$\ln x\Big|_1^e = z\Big|_0^1 \quad \Rightarrow \quad dz = \frac{1}{x}\,dx$$

führt zu dem Integral

$$F_{0,1}(z) = \int_0^1 z\,dz = \frac{1}{2}z^2\Big|_0^1 = 0.5$$

☆

12.3.4 Ökonomische Anwendung

Beispiel 12.19. Angenommen, man hat die Grenzkostenfunktion

$$K'(x) = 2x - 2$$

im Bereich von $x = 1,\ldots,10$ ermitteln können. Wie hoch sind die Gesamtkosten? Das Integral

$$\int_1^{10}(2x-2)\,dx = x^2 - 2x\Big|_1^{10} = 81$$

liefert das gesuchte Ergebnis. ☆

Beispiel 12.20. Der Preis eines Wertpapiers wird durch den Barwert der Erträge bestimmt. Ein Wertpapier mit einer kontinuierlichen Zahlung von $r\,€$ pro Jahr über n Jahre besitzt dann den Barwert

$$C_0(i,r,n) = \int_0^n r\,e^{-it}\,dt + \frac{K_0}{(1+i)^n} = \frac{r}{i}\left(1 - e^{-in}\right) + \frac{K_0}{(1+i)^n}$$

Der Barwert eines Wertpapiers mit $r = 6\,€$, $K_0 = 100\,€$ und einer Laufzeit von $n = 10$ Jahren besitzt bei einem Marktzinssatz von $i = 0.05$ einen Preis von

$$C_0(0.05, 6, 10) = 108.61 \,€$$

Steigt der Marktzinssatz auf $i = 0.06$, so fällt der Barwert auf

$$C_0(0.06, 6, 10) = 100.95 \,€$$

Wird die Rechnung für ein Wertpapier mit einer Laufzeit von $n = 5$ Jahren wiederholt, dann zeigt sich, dass der Barwert bei längeren Laufzeiten stärker auf die Zinssatzänderung reagiert.

$$C_0(0.05, 6, 5) = 104.86 \,€ \quad C_0(0.06, 6, 5) = 100.64 \,€$$

Im ersten Fall beträgt die Barwertabnahme bei einer Laufzeit von 10 Jahren rund 7 Prozent, im zweiten Fall nur rund 4 Prozent. Ein Wertpapier mit einer längeren Laufzeit reagiert sensibler (elastischer) auf eine Zinssatzänderung. Diese Sensibilität kann mit der **Zinssatzelastizität des Barwerts** beschrieben werden (siehe auch Abschnitt 9.7.7), die auch als **Duration** bezeichnet wird.

$$D = \frac{\frac{dC_0}{di}}{\frac{C_0}{1+i}} = \frac{\frac{rne^{-in}}{i} - \frac{r}{i^2}(1 - e^{-in}) - \frac{K_0}{(1+i)^n}\frac{n}{(1+i)}}{\frac{\frac{r}{i}(1-e^{-in}) + \frac{K_0}{(1+i)^n}}{1+i}}$$

Sie beträgt in den beiden Fällen:

$$D\bigg|_{i=0.05, r=6, n=10} = -7.7455 \quad D\bigg|_{i=0.05, r=6, n=5} = -4.3713$$

Betragsmäßig hat die Zinssatzelastiziät abgenommen, wodurch die geringere Barwertreaktion erklärt wird. Mit der Duration kann (wie in Abschnitt 9.7.7) auch die Barwertänderung abgeschätzt werden.

$$\Delta C_0 \approx -DC_0 \frac{\Delta i}{i}$$

$$\Delta C_0 \approx -7.7455 \times 108.61 \times \frac{0.01}{1.05} = -8.01$$

$$\Delta C_0 \approx -4.3713 \times 104.86 \times \frac{0.01}{1.05} = -4.36$$

☆

12.3.5 Integralberechnung mit Scilab

Das Integral aus Beispiel 12.18 soll mit Scilab integriert werden. Dazu ist es zunächst nötig, die Funktion mit dem `deff` Befehl zu definieren. Mit dem anschließenden `integrate` Befehl wird die numerische Integration der Funktion in den Grenzen von 1 bis e berechnet.

```
deff('y=f(x)','y=log(x)/x')
integrate('f(x)','x',1,exp(1))
```

Die Gesamtkosten in Beispiel 12.19 sind durch folgende Befehle zu berechnen.

```
deff{'y=f(x)','y=2*x-2')
integrate('f(x)','x',1,10)
```

Übung 12.3. Berechnen Sie die folgenden bestimmten Integrale:

$$F_{-1,+1}(x) = \int_{-1}^{+1} |x|\,dx$$

$$F_{-2,+2}(x) = \int_{-2}^{+2} \min\{x, x^2\}\,dx$$

$$F_{1,e}(x) = \int_{1}^{e} \ln x\,dx$$

$$F_{0,4}(x) = \int_{0}^{4} f(x)\,dx \quad \text{mit} \quad f(x) = \begin{cases} x^2 & \text{für } 0 \leq x < 1 \\ \sqrt{x} & \text{für } 1 \leq x \leq 4 \end{cases}$$

$$F_{0,1}(x) = \int_{0}^{1} \frac{4x+6}{x^2+3x+2}\,dx$$

$$F_{3,1}(x) = \int_{3}^{1} x^2 \ln x\,dx$$

12.4 Uneigentliche Integrale

Uneigentliche Integrale sind Integrale, bei denen die Integrationsgrenzen nicht endlich sein müssen oder bei denen der Integrand einen unendlichen Integrationsbereich besitzt oder der Integrand im Integrationsintervall eine Unendlichkeitsstelle hat. Das uneigentliche Integral kann man als eine Verallgemeinerung des bestimmten Integrals auffassen, vorausgesetzt, der Grenzwert existiert.

$$\lim_{a \to -\infty} \int_{a}^{b} f(x)\,dx$$

Beispiel 12.21. Es ist die Funktion

$$f(x) = e^{-x} \quad \text{für } x \in \mathbb{R}$$

von 0 bis ∞ zu integrieren.

$$\lim_{b \to \infty} \int_{0}^{b} e^{-x}\,dx = \lim_{b \to \infty} -e^{-x}\Big|_{0}^{b}$$

$$= 1 \quad \text{da } \lim_{b \to \infty} e^{-b} = 0 \text{ ist}$$

☆

12.4.1 Ökonomische Anwendung

Ein Ertragsstrom $r(t)$ hat bei stetiger Verzinsung mit dem nominalen Zinssatz γ über n Jahre den Barwert:

$$K_0 = \int_0^n r(t)\,e^{-\gamma t}\,dt$$

Bei konstantem, unendlichem Ertragsstrom $r = konst$ (Rente) wird K_0 mittels des uneigentlichen Integrals

$$K_0 = \lim_{n \to \infty} \int_0^n r\,e^{-\gamma t}\,dt$$

berechnet. Die Substitution

$$\tau = -\gamma t \quad \Rightarrow \quad d\tau = -\gamma\,dt$$

liefert das Integral

$$\begin{aligned}
K_0 &= \lim_{n \to \infty} \int_0^{-\gamma n} \left(-\frac{r}{\gamma}\right) e^{\tau}\,d\tau \\
&= \lim_{n \to \infty} \left(-\frac{r}{\gamma}\right)\left(e^{-\gamma n} - e^0\right) \\
&= \frac{r}{\gamma}
\end{aligned}$$

Beispiel 12.22. Für eine unendliche Rente von jährlich $r = 5\,000\,€$ und einem nominellen Zinssatz von $\gamma = 0.05$ p. a. ergibt sich bei stetiger Verzinsung ein Barwert von:

$$K_0 = \frac{5000}{0.05} = 100\,000\,€$$

(siehe hierzu auch Kapitel 9.6.2, Seite 193) ☆

Uneigentliche Integrale kommen häufig auch im Rahmen der Statistik bei der Berechnung von Wahrscheinlichkeiten vor.

12.4.2 Statistische Anwendung

Z ist eine Zufallsvariable, deren Zufallsverteilung (Dichtefunktion) durch die Standard-Normalverteilung gegeben ist.

$$f_Z(z) = \frac{1}{\sqrt{2\pi}}\,e^{-\frac{z^2}{2}} \quad \text{mit } z \in \mathbb{R}$$

Die Dichtefunktion ist im reellen Zahlenbereich definiert. Die Wahrscheinlichkeit, dass die Zufallsvariable Z einen Wert von kleiner gleich z annimmt, ist durch das Integral

$$F_Z(z) = \int_{-\infty}^{z} f_Z(\xi)\,d\xi$$
$$= \frac{1}{\sqrt{2\pi}} \int_{-\infty}^{z} e^{-\frac{\xi^2}{2}}\,d\xi$$

beschrieben, das als Verteilungsfunktion der Zufallsvariablen Z bezeichnet wird. Die Lösung des Integrals ist etwas aufwändiger und mit den hier beschriebenen Methoden nicht durchführbar. Daher verwendet man in der Statistik Tabellen, die für bestimmte Werte von z die Lösungen enthalten oder Computerprogramme wie Scilab. Mit der folgenden Funktion

```
z = 0;
cdfnor('PQ',z,0,1)
```

kann der Wert des Integrals an der Stelle $z = 0$ berechnet werden. Das Integral besitzt den Wert 0.5.

12.5 Fazit

Die Intregalrechnung ist die Umkehrung der Differentialrechnung. In der Ökonomie findet sie dort Anwendung, wo vom Grenzverhalten (zum Beispiel Grenzkosten) einer ökonomischen Größe auf die ursprüngliche Funktion (zum Beispiel Kostenfunktion) geschlossen werden muss.

Das bestimmte Integral ist die Flächenberechung unter einem Graphen. Mit dem Hauptsatz der Intergralrechnung wird der Zusammenhang zwischen dem bestimmten und dem unbestimmten Integral hergestellt. Unter einem uneigentlichen Integral ist ein Integral zu verstehen, bei dem die Integrationsgrenzen unendlich sind. Eine bekannte Anwendung ist die Berechnung von Verteilungsfunktionen (zum Beispiel Normalverteilung) in der Statistik.

Teil IV

Anhang

A

Eine kurze Einführung in Scilab

Scilab ist ein umfangreiches, leistungsfähiges Software-Paket für Anwendungen in der numerischen Mathematik, das am Institut National de Recherche en Informatique et en Automatique (INRIA) in Frankreich seit 1990 entwickelt wird. Seit 2003 wird die Entwicklung vom Scilab-Konsortium unter Federführung des INRIA vorangetrieben. Scilab wird für Anwendungen in Lehre, Forschung und Industrie eingesetzt und ist für rein numerische Berechnungen programmiert. Es ist ein kostenloses open source Paket www.scilab.org.

Die Syntax der Scilab Programmiersprache ist jener von MATLAB nachempfunden, aber nicht kompatibel; ein integrierter Konverter von MATLAB nach Scilab unterstützt eine Übertragung von vorhandenem Programmcode.

Implementiert ist Scilab in C, erweiterbar ist es aber auch durch Module, die in Scilab selbst oder in anderen Sprachen verfasst wurden, z. B. FORTRAN oder C, für die definierte Schnittstellen existieren.

Folgender Funktionsumfang ist in Scilab vorhanden:

- 2D- und 3D-Graphik in allen gängigen Formen inklusive Animation mit der Möglichkeit der Integration von GNU Plot (oder / und LabPlot)
- lineare Algebra
- schwach besetzte Matrizen (*sparse matrices*)
- Polynom-Berechnungen und rationale Funktionen
- Interpolation und Approximation
- Statistik
- Regelungstechnik
- Simulation
- digitale Signalverarbeitung
- I/O-Funktionen zum Lesen und Schreiben von Daten (ASCII-, Binär- und auch Sound-Dateien in verschiedenen Formaten)
- Bilddatenverarbeitung
- Schnittstellen für Fortran, Tcl/Tk, C, C++, Java und LabVIEW

A Eine kurze Einführung in Scilab

Nach Aufruf von Scilab erscheint am Bildschirm das Scilab-Fenster mit der Menüleiste oben gefolgt von dem Schriftzug Scilab und dem Prompt (->), der Ihren Befehl erwartet:

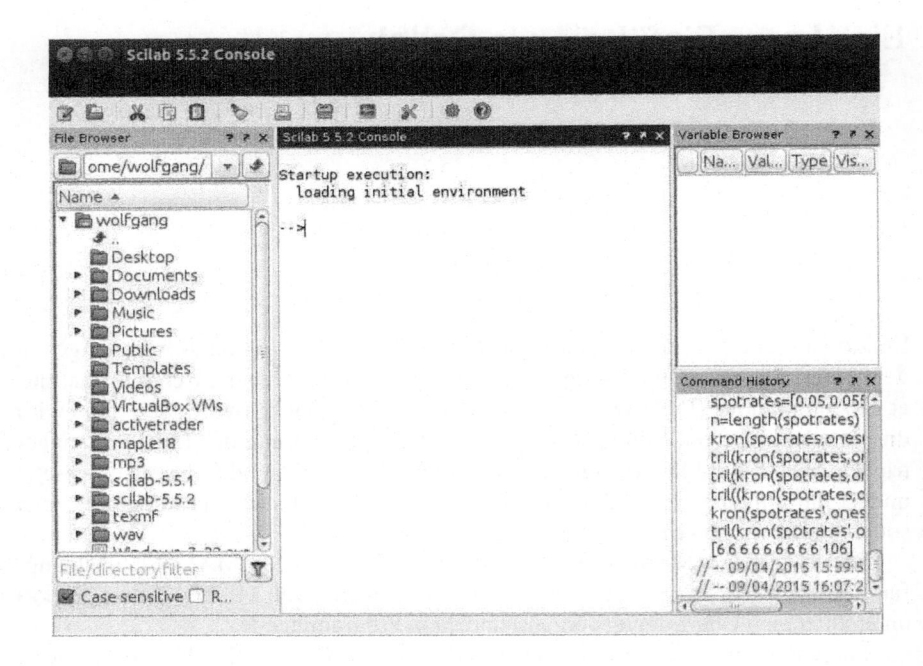

Im Scilab-Fenster können sofort Berechnungen ausgeführt werden. Es zeichnet sich durch folgende Eigenschaften aus:

- mathematische Grundfunktionen (Taschenrechner)
- Bestätigung von Befehlen mittels Return
- Scilab ist sowohl ein Interpreter als auch eine Programmiersprache
- einzelne Befehle oder Skriptdateien mit Befehlslisten können ausgeführt werden (exec-Befehl, // - Kommentare).
- Blättern in alten Befehlen mittels Pfeil-Hoch- und -Runter-Tasten

Im Scilab *Help Browser* werden Befehle erklärt. Zusätzlich existiert auf der Scilab Internetseite eine Dokumentation mit Suchfunktion und Programmbeispielen. Ferner existieren eine Vielzahl von Scilab Anwendungen und Funktionsbibliotheken (scilabsoft.inria.fr).

Der Scilab-Editor ist ein komfortabler Editor mit Syntax-Hervorhebung und Debugging-Schnittstelle. Kommandos können mit ctrl-l im Scilab-Hauptfenster zur Ausführung übergeben werden. Die Kommandos können in einer Datei gespeichert werden.

A Eine kurze Einführung in Scilab

Im Buch werden folgende Scilab-Befehle verwendet. Die Seitenzahlen verweisen auf Anwendungsbeispiele.

Elementare Befehle

		Seite
abs	Betragsfunktion	41
ceil	Aufrundungsfunktion	42
factorial	Fakultät	46
floor	Abrundungsfunktion, Gaußklammer	42
exp	Exponentialfunktion e^x	42
log	Logarithmusfunktion ln	42, 326
max	Maximumfunktion	224
prod	Produktfunktion	41
sqrt	zweite Wurzel	42, 314, 316
sum	Summenfunktion	41, 203

Befehle für Vektoren

a[1,2]	Zeilenvektor	68
a[1;2]	Spaltenvektor	68
a'	Transposition eines Vektors	68
diag	Diagonalisierung eines Vektors	78
length	Länge eines Vektors	203, 321

Befehle für Matrizen

.*	Elementweise Multiplikation	204, 235
A[1,2;1,2]	Matrixeingabe	79
det	Determinante einer Matrix	112
diag	Diagonalisierung einer Matrix	78
eye	Einheitsmatrix	79, 324
kron	Kroneckerprodukt	203
inv	Inverse einer Matrix	99, 314
ones	Matrix mit Einsen	314
rank	Rang einer Matrix	96
size	Dimension einer Matrix	314

Befehle für lineare Gleichungssysteme

linpro	Optimieren eines linearen Programms	143
linsolve	Lösen eines linearen Gleichungssystems	94
spec	Eigenwert- und Eigenvektorberechnung	116

356　A　Eine kurze Einführung in Scilab

Befehle für Funktionen

`deff`	Definieren einer Funktion	46, 348
`factors`	Linearfaktoren eines Polynoms	155
`feval`	Funktionsergebnisse	26
`function`	Definition einer Funktion	26
`fsolve`	Nullstellenberechnung für eine Funktion	26, 156
`integrate`	numerische Integration	348
`poly`	Eingabe eines Polynoms	155, 184, 199, 224
`roots`	Nullstellen eines Polynoms	155, 184, 199, 224

statistische Befehle

`cdfnor`	Normalverteilung	350
`covar`	Kovarianz	324
`mean`	arithmetisches Mittel	314, 321
`mvvacov`	Berechnung der Varianz-Kovarianzmatrix	314
`variance`	Varianz	324, 326

Grafikbefehle

`gca`	Grafikparameter der Achsen abrufen	324
`fplot2d`	Grafik einer Funktion	26
`fplot3d`	Grafik einer Funktion mit 2 Variablen	26
`plot`	(x,y)-Grafik	26, 316, 321, 324
`subplot`	Grafikfenster aufteilen	324
`xstring`	Text in einer Grafik	316, 321, 324
`xtitle`	Einfügen eines Grafiktitels	321, 324

sonstige Befehle

`clean`	rundet sehr kleine Zahlen auf Null	216
`diff`	erste Differenzen berechnen	314, 321, 326
`disp`	Ausgabe von Ergebnissen auf dem Bildschrim	143
`find`	Finden eines Indizes im Vektor	184
`for end`	Schleifen	203, 316
`if else`	bedingte Auswertung	27
`imag`	imaginärer Zahlenteil	184
`linspace`	lineare Zahlenfolge	26, 321, 326
`real`	reeller Zahlenteil	184, 224

B
Lösungen zu den Übungen

Lösungen zu Kapitel 1

1.1
$$A^c \cap B = \{7,8\}$$
$$A \cup B^c = \{1,2,3,4,5,6\}$$
$$A^c \cap B^c = \{6\}$$

1.2
$$n(A \setminus B \setminus C) = n(A) - n(A \cap B) - n(A \cap C) + n(A \cap B \cap C)$$
$$= 50 - 30 - 40 + 20 = 0$$
$$n(C \setminus A \setminus B) = n(C) - n(A \cap C) - n(B \cap C) + n(A \cap B \cap C)$$
$$= 70 - 40 - 40 + 20 = 10$$

1.3
$$A \cup B = (-2,2) \quad A \cup C = [-1,2] \quad A \cap C = [0,2)$$
$$B \cap C = [0,1) \quad C \setminus A = \{2\} \quad C \setminus B = [1,2]$$

1.4 Die Äquivalenz bedeutet aus A folgt B UND aus B folgt A: $(A \to B) \wedge (B \to A)$. Nun kann die Implikation durch $(\neg A \vee B)$ bzw. $(A \vee \neg B)$ ersetzt werden und die erste Beziehung wird offensichtlich.

In der zweiten Beziehung bezeichnen wir für den Moment $(\neg A \vee \neg B)$ mit C und sehen so, dass das Distributivgesetz anwendbar ist.

$$A \leftrightarrow B = (A \wedge B) \vee C = (A \vee C) \wedge (B \vee C)$$
$$= (A \vee (\neg A \wedge \neg B)) \wedge (B \vee (\neg A \wedge \neg B))$$

Nun kann für die in den Klammern stehenden Terme erneut das Distributivgesetz angewendet werden.

$$((\neg A \vee A) \wedge (A \vee \neg B)) \wedge ((\neg A \vee B) \wedge (B \vee \neg B))$$

Die Terme $(A \vee \neg A)$ bzw. $(B \vee \neg B)$ können entfallen, da sie stets den Aussagewert wahr besitzen. Dann ist der Nachweis der Identität erbracht.

$$(A \vee \neg B) \wedge (\neg A \vee B) = (A \wedge B) \vee (\neg A \wedge \neg B)$$

Lösungen zu Kapitel 2.4

2.1 Für $x = 5, 2, 1, 2$ und $y = 1, 2, 3, 4$ ergeben sich folgende Resultate:

$$\sum_{i=1}^{4} x_i = 10 \qquad \sum_{i=1}^{4} x_i y_i = 20 \qquad \sum_{i=1}^{4} (x_i + 3) = 12 + \sum_{i=1}^{4} x_i = 22$$

2.2 Sie berechnen die Summen indem der Indexwert in die Summenformeln eingesetzt wird.

$$\sum_{n=2}^{5} (n-1)^2 (n+2) = 190$$

$$\sum_{k=1}^{5} \left(\frac{1}{k} - \frac{1}{k+1} \right) = 0.8333$$

2.3 Nein, denn die Doppelsumme beschreibt folgende Summe:

$$\sum_{i=1}^{2} \sum_{j=1}^{2} x_{ij} = x_{11} + x_{12} + x_{21} + x_{22}$$

Hingegen beschreibt der obige Ausdruck das Produkt zweier Summen.

$$\sum_{i=1}^{2} x_i \sum_{j=1}^{2} x_j = (x_1 + x_2) \times (x_1 + x_2) = (x_1 + x_2)^2$$

2.4 Für $x = 5, 2, 1, 2$ ergeben sich folgende Resultate:

$$\prod_{i=1}^{4} x_i = 20 \qquad \prod_{i=1}^{5} i = 120 \qquad \prod_{i=1}^{4} 2 x_i = 2^4 \prod_{i=1}^{4} x_i = 320$$

2.5 Das Doppelprodukt ist:

$$\prod_{i=1}^{2} \prod_{j=1}^{2} x_{ij} = x_{11} x_{12} x_{21} x_{22}$$

2.6 Sie müssen einen gemeinsamen Nenner herstellen und können dann die Terme zusammenfassen.

$$\frac{3-a}{a^{m-4}} + \frac{a^6 - a^5 + 2a^3 - 1}{a^{m+1}} - \frac{2a^2 + 1}{a^{m-2}} =$$

$$\frac{(3-a)a^5}{a^{m-4}a^5} + \frac{a^6 - a^5 + 2a^3 - 1}{a^{m+1}} - \frac{(2a^2+1)a^3}{a^{m-2}a^3} =$$

$$\frac{3a^5 - a^6 + a^6 - a^5 + 2a^3 - 1 - 2a^5 - a^3}{a^{m+1}} = \frac{a^3 - 1}{a^{m+1}}$$

2.7 Das Kapital besitzt nach 10 Jahren mit einem Zinssatz von 5 Prozent pro Jahr einen Wert von

$$f(10) = 10000 \times 1.05^{10} = 16288.946$$

2.8 Der Wert des Kapitals nach 9 Jahren errechnet sich aus dem Endwert nach 10 Jahren wie folgt:

$$f(10-1) = 16288.946 \times 1.05^{-1} = 15513.282$$

2.9 Mit y_0 wird der Ausgangsgewinn bezeichnet; mit i die Wachstumsrate. Dann muss für die Verdoppelung des Gewinns y_0 innerhalb von 15 Jahren folgende Gleichung gelten:

$$2y_0 = y_0(1+i)^{15} \Rightarrow i = \sqrt[15]{2} - 1 = 0.047294$$

Zur Verdoppelung des Gewinns innerhalb von 15 Jahren wird eine durchschnittliche Wachstumsrate von 4.7294 Prozent benötigt.

2.10 Die Gleichungen sind zu logarithmieren. Dann können sie nach x aufgelöst werden.

$$y = e^{a+bx} \Rightarrow x = \frac{\ln y - a}{b}$$

$$e^{-ax} = 0.5 \Rightarrow x = \frac{\ln 2}{a}$$

2.11 Die Bestimmungsgleichung lautet bei einem Zinssatz mit $i = 0.05$:

$$2K_0 = K_0(1.05)^n$$

Diese ist mit dem Logarithmus nach n aufzulösen.

$$n = \frac{\ln 2}{\ln 1.05} \approx 14.21 \text{ Jahre}$$

2.12 Die Berechnung der Logarithmen kann mit einer beliebigen Basis erfolgen. Hier wird die Basis e verwendet.

$$\log_2 5 = \frac{\ln 5}{\ln 2} \approx 2.32 \qquad \log_3 4 = \frac{\ln 4}{\ln 3} \approx 1.26$$

2.13 Es sind die Rechengesetze der Logarithmusrechnung anzuwenden.

$$\ln\left(2x\sqrt[4]{x^2 y}\right) = \ln 2 + \frac{3}{2}\ln x + \frac{1}{4}\ln y$$

$$\ln\left(2x^4 u^{2-x}\right) = \ln 2 + 4\ln x + (2-x)\ln u$$

$$\ln\left(5x^2 \sqrt[4]{\frac{pq^2}{(a^2 b)^2}}\right) = \ln 5 + 2\ln x + 0.25\ln p + 0.5\ln q - \ln a - 0.5\ln b$$

Lösungen zu Kapitel 3

3.1 Bei dieser Fragestellung ist die Reihenfolge von Bedeutung und eine Wiederholung zulässig. Es handelt sich um eine Permutation mit Wiederholung.

$$P_w(6,3,3) = \frac{6!}{3! \times 3!} = 20$$

3.2 Eine Wiederholung ist ausgeschlossen, aber die Reihenfolge besitzt hier eine Bedeutung. Es handelt sich um eine Variation ohne Wiederholung.

$$V(25,3) = \frac{25!}{(25-3)!} = 13800$$

3.3 Es handelt sich um eine Kombination ohne Wiederholung. Die Reihenfolge, in der die Karten ausgegeben werden, spielt keine Rolle. Die Kombinationen jedes Spielers ist durch ein logisches UND miteinander verknüpft.

$$\binom{32}{10}\binom{22}{10}\binom{12}{10} = 2.7533 \times 10^{15}$$

3.4 Es bestehen 3 verschiedene Möglichkeiten die Klausur zu beantworten:

1. aus den ersten 5 Fragen 3 UND aus den letzten 7 Fragen 5 ODER
2. aus den ersten 5 Fragen 4 UND aus den letzten 7 Fragen 4 ODER
3. aus den ersten 5 Fragen 5 UND aus den letzten 7 Fragen 3

$$\binom{5}{3}\binom{7}{5} + \binom{5}{4}\binom{7}{4} + \binom{5}{5}\binom{7}{3} = 420$$

3.5 Bei 3,4,5 Richtigen müssen n aus den 6 gezogenen Kugeln und $6-n$ aus den 43 nicht gezogenen Kugeln angekreuzt sein. Es gibt

$$\binom{6}{n}\binom{43}{6-n} \quad \text{mit } n = 3,4,5$$

verschiedene Gewinnmöglichkeiten.

3.6 Es handelt sich um eine Kombination ohne Wiederholung, weil die Reihenfolge irrelevant ist. Somit können

$$C(20,3) = \binom{20}{3} = 1140$$

verschiedene Dreiergruppen bestimmt werden.

3.7 Es handelt sich um eine Kombination mit Wiederholung.

$$C_w(5,4) = \binom{5+4-1}{4} = 70$$

3.8 Es existieren $2 \times 26 = 52$ große und kleine Buchstaben. Damit können

$$V(52,2) = \frac{52!}{(52-2)!} = 2652$$

verschiedene Buchstabenpaare ohne Wiederholung aus dem Alphabet von kleinen und großen Buchstaben gezogen werden. Alternativ kann man auch $C(52,2) = 1326$ Buchstabenkombinationen ohne Berücksichtigung der Reihenfolge ziehen. Für die Buchstabenauswahl stehen

$$C(6,2) = \binom{6}{2} = 15$$

verschiedene Positionen zur Verfügung. In der alternativen Betrachtung stehen dann $V(6,2) = 30$ Positionen unter Berücksichtigung der Reihenfolge zur Verfügung. Insgesamt sind

$$C(6,2) \times V(52,2) = 39780$$

verschiedene Buchstabenkombinationen möglich. Die Auswahl von 4 aus 10 Ziffern ermöglicht

$$V_w(10,4) = 10^4$$

verschiedene Anordnungen. Diese können mit den 39780 kombiniert werden, so dass

$$V(52,2) \times C(6,2) \times 10^4 = 397\,800\,000$$

verschiedene Passwörter möglich sind.

Lösungen zu Kapitel 4

4.1 Existiert für die Definitionsgleichung

$$\lambda_1 \mathbf{a}_1 + \lambda_2 \mathbf{a}_2 + \lambda_3 \mathbf{a}_3 = 0$$

nur die Lösung $\lambda_1 = \lambda_2 = \lambda_3 = 0$, so liegt lineare Unabhängigkeit vor.

$$\lambda_1 - \lambda_3 = 0 \quad \Rightarrow \quad \lambda_1 = \lambda_3$$
$$-\lambda_2 + \lambda_3 = 0 \quad \Rightarrow \quad \lambda_2 = \lambda_3$$

Die Teillösungen von λ_1 und λ_2 werden in die 3. Gleichung eingesetzt.

$$3\lambda_3 = 0$$

λ_3 ist Null und damit auch λ_1 und λ_2. Die 3 Vektoren sind linear unabhängig. Es ist nun die folgende Gleichung gegeben:

$$\lambda_1 \mathbf{a}_1 + \lambda_2 \mathbf{a}_2 + \lambda_3 \mathbf{a}_3 = \mathbf{b}$$

Die Auflösung des Gleichungssystems führt zur Lösung.

$$\lambda_1 - \lambda_3 = 2 \quad \Rightarrow \quad \lambda_1 = 2 + \lambda_3$$
$$-\lambda_2 + \lambda_3 = 4 \quad \Rightarrow \quad \lambda_3 = 4 + \lambda_2$$
$$\lambda_1 + \lambda_2 + \lambda_3 = -2 \quad \Rightarrow \quad 3\lambda_2 + 10 = -2 \Rightarrow \lambda_2 = -4$$
$$\lambda_3 = 0, \lambda_1 = 2$$

Die obige Linearkombination und alle entsprechenden Vielfachen erzeugen den Vektor **b**. Probe:

$$2 \begin{bmatrix} 1 \\ 0 \\ 1 \end{bmatrix} - 4 \begin{bmatrix} 0 \\ -1 \\ 1 \end{bmatrix} = \begin{bmatrix} 2 \\ 4 \\ -2 \end{bmatrix}$$

4.2 Die Einnahmen **E** sind durch das Skalarprodukt

$$\mathbf{E} = \mathbf{x}' \mathbf{p}$$

bestimmt. Die Kosten **K** werden durch das Skalarprodukt

$$\mathbf{K} = \mathbf{v}' \mathbf{p}$$

berechnet. Der Gewinn **G** ist die Differenz von Einnahmen minus Kosten.

$$\mathbf{G} = \mathbf{x}' \mathbf{p} - \mathbf{v}' \mathbf{p} = (\mathbf{x} - \mathbf{v})' \mathbf{p}$$

4.3 Das Skalarprodukt der beiden Vektoren liefert eine quadratische Gleichung

$$x(2x + 8) = 0,$$

deren beider Lösungen $x_1 = 0$ und $x_2 = -4$ sind. $x = 0$ stellt die triviale Lösung dar. Für $x = -4$ sind die beiden Vektoren linear unabhängig.

Lösungen zu Kapitel 5

5.1 Es ist zu beachten, dass sich bei der Transposition eines Skalarprodukts die Reihenfolge der Multiplikation umkehrt. Die Vereinfachung ist dann

$$2(\mathbf{A}\mathbf{B})'(\mathbf{F}+\mathbf{G})$$

5.2 Die folgenden Matrizen geben die Verflechtung zwischen den einzelnen Produktionsstufen an, die im Gozintographen dargestellt sind.

$\mathbf{R_1}$	Z_1	Z_2
R_1	4	0
R_2	1	1
R_3	0	3

$\mathbf{R_2}$	H_1	H_2	H_3
R_1	3	0	0
R_2	0	4	0
R_3	0	2	5

$\mathbf{R_3}$	F_1	F_2
R_1	2	1
R_2	0	2
R_3	0	0

$\mathbf{Z_1}$	H_1	H_2	H_3
Z_1	1	1	0
Z_2	0	0	1

$\mathbf{Z_2}$	F_1	F_2
Z_1	2	0
Z_2	0	1

$\mathbf{H}$	F_1	F_2
H_1	1	0
H_2	1	3
H_3	0	1

Der Gesamtbedarf an Rohstoffen ist dann das Skalarprodukt der folgenden Matrizen:

$$(\mathbf{R_1}\mathbf{Z_1}\mathbf{H} + \mathbf{R_1}\mathbf{Z_2} + \mathbf{R_2}\mathbf{H} + \mathbf{R_3}) \begin{bmatrix} 100 \\ 70 \end{bmatrix} = \begin{bmatrix} 3010 \\ 2130 \\ 1390 \end{bmatrix}$$

5.3 Es ist das Skalarprodukt der Matrizen zu bilden.

1.
$$\mathbf{F} = \begin{bmatrix} 2 & 1 & 0 \\ 1 & 2 & 3 \\ 2 & 1 & 1 \end{bmatrix} \times \begin{bmatrix} 2 & 0 & 3 & 4 \\ 1 & 2 & 5 & 0 \\ 4 & 2 & 0 & 3 \end{bmatrix} = \begin{bmatrix} 5 & 2 & 11 & 8 \\ 16 & 10 & 13 & 13 \\ 9 & 4 & 11 & 11 \end{bmatrix}$$

2.
$$\begin{bmatrix} 5 & 2 & 11 & 8 \\ 16 & 10 & 13 & 13 \\ 9 & 4 & 11 & 11 \end{bmatrix} \times \begin{bmatrix} 100 \\ 550 \\ 80 \\ 60 \end{bmatrix} = \begin{bmatrix} 2960 \\ 8920 \\ 4640 \end{bmatrix}$$

Lösungen zu Kapitel 6

6.1 Das Gleichungssystem der rechten Seite muss folgende Bedingung für die lineare Unabhängigkeit erfüllen.

$$\lambda_1 \begin{bmatrix} 2 \\ -1 \\ -3 \end{bmatrix} + \lambda_2 \begin{bmatrix} 1 \\ 3 \\ 2 \end{bmatrix} + \lambda_3 \begin{bmatrix} 5 \\ 0 \\ 3 \end{bmatrix} = 0$$

364 B Lösungen zu den Übungen

Auflösen der Gleichungen nach λ_i führt zu dem Ergebnis $\lambda_1 = \lambda_2 = \lambda_3 = 0$. Die Gleichungen sind somit linear unabhängig.

6.2 Das Gleichungssystem wird mittels des Gauß-Algorithmus umgeformt. Stellt sich eine Nullzeile bei den Iterationen ein, so liegt eine lineare Abhängigkeit im Gleichungssystem vor. Im vorliegenden Gleichungssystem ist dies nicht der Fall. Das Gleichungssystem besitzt keine lineare Abhängigkeit.

$$\begin{array}{rrr|r} 2 & -1 & -3 & 8 \\ 1 & 3 & 2 & 3 \\ 5 & 0 & 3 & 7 \end{array} \quad \Leftrightarrow \quad \begin{array}{rrr|r} 2 & -1 & -3 & 8 \\ 7 & 0 & -7 & 27 \\ 5 & 0 & 3 & 7 \end{array}$$

$$\begin{array}{rrr|r} 2 & -1 & -3 & 8 \\ 7 & 0 & -7 & 27 \\ 56 & 0 & 0 & 130 \end{array}$$

6.3 Es ist ein Polynom 3. Grades gesucht. Die Koeffizienten a_0, a_1, a_2, a_3 sind gesucht.

$$K(x) = a_3 x^3 + a_2 x^2 + a_1 x + a_0$$

Aus den Angaben der Tabelle kann dann folgendes lineares Gleichungssystem aufgeschrieben werden. Es ist bezüglich der Koeffizienten zu lösen.

$$\begin{aligned} K(10) &= 2700 = a_3 \, 1000 + a_2 \, 100 + a_1 \, 10 + a_0 \\ K(15) &= 3475 = a_3 \, 3375 + a_2 \, 225 + a_1 \, 15 + a_0 \\ K(20) &= 5700 = a_3 \, 8000 + a_2 \, 400 + a_1 \, 20 + a_0 \\ K(25) &= 10125 = a_3 \, 15625 + a_2 \, 625 + a_1 \, 25 + a_0 \end{aligned}$$

Die Lösung des Gleichungssystems liefert die Koeffizienten $a_0 = 2500$, $a_1 = 80$, $a_2 = -16$ und $a_3 = 1$.

$$K(x) = x^3 - 16x^2 + 80x + 2500$$

6.4 Die Aufgabe ist in zwei Schritten zu lösen. Im ersten Schritt ist die Gesamtleistung $\mathbf{x}_p$ zu berechnen.

$$\begin{aligned} \mathbf{x}_p &= \mathbf{T}'_p \times \mathbf{1} + \mathbf{b} \\ &= \begin{bmatrix} 10 & 40 & 20 & 30 \\ 40 & 10 & 30 & 120 \\ 50 & 60 & 50 & 40 \\ 60 & 50 & 10 & 80 \end{bmatrix} \begin{bmatrix} 1 \\ 1 \\ 1 \\ 1 \end{bmatrix} + \begin{bmatrix} 500 \\ 600 \\ 800 \\ 1000 \end{bmatrix} = \begin{bmatrix} 600 \\ 800 \\ 1000 \\ 1200 \end{bmatrix} \end{aligned}$$

Im zweiten Schritt können dann die innerbetrieblichen Verrechnungspreise berechnet werden. Die Bilanzgleichung ist

$$\text{diag}(\mathbf{x}_p) \, \mathbf{p} = \mathbf{T}_p \, \mathbf{p} + \mathbf{k}_{ext}$$

Die obige Bilanzgleichung enthält folgendes Gleichungssystem:

$$600 p_1 = 10 p_1 + 40 p_2 + 50 p_3 + 60 p_4 + 110$$
$$800 p_2 = 40 p_1 + 10 p_2 + 60 p_3 + 50 p_4 + 3135$$
$$1000 p_3 = 20 p_1 + 30 p_2 + 50 p_3 + 10 p_4 + 7740$$
$$1200 p_4 = 30 p_1 + 120 p_2 + 40 p_3 + 80 p_4 + 12365$$

Die Lösung des Gleichungssystems

$$\mathbf{p} = (\text{diag}(\mathbf{x}_p) - \mathbf{T}_p)^{-1} \mathbf{k}_{ext}$$

liefert die Verrechnungspreise

$$p_1 = 2.5 \qquad p_2 = 5.5 \qquad p_3 = 8.5 \qquad p_4 = 12$$

6.5 Es handelt sich um ein Input-Output-System.

1. Die Endnachfrage berechnet sich aus der Differenz der Gesamtproduktion und dem Vorleistungsverbrauch.

$$\mathbf{b} = \mathbf{x} - \mathbf{T} \times \mathbf{1}$$
$$= \begin{bmatrix} 30 \\ 20 \\ 40 \end{bmatrix} - \begin{bmatrix} 15 & 2 & 8 \\ 3 & 12 & 4 \\ 9 & 4 & 20 \end{bmatrix} \begin{bmatrix} 1 \\ 1 \\ 1 \end{bmatrix} = \begin{bmatrix} 5 \\ 1 \\ 7 \end{bmatrix}$$

2. Die Matrix der technischen Koeffizienten bestimmt sich aus der Normierung mit der sektoralen Gesamtproduktion.

$$\mathbf{D} = \begin{bmatrix} 0.5 & 0.1 & 0.2 \\ 0.1 & 0.6 & 0.1 \\ 0.3 & 0.2 & 0.5 \end{bmatrix}$$

3. Nein, es ist nicht möglich, weil man zur Herstellung von je einer Einheit Strom bzw. Heißdampf jeweils 2 bzw. 8 Einheiten Warmwasser benötigt.

4. Zur Berechnung der neuen Gesamtproduktion muss die Leontief-Inverse berechnet werden.

$$\mathbf{x} = \mathbf{D}\mathbf{x} + \mathbf{b} \quad \Rightarrow \quad \mathbf{x} = (\mathbf{I} - \mathbf{D})^{-1} \mathbf{b}$$

Die Berechnung der Leontief-Inversen erfolgt mit dem Gauß-Algorithmus.

$$\begin{array}{ccc|ccc} 0.5 & -0.1 & -0.2 & 1 & 0 & 0 \\ -0.1 & 0.4 & -0.1 & 0 & 1 & 0 \\ -0.3 & -0.2 & 0.5 & 0 & 0 & 1 \end{array} \Leftrightarrow \begin{array}{ccc|ccc} 1 & 0 & 0 & \frac{10}{3} & \frac{5}{3} & \frac{5}{3} \\ 0 & 1 & 0 & \frac{40}{27} & \frac{95}{27} & \frac{35}{27} \\ 0 & 0 & 1 & \frac{70}{27} & \frac{65}{27} & \frac{95}{27} \end{array}$$

Die neue Gesamtproduktion berechnet sich aus der neuen Endnachfrage.

$$\mathbf{x}_{\text{neu}} = (\mathbf{I} - \mathbf{D})^{-1} \mathbf{b}_{\text{neu}} = \begin{bmatrix} \frac{10}{3} & \frac{5}{3} & \frac{5}{3} \\ \frac{40}{27} & \frac{95}{27} & \frac{35}{27} \\ \frac{70}{27} & \frac{65}{27} & \frac{95}{27} \end{bmatrix} \times \begin{bmatrix} 10 \\ 11 \\ 5 \end{bmatrix} = \begin{bmatrix} 60 \\ 60 \\ 70 \end{bmatrix}$$

6.6 Die Berechnung der Determinanten nach dem Laplaceschen Entwicklungssatz kann nach einer beliebigen Zeile oder Spalte erfolgen. Hier wird zuerst die erste Zeile verwendet.

$$\det(\mathbf{A}) = (-1)^2 \times 1 \times \begin{bmatrix} 1 & 3 & 1 \\ -2 & 0 & -1 \\ -2 & 1 & 1 \end{bmatrix} + 0 + (-1)^4 \times 2 \times \begin{bmatrix} -1 & 1 & 1 \\ 1 & -1 & -1 \\ 0 & -2 & 1 \end{bmatrix}$$

$$+ (-1)^5 \times 1 \times \begin{bmatrix} -1 & 1 & 3 \\ 1 & -2 & 0 \\ 0 & -2 & 1 \end{bmatrix}$$

Die Entwicklung der Determinanten 3. Ordnung erfolgt in der ersten Matrix nach der zweiten Zeile, in der zweiten Matrix nach der dritten Zeile und in der dritten Matrix ebenfalls nach der dritten Zeile.

$$= \left((-1)^3 \times (-2) \times \begin{bmatrix} 3 & 1 \\ 1 & 1 \end{bmatrix} + 0 + (-1)^5 \times (-1) \times \begin{bmatrix} 1 & 3 \\ -2 & 1 \end{bmatrix} \right)$$

$$+ 2 \left(0 + (-1)^5 \times (-2) \times \begin{bmatrix} -1 & 1 \\ 1 & -1 \end{bmatrix} + (-1)^6 \times 1 \times \begin{bmatrix} -1 & 1 \\ 1 & -2 \end{bmatrix} \right)$$

$$- \left(0 + (-1)^5 \times (-2) \times \begin{bmatrix} -1 & 3 \\ 1 & 0 \end{bmatrix} + (-1)^6 \times 1 \times \begin{bmatrix} -1 & 1 \\ 1 & -2 \end{bmatrix} \right)$$

$$= 18$$

6.7 Die Matrix $\mathbf{A}$ besitzt das charakteristische Polynom

$$\det \begin{bmatrix} 0.7 - \lambda & 0.2 \\ 0 & 1.1 - \lambda \end{bmatrix} = 0 \quad \Rightarrow \quad \lambda^2 - 1.8\lambda + 0.77 = 0$$

Die Nullstellen des Polynoms sind die Eigenwerte der Matrix.

$$\lambda_1 = 1.1 \quad \lambda_2 = 0.7$$

Die Eigenvektoren berechnen sich aus

$$(\mathbf{A} - \lambda_1 \mathbf{I})\mathbf{v}_1 = 0 \qquad (\mathbf{A} - \lambda_2 \mathbf{I})\mathbf{v}_2 = 0$$

$$\mathbf{v}_1 = \begin{bmatrix} 0.5 \\ 1 \end{bmatrix} \qquad \mathbf{v}_2 = \begin{bmatrix} 1 \\ 0 \end{bmatrix}$$

Lösungen zu Kapitel 7

7.1 Es ist die Zielfunktion

$$10x_1 + 15x_2 =\to \max$$

unter den Nebenbedingungen

$$2x_1 + x_2 \leq 120$$
$$x_1 + x_2 \leq 70$$
$$x_1 + 3x_2 \leq 150$$

zu maximieren.
Das Anfangstableau ist:

x_1	x_2	y_1	y_2	y_3	b
2	1	1	0	0	120
1	1	0	1	0	70
1	3	0	0	1	150
−10	−15	0	0	0	0

Mit dem Auswahlverfahren des Simplex-Algorithmus wird im ersten Tableau das Pivotelement 3 in der zweiten Spalte, dritten Zeile ausgewählt. Danach ist eine zweite Iteration mit dem Pivotelement 2. Zeile, 1. Spalte nötig, um zum Endtableau mit der optimalen Lösung zu gelangen.

x_1	x_2	y_1	y_2	y_3	b
0	0	1	−2.5	0.5	20
1	0	0	1.5	−0.5	30
0	1	0	−0.5	0.5	40
0	0	0	7.5	2.5	900

7.2 Aufgrund der Größer-gleich-Restriktionen ist die Nichtnegativität von $x_1, x_2 \geq 0$ verletzt. Es muss also mit der so genannten Vorphase gestartet werden.

x_1	x_2	y_1	y_2	y_3	y_4	b		x_1	x_2	y_1	y_2	y_3	y_4	b
−1	−1	1	0	0	0	−2		1	1	−1	0	0	0	2
−3	4	0	1	0	0	4	$\Rightarrow$	−7	0	4	1	0	0	−4
1	0	0	0	1	0	4		1	0	0	0	1	0	4
0	−1	0	0	0	1	−1		1	0	−1	0	0	1	1
1	−2	0	0	0	0	0		3	0	−2	0	0	0	4

x_1	x_2	y_1	y_2	y_3	y_4	b		x_1	x_2	y_1	y_2	y_3	y_4	b
0	1	$-\frac{3}{7}$	$\frac{1}{7}$	0	0	$\frac{10}{7}$		0	1	0	$\frac{1}{4}$	$\frac{3}{4}$	0	4
1	0	$-\frac{4}{7}$	$-\frac{1}{7}$	0	0	$\frac{4}{7}$	$\Rightarrow$	1	0	0	0	1	0	4
0	0	$\frac{4}{7}$	$\frac{1}{7}$	1	0	$\frac{24}{7}$		0	0	1	$\frac{1}{4}$	$\frac{7}{4}$	0	6
0	0	$-\frac{3}{7}$	$\frac{1}{7}$	0	1	$\frac{3}{7}$		0	0	0	$\frac{1}{4}$	$\frac{3}{4}$	1	3
0	0	$-\frac{2}{7}$	$\frac{3}{7}$	0	0	$\frac{16}{7}$		0	0	0	$\frac{1}{2}$	$\frac{1}{2}$	0	4

7.3 Es wird ein Simplex-Tableau aufgestellt. Die rechte Seite weist aufgrund der Größer-gleich-Restriktionen negative Werte auf. Die erste Basislösung ist nicht zulässig. Daher muss mit der Vorphase begonnen werden.

x_1	x_2	y_1	y_2	y_3	y_4	b
1	−3	1	0	0	0	3
−1	0	0	1	0	0	−6
−3	−2	0	0	1	0	−42
−4	3	0	0	0	1	24
9	8	0	0	0	0	0

x_1	x_2	y_1	y_2	y_3	y_4	b
0	$-\frac{11}{3}$	1	0	$\frac{1}{3}$	0	−11
0	$\frac{2}{3}$	0	1	$-\frac{1}{3}$	0	8
1	$\frac{2}{3}$	0	0	$-\frac{1}{3}$	0	14
0	$\frac{17}{3}$	0	0	$-\frac{4}{3}$	1	80
0	2	0	0	3	0	−126

x_1	x_2	y_1	y_2	y_3	y_4	b
0	1	$-\frac{3}{11}$	0	$-\frac{1}{11}$	0	3
0	0	$\frac{2}{11}$	1	$-\frac{3}{11}$	0	6
1	0	$\frac{2}{11}$	0	$-\frac{3}{11}$	0	12
0	0	$\frac{17}{11}$	0	$-\frac{9}{11}$	1	63
0	0	$\frac{6}{11}$	0	$\frac{35}{11}$	0	−132

Die Vorphase ist beendet und die Optimallösung ist bestimmt. Der eigentliche Simplex-Algorithmus wird hier nicht angewendet.

7.4 Der duale Ansatz zur Übung 7.3 lautet

$$\underbrace{\begin{bmatrix} 3 & -6 & -42 & 24 \end{bmatrix}}_{b'} \begin{bmatrix} y_1 \\ y_2 \\ y_3 \\ y_4 \end{bmatrix} = z \to \max$$

unter den Nebenbedingungen

$$\underbrace{\begin{bmatrix} -1 & 1 & 3 & 4 \\ 3 & 0 & 2 & -3 \end{bmatrix}}_{A'} \begin{bmatrix} y_1 \\ y_2 \\ y_3 \\ y_4 \end{bmatrix} \leq \underbrace{\begin{bmatrix} 9 \\ 8 \end{bmatrix}}_{c}$$

Das Simplex-Tableau sieht dann wie folgt aus:

y_1	y_2	y_3	y_4	x_1	x_2	c
-1	1	3	4	1	0	9
3	0	2	-3	0	1	8
3	-6	-42	24	0	0	0

Der Simplex-Algorithmus führt zur gleichen Lösung wie in Übung 7.3.

Lösungen zu Kapitel 8

8.1 Es existiert ein gemeinsamer Nenner: $x^2 - 4 = (x+2)(x-2)$.

$$\frac{x-2}{x+2} - \frac{x+4}{x-2} = 2\frac{x^2-38}{x^2-4}$$

$$\underbrace{\frac{(x-2)^2}{(x+2)(x-2)}}_{=(x^2-4)} - \frac{(x+4)(x+2)}{(x-2)(x+2)} = 2\frac{x^2-38}{x^2-4}$$

$$(x-2)^2 - (x+4)(x+2) = 2(x^2-38)$$
$$-10x - 4 = 2x^2 - 76$$
$$2x^2 + 10x - 72 = 0$$
$$x^2 + 5x - 36 = 0$$
$$x_{1,2} = -\frac{5}{2} \pm \sqrt{\frac{25}{4} + 36}$$
$$x_1 = 4 \quad x_2 = -9$$

8.2 Asymptote: $y = 0$
Nullstellen: $x_1 = 1, x_{2,3} = -2$ (doppelte Nullstelle = Sattelpunkt)
Polstellen: $x_{1,2} = 0$ (doppelte Polstelle), $x_3 = 4, x_4 = -4$

8.3 Nullstellen: $x_1 = -1.154$, $x_{2,3} = \frac{1.154}{2} \pm \sqrt{-3.6}$ (imaginäre Nullstellen)
Polstelle: $x = 2$
Asymptote: $x^2 + 2x + 7$ wird mit Polynomendivision berechnet

8.4 Der Zeitpunkt der Anschaffung wird mit $t = 0$ bezeichnet. Im Fall der linearen Abschreibung ist der Abschreibungsbetrag die konstante Differenz d einer arithmetischen Folge mit $a_1 = 40000$, $a_5 = 2000$ und $n = 5$. Somit beträgt $d = \frac{2000-40000}{5} = -7600$. Das 3. Folgenglied der arithmetischen Folge liefert den Wert im 3. Jahr (am Jahresende): $a_3 = 40000 - 3 \times 7600 = 17200$.

Die geometrisch-degressive Abschreibung ist mit einer geometrischen Folge verbunden: $a_1 = 40000$, $a_n = 2000$ und $n = 5$. Der Faktor q ist folglich $q = \sqrt[5]{\frac{2000}{40000}} \approx 0,5492\ldots$ und ist der Faktor für den Restwert an. Das 3. Folgenglied gibt den Restwert am Ende des 3. Jahr an: $a_3 = 40000 \times 0.5492^3 \approx 6628.91$. Die Abschreibung bei

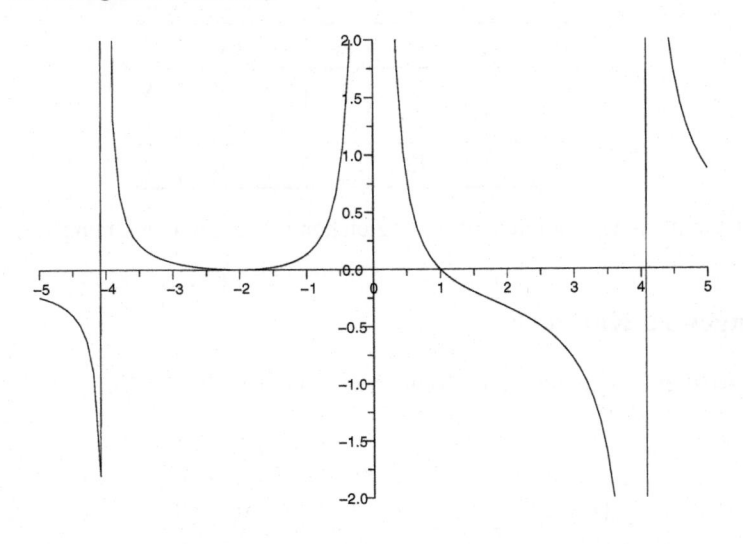

Abb. B.1: Funktion zu Übung 8.2

der geometrisch-degressiven Abschreibung ist $r_t = K_{t-1}(1-q)$. Im 3. Jahr beträgt sie: $r_3 = 12068.35\,(1-q) \approx 5439.45$.

Tabelle B.1: lineare und geometrisch-degressive Abschreibung

Jahr	linear		geometrisch-degressive	
	Abschreibung r_t	Restwert a_t	Abschreibung r_t	Restwert a_t
0		40000		40000
1	7600	32400	18028.79	21971.21
2	7600	24800	9902.86	12068.35
3	7600	17200	5439.45	6628.91
4	7600	9600	2987.78	3641.13
5	7600	2000	1641.13	2000

Lösungen zu Kapitel 9

9.1 Der Barwert beträgt 873.44 €.

9.2 Der relative Monatszinssatz beträgt $i^{rel} = 0.583$ Prozent pro Monat. Der konforme Monatszinssatz beträgt $i^{kon} = 0.565$ Prozent pro Monat.

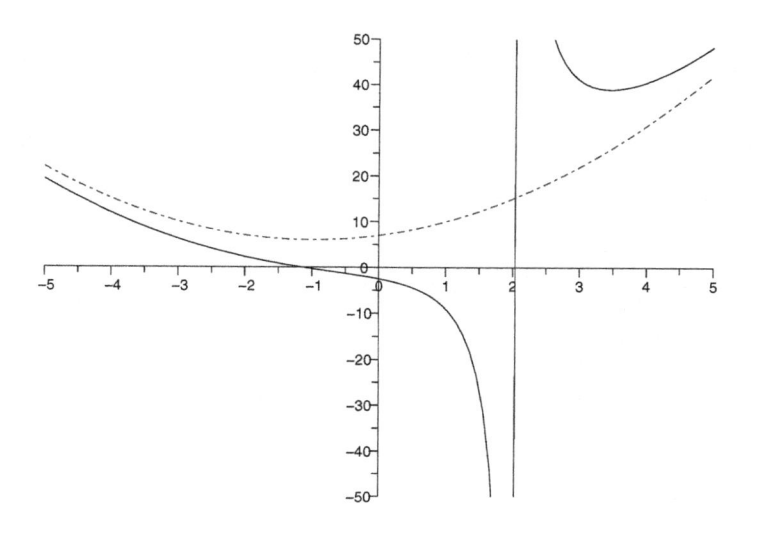

Abb. B.2: Funktion zu Übung 8.3

9.3 Mit dem relativen Quartalszinssatz gerechnet beträgt die Rate

$$r = 117.54 \text{ €/Quartal}$$

Mit dem konformen Quartalszinssatz gerechnet beträgt die Rate

$$r = 117.73 \text{ €/Quartal}$$

9.4 Der Endwert der Zahlungen beträgt 13422.36 €. Dieser Endwert ist der Barwert der vorschüssigen Rente ab dem 01.01.2010.

1. Die Rente beträgt 134.99 € pro Monat.
2. Es können 18 Jahre lang 1 000 € zu Jahresbeginn bezogen werden.

9.5 Die Verzinsung muss 13.06 Prozent p. a. (exakter Wert) betragen.

9.6 Zuerst werden die Barwerte der Nullkuponanleihe durch Duplizierung berechnet.

$$C_1 = \frac{1}{1.07} = 0.934579$$

$$C_2 = \frac{1}{1.065} - \frac{0.065}{1.065}\frac{1}{1.07} = 0.881927$$

$$C_3 = \frac{1}{1.06} - \frac{0.06}{1.06}\left(\frac{1}{1.07 \times 1.065} + \frac{1}{1.065}\right) = 0.840575$$

$$C_4 = \frac{1}{1.055} - \frac{0.055}{1.055}\left(\frac{1}{1.07 \times 1.065 \times 1.06} + \frac{1}{1.065 \times 1.06} + \frac{1}{1.06}\right)$$
$$= 0.809346$$

$$C_5 = \frac{1}{1.05} - \frac{0.05}{1.05}\left(\frac{1}{1.07 \times 1.065 \times 1.06 \times 1.055} + \frac{1}{1.065 \times 1.06 \times 1.055}\right.$$
$$\left. + \frac{1}{1.06 \times 1.055} + \frac{1}{1.055}\right) = 0.787312$$

Aus den Barwerten lässt sich nun leicht die Nullkuponrendite berechnen.

$$i_1 = \left(\frac{1}{0.934579}\right) - 1 = 0.07$$

$$i_2 = \left(\frac{1}{0.881927}\right)^{\frac{1}{1}} - 1 = 0.0648$$

$$i_3 = \left(\frac{1}{0.840575}\right)^{\frac{1}{3}} - 1 = 0.0595$$

$$i_4 = \left(\frac{1}{0.809346}\right)^{\frac{1}{4}} - 1 = 0.0543$$

$$i_5 = \left(\frac{1}{0.787312}\right)^{\frac{1}{5}} - 1 = 0.0489$$

9.7 Die Duration des ersten Wertpapiers beträgt

$$D = \frac{\frac{1 \times 7}{1.07} + \frac{2 \times 107}{1.07^2}}{\frac{7}{1.07} + \frac{107}{1.07^2}} = 1.93 \text{ Jahre}$$

Die modifizierte Duration beträgt $MD = \frac{1.9345}{1.07} = 1.808$. Bei einer Zinssatzerhöhung von 2 Prozentpunkten ergibt sich eine Barwertänderung bzw. eine Kursänderung in Höhe von

$$\Delta C_0(1.09) \approx -1.808 \times 0.02 \times 100 = -3.62 \, \text{€}.$$

Der Kurs würde also von 100 € auf

$$\approx 100 - 3.62 = 96.38 \, \text{€}$$

fallen. Die relative Änderung beträgt etwa $-0.02 \times 1.808 = 0.036$.

Für das zweite Wertpapier liegt die Duration bei 2.709 Jahren. Die relative Barwertänderung beträgt etwa

$$\frac{\Delta C_0(1.09)}{C_0(1.07)} \approx -2.531 \times 0.02 = -5.06\%,$$

was mit einer Kursänderung von ($C_0(1.07) = 113.12$)

$$\Delta C_0(1.09) \approx -113.12 \times 2.531 \times 0.02 = -5.73 \,\text{€}$$

verbunden ist. Der neue Kurs würde somit auf $\approx 113.12 - 5.73 = 107.39\,\text{€}$ fallen.

Für das dritte Wertpapier ergeben sich folgende Werte:

$$C_0(1.07) = 93.22 \qquad D = 3.712 \qquad MD = 3.469$$

$$\frac{\Delta C_0(1.09)}{C_0(1.07)} = -3.469 \times 0.02 = -0.0693$$

$$\Delta C_0(1.09) = -3.469 \times 0.02 \times 93.22 = -6.468$$

9.8 Der Kreditbetrag nach der Anzahlung liegt bei

$$K_0 = 5000 - 0.1 \times 5000 = 4500 \,\text{€}$$

Aufgrund der Bearbeitungsgebühr erhöht er sich auf $K_0 = 4590\,\text{€}$.

1. Die monatliche Rate beträgt $205.92\,\text{€}$.

$$A = 4590 \cdot 1.006^{24} \frac{1.006 - 1}{1.006^{24} - 1} = 205.92$$

2. Der effektive Jahreszinssatz ohne Gebühr beträgt 7.44 Prozent. Um die Gebühr in den Kreditzinssatz einzurechnen, muss ein Äquivalenzansatz gewählt werden.

$$4500 \stackrel{!}{=} 205.92 \frac{1}{q^{24}} \frac{q^{24} - 1}{q - 1}$$

Die Lösung für die obige Gleichung liefert den effektiven Jahreszinssatz von 9.56 Prozent.

9.9 Bei einem Konsumentenkredit wird die Rate mit

$$r = \frac{K_0}{n} + i K_0$$

berechnet. Wird r in

$$r = K_0 q^n \frac{q - 1}{q^n - 1}$$

eingesetzt (Äquivalenzprinzip), kann das Polynom zur Berechnung von q aufgestellt werden.

374 B Lösungen zu den Übungen

$$\frac{K_0}{n} + iK_0 \stackrel{!}{=} K_0 q^n \frac{q-1}{q^n - 1}$$

$$0 \stackrel{!}{=} nq^{n+1} - (n+in+1)q^n + in + 1$$

Für $n = 36$ und $i_{12} = \sqrt[12]{1.04} - 1$ errechnet sich mit Scilab ein effektiver Monatszinssatz in Höhe von $i_{12}^{eff} = 0.007363$, der einem effektiven Jahreszinssatz von $i^{eff} = 9.202276$ Prozent entspricht.

9.10 Der Kreditbetrag beträgt nach der Anzahlung $K_0 = 12000\,€$.

1. Die Annuität beträgt 268.81 € pro Monat.
2. Der effektive Jahreszinssatz ist 3.66 Prozent.

9.11 Die Annuität des Kredits liegt bei 521 503.48 €.

1. Mit der Annuität kann der Tilgungsplan berechnet werden.

Tabelle B.2: Tilgungsplan (Angaben in €)

Quartal	Restschuld	Zinsen	Tilgung	Annuität
0	2 000 000	–	–	–
1	1 512 613.57	34 117.05	487 386.43	521 503.48
2	1 016 913.05	25 802.96	495 700.52	521 503.48
3	512 756.61	17 347.04	504 156.44	521 503.48
4	0.00	8 746.87	512 756.61	521 503,48

2. Aus dem Äquivalenzansatz

$$2 \times 10^6 \stackrel{!}{=} 521503.48 \frac{1}{q^4} \frac{q^4 - 1}{q - 1} + 2000$$

erhält man einen effektiven Quartalszinssatz in Höhe von 1.7469 Prozent, der einem effektiven Jahreszinssatz von 7.17 Prozent entspricht.

9.12 Der Rentenendwert beträgt bei vorschüssigen Zahlungen

$$R_n = 27386.35$$

Der Kredit ist die Differenz zu 50 000 €.

$$K_0 = 22613.65$$

Der Äquivalenzansatz lautet

$$22613.65 \stackrel{!}{=} \frac{300}{q^{96}} \frac{q^{96} - 1}{q - 1}$$

Mit Scilab errechnet sich ein effektiver Kreditzinssatz von 6.438 Prozent. Die Rechenanweisungen in Scilab sind

```
r = 250;
m = 12;
nr = 8*m;
nk = 8*m;
ir = 0.0325;
q_r = (1+ir)^(1/m);
R = r*q_r*(q_r^nr-1)/(q_r-1)
B = 50000;
K = B-R
A = 300;
p = poly([A zeros(1,nk-1) -(K+A) K],'q','coeff')
q = roots(p,'e');
ieff = (real(q(imag(q)==0))^12-1)*100
```

9.13 Es sind die Leistungen der Bank den Leistungen des Kunden gleichzusetzen (Äquivalenzansatz). Der Nominalzinssatz ist mit 0.07 gegeben und der (unbekannte) effektive Zinssatz steht in $q-1$. Ferner ist die Laufzeit des Kredits mit $n = 10$ zu unterscheiden von der Laufzeit der Zinsbindung $n_z = 5$.

Die Leistung der Bank innerhalb der Zinsbindung ist der Kreditbetrag minus dem Barwert der Restschuld.

$$\text{Leistung Bank} = K_0 - \frac{K_5}{q_m^{2\times 5}} \quad \text{mit } K_5 = K_0 \frac{\sqrt[2]{1.07}^{2\times 10} - \sqrt[2]{1.07}^{2\times 5}}{\sqrt[2]{1.07}^{2\times 10} - 1}$$
$$= 1000000 - \frac{583775.87}{q_m^{10}}$$

Die Leistungen des Kunden sind der Barwert der Annuitäten bis zum Zeitpunkt n_z

$$\text{Leistungen Kunde} = A \frac{1}{q_m^{2\times 5}} \frac{q_m^{2\times 5} - 1}{q_m - 1} + \text{Barwert Gebühr}$$
$$= 69984.73 \frac{1}{q_m^{10}} \frac{q_m^{10} - 1}{q_m - 1} + \text{Barwert Gebühr}$$

sowie dem Barwert der periodischen Gebühr. Der Zinsfaktor q_m enthält den halbjährlichen effektiven Zinssatz.

Da die Gebühr in einer jährlichen Zahlungsfrequenz und der Kapitaldienst in einer halbjährlichen ($m = 2$) Zahlungsfrequenz anfällt, muss die Gebühr auf die halbjährliche Frequenz umgerechnet werden. Mit dem effektiven konformen Halbjahreszinssatz $q_m = \sqrt[m]{q}$ wird die Gebühr umgerechnet.

$$\text{Barwert Gebühr} = 1000 \underbrace{\frac{q_m - 1}{q_m^2 - 1}}_{\text{Halbjahresrate}} \frac{1}{q_m^{2\times 5}} \frac{q_m^{2\times 5} - 1}{q_m - 1} = 1000 \frac{1}{q_m^{10}} \frac{q_m^{10} - 1}{q_m^2 - 1}$$

Der aufzulösende Äquivalenzansatz ist somit:

$$1000000 - \frac{583775.87}{q_m^{10}} \stackrel{!}{=} 69984.73 \frac{1}{q_m^{10}} \frac{q_m^{10}-1}{q_m-1} + 1000 \frac{1}{q_m^{10}} \frac{q_m^{10}-1}{q_m^2-1}$$

Der effektive jährliche Kreditzinssatz beträgt (Berechnung mit `scilab`) 7.12166 Prozent.

9.14

1. Zum Zeitpunkt $t=0$ werden 500 000 Euro ausgezahlt. Zu $t=3$ erfolgt eine Rückzahlung in Höhe von 100 000 Euro. Diese Zahlung ist auf den Zeitpunkt $t=0$ zu diskontieren (Barwertprinzip). Die Zahlung zum Zeitpunkt $t=5$ ist ebenfalls auf den Zeitpunkt $t=0$ zu diskontieren. Für die restlichen 5 Jahre ist eine Annuität zu berechnen.

500 000	-100 000	-200 000	-A	-A	-A	-A	-A
$t=0$	3. Periode	5. Periode	6. Periode	7. Periode	8. Periode	9. Periode	10. Periode

2. Bestimmungsgleichung

$$A = \left(K_0 - \frac{z_3}{q^3} - \frac{z_5}{q^5}\right) q^{10} \frac{q-1}{q^5-1} = 61598.37$$

3. Der relative unterjährige Zinssatz berücksichtigt nicht den Zinseszinseffekt, der durch die höhere Anzahl verzinslicher Perioden entsteht. Daher führt seine Annualisierung zu einem effektiven (tatsächlichen) Zinssatz, der über dem nominalen liegt.
4. Der konforme Monatszinssatz liegt bei $\sqrt[12]{1.0325} - 1$.

$$A = 280000 \, (\sqrt[12]{1.0325})^{5 \times 12} \frac{\sqrt[12]{1.0325}-1}{(\sqrt[12]{1.0325})^{5 \times 12}-1} = 5056.48$$

9.15 Der Kapitalwert der Investition berechnet sich aus folgender Gleichung:

$$C_0 = \frac{0}{q} + \frac{112500}{q^2} - 100000 \stackrel{!}{=} 0$$

Der Zinsfaktor der Gleichung liefert die gesuchte Rendite.

1. Die Rendite beträgt 6.06 Prozent p. a.
2. Da die Vergleichsrendite größer als die erzielte Rendite ist, ist die Investition nicht vorteilhaft.

9.16 Der Kapitalwert berechnet sich aus der Gleichung

$$C_0 = \frac{700}{1.05} + \frac{800}{1.05^2} - 1000 \stackrel{!}{=} 0$$

Der interne Zinsfuß ist der Zinssatz, der den Kapitalwert Null werden lässt.

1. Der Kapitalwert beträgt $C_0 = 392.29$ €.
2. Der interne Zinsfuß der Investition liegt bei $i = 31.04$ Prozent p. a.

9.17 Der Kapitalwert der Investition liegt bei $65\,951.13$ €. Die Investition ist vorteilhaft.

9.18 Der Investor geht von folgender Zahlungsreihe aus:

t	0	1	2	3	4	5
Z_t	−100000	7000	7000	7000	7000	117000

1. Kapitalwert beträgt $C_0 = -5\,163.15$ €.
2. Der interne Zinsfuß liegt bei 8.868 Prozent (exakter Wert).
3. Es liegt ein jährlicher Verlust in Höhe von $1\,362.03$ € vor.
4. Der Kaufpreis müsste C_0 betragen.
5. Die Kreditsumme beträgt $\frac{100000}{0.98-0.02}$, weil nur 96 Prozent zur Auszahlung kommen und eine Summe von $100\,000$ € finanziert werden muss. Die Annuität beträgt $24\,728.79$ € pro Jahr.

9.19 Die Lösungen sind mit folgender Gleichung zu berechnen:

$$C_0 = \frac{35000}{1.09} + \frac{48000}{1.09^2} + \frac{52000}{1.09^3} + \frac{58000}{1.09^4}$$

1. Der Kapitalwert der Investition liegt bei $3\,52.93$ €. Die interne Verzinsung der Investition beträgt 10.04 Prozent p. a. (exakter Wert).
2. Der Kapitalwert wird negativ und liegt bei $C_0 = -37\,903.23$ €. Anmerkung: Der Verlust in Höhe von $2\,000$ € ist mit dem Kreditzinssatz zu diskontieren.

Lösungen zu Kapitel 10

10.1 Die Ableitungen der Funktionen aus der Übung sind

$$y' = \frac{2}{3} x^{-\frac{1}{3}}$$

$$y' = \frac{7}{6} x^{2.5} - \frac{1}{2} x^{-1.5}$$

$$y' = 4x(2\ln x + 1) + e^{x^2}(2x \sin x + \cos x)$$

$$y' = \sum_{i=1}^{3} \frac{i}{x}$$

$$y' = \frac{(0.5 - \ln x)}{x^2 \sqrt{\ln x}}$$

$$y' = 1$$

10.2 Die Ableitungen der Tangens- und Kotangensfunktion sind mit der Quotientenregel zu berechnen.

$$y = \tan x = \frac{\sin x}{\cos x} \quad \text{für } x \in \mathbb{R} \quad \Rightarrow \quad y' = 1 + (\tan x)^2$$
$$y = \cot x = \frac{\cos x}{\sin x} \quad \text{für } x \in \mathbb{R} \quad \Rightarrow \quad y' = -1 - (\cot x)^2$$

10.3 Die Ableitungen der Funktion aus der Übung sind

$$y' = 2^x \ln 2$$
$$y' = 2 g(x)^{\ln g(x)} \ln g(x) \frac{g'(x)}{g(x)}$$

10.4 Für das Newton-Verfahren wird die 1. Ableitung der Funktion benötigt.

$$f'(x) = \frac{2x^3 - 6x^2 - 11}{(x-2)^2}$$

Die Näherungsrechnungen für die gesuchte Nullstelle im Bereich um $x_{(1)} = -1$ sind dann:

$$x^{(1)} = -1 - \frac{-0.3333}{-2.1111} = -1.1578$$
$$x^{(2)} = -1.1578 - \frac{0.008264}{-2.2211} = -1.1542$$
$$x^{(3)} = -1.1542 - \frac{5.4816 \times 10^{-6}}{-2.2181} = -1.1542$$

Die Änderungen liegen nach der dritten Iteration bei 10^{-6} und werden daher abgebrochen. Die gesuchte Nullstelle liegt bei $x = -1.1542$.

10.5 Die Elastizität berechnet sich aus

$$\varepsilon_K(x) = \frac{K'(x)}{K(x)} = \frac{x^2}{x^2 + 75}$$

Leiten Sie die Kostenfunktion nach der Kettenregel ab. Für eine Menge von 5 liegt die Elastizität bei

$$\varepsilon_K(5) = 0.25$$

10.6 Die Erlösfunktion ist

$$E(x) = 6x - \frac{x^2}{2}$$

1. Die 1. Ableitung der Erlösfunktion bilden und die Nullstellen auf $E''(x) < 0$ überprüfen. Das Erlösmaximum beträgt 18 €.
2. Die 1. Ableitung der Gewinnfunktion bilden und die Nullstellen auf $G''(x) < 0$ überprüfen. Das Gewinnmaximum beträgt 9.845 €. Der gewinnmaximale Preis (gewinnmaximale Menge in der Preisabsatzfunktion) liegt bei 3.768 €.
3. Die 1. Ableitung der Durchschnittskostenfunktion

$$\bar{K}(x) = \frac{K(x)}{x}$$

bilden und die Nullstellen auf $\bar{K}''(x) > 0$ überprüfen. Die minimalen Stückkosten sind 1.562 €.

$$\bar{K}'(x) = \frac{K'(x)x - K(x)}{x^2} = \frac{x}{6} - \frac{3}{4} \stackrel{!}{=} 0$$

$$\bar{K}''(x) = \frac{1}{6}$$

4. Die 1. Ableitung der Durchschnittsgewinnfunktion

$$\bar{G}(x) = \frac{G(x)}{x}$$

bilden und die Nullstellen auf $\bar{G}''(x) < 0$ überprüfen. Der maximale Stückgewinn beträgt 2.937 €.

$$\bar{G}(x) = -\frac{x^2}{12} + \frac{x}{4} + \frac{11}{4}$$

$$\bar{G}'(x) = -\frac{x}{6} + \frac{1}{4} \stackrel{!}{=} 0$$

$$\bar{G}''(x) = -\frac{1}{6} > 0$$

5. Die Preiselastizität der Nachfrage ist $\varepsilon_x(p) = \frac{1}{\varepsilon_p(x)}$. An der Stelle $x = 3$ besitzt sie hier den Wert $\varepsilon_x(p) = -3$. Eine Zunahme des Preises um 1 Prozent führt zu einer Abnahme der Nachfrage um 3 Prozent.

10.7 Aus der Preis-Absatz-Funktion kann direkt die Nachfrageelastizität des Preises berechnet werden.

$$p'(x) = -\mu \lambda x^{-\lambda - 1}$$

$$\bar{p}(x) = \frac{\mu x^{-\lambda}}{x} = \mu x^{-\lambda - 1}$$

$$\varepsilon_p(x) = -\frac{\mu \lambda x^{-\lambda - 1}}{\mu x^{-\lambda - 1}} = -\lambda$$

$$\varepsilon_x(p) = -\frac{1}{\lambda}$$

Lösungen zu Kapitel 11

11.1 Die partiellen Ableitungen sind

$$\frac{\partial z}{\partial x} = yx^{y-1} \qquad \frac{\partial z}{\partial y} = x^y \ln x$$

11.2 Das implizite Differential ist

$$\frac{dy}{dx} = -\frac{3x^2 + y}{x + 3y^2}$$

11.3 Die zweiten partiellen Ableitungen lauten

$$z''_{xx} = 2y e^{x^2+y^2} \left(1 + 2x^2\right)$$
$$z''_{yy} = 2y e^{x^2+y^2} \left(2y^2 + 3\right)$$
$$z''_{xy} = 2x e^{x^2+y^2} \left(2y^2 + 1\right)$$

11.4 Das implizite Differential ist

$$\frac{dy}{dx} = -\frac{2xy^3 - (y+1)e^x - 1}{3y^2 x^2 + e^{-x}}$$

$$\left.\frac{dy}{dx}\right|_{x=0, y=1} = 3$$

11.5 Die Funktion (11.46) wird um die Nebenbedingung (11.47) erweitert. Dies führt zu der Funktion:

$$L(x, y, \lambda) = xy + \lambda \left(6 - x - y^2\right)$$

Die notwendige Bedingung ist das Nullsetzen der ersten partiellen Ableitungen.

$$L'_x = y - \lambda \stackrel{!}{=} 0 \quad \Rightarrow \quad \lambda = y$$
$$L'_y = x - 2\lambda y \stackrel{!}{=} 0 \quad \Rightarrow \quad \lambda = \frac{x}{2y} \quad \Rightarrow \quad x = 2y^2$$
$$L'_\lambda = 6 - x - y^2 \stackrel{!}{=} 0 \quad \Rightarrow \quad 0 = 6 - 2y^2 - y^2 \quad \Rightarrow \quad y^2 = 2$$

$$y = \pm\sqrt{2} \qquad x = 4 \qquad \lambda = \pm\sqrt{2}$$

Es werden die beiden Extrempunkte $(4, \pm\sqrt{2})$ gefunden.

11.6 Es ist die Determinante der geränderten Hesse-Matrix an den Stellen $(x = 4, y = \sqrt{2}, \lambda = \sqrt{2})$ und $(x = 4, y = -\sqrt{2}, \lambda = -\sqrt{2})$ zu bewerten. Dazu müssen die ersten Ableitungen der Nebenbedingung und die zweiten Ableitungen der Lagrange-Funktion gebildet werden. Es wird zuerst die Stelle $(x = 4, y = \sqrt{2}, \lambda = \sqrt{2})$ untersucht.

$$G'_x = -1 \qquad G'_y = -2y = -2\sqrt{2}$$

$$L''_{xx} = 0 \qquad L''_{yy} = -2\lambda = -2\sqrt{2}$$
$$L''_{xy} = 1 \qquad L''_{yx} = 1$$

Die Determinante der geränderten Hesse-Matrix ist somit

$$|\tilde{\mathbf{H}}(4,\sqrt{2},\sqrt{2})| = \begin{vmatrix} 0 & -1 & -2\sqrt{2} \\ -1 & 0 & 1 \\ -2\sqrt{2} & 1 & -2\sqrt{2} \end{vmatrix} = 8.4853$$

An der Extremstelle $(4, \sqrt(2))$ liegt also ein Maximum vor. An der Stelle $(4, -\sqrt(2))$ wird die Determinate negativ. Somit liegt an der Stelle ein Minimum vor.

11.7 Der Lagrangeansatz zur Berechnung der Lösung ist:

$$L(x,y,\lambda) = \ln(1+x) + \frac{y}{1+y} - \lambda(x+y-10)$$

Aus den Nullstellen der ersten Ableitungen erhält man die notwendigen Bedingungen für ein Gewinnmaximum.

$$L'_x = \frac{1}{1+x} - \lambda \stackrel{!}{=} 0$$
$$L'_y = \frac{1}{(1+y)^2} - \lambda \stackrel{!}{=} 0$$
$$L'_\lambda = -(x+y-10) \stackrel{!}{=} 0$$

Aus den Bedingungen erhält man $x = 8, y = 2$ ($y = -5$) und $\lambda = \frac{1}{9}$. Der maximale Gewinn beträgt $\ln(1+8) + \frac{2}{1+2} \approx 2.86$ €. Um die hinreichende Bedingung für ein Maximum zu überprüfen, müssen die zweiten Ableitungen der Lagrangefunktion und die ersten Ableitungen der Nebenbedingung gebildet werden.

$$L''_{xx} = -\frac{1}{(1+x)^2}\bigg|_{x=8} = -\frac{1}{9^2} \qquad L''_{yy} = -\frac{2}{(1+y)^3}\bigg|_{y=2} = -\frac{2}{3^3}$$
$$L''_{xy} = 0 \qquad\qquad\qquad G'_x = 1 \qquad\qquad G'_y = 1$$

Der Wert der Hesse-Determinanten (hinreichende Bedingung) beträgt

$$|\tilde{H}(8,2,\tfrac{1}{9})| = 0.0864$$

Es handelt sich also um ein Maximum.

11.8

1. Die Gewinnfunktion ist

$$G(x_1,x_2) = 150x_1 - 0.9x_1^2 + 270x_2 - 0.9x_2^2 + 0.6x_1x_2 - 12000$$

Die Nullstellen der ersten partiellen Ableitungen liefern die notwendigen Bedingungen für ein Gewinnmaximum.

$$G'_{x_1} = 150 - 1.8x_1 + 0.6x_2 \stackrel{!}{=} 0$$

$$G'_{x_2} = 270 + 0.6x_1 - 1.8x_2 \stackrel{!}{=} 0$$

Die Lösungswerte aus dem linearen Gleichungssystem sind die gewinnmaximalen Mengen.

$$x_1 = 150 \qquad x_2 = 200$$

Die gewinnmaximalen Preise erhält man durch Einsetzen in die Preis-Absatz-Funktionen.

$$p_1 = 30 \, € \qquad p_2 = 235 \, €$$

Die Überprüfung der hinreichenden Bedingungen

$$|H_1(150, 200)| = -1.8 \qquad |H_2(150, 200)| = 2.88$$

bestätigt, dass es sich um ein Maximum an der Stelle $x_1 = 150$ und $x_2 = 200$ handelt. Der Gesamtgewinn beträgt damit 26 250 €.

2. Unter Berücksichtigung der Nebenbedingung

$$x_1 + x_2 = 290$$

ist folgende Lagrange-Funktion zu maximieren:

$$L(x_1, x_2, \lambda) = G(x_1, x_2) + \lambda \left(290 - x_1 - x_2\right)$$

Die ersten partiellen Ableitungen sind dann

$$L'_{x_1} = 150 - 1.8x_1 + 0.6x_2 - \lambda \stackrel{!}{=} 0$$
$$L'_{x_2} = 270 + 0.6x_1 - 1.8x_2 - \lambda \stackrel{!}{=} 0$$
$$L'_{\lambda} = 290 - x_1 - x_2 \stackrel{!}{=} 0$$

Das Auflösen des Gleichungssystems liefert die Lösungswerte.

$$x_1 = 120 \qquad x_2 = 170 \qquad \lambda = 36$$

Die geränderte Hesse-Matrix besitzt einen Wert von

$$|\tilde{H}(120, 170)| = \begin{vmatrix} 0 & -1 & -1 \\ -1 & -1.8 & 0.6 \\ -1 & 0.6 & -1.8 \end{vmatrix} = 4.8$$

und zeigt damit an, dass an der Extremwertstelle ein Maximum vorliegt.

11.9 Aus dem Lagrange-Ansatz

$$L(x_1, x_2, \lambda) = \sqrt{x_1}\sqrt{x_2} + \lambda \left(12 - 0.04x_1 - 0.02x_2\right)$$

erhält man eine nutzenmaximale Menge von $x_1 = 150$ und $x_2 = 300$. Ob es sich um ein Maximum handelt, wird durch eine positive Determinante der geränderten Hessematrix überprüft:

$$|\tilde{H}(150,300)| = \begin{bmatrix} 0 & -0.04 & -0.02 \\ -0.04 & -0.002357 & 0.001178 \\ -0.02 & 0.001178 & -0.0005892 \end{bmatrix} = 0.0000038$$

Der Lagrange-Multiplikator nimmt einen Wert von $\lambda = 0.1767$ an. Würde der Student 1 € mehr für seine Schokoleidenschaft verwenden, würde sein „Nutzen" um 0.1767 Einheiten zunehmen.

Lösungen zu Kapitel 12

12.1 Das folgende Integral wird durch partielle Integration gelöst:

$$F(x) = \int \frac{x}{\sqrt{x-2}}\,dx$$

Es wird

$$h(x) = x \qquad h'(x) = 1$$
$$g'(x) = \frac{1}{\sqrt{x-2}} \qquad g(x) = 2\sqrt{x-2}$$

gewählt. Daraus ergibt sich der unten stehende Ansatz, der gelöst werden kann.

$$\int \frac{x}{\sqrt{x-2}}\,dx = 2x\sqrt{x-2} - 2\int \sqrt{x-2}\,dx$$
$$= 2x\sqrt{x-2} - \frac{4}{3}(x-2)^{\frac{3}{2}} + c$$
$$= \frac{2}{3}\sqrt{x-2}\,(4+x) + c$$

Das zweite Integral

$$\int \frac{(\ln x)^5}{x}\,dx$$

wird durch die folgende Substitution gelöst:

$$z = \ln x \qquad \frac{dz}{dx} = \frac{1}{x} \qquad dx = x\,dz$$

Nun ist die Lösung des Integrals möglich.

$$\int \frac{z^5}{x}\,x\,dz = \frac{1}{6}z^6 + c = \frac{1}{6}(\ln x)^6 + c$$

Bei dem Integral
$$F(x) = \int x e^{-x^2} \, dx$$
wird die Exponentialfunktion substituiert.
$$z = e^{-x^2} \qquad \frac{dz}{dx} = -2x e^{-x^2} \qquad dx = -\frac{1}{2x} e^{x^2} \, dz$$

Man erhält dann folgendes Integral, das nach Kürzen gelöst werden kann:
$$-\frac{1}{2} \int x e^{-x^2} \frac{1}{x} e^{x^2} \, dz = -\frac{1}{2} z + c = -\frac{1}{2} e^{-x^2} + c$$

Für das letzte Integral
$$\int \sqrt{x} \ln x \, dx$$
wird wieder ein partieller Integrationsansatz gewählt.
$$h(x) = \ln x \qquad h'(x) = \frac{1}{x}$$
$$g'(x) = \sqrt{x} \qquad g(x) = \frac{2}{3} x^{\frac{3}{2}}$$

Das Integral kann dann durch folgende Differenz ersetzt werden:
$$\int \sqrt{x} \ln x \, dx = \frac{2}{3} x^{\frac{3}{2}} \ln x - \frac{2}{3} \int x^{\frac{3}{2}} \frac{1}{x} \, dx$$
$$= \frac{2}{3} x^{\frac{3}{2}} \ln x - \frac{4}{9} x^{\frac{3}{2}} + c$$
$$= \frac{2}{3} x^{\frac{3}{2}} \left(\ln x - \frac{2}{3} \right) + c$$

12.2 Das Integral der Funktion
$$F(x) = \int a^x \, dx$$
wird durch Substitution gelöst.
$$z = x \ln a \qquad dz = \ln a \, dx \qquad dx = \frac{1}{\ln a} \, dz$$

Somit wird aus dem Integral
$$F(x) = \frac{1}{\ln a} \int e^z \, dz = \frac{1}{\ln a} e^{x \ln a} + c = \frac{1}{\ln a} a^x + c$$

Das Integral
$$F(x) = \int x \sin \frac{x}{2} \, dx$$

wird über ein partielles Integral gelöst.

$$h(x) = x \qquad h'(x) = 1$$
$$g'(x) = \sin\frac{x}{2} \qquad g(x) = -2\cos\frac{x}{2}$$

Somit kann das Integral als

$$\int x \sin\frac{x}{2} = -2x\cos\frac{x}{2} + 2\int \cos\frac{x}{2}\,dx$$

geschrieben werden. Die Lösung von $\int \cos z\,dz$ ist $\sin z$. Somit ist die Lösung des Integrals

$$F(x) = \int x \sin\frac{x}{2} = -2x\cos\frac{x}{2} + 4\sin\frac{x}{2} + c.$$

Für das Integral

$$F(x) = \int x^2 \sqrt{x}\,dx$$

wird der partielle Ansatz

$$h(x) = x^2 \qquad h'(x) = 2x$$
$$g'(x) = \sqrt{x} \qquad g(x) = \frac{2}{3}x^{\frac{3}{2}}$$

gewählt. Es folgt

$$\int x^2 \sqrt{x}\,dx = \frac{1}{2}x^2 x^{\frac{3}{2}} - \frac{4}{3}\int x^{\frac{5}{2}}\,dx = \frac{2}{7}\sqrt{x^7} + c$$

Das Integral

$$F(x) = \frac{x^2}{\sqrt{x+5}}\,dx$$

wird durch Substitution von

$$z = x+5 \qquad dz = dx$$

gelöst. Es ergibt sich dann außerdem

$$x^2 = (z-5)^2.$$

Damit ist das zu lösende Integral

$$\int (z-5)^2 \frac{1}{\sqrt{z}}\,dz = \int z^{\frac{3}{2}}\,dz - 10\int z^{\frac{1}{2}}\,dz + 25\int z^{-\frac{1}{2}}\,dz$$
$$= \frac{2}{5}z^{\frac{5}{2}} - \frac{20}{3}z^{\frac{3}{2}} + 50\sqrt{z} + c$$
$$= \frac{2}{15}\sqrt{z}\,(3z^2 - 50z + 375) + c$$
$$= \frac{2}{15}\sqrt{x+5}\,(3x^2 - 20x + 200).$$

Das letzte Integral wird wieder über einen Substitutionsansatz gelöst.

$$F(x) = \int \frac{1}{x \ln x} \, dx$$

Die Substitution wird wie folgt gewählt:

$$z = \ln x \qquad dz = \frac{1}{x} \, dx$$

Damit ist das zu lösende Integral

$$\int \frac{1}{z} \, dz = \ln z + c$$

Die Resubstituierung ergibt

$$F(x) = \ln \left| \ln x \right| + c$$

12.3 Der Wert der bestimmten Integrale berechnet sich wie folgt:

$$F_{-1,+1}(x) = \int_{-1}^{+1} |x| \, dx = 2 \int_0^1 x \, dx = 2 \frac{1}{2} x^2 \Big|_0^1 = 1$$

$$F_{-2,+2}(x) = \int_{-2}^{+2} \min\{x, x^2\} \, dx = \int_{-2}^0 x \, dx + \int_0^1 x^2 \, dx + \int_1^2 x \, dx = -\frac{1}{6}$$

$$F_{1,e}(x) = \int_1^e \ln x \, dx = x \ln x \Big|_1^e - \int_1^e dx = 1$$

Das Integral wurde partiell mit $h(x) = \ln x$ und $g'(x) = 1$ gelöst.

$$F_{0,4}(x) = \int_0^1 x^2 \, dx + \int_1^4 \sqrt{x} \, dx = 5$$

$$F_{0,1}(x) = \int_0^1 \frac{4x+6}{x^2+3x+2} \, dx = \int_2^6 \frac{2}{z} \, dz = 2 \ln z \Big|_2^6 = 2 \ln 3$$

Das Integral wurde durch die Substitution $z = x^2 + 3x + 2$ und $dz = (2x+3) \, dx$ gelöst. Man muss hier beachten, dass die Grenzen ebenfalls zu ersetzen sind.

$$F_{3,1}(x) = \int_3^1 x^2 \ln x \, dx = \frac{x^3 \ln x}{3} \Big|_3^1 - \frac{1}{3} \int_3^1 x^2 \, dx = \frac{x^3 \ln x}{3} \Big|_3^1 - \frac{x^3}{9} \Big|_3^1$$
$$= \frac{26}{9} - 9 \ln 3$$

Das Integral wurde mit dem partiellen Ansatz $h(x) = \ln x$ und $g'(x) = x^2$ gelöst.

Literaturverzeichnis

[1] BRONŠTEJN, Il'ja N. ; SEMENDJAEV, Konstantin A.: *Taschenbuch der Mathematik.* 21. Aufl. Frankfurt a. M.: Thun, 1981
[2] CHIANG, Alpha C.: *Fundamental Methods of Mathematical Economics.* 3. Ed. Auckland, Bogotá, Guatemala: McGraw-Hill, 1984 (International Student Edition)
[3] HENDERSON, James M. ; QUANDT, Richard E.: *Microeconomic Theory: A Mathematical Approach.* 2. Ed. New York, St. Louis, San Francisco: McGraw-Hill, 1971
[4] HEUSER, Harro: *Lehrbuch der Analysis.* Bd. 1. 8. Aufl. Stuttgart: B. G. Teubner, 1990
[5] KLEIN, Michael W.: *Mathematical Methods for Economics.* 2. Ed. Boston: Addison Wesley, 2002
[6] KOHN, Wolfgang: Kapitalwertmethode Bei Nicht-Flacher Zinsstrukturkurve. In: *SSRN: http://ssrn.com/abstract=2336004* (2013)
[7] LUTZ KRUSCHWITZ, Michael R.: Debreu, Arrow und die marktzinsorientierte Investitionsrechnung. In: *Zeitschrift für Betriebswirtschaft (ZfB)* 5 (1994), S. 655–665
[8] MAREK CAPIŃSKI, Ekkehard K.: *Discrete Models of Financial Markets.* Cambridge, New York, Melbourne: Cambridge University Press, 2012
[9] OHSE, Dietrich: *Mathematik für Wirtschaftswissenschaftler.* Bd. I Analysis. 3. Aufl. München: Vahlen, 1993
[10] OHSE, Dietrich: *Mathematik für Wirtschaftswissenschaftler.* Bd. II Lineare Wirtschaftsalgebra. 3. Aufl. München: Vahlen, 1995
[11] ROMAN, Steven: *Introduction to the Mathematics of Finance: From Risk Management to Options Pricing.* New York, Berlin, Heidelberg: Springer, 2004
[12] ROSS, Stephen A. ; WESTERFIELD, Randolph W. ; JAFFE, Jeffrey: *Corporate Finance.* 7. Ed. Boston: McGraw-Hill Irwin, 2005
[13] SYDSÆTER, Knut ; HAMMOND, Peter: *Essential Mathematics for Economic Analysis.* 2. Ed. Harlow/England, London, New York: Prentice Hall, 2002
[14] TIETZE, Jürgen: *Einführung in die angewandte Wirtschaftsmathematik.* 9. Aufl. Braunschweig, Wiebaden: Vieweg, 2000
[15] TIETZE, Jürgen: *Einführung in die Finanzmathematik.* 4. Aufl. Braunschweig, Wiesbaden: Vieweg, 2001
[16] WIEDEMANN, Arnd: *Financial Engineering: Bewertung von Finanzinstrumenten.* 6. Aufl. Frankfurt: Frankfurt School Verlag, 2013

Sachverzeichnis

A

Abbildung 22
   bijektiv 23
   eindeutige 22
   eineindeutige 23
   injektiv 23
   surjektiv 22
Abrundungsfunktion 31
Abschreibung 36
Absorptionsgesetze 18
Adjunkte 109
Äquivalenzprinzip . . 166, 182, 188, 190, 209
Amoroso-Robinson-Beziehung 282
Angebotsmonopolist 276
Annualisierung von Wachstumsraten . . . 176
Annuität 208
   monatliche 209
Argument 23
Assoziativgesetze 11, 18
Asymptote 157
Aufrundungsfunktion 31

B

Barwert 170
Barwertmarge 238
Barwertprinzip . 166, 182, 188, 190, 209, 232
Basislösung 126
Basistransformation 126
Basisvariable 126
Basisvektor 63
Betrag eines Vektors . . . . . . *siehe* Norm eines
   Vektors
Betragsfunktion 30

Betriebsoptimum 271
Bildmenge 22
Binomialkoeffizient 44, 48, 50

C

Capital Asset Pricing Model 317
Cobb-Douglas-Ertragsfunktion 292
Cournotscher Punkt 277

D

Definitionsmenge 22
De Morgans Gesetze 11, 19
Diagonalmatrix 71
Differential
   partielles 288
   totales 290
Differentialgleichung 340
Differentialquotient 246
Differenzenquotient 246
Differenzmenge 8
Dimension 58
Direktbedarfsmatrix . . . . *siehe* Matrix der
   technischen Koeffizienten
disjunkte
   Mengen 8
Disjunktion 15
Diskontierung 170, 186
Distributivgesetze 11, 18, 66
Duration 204, 347
   modifizierte 207
Durchschnitt
   Mengen 8
Durchschnittserlösfunktion 268
Durchschnittsfunktion 264

Sachverzeichnis

Durchschnittskosten 271

E
Effektivverzinsung 182
Eigenvektor 113
    normierter 115
Eigenwert 112
Einheitsmatrix 71
Einheitsvektor 64
Elastizität 279
Elimination
    vollständige 92
Eliminationsphase 89
empirisches Beta 321
Endwert 169
Erlösfunktion 268
Ersatzzinssatz 171
Ertragselastizität 292
Ertragsfunktion 265
Eulersche Zahl 35, 177
Exponentialfunktion 34
Extremwert
    hinreichende Bedingung 261
    notwendige Bedingung 261

F
Fakultät 44
Folge 158
    arithmetische 159
    endliche 159
    geometrische 160
    unendliche 159
Freiheitsgrad 84
Funktion
    differenzierbare 247
    explizite 24, 286
    gebrochen-rationale 156
    implizite 24, 286
    konvav gekrümmte 259
    konvex gekrümmte 259
    rationale 148
    stetige 245

G
Ganzzahlfunktion 31
Gauß-Klammer 31
Gesamtbedarfsmatrix *siehe* Leontief-Inverse
Gewinnschwelle 275
Gleichungssystem
    linear abhängiges 86
Glieder der Folge 158
Grenzerlösfunktion 268
Grenzertrag
    partieller 292
Grenzfunktion 265
Grenzkosten 270
Grenzrate der Substitution 292
Grenzwert
    Folge 244
    Funktion 245

H
Hauptsatz der Algebra 149
Hauptsatz der Integralrechnung 342
Hesse-Matrix 296
    geränderte 305
homogenes lineares Gleichungssystem .. 112

I
Idempotenzgesetze 10, 17
Identitätsgesetze 10
Implikation 15
Input-Output-Koeffizienten 101
Input-Output-Tabelle 100
Integral
    bestimmtes 342
    unbestimmtes 330
    uneigentliches 348
Integration 330
    durch Substitution 336
    partielle 333
Inverse 97
Investitionen
    nicht-normale 235
Investitionsrechnung
    dynamische 231
ISMA-Methode 173, 186, 210
Isogewinngerade 123
Isoquante 287, 292

J
Jahreszinssatz
    effektiver 174

K
Kalkulationszinssatz 232
Kapitalbindungsdauer
    durchschnittliche .... *siehe* Duration

Kapitaldienst 209
Kapitalmarktgerade 317
Kapitalwert 232
Kapitalwertmethode 231
Kassazinssatz 201
Kettenregel 254
Koeffizienten 148
Kofaktor .... *siehe* Adjunkte
Kombination 50
Kommutativgesetze 11, 17, 66
Komplementgesetze 10
Komplementmenge 9
Konjunktion 15
Konsensusregeln 19
Konstant-Faktor-Regel 251, 332
Kontraposition 19
Kostenfunktion 269
Kreditlaufzeit
    mittlere 225
Kreuzpreiselastizität 294
Kupon 196
Kursberechnung 194

L

Lagrange-Funktion 299
Lagrange-Multiplikator 301
Laplacescher Entwicklungssatz 109
Leerverkäufe 320
Leontief-Inverse 102
Linearfaktorzerlegung 151

M

Mächtigkeit
    Mengen 5
Margenbarwert 226
Markowitz-Kurve 316
Matrix 70
    Diagonal- 71
    quadratische 70
    symmetrische 72
Matrix der technischen Koeffizienten ... 101
Maximum 297
Maximum einer Funktion 261
Menge 4
    Differenz 8
    disjunkte 8
    Durchschnitt 8
    Komplement 9
    Mächtigkeit 5

Produkt 10
    Vereinigung 7
Minimalkostenkombination 306
Minimum 296
Minimum einer Funktion 261
Minor 108
Mittel
    geometrisches 170
Monopol 275
Multinomialkoeffizient 48
Multiplikation
    von Matrizen 73

N

Nachfrageelastizität 280
Nachfragefunktion 267
Natürliche Zahlen 13
Nebenbedingung 298
    lineare 120
Negation 14
Nettokurs 196
Newton-Verfahren 262
Nichtnegativitätsbedingung 120
Nominalverzinsung 182
Norm eines Vektors 64
Nullstelle 148
Nullvektor 60

P

Partialdivision 150
Permutation 46
Pivotvariable 89
Polstellen 156
Polynom
    charakteristisches 112
Polynomfunktion .. *siehe* Funktion, rationale
Polypol 273
Potenz 32
Potenzmenge 6
Preis-Absatz-Funktion 267
Preisabgabenverordnung 221
Preiselastizität 280
Produktionsfunktion ....
siehe Ertragsfunktion
Produktmenge 10
Produktregel 252
Produktzeichen 30
Punktnotation 70

… Sachverzeichnis

Q
Quadratische Ergänzung............... 149
Quadratwurzel......................... 33
Quotientenkriterium 127
Quotientenregel 253

R
Rang einer Matrix 94
Rationale Zahlen 13
Regula falsi 151
Reihe
    arithmetische 161
    geometrische..................... 161
    konvergente...................... 161
Relation 22
Rendite 182, 197
Renditeberechnung 197
Renditestruktur ...... siehe Zinssatzstruktur
Rente
    ewige 193
    nachschüssige.................... 185
    vorschüssige..................... 180
    wachsende....................... 192
Rentenbarwert
    einer nachschüssigen Rente.......... 186
    einer vorschüssigen Rente........... 180
Rentenendwert
    einer nachschüssigen Rente.......... 185
    einer vorschüssigen Rente........... 180
    lineare Verzinsung................. 178
Rentenrate 178
Restriktion .... siehe Nebenbedingung
Restschuld 211

S
Sarrus-Regel 110
Sattelpunkt 295, 297
Sattelpunkt einer Funktion............. 261
Schlupfvariable...................... 125
Schlussrate......................... 215
Simplex-Methode..................... 125
Simplex-Tableau 126
Skalar 58
Skalarprodukt
    von Vektoren...................... 65
Skalenertrag 265
Spur einer Matrix.................... 114
Stückzinsen......................... 196

Standardproblem der linearen Optimierung 122
Substitutionselastizität 292
Substitutionsphase 89
Summenregel.................... 251, 332
Summenzeichen....................... 27

T
Tageszählkonventionen............... 167
Teilmenge............................ 6
Teilsumme.......................... 160
Tilgungsplan 214
Tilgungsrate 209, 212
Tilgungssatz
    anfänglicher 212
Transitivität 19
Transposition
    Matrix........................... 70
    Vektor........................... 59

U
Umkehrfunktion...................... 24
Umwandlungsregeln 19
Universalmenge 5
Urbildmenge........................ 22
US-Methode 174, 186, 210

V
Variable
    abhängige 23
    unabhängige 23
Variation............................ 48
Vektoren............................ 58
    linear abhängige.................... 61
    linear unabhängige 62
    normierte......................... 64
    orthogonale....................... 64
    orthonormierte 64
Vektorraum 61
Venn-Diagramme 5
Vereinigung
    Mengen 7
Verflechtungsmatrix................... 99
Verzinsung
    einfache........siehe Verzinsung, lineare
    exponentielle 169
    exponentiell nachschüssige.......... 169
    exponentiell vorschüssige 171
    gemischte 172

lineare 168, 178
stetige 177
unterjährige 173

W

Wahrheitswerte
  neutrale 17
Wendepunkt 261
Wertebereich 22
Wertpapiergerade 321

Z

Zahlen
  ganze 13
  irrationale 13
  komplexe 13
  reelle 13
Zentralmatrix .... *siehe* Verflechtungsmatrix
Zielfunktion 298
  lineare 120
Zielfunktionszeile 126
Zinseszinsen 169
Zinsfuß 166
Zinsrate 209
Zinssatz
  effektiver 217
  interner 233
  konformer 173
  relativer 173, 174
Zinssatzelastitizität des Barwerts ... 207, 347
Zinssatzstruktur 200, 201, 206

Springer

springer.com

Willkommen zu den Springer Alerts

Jetzt anmelden!

- Unser Neuerscheinungs-Service für Sie:
  aktuell *** kostenlos *** passgenau *** flexibel

Springer veröffentlicht mehr als 5.500 wissenschaftliche Bücher jährlich in gedruckter Form. Mehr als 2.200 englischsprachige Zeitschriften und mehr als 120.000 eBooks und Referenzwerke sind auf unserer Online Plattform SpringerLink verfügbar. Seit seiner Gründung 1842 arbeitet Springer weltweit mit den hervorragendsten und anerkanntesten Wissenschaftlern zusammen, eine Partnerschaft, die auf Offenheit und gegenseitigem Vertrauen beruht.

Die SpringerAlerts sind der beste Weg, um über Neuentwicklungen im eigenen Fachgebiet auf dem Laufenden zu sein. Sie sind der/die Erste, der/die über neu erschienene Bücher informiert ist oder das Inhaltsverzeichnis des neuesten Zeitschriftenheftes erhält. Unser Service ist kostenlos, schnell und vor allem flexibel. Passen Sie die SpringerAlerts genau an Ihre Interessen und Ihren Bedarf an, um nur diejenigen Information zu erhalten, die Sie wirklich benötigen.

Mehr Infos unter: springer.com/alert

Printed by Printforce, the Netherlands